译文科学

科学有温度

KAY REDFIELD JAMISON
NIGHT FALLS FAST:
Understanding Suicide

黑夜突如其来

理解自杀

［美］凯·雷德菲尔德·杰米森 著
舍其 译

上海译文出版社

献给我挚爱的丈夫，
理查德·杰德·怀亚特，
以及我的哥哥迪恩，
是他让黑夜安分守己。

黑夜突如其来。
今日转瞬成昔。

一片又一片雪花
从黑山岗上吹到我门前。
随之而来的，还有无数片。
——埃德纳·圣文森特·米莱

目 录

引子 ··· 001

第一部 葬在地面之上

第一章 死亡唾手可得 ··· 003
第二章 测量心脏的悸动 ··· 020
特 写 生死之际 ··· 053

第二部 只有希望不再回还

第三章 摘下项链,熄灭吊灯 ······································ 073
第四章 躁郁压得喘不过气 ·· 105
第五章 如果绳索或吊袜带能减轻痛苦 ·························· 146
特 写 狮子围场 ··· 174

第三部 自然的苦难,血的污迹

第六章 一头扎进深渊 ··· 183
第七章 死亡之血 ··· 210
特 写 给事情上色:梅里韦瑟·刘易斯之死 ·················· 255

第四部　对抗死亡

第八章　有些法力 ·· 277
第九章　我们这个社会 ······································ 316
第十章　缝合一半的创伤 ···································· 350

后记 ·· 371

致谢 ·· 375

引 子

在比弗利山庄的小酒馆花园，夏日的夜晚往往漫长而慵懒。住在洛杉矶的时候，我和朋友杰克·瑞安经常去那儿，每次去我都会点珍宝蟹和加冰的苏格兰威士忌。杰克呢，并非每次，但时不时总会有那么一次，利用这样的机会提出让我嫁给他。这个想法有可能会带来灾难性的后果，所以我俩都没有把反复出现的求婚场面太当回事。但对于我们的友谊，我们是认真的。

然而这个夜晚有些特别。我勾住最后一点蟹肉，拉出来品尝一番，又有些急躁地敲打起威士忌里的冰块来。聊天的内容让我焦躁不安。我们在说自杀的事情，还立下重誓：我们一致同意，如果我们俩中间有人再次陷入严重的自杀倾向，就去杰克在科德角的家里碰面。到那里以后，我们当中没有自杀倾向的那位有一周的时间说服另一个人不要自杀。有一周时间提出我们能想到的所有理由来说明对方为什么应该重新开始服用锂盐，因为我们假定停用锂盐是让我们想要自杀的最大原因（我们俩都有躁郁症，然而尽管在服用锂盐时会有所好转，也经常听人说锂盐很管用，但还是总想停止服用）；有一周时间哄另一个人去住院，唤起这个人身上的良知，让这个人好好想想，自杀肯定会给我们的家庭带来怎样的痛苦和伤害。

我们说，在互为人质的这一周时间里，我们要去海边散步，让对方回忆起所有那些我们曾认为没有任何希望，但不知怎么最后到底还是走出来的那些时光。毕竟，谁能比真正身临其境过的人，更适合把一个人从悬崖上拉回来呢？我们俩都以各自的方式经历过自杀，对自杀也相当了解。我们觉得，我们知道怎么让自杀不在我们的死亡证明上作为死因出现。

我们认定，一周时间足以用来辩论要不要继续活下去了。要是这一周时间没起作用，至少我们尽力了。而且因为我们有多年积累的经验，知道一时心血来潮的生活方式是什么样子，也了解自杀冲动会来得多快、多决绝。我们还进一步一致同意，我们俩都坚决不买枪，还发誓任何情况下都不会允许任何人在我们住的房子里持有枪支。

"干杯！"我们异口同声地说，冰块在玻璃杯里叮当作响。我们把这次制订计划进军理性世界的尝试封存起来，但我还是有些疑问。我聆听了那些细节，还一起澄清了一些，喝完了剩下的苏格兰威士忌，凝视着小酒馆花园里白色的小灯。我们这是开的什么玩笑？带来自杀冲动的躁郁症在我身上一次又一次地发作，但没有任何一次，我曾经想过或是有能力拿起电话向哪个朋友求助。一次都没有。我这儿压根儿就没有这个选项。我怎么会一本正经地设想，我会给杰克打电话，订张机票，跑去机场，租一辆车，突出重围抵达他在科德角的家？杰克倒是挺有钱，也有可能找到别人来处理这些事务，但这样的设想放在他身上，其荒谬程度似乎也只是少了那么一点点。关于这个计划，我想得越多，就越是怀疑。

这是在向两个性情狂躁的人的说服力、激荡的能量和热情，以及这两人毫无止境的自欺能力致敬。到上甜点蛋奶酥的时候，我们已经完全令自己相信，我们的协定一诺千金。他会打给我；我会打给他；我们会靠谋略击败黑骑士，把他从棋盘上踢出去。

然而，这个计划就算曾经是我们的一个选项，那个黑骑士也还是更喜欢留在棋盘上,继续发挥作用。他也确实留了下来。多年后——那时杰克已经成婚多年,我也搬到了华盛顿——我接到了一个从加州打来的电话:杰克的一位家人说,他拿一把枪指着自己脑袋,开枪自杀了。

没有在科德角的一周时间,也没有机会劝阻。一个创新能力爆棚、拥有上千种专利的人,发明的东西种类繁多、应用广泛,有美国国防部使用的鹰和麻雀导弹制导系统,有全球数百万孩子都在玩的玩具,还有美国几乎所有家庭都在用的设备;一个耶鲁大学毕业生,热爱生活的人;一位功成名就的商人——然而这个想象力超群的人到底还是不够创新,没能找到一个办法来替代残暴的自残死亡。

杰克的自杀尽管让我感到震惊,我却并不觉得意外。他没有给我打电话,我也没觉得意外。毕竟,自从在小酒馆花园立下誓言后,我自己也曾多次出现危险的自杀倾向,当然我也没有给他打电话。我甚至都没想过要打电话。自杀不会依赖于某个晚上做出的承诺,也不会听从在清醒时刻出于善意制订的计划。

我知道,这是个很不幸的事实。二十多年来,自杀一直是我职业研究的兴趣所在,而在还要长得多的时间里,自杀也一直是我个人经常想到的问题。对于自杀具备的破坏、碾压、智胜、毁灭的能力,我相当慎重,只是这份慎重来之不易。作为临床医生、研究人员和教师,我认识、咨询过的患者中,上吊自杀、饮弹自尽、闷死自己的大有人在;从楼梯间、建筑物或立交桥一跃而下奔向死亡,死于毒药、烟雾、处方药、割开自己的手腕乃至喉咙的,也不乏其人。我的挚友、研究生院的同学、工作中的同事以及同事的孩子,也都做过类似的或完全一样的事情。他们大都年纪轻轻,遭受着精神疾病的折磨;所有这些案例,都留下了难以想象的痛苦和无法排解的愧悔。

跟很多患有躁郁症的人一样,我对自杀的了解也始于一种更私密、更可怕的方式,自从我头一次把自杀当成唯一有可能解决无法承受的精神痛苦的办法的那一天开始,我对自杀就再也不是一无所知了。在那以前我都以为,轻松愉快的心情、对生活的美好期望是理所当然,而且对这样的生活满心热爱。那时候我对死亡只有最抽象的概念,从来没想过死亡也可以是一件需要安排或刻意寻求的事情。

我第一次陷入抑郁是在十七岁那年,我对自杀的认识不再只是以青少年的方式觉得事关生死存亡而已。高中最后一年有那么几个月,每天大部分时间我都在想,什么时候、在什么地方、以什么方式自杀,以及要不要自杀。我学会了向别人展现出一张跟我的内心想法不一致的面孔;查明附近有哪几栋高层建筑的楼梯间没有保护;找到早高峰时车流最快的地方;还学会了怎么给我父亲的枪装子弹。

那时候我生活里的其他事情——体育运动、课程、写作、朋友、准备上大学——全都突如其来般地陷入了深深的黑夜。一切看起来都成了荒唐、无法忍受的逢场作戏,成了空洞的存在,让人只能尽最大努力去伪装自己。然而慢慢地,抑郁一层一层地消失了,到毕业舞会和毕业典礼临近时,我已经好了几个月了。自杀后退到棋盘后面的方格,也再次变得不可想象。

我这段噩梦般的经历非常私密,全都只是我自己心里的盘算,因此就算跟我关系密切的人也不知道,那时候在我心头萦绕的都是什么想法。从私底下的经验到公开表达,中间有着巨大的鸿沟;我对别人的说服力能有几何,也可怕到难以想象。

多年来,我的躁郁症变得越发严重,年纪轻轻就自杀身亡的现实可能性也成了我面对生活时危险的暗流。二十八岁那年,我经历了一场极具破坏力的精神病性躁狂症发作,接着又被极为猛烈的抑郁症围困了好长一段时间,于是我服用了过量的锂盐。我不管不顾地想要死去,也真的差点就死了。在我的生活中,死于自杀即便不会在现实中成为可能,也已经有了理论上的可能性。

就当时的情形来说——那时候我是大学精神病学专业的一名年轻教员——从个人经验到临床和科学研究并没有多长的路要走。关于我的疾病，我研究了我能研究的方方面面，阅读了我能找到的跟自杀的心理和生理决定因素有关的所有资料。就像驯养老虎的人要了解老虎的心理和行为，飞行员要了解风和空气的动力学一样，我也深入了解了我身上的疾病，以及最后可能的结局。我尽了最大努力，也尽可能多地研究了会促成死亡的情绪。

第一部　葬在地面之上

——自杀简介——

　　　　在千般危险围困下，
疲惫，虚弱，因千般恐惧而颤抖……
我，……葬在地面之上，
　　肉身就是我的坟墓。

　　　　　　　　　　——威廉·库珀

英国诗人威廉·库珀（William Cowper，1731—1800年）曾数次尝试服毒、上吊自杀或用刀刺死自己。这段自称"精神错乱期间写下的诗句"，是他在一次自杀未遂后写就的。

第一章
死亡唾手可得
—— 历史与概览 ——

> 一道细小的刀刃就能切开脖子和躯体的联结处；而联结头颈的关节被切断后，整个庞大的身躯都会轰然倒塌，瘫倒在地。并没有什么深处隐藏着灵魂，也完全不需要刀斧就能把灵魂连根挖出，无论多深的伤口都找不到灵魂的关键部分；死亡唾手可得。……无论是绳结勒紧喉咙，还是用水止住呼吸，是坚硬的地面粉碎一头撞下来的头骨，还是吸入的火焰阻断呼吸道——无论什么样的情形，生命的终结都是迅疾的①。
>
> —— 塞涅卡

没有人知道是谁第一个用一片燧石割开了自己的喉咙，第一个吞下一大把有毒的浆果，或是第一个在战斗中把长矛故意往地上一扔。我们也不知道是谁第一个从高高的悬崖上跳下，他是出于一时冲动，还是经过了长时间思考；是谁第一个什么吃的都没带就冲进冰雪风暴；是谁第一个涉水走向深海，再无回头之意。就像塞涅卡说的那样，死亡总是唾手可得。世界上第一个自杀的人为什么要自杀，仍然是个谜：是突如其来的冲动，还是因为长期患病？是内心有个声音命令他赴死？是不想面对被敌对部落俘虏的羞辱或威胁？是因为绝望？精疲力竭？是因为别人的压力，为了省下食物和土地这样的公共资源？谁也不知道。

智人不太可能是最早想到自杀或最早把自杀的想法付诸实践的物

种。实际上，从进化的角度来看，考虑到我们之前的原始人类有多复杂，这个结论似乎相当武断。我们认为，克罗马农人（Cro-Magnon）是娴熟的猎人，会制造刀具和长矛，会编制绳索，会用火，还在经过深思熟虑后巧运匠心地发明了别具一格的艺术形式和精心设计的葬礼[②]。在他们之前还有尼安德特人，还有像黑猩猩这样的会狩猎的类人猿[③]，一般认为它们有攻击性和社会性，认知能力复杂，而且也会制造工具。自我意识是什么时候进入生物体脑子里的？有意识的、经过深思熟虑的死亡意图，是什么时候开始跟极端鲁莽和冲动、危及生命的冒险行为形成分野的？我们会看到，暴力和鲁莽，社交方面极度退缩，还有自残，并不是我们这个物种独有的。但自杀或许是我们独一份。

我们永远无法知道，最早杀死自己的人是谁，他为什么要这么做，又是以什么方式了结自己生命的（此人是男是女我们也同样无法知道）。但很有可能，一旦出现了自杀，而且其他人意识到了这件事，这种行为就会反复出现——部分原因是，自杀的原因和手段仍然是他们所处的心理和物理环境中不可或缺的一部分，还有部分原因是动物和人类在很大程度上是通过模仿来学习的。自杀有传染性，这也令自杀格外凶险。此外对于脆弱的人来说，自杀作为没有办法的办法，也有着毋庸置疑的吸引力。

[①] Seneca, "To Lucilius: On Providence." 塞涅卡（Seneca，公元前 4—65 年），古罗马政治家、哲学家，在被罗马皇帝尼禄指控谋反后被迫自杀。三年后，尼禄也被迫自杀了。

[②] W. F. Allman, *The Stone Age Present: How Evolution Has Shaped Modern Life — From Sex, Violence, and Language to Emotions, Morals, and Communities* (New York: Simon & Schuster, 1994); Ian Tattersall, *Becoming Human: Evolution and Human Uniqueness* (New York: Harcourt Brace, 1998).

[③] B. B. Beck, *Animal Tool Behavior* (New York: Garland Press, 1980); W. C. McGrew, *Chimpanzee Material Culture* (Cambridge, England: Cambridge University Press, 1992); R. Byrne, *The Thinking Ape: Evolutionary Origins of Intelligence* (Oxford: Oxford University Press, 1995).

对自杀的观察和记录当然会比历史上最早的自杀事件要晚近得多。我们的文学作品、法律和宗教禁制中反映的社会态度,为我们了解人类社会对自杀的集体反应提供了一个窗口,也给了我们一个历史视角,让我们能观察到我们对自杀的看法是怎么演变的:从我们将其视为可以接受、有价值的事情,变成视之为罪恶或犯罪,抑或是将其概念化,看成是恶劣环境或心理病态的结果。

当然,不同文化对自残死亡的看法也会有所不同。有些文化——例如因纽特人、古北欧人、萨摩亚人和克罗印第安人——就能够接受甚至鼓励老年人和病人"利他"的自我牺牲[1]。生活在圣劳伦斯岛的尤伊特因纽特人,如果有人三次要求自杀,其亲属就有义务协助他去死[2]。想要自杀的那个人穿上寿衣,然后在一个专为这个目的设立的"毁灭之地"被杀死。为了省下共有的食物资源,或是为了让游牧社群不受老弱病残拖累能够继续前进,有些社群就算没有明示,也会默许自杀。

《圣经·旧约》中记载的自杀事件,以及《圣经·新约》中描述的唯一一起自杀,也就是加略人犹大的自杀,都没有早期文化或宗教禁制的迹象(基督教早期对自杀的态度逐渐变得强硬起来)。大部分这样的死亡,比如荷马笔下那些古希腊人的死亡,都被看成事关荣誉,是为了避免落入敌手而采取的行动,是为了赎罪,再不就是为了维护宗教或哲学原则[3]。比如

---

[1] S. Bromberg and C. K. Cassel, "Suicide in the Elderly: The Limits of Paternalism," *Journal of the American Geriatrics Society*, 31 (1983): 698–703.

[2] A. H. Leighton and C. C. Hughes, "Notes on Eskimo Patterns of Suicide," *Southwestern Journal of Anthropology*, 11 (1955): 327–338.

[3] G. Rosen, "History in the Study of Suicide," *Psychological Medicine*, 1 (1971): 267–285; T. J. Marzen, M. K. O'Dowd, D. Crone, and T. J. Balch, "Suicide: A Constitutional Right?" *Duquesne Law Review*, 24 (1985), 1–242; Anton van Hooff, *From Autothanasia to Suicide: Self-Killing in Classical Antiquity* (London: Routledge, 1990); M. Crone, "Historical Attitudes Toward Suicide," *Duquesne Law Review* (Special Issue: A Symposium on Physician-Assisted Suicide), 35 (1996), 7–42.

汉尼拔宁愿服毒自尽也不要被俘虏、被羞辱,还有德摩斯梯尼、卡西乌斯、布鲁图、小加图等好几十人也都是这样。苏格拉底拒绝声明放弃自己的学说和信仰,喝下毒芹汁。角斗士把木棍、长矛插进喉咙,或是把头塞进正在前进的车轮辐条中,这样他们就能够决定自己什么时候、以什么方式去死,而不是只能听凭他人摆布①。

古希腊人对自杀的看法有很大差异。斯多葛派和伊壁鸠鲁派坚信,个人有权选择死亡方式和时间,其他人则没有那么认同这个想法。在底比斯和雅典,自杀并不违法,但那些杀死自己的人不得举办葬礼,用来自杀的那只手也会从他们身上被砍下来。亚里士多德认为自杀是一种懦弱行为,也是在反叛国家,毕达哥拉斯的看法跟他如出一辙。(尽管按照赫拉克利特的说法,毕达哥拉斯是绝食而死。)罗马法严厉禁止自杀,而且还禁止自杀的人把财产留给继承人。天主教教会从一开始就反对自杀,到6、7世纪更是把这种反对态度写入法典,死在自己手上的人会被开除教籍,也拒绝为他们办葬礼②。圣奥古斯丁在为教会写下的一篇权威辩护中写道,自杀从来都不正当,因为这么做违反了"十诫"里的第六条:"不可谋杀"③。

犹太习俗禁止为任何自杀的人举办葬礼;不鼓励前来吊唁的人穿专门的服装,自杀者的遗体通常只能埋在墓地里一个单独的地方,这样就

---

① Seneca, "On the Proper Time to Slip the Cable," *Epistulae Morales*, vol. 4, trans. R. M. Gummere (Cambridge, Mass.: Harvard University Press, 1967).

② Charles Moore, *A Full Inquiry Into the Subject of Suicide*, vol. 1 (London: Rivington, 1790), pp. 306-325; George Rosen, "History in the Study of Suicide."

③ St. Augustine, *The City of God*, trans. Marcus Dods, vol. 1, (New York: Hafner, 1948) Book 1, pp. 31-39. 有一部优秀的论述西方文化中的自杀的近代史著作,即 G. Minois, *History of Suicide: Voluntary Death in Western Culture*, trans. L. G. Cochrane (Baltimore: Johns Hopkins, 1999).

"不会把恶人埋在义人旁边"①。犹太教经典《巴比伦塔木德》中论述死亡和悼念的篇章《欢庆》就宣称:"有意识地毁灭自己的人('拉达特'),我们不会以任何方式参与他的葬礼。我们不会撕破衣物,不会裸露肩膀来哀悼他,也不会为他致悼词。"② 不过随着时间推移,对于心理不健全导致的自杀行为,人们有了更多的宽容和同情。有位研究犹太传统的学者指出:"普遍规则是,自杀的人死了以后,我们会为仍然活着的人做一切事情,比如前去看望、安抚、慰藉他们,但对于死者,除了将其下葬,别的什么都不会做。"③ 在伊斯兰教法中,自杀是跟杀人一样严重甚至是更严重的犯罪行为④。

宗教和法律严令禁止自杀并加以制裁,并不令人意外。要是社会对这么激烈、看似莫名其妙、令人惊骇、往往很暴力、还可能会有人起而效仿的死亡方式毫无反应,那才是咄咄怪事。但丁在大概七百年前写下的《地狱篇》里,给那些自杀的人安排了特别凄惨的命运。自杀者的灵魂被判进入第七层地狱的第二环,在那里变成会流血的树,要一直承受痛苦,永世不得安宁,还会被哈尔皮⑤毫不留情地吃掉。那些在"凶狠的暴力"中杀死自己的人,也不能像身在地狱的其他所有人一样,"去取回我们的遗体……再穿上它"。

民间对自杀者尸身的亵渎很常见,通过物理手段对尸体及其可能有

---

① H. Cohn, "Suicide in Jewish Legal and Religious Tradition," *Mental Health and Society*, 3 (1976): 129-136, p. 136.
② D. M. Posner, "Suicide and the Jewish Tradition," in E. J. Dunne, J. L. McIntosh, and K. Dunne-Maxim, eds., *Suicide and Its Aftermath* (New York: W. W. Norton, 1987), pp. 159-162. 这段《欢庆》文字引自该书第 160 页。
③ Cohn, "Suicide in Jewish Legal and Religious Tradition."
④ Y. Al-Najjar, "Suicide in Islamic Law," in H. Winnick and L. Miller, eds., *Aspects of Suicide in Modern Civilization* (Jerusalem: Academic Press, 1978), pp. 28-33.
⑤ "哈尔皮"(Harpy),希腊文意为"抢夺者",是神话中人首鸟身的妖怪的通名,或译"鹰身女妖"。——译者

害的阴魂加以隔离和限制,从而防止自杀者对生者产生不良影响的尝试也很常见。在很多国家,自杀者的尸体会在夜间埋葬在人来人往的大路口。人们认为,大路口的交通量更大,能"让尸首不得翻身",而且相信四通八达的道路会让自杀者的阴魂更难找到回家的路①。早年在马萨诸塞州,人们还会在埋有自杀者的路口卸下一车车石头②。把一根木桩插到自杀者心脏里的做法也并不少见,至少有一名学者认为,这种做法跟 14 世纪某个杀人犯的命运很相似。前几年人们在瑞典的泥煤沼泽中发现了这个杀人犯的尸体,抓到这个杀人犯的人为了不让这个死人"走",用桦木桩刺穿了他的背部、侧面和心脏,随后又把这具尸体沉在四个教区交界的一个沼泽里③,相信这样一来凶犯的阴魂就不可能逃脱,这么想倒也不是完全没有道理。

芬兰人认为,由于自杀事件总是突然发生,生者不可能心平气和地接受死者,自杀者的阴魂因此也会"特别不安,特别吓人"。自杀者的尸体会被迅速小心翼翼地处理掉:

> 死者死后会尽快得到清洗并包上裹尸布。男性死者由男人清洗,女性死者则由女人清洗。癫痫患者、疯子和自杀者不会被清洗,会穿着他们死去时的衣服,以俯卧姿势下葬。人们会用拨火棍而不是徒手把他们的尸体抬起来放进棺木,因为担心疾病和诅咒会降临到家人身上。

一直到 20 世纪初,自杀者下葬时都不会举办任何葬礼。自杀

---

① C. Gittings, *Death, Burial and the Individual in Early Modern England* (London: Routledge, 1988).
② Howard I. Kushner, *American Suicide: A Psychocultural Exploration* (New Brunswick, N.J.: Rutgers University Press, 1991).
③ P. V. Glob, *The Bog People: Iron-Age Man Preserved*, trans. Rupert Bruce-Mitford (Ithaca, N.Y.: Cornell University Press, 1988), pp. 148-151.

者的墓地也会在教堂墓地的范围以外，很多时候甚至会远远地埋到村镇外面的树林里去。人们普遍认为，自杀者的尸体很重，民间流传着很多这样的说法，说是自杀者的棺木太重了，连马都拉不动①。

在法国，自杀者的尸体会被脑袋朝下拖过街道，然后挂到绞刑架上示众②。17世纪末的法国刑法还规定，示众之后要把尸体扔进下水道或城区的垃圾场。神职人员不得参加自杀者的葬礼，尸体也不能埋进教堂墓地。在德国有些地方，自杀者的尸体会被放到桶里，然后扔到河中随波而下，这样他们就再也回不到自己的故土了③。挪威早期法律也规定，自杀者的尸体必须跟其他罪犯的尸体一起埋在树林里，或是"埋在大海与绿色草皮交会处的潮汐里"④。一言以蔽之，自杀是"无法弥补的行为"⑤。

慢慢地，宗教和法律对自杀的制裁和处罚都减轻了。尽管很多神学家仍然宣称自杀是最不可饶恕的罪孽——比如马丁·路德就写道，自杀是魔鬼的杰作；清教徒的宗教领袖将自杀谴责为可憎、可鄙的，是"个人对撒旦的屈服"⑥；18世纪英国神学家约翰·卫斯理声称，那些杀死自己的人，

---

① K. A. Achte and J. Lönnqvist, "Death and Suicide in Finnish Mythology and Folklore," in N. Speyer, R. F. W. Diekstra, and K. J. M. van de Loo, eds., *Proceedings of the International Conference for Suicide Prevention* (Amsterdam: Swets & Zeitlinger, 1973), pp. 317–323, p. 321.

② G. Rosen, "History in the Study of Suicide."

③ Henry Romilly Fedden, *Suicide: A Social and Historical Study* (London: Peter Davies, 1938), p. 37.

④ Nils Retterstol, *Suicide: A European Perspective* (Cambridge, England: Cambridge University Press, 1993), p. 20.

⑤ 同上, p. 21。

⑥ Kushner, *American Suicide*.

他们的尸体应当"送上绞刑架……任其腐烂"①；洛克、卢梭，还有最近的克尔恺郭尔等哲学家都强烈反对社会和宗教以任何形式接受自杀——司法体系和公众却越来越倾向于认为，自杀是一种心理失衡的行为，而不是软弱的结果或个人的罪愆。自杀者的尸首不再埋葬在大路口，而是慢慢地也能埋进教堂墓地的北侧了。他们不再被隔离起来遭受谴责，而是会跟社会中其他声名狼藉或非基督教徒的人互相做伴，比如被开除教籍的人，还没受洗就夭折了的婴儿，以及被处决的重犯等②。

英国作家罗伯特·伯顿有一本《忧郁的解剖》(*The Anatomy of Melancholy*) 出版于 1621 年，传阅甚广，影响力甚巨。这部著作抱着同情心描绘了疯狂、忧郁和自杀之间的关系，并提出应当宽恕那些处于这样的绝望和痛苦中并因而自杀的人。二十五年后又出现了一篇论述自杀的里程碑之作，题为《论暴死》(*Biathanatos*)，作者是英国诗人约翰·多恩，也是伦敦圣保罗大教堂著名教长。多恩在这部著作中宣称，自杀有时候也合乎情理；当然，他指出，人类对此应当也是可以理解的。在他看来，自杀是个人事务。他在这部著作的序言中承认："无论什么时候，有什么痛苦击中我的时候，在我看来，我监牢的钥匙都在我自己手中，而在我心里最早出现的解救办法，总是我自己手中的剑。"③

最近有两位作者对自杀作出了精彩论述，在追踪英国和美国对自杀不断变化的态度和法律时，他们也发现了类似的规律④。在《痛苦在呼喊》(*Cry of Pain*) 中，马克·威廉姆斯称，在 17 世纪中期的英国，只有不

---

① Mark Williams, *Cry of Pain: Understanding Suicide and Self-Harm* (London: Penguin, 1997).
② 同上。
③ John Donne, *Biathanatos*, 以现代拼写形式出版并附有 Michael Rudick 和 M. Pabst Battin 撰写的介绍和评论的版本 (New York: Garland, 1982), p.39。
④ Williams, *Cry of Pain*; Kushner, *American Suicide*. Roy Porter 的 *Mind-Forg'd Manacles: A History of Madness in England from the Restoration to the Regency* (Cambridge, Mass.: Harvard University Press, 1987) 同样是关于自杀历史的精彩论述。

到十分之一的自杀案例被判定为出于"精神不健全",或者说精神错乱①。到 1690 年代,这个数字上升到 30%,而到 1710 年,又进一步上升到 40%。到 1800 年,基本上所有自杀案例都被认为是出于精神错乱。

马萨诸塞湾的清教徒和其他早期美国殖民者一般不但把那些自杀者看成罪人,甚至还会视为罪犯。不过在时光流逝中,美国公众的态度和美国法律也出现了变化。霍华德·库什纳在《美国的自杀》(*American Suicide*)中记录道,1730 年到 1800 年的七十年间,波士顿验尸官委员会认定的精神不健全自杀与重刑犯自杀的比例大概是一比二到三②。到 1801—1828 年,这个比例反过来了:每一次重罪自杀对应的都有两起认定为精神失常的自杀案例。到 19 世纪末,英国的自杀案例通常都会判定为精神不健全。(对历史有兴趣的读者不妨了解一下,英国殖民者在马萨诸塞湾自杀的最早案例,可能是五月花号乘客多萝西·布拉德福德,她丈夫威廉·布拉德福德后来官居普利茅斯殖民地总督。据说多萝西·布拉德福德在科德角海港从五月花号上"意外落水"溺水身亡③,但历史学家塞缪尔·埃利奥特·莫里森等人认为,她的死亡是有意为之而非意外。布拉德福德在对早期殖民地的描述中,绝口不提妻子的死④。)

欧洲国家大都在 18 世纪到 19 世纪正式从法典中去除了自杀的罪名,尽管在英国和威尔士,自杀在 1961 年之前仍然是犯罪行为,而在爱尔兰这个罪名还一直延续到 1993 年⑤。近年来,公众对自杀的理解当然在增加,尽管与医学和心理学研究中取得的成果还很不相称。多少个世纪来对自杀的严厉态度对今天仍然有影响,其余威既体现在社会政策

---

① Williams, *Cry of Pain*.

② Kushner, *American Suicide*.

③ Samuel Eliot Morison, 为 William Bradford, *Of Plymouth Plantation: 1620-1647* 所作序言 (New York: Alfred A. Knopf, 1996), p. xxiv。

④ Bradford, 同上。

⑤ J. Neeleman, "Suicide as a Crime in the U. K.: Legal History, International Comparisons and Present Implications," *Acta Psychiatrica Scandinavica*, 94 (1996): 252-257.

中，也体现在更个人化的方面。比如我手上有一本公祷书，在讲到葬礼时（这项服务既给人安慰，又古老而熟悉："我是亡者复活，我是生命本身……死亡啊，你的毒刺在何处？"①）前面有几行小字，毫不留情地提醒人们注意古老的禁忌，以及什么人要被排除在葬礼之外：公祷书明确指出，安葬死者的规则"不得用于未受洗礼而死的人，被开除教籍的人，以及将暴力之手加诸自身的人"②。

至少在一定程度上，历史已经通过其法律和态度反映了自杀有多复杂。自杀是一种针对自身的行为，也是他人生活中一种暴虐的力量。年轻人自杀让人没法理解，老年人自杀也相当可怕；身体健康、事业有成的人自杀很是令人费解，而病人和失败者自杀又太容易解释了。没有什么简单的理论能解释自杀，也没有什么一成不变的算法能预测自杀。当然，到现在也还没有人找到办法，在有人自杀后，来治愈和安抚被自杀者留在身后的未亡人受伤的心灵。我们不了解的，正在大开杀戒。

然而我们对自杀的了解又多得吓人。

比如说，我们知道很多可能会导致自杀的潜在因素——遗传特征，严重的精神疾病，冲动或暴力的性情——我们也知道，生活中有些事件或环境条件会与这些容易导致自杀的弱点以特别致命的方式相互作用，比如失恋或是恋情出现剧变，经济上或工作上遇到挫折，跟法律起了冲突，患上了绝症或让人虚弱无力的疾病，会带来极大耻辱或是会被视为极大耻辱的情形，酗酒和吸毒，等等。对于什么人会自杀，我们同样相当了解：最脆弱的年龄层是什么，自杀风险最大人群的社会背景和性别如何；我们还知道他们会怎么自杀、在哪里自杀、什么时候自杀；他们采用的方法，选定的地方、时间和季节。

---

① *The Book of Common Prayer*（Oxford：Oxford University Press），pp. 394-395.
② 同上，p. 388。

但对于人们为什么会自杀，我们就没那么确定了。心理状态，复杂的动机，还有微妙的生理差异，在还活着的人身上很难弄清。要确定这些因素是否存在，以及在那些自杀者身上这些因素也许都起到了什么作用，又是另外一个问题。当然，关于自杀的研究文献反映了我们对自杀的理解有多复杂、矛盾和不足，也反映了千百年来我们为了解释无法理解的自杀行为做了多少尝试。亲身接触过这些文献（单是最近三十年①，就有15 000篇科学和临床医学论文，外加几百本相关著作和专著）的人，无论是谁，都会对这个问题所涉及知识的深度和广度印象深刻。没有哪一本书，或是哪几本书，能总括历史文献中最精彩的部分，或新的科学和心理学研究中最激动人心的进展。

因为意识到这样的现实情况，也怀着对早年作者和研究人员工作成果的极大尊重，我写了这本书。我希望能找到办法来阐述个人视角——尽管我还是会强调心理学对自杀的解读，并大量运用那些真的尝试过自杀乃至最终死于自杀的人留下来的语言文字及个人经历；但我也会让个人视角以精神病理学、遗传学、精神药理学和神经生物学等科学领域为坚实基础。人们很容易过度关注个案中的生死，从而没能看到科学和医学近年来取得的巨大进步——这些进步可以让极度痛苦得到缓解，挽救生命。同样地，人们也很容易就会迷失在让人极为兴奋的基因搜寻、脑成像和血清素代谢途径等研究中，因而忘了就像英国诗人、评论家阿尔弗雷德·阿尔瓦雷斯说的那样，自杀并非只是个"非常敏感，也非常让人困惑的问题"，也是一个"需要在神经和感官中去感受"的问题②。

文献、医学、心理学和科学研究如此丰富的一个世纪过去了，在这

---

① 本书英文版出版于1999年。书中有些表述，例如"本世纪"，译文做了一些调整，而另一些表述，如"最近几年"，"将近两百年前"等未做调整，需读者自行留意。——译者

② A. Alvarez, "Literature in the Nineteenth and Twentieth Centuries," in S. Perlin, ed., *A Handbook for the Understanding of Suicide* (Northvale, N.J.: Jason Aronson, 1975), p. 59.

个世纪结束的时候,实在是没有必要在人文主义和个体复杂性与临床或科学理解之间划出一道泾渭分明的鸿沟来。应该说很明显,这两方面紧密相连,密不可分。但是也不可否认,名不副实的马其诺防线确实存在。对很多人来说,复杂性带来的美感——心理学研究史的独特吸引力,尤其是那些带有社会和文化解释的案例——比从验尸官的报告中或DNA凝胶中得到的统计发现要引人注目得多。

但是,只关注心理学方面的复杂性,不去理会精神病理学、遗传学或其他生物学角度的考量,是肯定会失败的,就像只关注生物学方面的原因和治疗方法,而不去考虑个人在经验、行为、能力和性情方面的差异一样。对那些主要兴趣在于艺术和人文因素的人来说,读到讲导致自杀的心理冲突和社会决定因素的文章几乎总是更有意味。当然,这些问题对于理解自杀也至关重要,但只考虑这些因素的话,对于预测和防止别人毫无必要地过早死亡可能不会起到特别大的作用。

自杀是一个事关生死存亡的问题,也是哲学家、作家和神学家关心的核心问题之一。无论相信与否,这对我们大部分人来说都是个重要问题。(比如阿尔贝·加缪就相信,"判断此生是否还值得继续活下去,就是回答了最基本的哲学问题"。①)本书尽管主要关注自杀心理学,也会视自杀为医学和社会问题。具体来讲,本书讲的是自杀为什么会发生,为什么这是我们最重要的健康问题之一,以及如何防止自杀。

本书重点关注的是四十岁以下人群的自杀,但绝不意味着更高年龄层的自杀的问题就没那么可怕,就可以轻描淡写。一项又一项研究表明,老年抑郁症的治疗很不充分②,抑郁症在所有年龄段都是自杀的最

---

① A. Camus, *The Myth of Sisyphus and Other Essays* (New York: Vintage, 1995), p. 3.
② R. M. A. Hirschfeld and G. L. Klerman, "Treatment of Depression in the Elderly," *Geriatrics*, 127 (1979): 51–57; B. D. Lebowitz, J. L. Pearson, L. S. Schneider, et al., "Diagnosis and Treatment of Depression in Late Life: Consensus Statement Update," *Journal of the American Medical Association*, 278 (1997): 1186–1190.

主要原因，而且老年人的自杀率也高得惊人①。无论如何，老年群体的自杀，这一问题本身就值得专门写本书，而在老年人自杀这个背景下提出来的很多问题——"理性"自杀、医师辅助自杀②，尤其是在那些患有致残疾病或会危及生命的疾病的人身上——跟年轻人的相关性要小得多。

年轻人当中的自杀率在过去四十五年间至少增加了两倍③，这毫无疑问是我们最严重的公共卫生问题之一。自杀是美国年轻人的第三大死因，也是美国大学生的第二大死因。美国疾病控制与预防中心在1995年做过一项全国大学生健康风险行为调查，结果发现，有十分之一的大学生在调查前一年内都认真考虑过自杀，其中大部分人甚至还制订了自杀计划④。

---

① Y. Conwell, R. Melanie, and E. D. Caine, "Completed Suicide at Age 50 and Over," *Journal of the American Geriatric Society*, 38 (1990) 640-644; N. J. Osgood, *Suicide in Later Life* (New York: Lexington Books, 1992); D. C. Clark, "Narcissistic Crises of Aging and Suicidal Despair," *Suicide and Life-Threatening Behavior*, 23 (1993): 21-26; M. M. Henriksson, M. J. Marttunen, E. T. Isometsä, et al., "Mental Disorders in Elderly Suicide," *International Psychogeriatrics*, 7 (1995): 275-286; Y. Conwell, P. R. Duberstein, C. Cox, et al., "Relationships of Age and Axis I Diagnoses in Victims of Completed Suicide: A Psychological Autopsy Study," *American Journal of Psychiatry*, 153 (1996): 1001-1008; Gary J. Kennedy, ed., *Suicide and Depression in Late Life* (New York: John Wiley, 1996); H. Hendin, "Suicide, Assisted Suicide, and Medical Illness," *Journal of Clinical Psychiatry 60* (Suppl. 2) (1999): 46-50.
② 对这个问题深入思考但观点相反的讨论，可参阅 H. Hendin, *Seduced by Death: Doctors, Patients and the Dutch Cure* (New York: W. W. Norton, 1997), 以及 C. F. McKhann, *A Time to Die: The Place for Physician Assistance* (New Haven: Yale University Press, 1999)。
③ R. N. Anderson, K. D. Kochanek, and S. L. Murphy, "Advance Report of Final Mortality Statistics, 1995," *Monthly Vital Statistics Report*, 45 (11) (Suppl. 2) (Hyattsville, Md.: National Center for Health Statistics, 1997), DHHS Publication No. (PHS) 97-1120.
④ Division of Adolescent and School Health, National Center for Chronic Disease Prevention and Health Promotion, "Youth Risk Behavior Surveillance: National College Health Risk Behavior Survey — United States, 1995," *Morbidity and Mortality Weekly Report*, 46 (1997): No. SS-6.

1997 年针对高中生的调查得出的数字更令人担忧。有五分之一高中生表示，他们在此前一年认真考虑过自杀，而且大部分人都制订了自杀计划①。在调查前的十二个月里，有将近十分之一的学生真的尝试过自杀。这些自杀未遂的案例中，有三分之一的人结果严重到需要医疗救助。1997 年高中生调研得到的数字，跟 1995 年和 1993 年面向高中生的调查报告的结果实际上是一样的②。

在报告中声称自己有自杀的想法，跟计划并真的去尝试自杀显然有区别。因此，尝试自杀与真的死于自杀之间也有至关重要的差别。尽管如此，自杀未遂仍然是唯一能很好地用来预测自杀的数据，这些数据也是自杀需要引起重视和关注的原因。无论怎么看，自杀都是让年轻人死于非命的一大罪魁祸首。

或许把过去四十年美国年轻人中的自杀死亡人数与另外两个广为人知的死因（越南战争和获得性免疫缺陷综合征，也就是艾滋病）比较一下，就能更好地说明年轻人自杀的问题严重到了什么程度。在下面的图表中，我分别给出了三十五岁以下男性因这三种原因死亡的人数③。自

---

① "Youth Risk Behavior Surveillance — United States, 1997," *Morbidity and Mortality Weekly Report*, 47 (1997): No. SS-3.
② L. Kann, C. W. Warren, W. A. Harris, J. L. Collins, B. I. Williams, J. G. Ross, and L. J. Kolbe, "Youth Risk Behavior Surveillance — United States, 1995," *Morbidity and Mortality Weekly Report*, 45 (1996): No. SS-4; L. Kann, C. W. Warren, W. A. Harris, J. L. Collins, K. A. Douglas, M. E. Collins, B. I. Williams, J. G. Ross, and L. J. Kolbe, "Youth Risk Behavior Surveillance — United States, 1993," *Morbidity and Mortality Weekly Report*, 44 (1995): No. SS-1.
③ 越南战争死亡数据：United States Department of Defense, Washington Headquarters Services, Directorate for Information Operations and Reports, July 1998。艾滋病和自杀死亡数据：R. N. Anderson, K. D. Kochanek, and S. L. Murphy, "Report of Final Mortality Statistics, 1995," *Monthly Vital Statistics Report*, 45 (11, Suppl. 2) (Hyattsville, Md.: National Center for Health Statistics, 1997)；其他统计数据来自 Dr. Alex Crosby, Centers for Disease Control and Prevention, Atlanta, Ga.；Ken Kochanek, M. A., Centers for Disease Control and Prevention (National Center for Health Statistics, Hyattsville, Md.)；以及同在 National Center for Health Statistics 的 Dr. Harry Rosenberg。

杀、战争和艾滋病,死于每一项的年轻人都高得不成比例。当然,对这个年龄段来说,任何一种死因都很可怕,无论是战争、疾病还是自作自受。越南战争造成的伤亡非常惨重,但只持续了十二年就结束了。把美国三十五岁以下男性在官方认定的越南战争期间(1961—1973 年)战死人数跟同期、同年龄段美国死于自杀的人数直接比较一下,就会看到自杀身亡的(101 732 人)几乎是战死沙场的(54 708 人)的两倍。不过,越南战争造成的死亡大都只是发生在其中几年(1966—1970 年)。

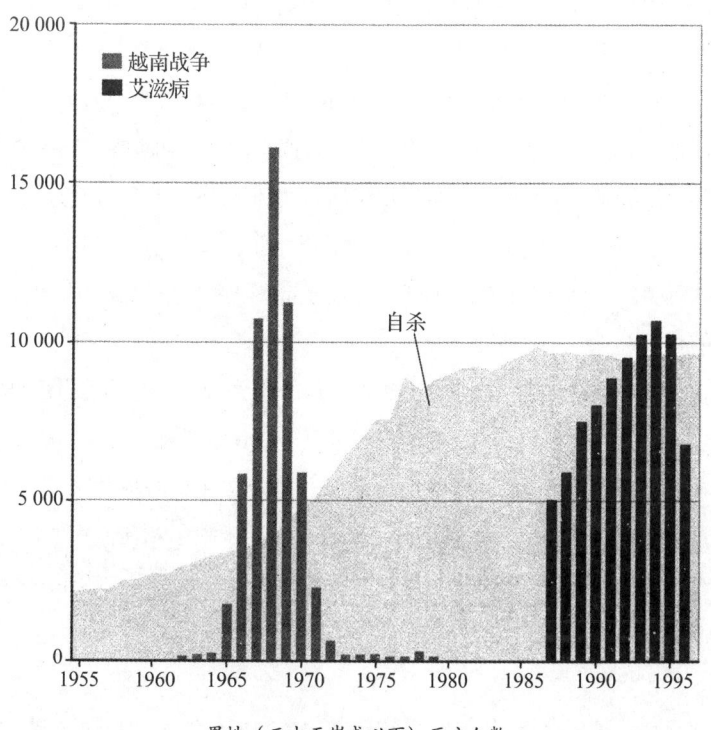

男性(三十五岁或以下)死亡人数

同样比较一下 1987 年到 1996 年十年间自杀和艾滋病的死亡人数,就会发现年轻人死于自杀的比死于艾滋病的多了将近 15 000 人。(尽管也有艾滋病患者在此期间自杀,但数量相对较少。)幸运的是,近些年来由于有了抗逆转录病毒联合疗法(cART,俗称鸡尾酒疗法),也开展了大量公共卫生教育,艾滋病在美国已经成为没那么致命的疾病。(有意思的是,前面引用过的 1995 年美国大学生健康风险行为调查发现,有一半大学生接受过如何预防艾滋病的教育,但接触过自杀预防相关信息的大学生还不到五分之一。)

然而,自杀率一直有增无减,几乎没有会下降的迹象。实际上,从上面的图表中可以明显看出,1950 年代中期以来,青少年和年轻人的自杀率急剧上升,累计死亡人数也同样如此。可以解释自杀率猛增的原因有很多——验尸官和法医现在可以更准确地确定哪些情形是死于自杀;年轻人能够更早、更容易地采取非常致命的手段,比如枪支;第一次喝酒和吸毒的年纪更小了;严重精神疾病的发病年龄提前了;抑郁症发病率也在增加——这些问题本书后面都会更全面、深入地展开讨论。每年有 3 万美国人自杀,还有将近 50 万人的自杀未遂严重到需要去急诊治疗的程度[①]。

战争总会过去,疾病也总会过去,但一直到现在,自杀的阴霾仍然挥之不去。为什么会这样,对此我们可以采取什么措施?这些问题就是本书的核心:理解人们为什么会自杀,并确定医生、心理学家、学校、家长和社会能做些什么来阻止自杀。公众对死于战争和艾滋病的愤怒,一直都比为死于自杀的人进行的鼓与呼更显眼也有效得多,然而后者令人憎恶和绝望的程度与前两者相比不输分毫。

自杀这种死法特别可怕:导致自杀的精神痛苦通常漫长而强烈,而

[①] L. F. McCraig and B. J. Strussman, "National Hospital Ambulatory Care Survey: 1996. Emergency Department Summary Advance Data from Vital and Health Statistics," no. 293 (Hyattsville, Md.: National Center for Health Statistics, 1997).

且无法排解。没有任何类似于吗啡的东西能缓解这么剧烈的痛苦，自杀身亡也往往很暴力、很恐怖。自杀者承受的痛苦很隐秘也无法表达出来，而他们自杀身亡后，家人、朋友和同事所要承受的损失和负罪感难以估量。自杀者留在身后的混乱和破坏到了什么程度，很多时候都无法尽述。

还是那本不许为自杀者举办葬礼的圣公会祈祷书，在另一个地方谈到了"这个世界无法给予的平和"。自杀者心里想要追求的，就是这种平和。在《忧郁的解剖》中，罗伯特·伯顿写道：

> 在这种［忧郁的］精神状态中，就有火的种子……白天，他们仍然会被一些可怕的东西吓坏，被怀疑、恐惧、悲伤、不满、关心、羞耻和痛苦等等撕成碎片，就好像有无数匹野马，他们一小时、一分钟都无法安静，但就算跟他们的意愿相悖，他们仍然下定决心，仍然想着这件事，他们无法忘记这事，这个念头日夜碾磨着他们的灵魂，他们永远都在受折磨……在这些卑劣、丑陋、令人厌烦的日子里，在难以忍受的生活里，他们找不到慰藉，找不到解脱，最后只能一死了之……成为他们自己的刽子手，处决自己①。

就我们现在知道的来说，提供慰藉和解脱，至少让一部分刽子手放下屠刀，是有可能做到的。大部分自杀（尽管绝非全部），都可以预防。我们知道的和我们做到的之间存在的缺口，会吞噬更多生命。

---

① Robert Burton, *The Anatomy of Melancholy*, vol. 1 (London: J. M. Dent, 1932), pp. 431-432.

第二章
测量心脏的悸动
——定义与等级——

> 这是多艰巨的工作啊,用直尺
> 测量闪电的长度,用两脚规
> 测量心脏的悸动?
>
> ——诺曼·麦凯格

你应该不会指望给自杀下定义或是分类很容易,事实也确实如此。死在自己手上远远不只是未知动机、复杂心理和不确定的环境条件总和起来的最终结果——而且自杀对生者的权利、恐惧和绝望的腐蚀作用也特别大——因此,自杀的定义不可能用科学家提出的清晰明了的类别一语道尽,也不可能完全遵循语言学家和哲学家提出的深奥阐述。然而,无论其边缘有多漫漶不清,用英国作家亨利·罗米利·费登(Henry Romilly Fedden)在 1938 年的一句话来说,"确定自杀难以捉摸的边界"仍然极为重要[1]。他说,印度寡妇在丈夫的火葬堆上自焚升天,"跟孤独的人在自家阁楼上悬梁自尽完全不是一回事"。

早年间希腊人用非常积极、果决的语言来描绘自杀行为[2]。杀死自己,是"结束生命",是"抓住死亡",是"对自己施加暴力",是"离开光明",甚至是"自我屠杀"。然而希腊人在把这种行为诉诸语言时,与其说是定义,还不如说是描述。多少个世纪以后,尽管已经有了无数著作和学术论文③,自杀的定义和分类系统仍然多种多样且充满争议,而且还有人在不断提出新的看法。要是读上几百篇医学、哲学和社会学领域给自杀分类、各自有着细微差别的不同尝试,肯定会把脑子里的 CPU 给干烧。

无论哪种自杀的分类和命名系统都或多或少有些缺陷;然而所有系统,或者说几乎所有系统,都提出了很好的看法,也都有其独到之处④。为清晰、一致起见,我采用了美国疾病控制与预防中心(位于亚特兰大的美国公共卫生服务机构)关于自杀死亡认定的标准,也就是科学家、公共卫生官员乃至法医、验尸官使用的标准。在这份标准中,自杀的定义简明扼要,就是:"死于伤害、中毒或窒息,且有证据(无论是明示的还是推断出来的证据)表明伤害是死者自己造成的,并且死者

---

① Henry Romilly Fedden, *Suicide: A Social and Historical Study* (London: Peter Davies, 1938), p. 9.

② D. Daube, "The Linguistics of Suicide," *Suicide and Life-Threatening Behavior*, 7 (1977): 132–182.

③ John Donne, *Biathanatos* (New York: Garland, 1982; first published 1647); David Hume, *Of Suicide* (1784, posthumous), in A. Macintyre, ed., *Hume's Ethical Writings* (New York: Macmillan, 1956); Emile Durkheim, *Suicide: A Study in Sociology* (New York: Free Press, 1951; first published 1897); Albert Camus, *The Myth of Sisyphus and Other Essays* (New York: Alfred A. Knopf, 1955); J. D. Douglas, *The Social Meanings of Suicide* (Princeton, N. J.: Princeton University Press, 1967); Jacques Choron, *Suicide* (New York: Scribners, 1972); M. P. Battin and D. J. Mays, eds., *Suicide: The Philosophical Issues* (New York: St. Martin's Press, 1980); R. Maris, *Pathways to Suicide* (Baltimore: Johns Hopkins University Press, 1981); Edwin Shneidman, *Definition of Suicide* (New York: John Wiley, 1985); Gavin J. Fairbairn, *Contemplating Suicide: The Language and Ethics of Self Harm* (London: Routledge, 1995).

④ A. T. Beck, J. H. Davis, C. J. Frederick, S. Perlin, A. D. Pokorny, R. E. Schulman, R. H. Seiden, and B. J. Wittlin, "Classification and Nomenclature," in H. L. P. Resnick and B. C. Hathorne, eds., *Suicide Prevention in the Seventies* (Washington, D. C.: U. S. Government Printing Office, 1973), pp. 7–12; T. E. Ellis, "Classification of Suicidal Behavior: A Review and Step Toward Integration," *Suicide and Life-Threatening Behavior*, 18 (1988): 358–371.

有杀死自己的意图。"① 世界卫生组织关于自杀的很多国际研究都以更简单的定义为基础,就是"带来致命结果的自杀行为",而自杀行为的定义是"有不同程度致命意图的自残"②。

社会、医学和亲属需要准确界定非正常死亡是属于意外、他杀还是自杀。家人需要尽可能了解自杀的真实情形,这样他们才能接受亲人自杀的事实,也才能得到对其他血亲的治疗决策来说可能非常重要的医疗和遗传信息。界定自杀对法律和经济问题来说也相当重要,比如财产权、有争议财产持有人的心智能力认定、人寿保险、养老金、劳保赔偿、医疗事故诉讼和产品责任索赔等③。公共卫生调查员的职责是跟踪死亡和疾病的趋势和相关性,因而准确的自杀统计数据对他们来说也至关重要。(根据验尸官和法医给出的信息,早期估计表明,自杀率被低估了25%到50%之多④;而最近的研究表明,现在低估的比

---

① M. L. Rosenberg, L. E. Davidson, J. C. Smith, A. L. Berman, H. Buzbee, G. Ganter, G. A. Gay, B. Moore-Lewis, D. H. Mills, D. Murray, P. W. O'Carroll, and D. Jobes, "Operational Criteria for the Determination of Suicide," *Journal of Forensic Sciences*, 32 (1988): 1445–1455; P. W. O'Carroll, A. L. Berman, R. W. Maris, E. K. Moscicki, B. L. Tanney, and M. M. Silverman, "Beyond the Tower of Babel: A Nomenclature for Suicide," *Suicide and Life-Threatening Behavior*, 26 (1996): 237–252.

② World Health Organization, Prevention of Suicide, *Public Health Paper* No. 35 (Geneva: World Health Organization, 1968).

③ S. W. Abbott, "Death Certification," Albert H. Buck, ed., *Reference Handbook of the Medical Sciences* (New York: William Wood, (1901); Edwin S. Shneidman, *Deaths of Man* (New York: Quadrangle, 1973); D. Jacobs and M. Klein-Benheim, "The Psychological Autopsy: A Useful Tool for Determining Proximate Causation in Suicide Cases," *Bulletin of the American Academy of Psychiatry and Law*, 23 (1995): 165–182.

④ L. Dublin, *Suicide* (New York: Ronald Press, 1963); National Center for Health Statistics, *Suicide in the United States, 1950–1964*; United States Public Health Service Publication No. 1000, Series 20: 1, Rockville, Md., 1967; J. M. Toolan, "Suicide in Children and Adolescents," *American Journal of Psychotherapy*, 29 (1975): 339–344; R. E. Litman, "Psychological Aspects of Suicide," in W. J. Curran, A. L. McGarry, and C. S. Petty, eds., *Modern Legal Medicine: Psychiatry and Forensic Science* (Philadelphia: F. A. Davis, 1980); D. A. Jobes and A. L. Berman, "Response Biases and the Impact of Psychological Autopsies on Medical Examiners' Determination of Mode of Death," paper presented to the 17th Meeting of the American Association of Suicidology, Anchorage, Alaska, 1984.

例可能低于10%①。)

确定死者是否死于自杀并非总是很难。很多时候情况很明确：旁边有把手枪，发现了火药留下的明显印记，写下了遗书，还有精神病史或先前记录在案的自杀未遂，等等。然而另一些时候，必须把各项证据——尸检结果、毒理学研究、心理学调查以及死者家属或死亡目击者的陈述等等——拼凑起来，才能确定死亡实际上是死者自己造成的。还必须确定其意图。

多数法医和验尸官使用的科学和公共卫生指南中都明确规定，必须有证据表明死者打算自杀，或希望自己死掉。证据可以是明示的，也就是口头或非口头地表达出来的自杀意念，也可以是推断出来的、间接的，比如："为与死者的生活背景不相称的死亡方式，或者在死者生活中属于意外的死亡方式做准备；表达出永别的愿望，或对死亡的渴望，或承认即将来临的死亡；表达出绝望；表达出巨大的情感痛苦或身体上的痛苦；设法了解死亡方式，使之为自己可用，或演练致命行为；预先避开救援；死者知道自己的死亡方式致死率很高的证据；曾试图自杀；曾威胁要自杀；压力事件或重大损失（真实发生的或可能发生的）；重度抑郁或精神障碍。"②

---

① A. B. Ford, N. B. Rushforth, N. Rushforth, C. S. Hirsch, and L. Adelson, "Violent Death in a Metropolitan County: II. Changing Patterns in Suicides (1959–1974)," *American Journal of Public Health*, 69 (1979): 459–464; D. A. Brent, J. A. Perper, and C. J. Allman, "Alcohol, Firearms, and Suicide Among the Young," *Journal of the American Medical Association*, 257 (1987): 3369–3372; G. Kleck, "Miscounting Suicides," *Suicide and Life-Threatening Behavior*, 18 (1988): 219–236; E. K. Moscicki, "Epidemiology of Suicidal Behavior," *Suicide and Life-Threatening Behavior*, 25 (1995): 22–35; A. Ohberg and J. Lönnqvist, "Suicides Hidden Among Undetermined Deaths," *Acta Psychiatrica Scandinavica*, 98 (1998): 214–218.

② D. A. Jobes, A. L. Berman, and A. R. Josselson, "Improving the Validity and Reliability of Medical-Legal Certifications of Suicide," *Suicide and Life-Threatening Behavior*, 17 (1987): 310–325, p. 323.

当然，医学和心理学标准只能到此为止，还有很多其他因素也会影响自杀统计数据的准确性。例如，撰写报告的官员可能不但是医生，还接受过大量法医学专业培训，也可能是验尸官，还有可能只是民选官员；而最后这种人尤其容易因为死者家庭的宗教问题、社会圈子里可能出现的污名化指责以及未亡人可能遭受的经济影响而做出不同论断。宗教背景同样可能会影响验尸官和法医给出的认定。（比如加拿大就有多项研究指出，信仰天主教的法医将非正常死亡判定为自杀的比例就比非天主教法医要少，表明在确定某些非正常死亡到底是有意自杀还是意外事故时，宗教观念和宗教禁制可能仍然在发挥作用[1]。）

文化态度和习俗也会产生影响。在一项调查中，丹麦验尸官用了跟英国验尸官同样的实例材料，但丹麦验尸官把可疑死亡[2]归因于自杀的比例，比英国同行要高得多[3]。调查人员指出，可能至少有部分差异是由于丹麦的死因确定是在医学而非法律背景下进行，要知道自杀在英国一直到1961年以前都被认定为刑事犯罪，而丹麦从1866年开始就已经不这么看了。而且丹麦人认为，英国人对于可能导致自杀的重大精神疾病——抑郁症、躁郁症和精神分裂症，乃至于自杀本身——会感觉很耻辱，但丹麦人对这些事情的耻感要轻微很多。

死亡方式在这个问题中同样很重要。例如，验尸官和法医往往认为吊死几乎可以肯定是自杀，还有死于汽车排气管排出的一氧化碳中毒、塑料袋套头窒息，以及割腕、割喉导致的死亡，也同样基本肯定

---

[1] G. K. Jarvis and H. C. Northcott, "Religion and Differences in Mortality and Morbidity," *Social Science and Medicine*, 25 (1987): 813–824; G. K. Jarvis, M. Boldt, and J. Butt, "Medical Examiners and Manner of Death," *Suicide and Life-Threatening Behavior*, 21 (1991): 115–133.

[2] 可疑死亡（equivocal death），即死亡的情况和原因都不明确的死亡案例。——译者

[3] M. W. Atkinson, N. Kessel, and J. B. Dalgaard, "The Comparability of Suicide Rates," *British Journal of Psychiatry*, 127 (1975): 247–256.

为自杀①。但溺水而死的情形就有很多争议了,因为有可能是自杀,有可能是意外,也有可能是他杀。实际上,大部分溺亡都是意外②,但调查本身可能也会有问题,比如英国社会学家麦克斯韦·阿特金森就在他执法版的"红心大战"中清楚地写到了这样的情形,其中的尸体就是黑桃皇后③,在执法官之间被推来推去:

> 很难想象人们除了由于自己的行为还会有别的什么情形导致吊死,然而也很容易想象人们会滑倒、掉进乃至被人推进水中,最后又从水里被打捞起来。但是,事后进行调查并得出确定结论却相当困难,可能也有这方面的原因,才有一名警察向我报告了这样一种做法。他在一条感潮河的一侧工作,这条河也是两个警察局辖区的边界。照他的说法,警察在自己这一侧发现一具冲到岸上的尸体后,将其推回水中的做法并不少见,因为这样潮水就会把尸体冲到对岸去,"这具尸体就得由对岸的警察来处理了"。然而对岸的警察大概也是出于类似想法,往往也会做同样的事情,因此一具尸体可能会在河里来来回回漂好几趟,才会终于有

---

① B. Walsh, D. Walsh, and B. Whelan, "Suicide in Dublin: II. The Influence of Some Social and Medical Factors on Coroners' Verdicts," *British Journal of Psychiatry*, 126 (1975): 309–312; J. Maxwell Atkinson, *Discovering Suicide: Studies in the Social Organization of Sudden Death* (Pittsburgh: University of Pittsburgh Press, 1978); M. C. Bradley, "Changing Patterns of Suicide in Leeds, 1979 to 1985," *Medical Science Law*, 27 (1987): 201–206; M. Speechley and K. M. Stavraky, "The Adequacy of Suicide Statistics for Use in Epidemiology and Public Health," *Canadian Journal of Public Health*, 82 (1991): 38–42.
② T. T. Noguchi, *Coroner* (New York: Simon and Schuster, 1983); A. L. Berman, "Forensic Suicidology and the Psychological Autopsy," A. A. Leenaars, ed., in *Suicidology: Essays in Honor of Edwin S. Shneidman* (Northvale, N. J.: Jason Aronson, 1993), pp. 248–266.
③ 即黑桃Q。"红心大战"是扑克牌的一种玩法,玩家最后以留在手里的牌计分,分数最低的赢,而红桃均记为1分,黑桃Q记为13分,其余牌均不计分,因此黑桃Q是所有玩家都最不想要的牌。——译者

人收尸并进行调查①。

单车辆车祸和车辆重量差异巨大的正面碰撞事故中的死亡，还有某些类型的行人死亡和高坠死亡，也容易让死亡原因解释起来很难说清楚②。然而，由于涉及大量案例以及大量令人困惑的问题，死亡证明上死因最无法确定的情形，还是自行服毒和药物过量③。自行服毒造成的死亡，跟勒死、淹死、枪杀和高坠等情形不一样，看起来甚至有可能都不大像非正常死亡，因此可能不会让验尸官或法医特别留意④。除非死亡看起来很意外（比如发生在年轻人身上），药物过量死亡说不定都会被误认为是正常死亡。

在药物过量造成的死亡案例中，很多都找不到明显的死亡意图。精神疾病，尤其是抑郁症，可能会影响病人的精神状态，导致其中一些人意外服用了过多药物；也有一些人并非一心赴死，可能会低估某种药品

---

① J. Maxwell Atkinson, *Discovering Suicide: Studies in the Social Organization of Sudden Death* (Pittsburgh: University of Pittsburgh Press, 1978), pp. 124-125.

② D. P. Phillips and T. E. Ruth, "Adequacy of Official Suicide Statistics for Scientific Research and Public Policy," *Suicide and Life-Threatening Behavior*, 23 (1993): 307-319; A. Ohberg, A Penttila, and J. Lönnqvist, "Driver Suicides," *British Journal of Psychiatry*, 171 (1997): 468-472.

③ I. M. K. Ovenstone, "A Psychiatric Approach to the Diagnosis of Suicide and Its Effect upon the Edinburgh Statistics," *British Journal of Psychiatry*, 123 (1973): 15-21; M. W. Atkinson, N. Kessel, and J. B. Dalgaard, "The Comparability of Suicide Rates," *British Journal of Psychiatry*, 127 (1975): 247-256; B. M. Barraclough, "Reliability of Violent Death Certification in One Coroner's District," *British Journal of Psychiatry*, 132 (1978): 39-41; R. E. Litman, "500 Psychological Autopsies," *Journal of Forensic Science*, 34 (1989): 638-646; M. Speechley and K. M. Stavraky, "The Adequacy of Suicide Statistics for Use in Epidemiology and Public Health," *Canadian Journal of Public Health*, 82 (1991): 38-42; P. N. Cooper and C. M. Milroy, "The Coroner's System and Under-reporting of Suicide," *Medical Science Law*, 35 (1995): 319-326.

④ R. D. T. Farmer, "Assessing the Epidemiology of Suicide and Parasuicide," *British Journal of Psychiatry*, 153 (1988): 16-20.

的致死能力，或是错误估计某种药物与酒精或其他药物结合起来的效力。对于这些情况，跟其他可疑死亡一样，对死者生前及其死亡进行回顾性检查，也就是所谓的"心理解剖"，可以提供关于死者意图和精神状态的关键信息。

心理解剖由个人或"自杀小组"进行，会跟死者的家人、朋友、医生和同事全面访谈，好弄清楚死者的死亡意图（如果有的话）以及死亡在多大程度上是死者自己造成的。这项技术最早由格雷戈里·齐尔博格（Gregory Zilboorg）在早期一项针对自杀身亡的纽约警察进行的精神分析研究中使用[1]，不过那时候还是一种更开放也不太成体系的形式。心理解剖是在美国发展起来，也是在美国应用最为广泛，但欧洲、南美洲、澳大利亚和亚洲的研究人员也同样采用了这种方法。圣路易斯华盛顿大学医学院精神病学家伊莱·罗宾斯在1950年代建立了一种更标准化的访谈形式，并将其应用于对圣路易斯134起连续自杀案例进行以社区为基础的回顾性调查。这项研究现在已成为精神病学的经典研究，也仍然是最清楚不过的证明了自杀身亡的人几乎普遍存在精神疾病的研究之一[2]。

1950年代末到1960年代初，作为临床和科学调查方法的心理解剖主要由洛杉矶自杀预防中心的诺曼·法伯罗、罗伯特·利特曼和埃德温·施奈德曼着力推动并发展而来，跟他们一起推动这个方法的，还有

---

[1] P. Friedman, "Suicide Among Police: A Study of Ninety-Three Suicides Among New York City Policemen, 1934-1940," in E. S. Shneidman, ed., *Essays in Self-Destruction* (New York: Science House, 1967), pp. 414-449.

[2] E. R. Robins, G. E. Murphy, R. H. Wilkinson, S. Gassner, and J. Kayes, "Some Clinical Considerations in the Prevention of Suicide Based on a Study of 134 Successful Suicides," *American Journal of Public Health*, 49 (1959): 888-899; Eli Robins, *The Final Months: A Study of the Lives of 134 Persons Who Committed Suicide* (New York: Oxford University Press, 1981).

时任洛杉矶县首席法医的西奥多·柯菲①。他们的"死亡调查",或者说心理解剖,设定的目标是重现自杀身亡者生前的精神状态。自杀小组成员访问了死者的朋友、家人和医生,访问中涵盖的话题极为广泛:死因或死法;死者的病史和精神病史;家庭背景;死者的性格、生活方式以及死者对压力、情绪波动和"不平衡时期"的典型反应方式;在死亡前几天、几周和几个月里,死者体现出来的不安、压力和紧张,以及他对麻烦即将来临的预感;死者人际关系的性质;死者可能表露过的与死亡或自杀有关的幻想、梦境、想法或预感;个人习惯、工作习惯、饮食和性行为的改变;与升迁、成功或规划有关的信息;对死者死亡意图的评估;对死者自杀想法和行为严重程度的评估;以及受访者对死者死亡的反应②。

根据这些信息和对死亡本身的详细分析,自杀小组可以对死者最后几天的情形拼凑出一份描述,并把他们的发现递交给法医和验尸官。通常在看起来像是可疑死亡的案例中,他们提交的建议会很有说服力,让这个案例被判定为自杀;不过也有一些情形下提交的证据会让死亡被判定为意外事故。下面这个案例来自洛杉矶自杀预防中心的档案,展现了问到的问题有哪些类型,以及涉及了哪些调查工作。起初呈现在自杀小组面前时,这个案例看起来像是一起自杀事件;但是在完成心理解剖

---

① E. S. Shneidman and N. L. Farberow, "Sample Investigations of Equivocal Deaths," in N. L. Farberow and E. S. Shneidman, eds., *The Cry for Help* (New York: McGraw-Hill, 1961), pp. 118 – 128; R. E. Litman, T. J. Curphey, E. S. Shneidman, et al., "Investigations of Equivocal Suicides," *Journal of the American Medical Association*, 184 (1963): 924 – 929; T. J. Curphey, "The Forensic Pathologist and the Multidisciplinary Approach to Death," in E. S. Shneidman, ed., *Essays in Self-Destruction* (New York: Science House, 1967), pp. 110 – 117; E. S. Shneidman, "Suicide, Lethality and the Psychological Autopsy," E. S. Shneidman and M. Ortega, eds., *Aspects of Depression* (Boston: Little, Brown, 1969).

② 访谈话题来自 E. S. Shneidman, *Deaths of Man* (Baltimore: Penguin, 1974), p.135。

后,自杀小组建议将其认定为意外事故:

> 在几乎所有验尸官那里,因为玩俄罗斯轮盘赌而死的人都会被自动判定为自杀。实际上,现在这种死亡证明已经成了法律常规。由于自杀小组对这种死亡事件特别感兴趣,验尸官把这起案例移交给他们调查,结果却极其出乎意料。在访谈的基础上此前已经确认,这名二十八岁的男性死者是个退伍军人,收藏了一批左轮手枪,而且都保养得很好。据他最要好的朋友确认,这名死者在聚会上最喜欢玩的就是俄罗斯轮盘赌(按照通常的规则玩,也就是旋转弹膛里只装了一颗子弹),而过去几年他已经这么玩了好几十次了。这时自杀小组开始思索,做出这种行为的人会是什么心理:他是有精神病呢还是想自杀?访问死者遗孀的结果让他们弄清楚了到底是什么情形:死者曾经告诉妻子,他根本不可能伤到自己,因为在扣动扳机之前他总是会瞟一眼枪,确保子弹不在会让他死于非命的位置。如果子弹在枪管左边一格,他会再转一次弹膛。没有证据表明他有自杀的想法,也没有抑郁、精神病或一心求死的迹象。到底发生了什么事情呢?自杀小组知道,死亡发生在另一个人家里。访谈发现,他杀死自己的那把左轮手枪并不是他自己的,而是当晚主人家的一把枪。看起来最重要的事实是,他收藏的全都是史密斯威森手枪,而让他饮弹身亡的是一把柯尔特手枪。这两种手枪的设置并不一样,史密斯威森手枪的旋转弹膛是顺时针旋转的。他们认为,死者在检查手枪时看到子弹在枪管右侧一格,于是认为他不可能杀死自己,然而实际情形是,扣动扳机刚好让子弹处于发射位置,并令他当场毙命。
>
> 因为没有任何迹象表明死者有自杀倾向和自杀意念,再加上这两种类型的左轮手枪的相关信息,自杀小组提出将这起死亡视为意

外事故。自杀小组有一名成员管这个案例叫"苏联轮盘赌",也就是有人作弊的俄罗斯轮盘赌①。

心理解剖的修改版及各种各样的标准化形式已广泛应用于自杀研究中,在验尸官和法医办公室也得到了大量应用②。事实证明,这个方法对于了解精神病理学和自杀之间的关联到了什么程度特别有帮助③。

自杀是由自杀意念和行为组成的连续体上的锚点。这个连续体的一端是冒险活动,另一端是自杀未遂和自杀身亡,中间则是不同程度和类型的自杀意念。自杀未遂不但包括有明显死亡意图或可能有死亡意图的行为,也包括没有死亡意图的行为(比如说有些人会希望通过表现出自杀意念来达到其他目的)。

冒险活动尽管很重要,但几乎总是需要对活动背后的意图做出大量推测。这种活动也许涉及直接风险,比如跳伞,也可能涉及更间接的风险,比如吸烟或危险驾驶。这种间接死亡,或者叫"亚有意"(subintentional)死

---

① N. L. Farberow and E. S. Shneidman, eds., *The Cry for Help* (New York: McGraw-Hill, 1965), p. 121.

② J. Beskow, B. Runeson, and U. Asgard, "Psychological Autopsies: Methods and Ethics," *Suicide and Life-Threatening Behavior*, 20 (1990): 307–323; D. C. Clark and S. L. Horton-Deutsch, "Assessment in Absentia: The Value of the Psychological Autopsy Method for Studying Antecedents of Suicide and Predicting Future Suicides," in R. W. Maris, A. L. Berman, J. T. Maltsberger, and R. I. Yufit, eds., *Assessment and Prevention of Suicide* (New York: Guilford, 1992) pp. 144–181.

③ T. L. Dorpat and H. S. Ripley, "A Study of Suicide in the Seattle Area," *Comprehensive Psychiatry*, 1 (1960): 349–359; B. M. Barraclough, J. Bunch, B. Nelson, and P. Sainsbury, "A Hundred Cases of Suicide: Clinical Aspects," *British Journal of Psychiatry*, 125 (1974): 355–373; C. L. Rich, D. Young, and R. C. Fowler, "San Diego Suicide Study: 1. Young Versus Old Subjects," *Archives of General Psychiatry*, 43 (1986): 577–582; D. A. Brent, J. A. Perper, C. E. Goldstein, D. J. Kolko, M. J. Allan, C. J. Allman, and J. P. Zelenak, "Risk Factors for Adolescent Suicide: A Comparison of Adolescent Suicide Victims with Suicidal Inpatients," *Archives of General Psychiatry*, 45 (1988): 581–588.

亡（施奈德曼将其定义为"死者在加速自身死亡的过程中起到了隐蔽、部分、潜在、无意识的作用"的情形）①，在不同临床医生和研究人员那里，可以囊括下面所有这些情形：长期酗酒、吸毒、参与高风险运动，还有很多其他活动，比如跟艾滋病高危伴侣发生无保护性行为，接触毒蛇，激怒那些明知有暴力倾向的人（即所谓的"受害者促进凶杀"）②。

  自杀意念，也就是说自杀的想法，同样是个很成问题的概念，不过更适合查问和衡量。自杀的想法在所有研究过的年龄组中相对来讲都很普遍，但是会承认自己有这种想法的人，其数量当然会因为所提问题的性质而千差万别。时间跨度会强烈影响承认自己有自杀想法或计划的总人数：例如有些研究只询问过去一周有没有自杀想法，有些研究则会问过去一年有没有出现过这种想法，还有些研究问的是整个一生中有没有想过自杀。做访谈的人还会问到出现自杀想法的频率——这种念头是极少出现，偶尔出现，经常出现，每天都有，还是一天就能有好几次？——以及自杀意念有多强烈。

  二十五年前，在一项针对自杀想法和行为的早期社区研究中，剑桥大学精神病学家尤金·佩克尔和同事们一起访谈了康涅狄格州纽黑文的700多人③。研究结果让原本很私密的一些想法得见天日。超过10%的受访者表示，在他们生命中某个时刻，他们曾感到"此生不值得活下去了"，还有相当数量的人表示，他们曾"希望自己已经死了"。5%的人真的考虑过结束自己的生命，而有自杀念头的人，多半都认真考虑过这个念头。1%的人声称自己尝试过自杀。

---

① Edwin Shneidman, *Definition of Suicide* (New York: John Wiley, 1985), p. 21.
② Karl Menninger, *Man Against Himself* (New York: Harcourt, Brace and Co., 1938); Norman Farberow, ed., *The Many Faces of Suicide* (New York: McGraw-Hill, 1980).
③ E. S. Paykel, J. K. Myers, J. J. Lindenthal, and J. Tanner, "Suicidal Feelings in the General Population: A Prevalence Study," *British Journal of Psychiatry*, 124 (1974): 460-469.

差不多二十年前，美国心理健康研究所开启了一项针对美国人精神疾病的性质和程度的研究，是同类研究中有史以来规模最大的①。该研究对居住在美国马里兰州巴尔的摩、北卡罗来纳州皮德蒙特县、加州洛杉矶、康涅狄格州纽黑文和密苏里州圣路易斯等五个片区的总计2万人进行了全面访谈。研究中包括四个关于自杀的问题，跟佩克尔及其同事问的问题很相似但更明确，因为要求自杀念头持续至少两周时间。有18 500人回答了关于自杀的问题，其中11%的人说，他们这辈子有过觉得特别低落因而想到自杀的时候；有3%的人声称自己曾有一次或多次自杀未遂②。另外一些在普通社区进行的调研发现，有5%到15%的普通成年人承认，这辈子曾经有过自杀的念头，这个结果跟前面的研究是一致的③。

　　大学生在被问到同样的或类似问题时，报告有这些情形的比例也一样高甚至更高。针对大学生进行的研究中最全面的是1995年进行的美国大学生健康风险行为调查（前面讨论过的美国疾病控制与预防中心做

---

① Lee N. Robins and Darrel A. Regier, eds., *Psychiatric Disorders in America: The Epidemiologic Catchment Area Study* (New York: Free Press, 1991).

② E. K. Moscicki, P. O'Carroll, B. Z. Locke, D. S. Rae, A. G. Roy, and D. A. Regier, "Suicidal Ideation and Attempts: The Epidemiologic Catchment Area," in U.S. DHHS, Report of the Secretary's Task Force on Youth Suicide: vol. 4, *Strategies for the Prevention of Youth Suicide* (Washington, D.C.: U.S. Government Printing Office, 1988); E. K. Moscicki, "Epidemiologic Surveys as Tools for Studying Suicidal Behavior: A Review," *Suicide and Life-Threatening Behavior*, 19 (1989): 131-146.

③ J. J. Schwab, G. J. Warheit, and C. E. Holzer, "Suicidal Ideation and Behaviour in a General Population," *Diseases of the Nervous System*, 33 (1972): 745-749; T. Hällstrom, "Life-Weariness, Suicidal Thoughts and Suicidal Attempts Among Women in Gothenburg, Sweden," *Acta Psychiatrica Scandinavica*, 56 (1977): 15-20; D. S. Vandivort and B. Z. Locke, "Suicide Ideation: Its Relation to Depression, Suicide, and Suicide Attempt," *Suicide and Life-Threatening Behavior*, 9 (1979): 205-218; E. L. Goldberg, "Depression and Suicide Ideation in the Young Adult," *American Journal of Psychiatry*, 138 (1981): 35-40; R. Ramsay and C. Bagley, "The Prevalence of Suicidal Behaviors, Attitudes and Associated Social Experiences in an Urban Population," *Suicide and Life-Threatening Behavior*, 15 (1985): 151-167.

的研究),询问了全美国4 600名本科生①。受访学生中有10%称,在调查前的十二个月当中,他们认真考虑过自杀,还有7%的学生真的制订了自杀计划。在欧洲、非洲和美国进行的其他研究也表明,自杀念头从轻微到严重都很常见,大学生当中有20%到65%都经历过②。

高中生里报告有自杀想法的比例也高得让人坐不住③。上一章援引过的1997年青少年危险行为监督调查涉及全美国1.6万余名九年级到十二年级(十五岁到十八岁)的高中生。足足有20%的学生,也就是五分之一报告称,他们在过去十二个月"认真考虑"过尝试自杀;16%的人说他们制订了自杀计划。女生考虑和计划尝试自杀的比例比男生高得多,而西班牙裔学生也比白人和非裔美国人更有可能承认自己有过自杀念头。针对美国高中生的另外两项研究证实,考虑自杀绝非少见:50%以上的纽约高中

---

① "Youth Risk Behavior Surveillance: National College Health Risk Behavior Survey — United States, 1995," *Morbidity and Mortality Weekly Report*, 46 (1997): No. SS-6.
② L. E. Craig and R. J. Senter, "Student Thoughts About Suicide," *Psychological Record*, 22 (1972): 355–358; C. V. Leonard and D. E. Flinn, "Suicidal Ideation and Behavior in Youthful Nonpsychiatric Populations," *Journal of Consulting and Clinical Psychology*, 38 (1972): 366–371; D. C. Murray, "Suicidal and Depressive Feelings Among College Students," *Psychological Reports*, 33 (1973): 175–181; B. L. Mishara, A. H. Baker, and T. T. Mishara, "The Frequency of Suicide Attempts: A Retrospective Approach Applied to College Students," *American Journal of Psychiatry*, 133 (1976): 841–844; J. L. Bernard and M. Bernard, "Factors Related to Suicidal Behavior Among College Students and the Impact of Institutional Response," *Journal of College Student Personnel*, 23 (1982): 409–413; B. L. Mishara, "College Students' Experience with Suicide and Reactions to Suicidal Verbalizations: A Model for Prevention." *Journal of Community Psychology*, 10 (1982): 142–150; M. D. Rudd, "The Prevalence of Suicidal Ideation Among College Students," *Suicide and Life-Threatening Behavior*, 19 (1989): 173–183; P. W. Meilman, J. A. Pattis, and D. Kraus-Zeilmann, "Suicide Attempts and Threats on One College Campus: Policy and Practice," *Journal of American College Health*, 42 (1994): 147–154.
③ Youth Risk Behavior Surveillance — United States, 1997, Centers for Disease Control and Prevention, CDC Surveillance Summaries, August 14, 1998. Morbidity and Mortality Weekly Report, 47 (1998): No. SS-3.

生表示他们曾"想到过杀死自己"①，而20%的俄勒冈州高中生都讲述了一段有自杀想法的历史②，只是严重程度各有不同。

在欧洲和北美其他地方进行的研究也报告了类似的发现。十五到十八岁的法国男生有5%声称他们此前一年"相当频繁，或非常频繁"地考虑过自杀，而同年龄段的法国女生中这个比例则是10%③。在加拿大，10%的高中生报告称在过去一周至少有一次想到过自杀④。加拿大的另一项研究关注的是年轻一点的年龄组（十二岁到十六岁），结果表明从十二三岁开始到他们处于十四岁到十六岁之间的年龄段，这期间女生想到自杀的比例几乎翻了一番（从7.5%上升到14.5%），而同年龄段的男生表现出的趋势刚好相反，从6.7%下降到了3.3%⑤。几乎可以肯定地说，性别上的这些差异至少在一定程度上反映了女孩和妇女的抑郁症发病率更高，这个问题稍后我们会继续深入讨论。

这些统计数据很让人坐立不安，但更让人担心的是，孩子报告的情况跟他们父母真正注意到的情况之间也存在巨大差异⑥。例如在一项针

---

① J. M. Harkavy Friedman, G. M. Asnis, M. Boeck, and J. DiFiore, "Prevalence of Specific Suicidal Behaviors in a High School Sample," *American Journal of Psychiatry*, 144 (1987): 1203-1206.

② P. M. Lewinsohn, P. Rohde, and J. P. Seeley, "Adolescent Suicidal Ideation and Attempts: Prevalence, Risk Factors, and Clinical Implications," *Clinical Psychology: Science and Practice*, 3 (1996): 25-46.

③ M. Choquet and H. Menke, "Suicidal Thoughts During Early Adolescence: Prevalence, Associated Troubles and Help-Seeking Behavior," *Acta Psychiatrica Scandinavica*, 81 (1989): 170-177.

④ M. Choquet, V. Kovess, and N. Poutignat, "Suicidal Thoughts Among Adolescents: An Intercultural Approach," *Adolescence*, 28 (1993): 649-659.

⑤ R. T. Joffe, D. R. Offord, and M. H. Boyle, "Ontario Child Health Study," *American Journal of Psychiatry*, 145 (1988): 1420-1423.

⑥ T. M. Achenbach and C. S. Edelbrock, *Manual for the Child Behavior Checklist and Revised Child Behavior Profile* (Burlington: University of Vermont Department of Psychiatry, 1983); T. M. Achenbach and C. S. Edelbrock, *Manual for the Youth Self-Report and Profile* (Burlington: University of Vermont Department of Psychiatry, 1987); J. M. Rey and K. D. Bird, "Sex Differences in Suicidal Behavior of Referred Adolescents," *British Journal of Psychiatry*, 158 (1991): 776-781.

对女生自杀行为的调查中,超过15%的孩子表示她们有过自杀的念头或行为,但这些孩子的父母注意到他们的孩子经历了什么的少之又少。调查发现,男孩的父母同样对他们孩子的自杀念头和行动一无所知。父母还会严重低估青春期孩子抑郁的严重程度①。

可以理解,父母很难相信小孩子会痛苦到想死的地步,然而很多孩子确实如此。康奈尔大学儿童精神病学家辛西娅·普费弗发现,在一组"正常"学童样本(即没有精神病症状和精神病史的孩子)中,报告有过自杀冲动的超过10%②。她的研究里有个十一岁的女孩子清晰而痛苦地描述了自己的想法:"我经常想到自杀。是从我有一次差点被车撞了开始的。现在我想杀死自己。我想用刀刺死自己。妈妈吼我的时候,我觉得她不爱我了。我非常担心我的家人。妈妈总是很抑郁,有时候还会说她马上就要死了。我哥哥常常无缘无故大发脾气。去年有一次他想要自杀,最后还不得不把他送去医院。妈妈也住过一次院。我非常担心我的家人。我担心他们要是发生了什么事,就没人管我了。一想到这些,我就好难过。"

还有一个十岁的男孩也同样具体而形象地描述了自己的自杀念头:"我苦恼、生气的时候就会想伤害自己。我会拿头撞墙,或是拿拳头砸墙。我希望自己死掉。我经常想着怎么杀死自己。我觉得我可以跑去法国,把自己送上断头台,那样又快又不疼。枪太疼了,刀也是。有一回我把脑袋埋在洗脸池里,把自己吓坏了。奶奶发现了,我跟她说我是在洗脸。妈妈听说了这件事以后也吓坏了。她哭了起来。她特别担心,看

---

① D. M. Velting, D. Shaffer, M. S. Gould, R. Garfinkel, P. Fisher, and M. Davies, "Parent-Victim Agreement in Adolescent Suicide Research," *Journal of the American Academy of Child and Adolescent Psychiatry*, 37 (1998): 1161-1166.

② C. R. Pfeffer, "Suicidal Fantasies in Normal Children," *Journal of Nervous and Mental Disease*, 173 (1985): 78-84, p. 80.

起来也总是好难过的样子。"

有自杀念头的案例虽然常常让人害怕和担忧,但大多既不会导致自杀尝试,也不会真的演变成自杀,尽管有些案例确实会演变成自杀未遂和自杀身亡。

自杀意念和自杀行动之间的界限并不像看上去那样清晰可辨。可能导致死亡的冲动也许会在变成行动之前就被打断了,而意图并不强烈、死亡风险也并不高的自杀尝试,也许会在自杀者满心指望自己肯定会被发现和救回来的情况下得到完满执行。人们往往既想活又想死;自杀行为里充满了矛盾心理。有人想要逃离,但只是暂时的。少数人想通过扬言自杀或尝试自杀来迫使其他人为轻视和嫌弃他们"付出代价",还有一些人是想用自杀来促使他们认识的人改变决定和做法。

很多自杀未遂的人在迫在眉睫的危机或痛苦过去之后都会否认或淡化自己曾尝试自杀的事情。比如英国小说家伊夫林·沃在二十出头的时候遭遇了两次职业挫折,别人对他的作品冷嘲热讽,让他感到无法忍受,痛苦而绝望的他决定一了百了。多年以后,在回首自己那次自杀未遂时,伊夫林·沃自问,他所做的那些有多少是"实实在在"的,又有多少只是在"做戏":

> 一天晚上……我独自一人来到海滩,脑子里满是死亡的念头。我脱掉衣服,开始往海里游去。我是真的打算让自己淹死吗?我脑子里肯定有这个想法,我还在衣服里留了张字条,上面写了一句欧里庇得斯的话,大意是大海会冲刷掉人类所有的罪恶。我还不厌其烦,从课本里查验了原文和变音符号抄出来……以我现在的年纪,我没法说促成这趟行程的,到底有多少是实实在在的绝望,是出于自我意志的行为,又有多少是在做戏。
>
> 那个夜晚很是美丽,天上挂着大半个月亮。我慢慢往外游着,

但还远远没到再也回不来的地方以前,西罗普郡少年①就被肩膀上的一阵刺痛惊扰了。我撞到了一只海蜇。又划了几下水之后,我又被蜇了一次,而且更痛了。这片平静的水域全都是这种生物。

这是个预兆吗?是在用刺痛让我猛地想起美好的感觉……?

我转过身,沿着月光的轨迹游回沙滩上。……由于一心求死,我并没有带毛巾。我有些费劲地穿上衣服,把我矫揉造作抄下的那句古文撕成碎片扔进海里,在欧里庇得斯从没见过的强大海潮的冲刷下在荒凉的海岸上移动,去履行它除垢去污的职责。随后我爬上陡峭的山坡,走向我未来的岁月②。

对自己的自杀意念和行动感到不大确定的人并非只有伊夫林·沃。实际上,对于"自杀未遂"究竟是什么含义,并没有一致认可的定义,也没有普遍认同的标准来区分不同程度的自杀决心,或是对自杀未遂在医学上的危险程度进行分类③。试图确定个人的死亡意愿有多强烈,或

---

① 《西罗普郡少年》(*Shropshire Lad*) 是英国诗人阿尔弗雷德·霍斯曼 (A. E. Housman) 于1896年出版的诗集,伊夫林·沃在此用作自称,是在拿自己与霍斯曼作比,两人的成长经历也确实有可比之处。此处所引伊夫林·沃这几段文字出自其自传《一知半解》,有上海译文出版社中译本。——译者

② Evelyn Waugh, *A Little Learning. The First Volume of an Autobiography* (London: Chapman & Hall, 1964), pp. 229–230.

③ D. J. Pallis and P. Sainsbury, "The Value of Assessing Intent in Attempted Suicide," *Psychological Medicine*, 6 (1976): 487–492; A. S. Henderson, J. Hartigan, J. Davidson, G. N. Lance, P. Duncan-Jones, K. M. Koller, K. Ritchie, H. McAuley, C. L. Williams, and W. Slaghuis, "A Typology of Parasuicide," *British Journal of Psychiatry*, 131 (1977): 631–641; E. S. Paykel and E. Rassaby, "Classification of Suicide Attempters by Cluster Analysis," *British Journal of Psychiatry*, 133 (1978): 45–52; S. Henderson and G. N. Lance, "Types of Attempted Suicide," *Acta Psychiatrica Scandinavica*, 59 (1979): 31–39; K. Hawton, M. Osborn, J. O'Grady, and D. Cole, "Classification of Adolescents Who Take Overdoses," *British Journal of Psychiatry*, 140 (1982): 124–131; D. J. Pallis, J. S. Gibbons, and D. W. Pierce, "Estimating Suicide Risk Among Attempted Suicides: II. Efficiency of Predictive Scales After the Attempt," *British Journal of Psychiatry*, 144 (1984): (转下页)

是必须评估自杀行为造成的医疗并发症在什么程度的临床医生和研究人员,需要把很多因素都纳入考量。

宾夕法尼亚大学的亚伦·贝克及其同事制作了一份自杀意念量表,用于曾经尝试自杀但活了下来的病人[①]。临床观察的结果和问到的问题——自杀行为是否发生在独自一人的时候,预先谋划到了什么程度,试图自杀的原因是什么——让我们可以了解到,临床医生和科学家在调查自杀意念和计划有关的问题时都在关心什么。

自杀意念量表

(针对自杀未遂者)

一、与自杀未遂有关的客观情形

1. 是否独自一人

a. 有他人在场

b. 有他人在附近,或视线、声音所及之处

c. 没有人在附近,视线、声音所及之处也没有人

2. 时机

a. 可能会出现干预

(接上页)139-148; D. A. Brent, "Correlates of the Medical Lethality of Suicide Attempts in Children and Adolescents," *Journal of the American Academy for Child and Adolescent Psychiatry*, 26 (1987): 87-89; A. Kurz, H. J. Möller, G. Baindl, F. Bürk, A Torhorst, C. Wächtler, and H. Lauter, "Classification of Parasuicide by Cluster Analysis: Types of Suicidal Behaviour, Therapeutic and Prognostic Implications," *British Journal of Psychiatry*, 150 (1987): 520-525; H. Hjelmeland, "Verbally Expressed Intentions of Parasuicide: 1. Characteristics of Patients with Various Intentions," *Crisis*, 16 (1995): 176-180; E. Arensman and J. F. M. Kerkhof, "Classification of Attempted Suicide: A Review of Empirical Studies, 1963-1993," *Suicide and Life-Threatening Behavior*, 26 (1996): 46-65.

① R. W. Beck, J. B. Morris, and A. T. Beck, "Cross-Validation of a Suicide Intent Scale," *Psychological Reports*, 34 (1974): 445-446.

b. 出现干预的可能性不大

c. 极不可能出现干预

3. 针对干预/避免被发现的预防措施

a. 没有预防措施

b. 被动预防措施（例如避开了他人但没有采取任何措施阻止他人干预；独自在房间里，但房门没有上锁）

c. 主动预防措施（例如锁上房门）

4. 自杀行动中或之后的求助行为

a. 告知可能提供帮助的人自杀未遂之事

b. 联系了可能提供帮助的人，但并未明确告知自杀未遂之事

c. 并未联系或告知可能提供帮助的人

5. 因预计即将死亡而采取的最后行动（例如遗嘱、礼物、保险相关事项）

a. 未采取任何行动

b. 想到了或作出了一些安排

c. 制订了明确计划，或完成了相关安排

6. 为尝试自杀所做积极准备

a. 未进行任何准备

b. 少量准备到适度准备

c. 做好了万全准备

7. 自杀遗言

a. 没有写下遗言

b. 写了遗言但是又撕掉了；想到要写遗言

c. 有遗言

8. 自杀未遂前公开表露自杀意念

a. 没有

b. 含糊不清地表露

c. 清楚无误地表露

二、自我报告

9. 试图自杀的自称目的

a. 影响环境，得到关注，报复

b. "a"和"c"的组合

c. 逃离、终止、解决问题

10. 死亡预期

a. 认为不可能死亡

b. 认为理论上有可能死亡但实际上不可能真的发生

c. 认为实际有可能死亡或确信会死亡

11. 对自杀方法的致命性的认识

a. 对自己做的事情不到自己认为会致命的程度

b. 不确定自己的所作所为是否致命

c. 所作所为相当于或超出自认为会致命的程度

12. 自杀尝试有多认真

a. 并未认真尝试结束生命

b. 不确定自己结束生命的尝试有多认真

c. 很认真地尝试结束生命

13. 对活着/死亡的态度

a. 不想死

b. "a"和"c"的组合

c. 想死

14. 对医疗救助的认识

a. 认为如果得到医疗救助就不太可能会死

b. 不确定医疗救助是否能避免死亡

c. **确定就算得到医疗救助也还是会死**

15. 预先谋划的程度

a. 未预先谋划，仅一时冲动

b. 自杀意念产生于行动前三小时以内

c. **自杀意念产生于行动前三小时以外**

三、其他方面（不计入总分）

16. 对自杀未遂的反应

a. 对尝试自杀感到愧疚；认为自己很愚蠢，很丢脸（圈出适合自己的情形）

b. 接受自杀尝试及失败

c. **对自杀尝试未能成功感到遗憾**

17. 对死亡的想象

a. 死后会跟以前死去的人团聚

b. 永无止境的睡眠、黑暗，一切都没有了

c. **对死亡没有概念、没有想法**

18. 之前自杀未遂次数

a. 无

b. 一两次

c. **三次或以上**

19. 酒精摄入量与自杀尝试的关系

a. 尝试前摄入了一定量酒精，但并未影响自杀尝试，摄入量据认为不足以妨碍判断和现实检验

b. 酒精摄入量足以妨碍判断、现实检验，减轻责任感

c. **为了促进自杀行为实施而有意摄入酒精**

20. 毒品摄入量与自杀尝试的关系（麻醉剂、致幻剂等，但毒品在此并非用来自杀）

   a. 尝试前摄入了一定量毒品，但并未影响自杀尝试，摄入量据认为不足以妨碍判断和现实检验

   b. 毒品摄入量足以妨碍判断、现实检验，减轻责任感

   c. 为了促进自杀行为实施而有意摄入毒品

注意事项：最能表明有强烈自杀意念的选项以加黑突出显示。
经宾夕法尼亚大学精神病学教授亚伦·贝克医生允许收录。

除了用来评估死亡意念的量表外，还有很多临床和研究措施可以评估自杀尝试从医学角度讲有多严重[1]。枪击和上吊很可能会死而且很难救回来，服毒会导致死亡的可能性就没有那么大，而且更容易治疗。（是否容易得到医疗服务，医疗服务的质量如何，也会影响某些自杀方法夺走性命的可能性。在发达国家和地区很容易就能得到急诊治疗，因此服毒自尽的风险低于世界上其他没那么富裕的地方。在那些地方，致命的农用杀虫剂很容易搞到，而医疗服务则不然。）自杀未遂在医疗方面造成的实际损害，可以通过对意识水平、自杀未遂造成的永久损伤的程度以及治疗所需医学程序（比如是只需要门诊护理还是需要入住内科或外科病房乃至重症监护室）进行评估来衡量。

---

[1] P. R. McHugh and H. Goodell, "Suicidal Behavior: A Distinction in Patients with Sedative Poisoning Seen in a General Hospital," *Archives of General Psychiatry*, 25 (1971): 456-464; A. D. Weisman and J. W. Worden, "Risk-Rescue Rating in Suicide Assessment," *Archives of General Psychiatry*, 26 (1972): 553-560; L. B. Potter, M. Kresnow, K. E. Powell, Patrick W. O'Carroll, R. K. Lee, R. F. Frankowski, A. C. Swann, T. L. Bayer, M. H. Bautista, and M. G. Briscoe, "Identification of Nearly Fatal Suicide Attempts: Self-Inflicted Injury Severity Form," *Suicide and Life-Threatening Behavior*, 28 (1998): 174-186.

考虑到对于怎么才算自杀未遂看法各异，各类研究报告给出的自杀未遂的发生率有很大差异也就不足为奇了。但总体来看——无论研究是在欧洲、北美、澳大利亚、中东还是远东进行——所有成年人中有1%~4%都宣称他们一生中曾经在某个时候尝试过自杀[1]。然而青少年的比例更高，不同调查给出的结果差异也更大：全球2%~10%的年轻人声称他们曾经试图杀死自己，其中报告称不止一次自杀未遂的也不在少数[2]。尽管已经出现了几种解释，年轻人和老年人自杀未遂的比例为什

---

[1] J. J. Schwab, G. J. Warheit, and C. E. Holzer, "Suicide Ideation and Behavior in a General Population," *Diseases of the Nervous System*, 33 (1972): 745-748; E. S. Paykel, J. K. Myers, J. J. Lindenthal, and J. Tanner, "Suicidal Feelings in the General Population: A Prevalence Study," *British Journal of Psychiatry*, 124 (1974): 460-469; R. Ramsay and C. Bagley, "The Prevalence of Suicidal Behaviors, Attitudes and Associated Social Experiences in an Urban Population," *Suicide and Life-Threatening Behavior*, 15 (1985): 151-167; E. K. Moscicki, P. O'Carroll, D. S. Rae, B. Z. Locke, A. Roy, and D. A. Regier, "Suicide Attempts in the Epidemiologic Catchment Area Study," *Yale Journal of Biology and Medicine*, 61 (1988): 259-268; J. Hintikka, H. Viinamäki, A. Tanskanen, O. Kontula, and K. Koskela, "Suicidal Ideation and Parasuicide in the Finnish General Population," *Acta Psychiatrica Scandinavica*, 98 (1998): 23-27; D. J. Statham, A. C. Heath, P. A. F. Madden, K. K. Bucholz, L. Bierut, S. H. Dinwiddie, W. S. Slutske, M. P. Dunne, and N. G. Martin, "Suicidal Behaviour: An Epidemiological and Genetic Study," *Psychological Medicine*, 28 (1998): 839-855; M. M. Weissman, R. C. Bland, G. J. Canino, S. Greenwald, H.-G. Hwu, P. R. Joyce, E. G. Karam, C.-K. Lee, J. Lellouch, J.-P. Lepine, S. C. Newman, M. Rubio-Stipec, J. E. Wells, P. J. Wickramartne, H.-U. Wittchen, and E.-K. Yeh, "Prevalence of Suicide Ideation and Suicide Attempts in Nine Countries," *Psychological Medicine*, 29 (1999): 9-17.

[2] B. L. Mishara, A. H. Baker, and T. T. Mishara, "The Frequency of Suicide Attempts: A Retrospective Approach Applied to College Students," *American Journal of Psychiatry*, 133 (1976): 841-844; J. M. Harkavy Friedman, G. M. Asnis, M. Boeck, and J. Di Fiore, "Prevalence of Specific Suicidal Behaviors in a High School Sample," *American Journal of Psychiatry*, 144 (1987): 1203-1206; R. T. Joffe, D. R. Offord, and M. H. Boyle, "Ontario Child Health Study: Suicidal Behavior in Youth Age 12-16 Years," *American Journal of Psychiatry*, 145 (1988): 1420-1423; M. D. Rudd, "The Prevalence of Suicidal Ideation Among College Students," *Suicide and Life-Threatening Behavior*, 19 (1989): 173-183; C. W. M. Kienhorst, E. J. DeWilde, J. van den Bout, R. F. W. Diekstra, and W. H. G. Wolters, "Characteristics of Suicide Attempters in a Population-Based Sample of Dutch Adolescents," *British Journal of Psychiatry*, 156 (1990): 243-248; P. J. （转下页）

么会有这么大的差异仍然没有完全弄清楚。

纽约哥伦比亚大学精神病流行病学家默纳·韦斯曼发现了很有说服力的证据来解释最近几十年自杀未遂发生率急剧提高了一倍甚至两倍的原因[1]。其中有些可能是出于"同辈效应",也就是说最近这些年出生的人当中,自杀行为和抑郁症的发生率确实提高了,对此后面我们会展开讨论。人们可能也有在时光流逝中忘记或淡化自杀未遂事件的倾向[2]。例如在澳大利亚进行的一项研究就发现,承认自己在一生中某个时候考虑过自杀的那些人,在四年后被问到同样的问题时,有40%都否认自己曾经有过这种念头。没那么严重的自杀未遂事件也有可能特别容易就忘掉了,当然,年轻时尝试过自杀的人,也有一些还没迈入成年就成功杀死了自己。此外,年轻人可能更愿意承认自杀行为。

自杀未遂和自杀之间的关系有些晦暗不明。据估计,对应于每次自

(接上页)Meehan, J. A. Lamb, L. E. Saltzman, and P. W. O'Carroll, "Attempted Suicide Among Young Adults: Progress Toward a Meaningful Estimate of Prevalence," *American Journal of Psychiatry*, 149 (1992): 41–44; P. M. Lewinsohn, P. Rohde, and J. R. Seeley, "Adolescent Suicidal Ideation and Attempts: Prevalence, Risk Factors, and Clinical Implications," *Clinical Psychology: Science and Practice*, 3 (1996): 25–46; "Youth Risk Behavior Surveillance: National College Health Risk Behavior Survey — United States, 1995," *Morbidity and Mortality Weekly Report*, 46 (1997): No. SS–6; C. Rey Gex, F. Narring, C. Ferron, and P. A. Michaud, "Suicide Attempts Among Adolescents in Switzerland: Prevalence, Associated Factors and Comorbidity," *Acta Psychiatrica Scandinavica*, 98 (1998): 28–33; "Youth Risk Behavior Surveillance — United States, 1997," Centers for Disease Control and Prevention, CDC Surveillance Summaries, August 14, 1998, *Morbidity and Mortality Weekly Report*, 47 (1998): No. SS–3.

[1] M. M. Weissman, "The Epidemiology of Suicide Attempts, 1960 to 1971," *Archives of General Psychiatry*, 30 (1974): 737–746.

[2] R. D. Goldney, S. Smith. A. H. Winefield, M. Tiggeman, and H. R. Winefield, "Suicidal Ideation: Its Enduring Nature and Associated Morbidity," *Acta Psychiatrica Scandinavica*, 83 (1991): 115–120.

杀成功,都有十次到二十五次自杀未遂①,而很多(即便不是大部分)自杀未遂的人都尝试过不止一次②。

自杀未遂和自杀的案例中性别肯定有其作用。美国女性尝试自杀的可能性是男性的两到三倍,但是美国男性自杀成功的可能性是美国女性的四倍③。个中原因很复杂④,本书也会多次回到这个问题详细讨论,部

---

① E. S. Shneidman and N. L. Farberow, "Statistical Comparison Between Attempted and Committed Suicides," in N. L. Farberow and E. S. Shneidman, eds., *The Cry for Help* (New York: McGraw-Hill, 1961), pp. 19–47; E. Stengel, *Suicide and Attempted Suicide* (Baltimore: Penguin, 1964); D. Parkin and E. Stengel, "Incidence of Suicidal Attempts in an Urban Community," *British Medical Journal*, 2 (1965): 133–138; I. M. K. Ovenstone, "Spectrum of Suicidal Behaviours in Edinburgh," *British Journal of Preventive and Social Medicine*, 27 (1973): 27–35; M. McIntire, C. R. Angle, R. L. Wikoff, and M. L. Schlicht, "Recurrent Adolescent Suicidal Behavior," *Pediatrics*, 60 (1977): 605–608; K. R. Petronis, J. F. Samuels, and E. K. Moscicki, "An Epidemiologic Investigation of Potential Risk Factors for Suicide Attempts," *Social Psychiatry and Psychiatric Epidemiology*, 35 (1990): 193–199; R. F. W. Diekstra and W. Gulbinat, "The Epidemiology of Suicidal Behavior: A Review of Three Continents," *World Health Statistical Quarterly*, 46 (1993): 52–68; C. M. Pearce and G. Martin, "Predicting Suicide Attempts Among Adolescents," *Acta Psychiatrica Scandinavica*, 90 (1994): 324–328; A. Schmidtke, "Perspective: Suicide in Europe," *Suicide and Life-Threatening Behavior*, 27 (1997): 127–136.

② R. Siani, N. Garzotto, C. Zimmerman Tansella, and M. Tansella, "Predictive Scales for Parasuicide Repetition: Further Results," *Acta Psychiatrica Scandinavica*, 59 (1979): 17–23; N. Kreitman and P. Casey, "Repetition of Parasuicide: An Epidemiological and Clinical Study," *British Journal of Psychiatry*, 153 (1988): 792–800; E. D. Myers, "Predicting Repetition of Deliberate Self-Harm: A Review of the Literature in the Light of a Current Study," *Acta Psychiatrica Scandinavica*, 77 (1988): 314–319; A. Öjehagen, G. Regnell, and L. Träskman-Bendz, "Deliberate Self-Poisoning: Repeaters and Nonrepeaters Admitted to an Intensive Care Unit," *Acta Psychiatrica Scandinavica*, 84 (1991): 266–271; H. Hjelmeland, "Repetition of Parasuicide: A Predictive Study," *Suicide and Life-Threatening Behavior*, 26 (1996): 395–404; U. Bille-Brahe, A. Kerkhof, A. De Leo, A Schmidtke, P. Crepet, J. Lönnqvist, K. Michel, E. Salander-Renberg, T. C. Stiles, D. Wasserman, B. Aagaard, H. Egebo, and B. Jensen, "A Repetition-Prediction Study of European Parasuicide Populations: A Summary of the First Report from Part II of the WHO/EURO Multicentre Study on Parasuicide," *Acta Psychiatrica Scandinavica*, 95 (1977): 81–86.

③ R. N. Anderson, K. D. Kochanek, and S. L. Murphy, "Advance Report of Final Mortality Statistics, 1995," *Monthly Vital Statistics Report*, 45 (Hyattsville, Md.: National Center for Health Statistics, 1997), DHHS Publication No. (PHS) 97-1120.

④ D. Lester, "The Distribution of Sex and Age Among Completed Suicides," *International Journal of Social Psychiatry*, 28 (1982): 256–260; A. R. Rich, J. Kirkpatrick-Smith, R. L. Bonner, and F. Jans, "Gender Differences in the Psychosocial Correlates of (转下页)

分差异可能是因为与自杀和自杀未遂有关的精神疾病的发生率和类型有所不同导致。比如女性患上抑郁症的可能性至少是男性的两倍①,这个因素也许能在一定程度上解释女性自杀未遂的发生率为什么会高那么多。有大量研究都广泛记录了女性抑郁症发病率较高的情形,比如由默纳·韦斯曼领衔的重大国际调查②。她和同事们一共调研了十个国家和地区,包括美国、加拿大、波多黎各、法国、西德、意大利、黎巴嫩、韩国、新西兰和中国台湾地区,而所有地方的数据都表明,女性患抑郁症的情形远比男性普遍。但是,男性和女性患上躁郁症的可能性是一样的。

尽管抑郁症在女性中更常见,但女性患上的抑郁症可能没有男性的那么冲动、那么暴力,从而可能也让女性没那么可能用更暴力的方法自

(接上页) Suicidal Ideation Among Adolescents," *Suicide and Life-Threatening Behavior*, 22 (1992): 364-373; E. K. Moscicki, "Gender Differences in Completed and Attempted Suicides," Annals of Epidemiology, 4 (1994): 152-158; M. A. Young, L. F. Fogg, W. A. Scheftner, and J. A. Fawcett, "Interactions of Risk Factors in Predicting Suicide," *American Journal of Psychiatry*, 151 (1994): 434-435; Silva Sara Canetto and David Lester, eds., Women and Suicidal Behavior (New York: Springer, 1995); S. S. Canetto, "Gender and Suicidal Behavior: Theories and Evidence," in R. W. Maris, M. M. Silverman, and S. S. Canetto, eds., *Review of Suicidology* (New York: Guilford, 1997), pp. 138-167; G. E. Murphy, "Why Women Are Less Likely Than Men to Commit Suicide," *Comprehensive Psychiatry*, 39 (1998): 165-175.

① M. M. Weissman, P. J. Leaf, C. E. Holzer III, J. K. Myers, and G. L. Tischler, "The Epidemiology of Depression: An Update on Sex Differences in Rates," *Journal of Affective Disorders*, 7 (1984): 179-188; J. E. Fleming, D. R. Offord, and M. H. Boyle, "The Ontario Child Health Study: Prevalence of Childhood and Adolescent Depression in the Community," *British Journal of Psychiatry*, 155 (1989): 647-654; C. Z. Garrison, K. L. Jackson, F. Marsteller, R. McKeown, and C. Addy, "A Longitudinal Study of Depressive Symptomatology in Young Adolescents," *Journal of the American Academy of Child and Adolescent Psychiatry*, 29 (1990): 581-585.

② M. Weissman and M. Olfson, "Depression in Women: Implications for Health Care Research," *Science*, 269 (1995): 799-801; M. Weissman, R. C. Bland, G. J. Canino, C. Faravelli, S. Greenwald, H.-G. Hwu, P. R. Joyce, E. G. Karam. C.-K. Lee, J. Lellouch, J.-P. Lépine, S. C. Newman, M. Rubio-Stipec, J. E. Wells, P. J. Wickramaratne, H.-U. Wittchen, and E.-K. Yeh, "Cross-National Epidemiology of Major Depression and Bipolar Disorder," *Journal of the American Medical Association*, 276 (1996): 293-299.

杀,而更可能采用相对安全些的手段,比如服毒。也有证据表明,男性比女性更有可能觉得自杀"失败"是一种耻辱①。女性对她们进行过的自杀尝试也可能记得更牢固,报告得更准确。

男性患上的抑郁症可能有更具攻击性也更不稳定的成分,同时他们也更不可能因为精神问题寻求医疗帮助。而且男性还会酗酒、吸毒、持有枪支,这些都进一步增加了他们的自杀风险。(这并不是最近才有的现象,稍后我们更详细地讨论自杀方法的时候就会更清楚地看到这一点。发行于1845年的《美国精神错乱杂志》[*American Journal of Insanity*,1921年更名为《美国精神病学杂志》]第一卷报告称,超过三分之二的男性自杀者用的都是很暴力、很致命的方法——枪击、割喉或上吊——而使用这些方法自杀的女性只占女性自杀者的三分之一②。)

自杀尝试中使用的方法明显对自杀者的生死有决定性作用。1990年全球自杀身亡者有超过40%来自中国,而主要国家中只有中国男性和女性自杀而死的人数相当。尽管其他社会因素肯定也有作用,但中国人口占世界人口的比例,以及高度致命的杀虫剂很容易就能搞到,再加上缺乏紧急医疗救治,让服毒自杀在中国成功的可能性远远高于西方国家。

自杀未遂的人和最后死于自杀的人有重叠③,这一点也很重要。例如长期(十年到四十年)跟踪调查表明,曾自杀未遂的人当中,有

---

① H. White and J. M. Stillion, "Sex Differences in Attitudes Toward Suicide: Do Males Stigmatize Males?" *Psychology of Women Quarterly*, 12 (1988): 357-366.

② E. K. Hunt, "Statistics of Suicide in the United States," *American Journal of Insanity*, 1 (1845): 225-234.

③ E. Robins, G. E. Murphy, R. H. Wilkinson Jr., S. Gassner, and J. Kays, "Some Clinical Considerations in the Prevention of Suicide Based on a Study of 134 Successful Suicides," *American Journal of Public Health*, 49 (1959): 888-899; T. L. Dorpat and H. S. Ripley, "A Study of Suicide in the Seattle Area," *Comprehensive Psychiatry*, 1 (1960): 349-359; B. Barraclough, J. Bunch, B. Nelson, and P. Sainsbury, "A Hundred Cases of Suicide: Clinical Aspects," *British Journal of Psychiatry*, 125 (1974): 355-373; I. M. K. Ovenstone and N. Kreitman, "Two Syndromes of Suicide," *British Journal of Psychiatry*, 124 (1974): 336-345.

10%~15%最后会自杀身亡①。预测哪些人会继续下去直到自杀成功,是最难、最令人沮丧然而也最重要的临床问题之一②。自杀意念、自杀行为和致命行动之间的界限,比我们任何人所能想象的都更不可靠、不确定也更危险,美国桂冠诗人罗伯特·洛厄尔的诗歌《自杀》最后几行就很好地捕捉到了这一点:

> 我是不是应该因为
>
> 没有尝试过自杀而受到赞扬——
>
> 还是我只是担心
>
> 这么奇异的行动
>
> 会让我犯下愚蠢的错误,
>
> 我不知道错误

---

① P. B. Schneider, *La Tentative de suicide: Étude statistique, clinique, psychologique et catamnestique* (Neuchâtel and Paris: Delachauz et Niestlé, 1954); O Otto, "Suicidal Acts by Children and Adolescents," *Acta Psychiatrica Scandinavica*, 233 (Suppl.), 1972; K. G. Dahlgren, "Attempted Suicides — 35 Years Afterwards," *Suicide and Life-Threatening Behavior*, 7 (1977): 75–79; O. Ekeberg, O. Ellingsen, and D. Jacobsen, "Mortality and Causes of Death in a 10-Year Follow-up of Patients Treated for Self-Poisonings in Oslo," *Suicide and Life-Threatening Behavior*, 24 (1994): 398–405.

② J. A. Motto, "Suicide Attempts: A Longitudinal View," *Archives of General Psychiatry*, 13 (1965): 516–520; S. Greer and H. A. Lee, "Subsequent Progress of Potentially Lethal Suicide Attempts," *Acta Psychiatrica Scandinavica*, 43 (1967): 361–371; J. Tuckman and W. F. Youngman, "Assessment of Suicide Risk in Attempted Suicides," in H. L. P. Resnik, ed., *Suicidal Behaviors: Diagnosis and Management* (Boston: Little, Brown, 1968), pp. 190–197; J. Lönnqvist, P. Niskanen, K. A. Achte, and L. Ginman, "Self-Poisoning with Follow-up Considerations," *Suicide and Life-Threatening Behavior*, 5 (1975): 39–46; G. Paerregaard, "Suicide Among Attempted Suicides: A 10-Year Follow-up," *Suicide and Life-Threatening Behavior*, 5 (1975): 140–144; A. T. Beck, R. A. Steer, M. Kovacs, and B. Garrison, "Hopelessness and Eventual Suicide: A 10 Year Prospective Study of Patients Hospitalized with Suicidal Ideation," *American Journal of Psychiatry*, 142 (1985): 559–563; J. Cullberg, D. Wasserman, and C. G. Stefansson, "Who Commits Suicide After a Suicide Attempt?" *Acta Psychiatrica Scandinavica*, 77 (1988): 598–603.

可以通过练习来补救，

就像我们最早的家庭照片，

没有脑袋，半拉脑袋，歪歪斜斜

被闪光灯毁灭？①

美国每年约有3万人死于自杀，而各大洲死于自杀的人数也相当高②。世界卫生组织最近有一份报告估计，1998年全球5 400万例死亡中，自杀占到了1.8%③。在年轻人的死亡原因中，自杀所占的比例更加惊人。下面的图表显示了十五岁到四十四岁之间男性和女性的十大死因，从图中可以看到，自杀是这个年龄段女性的第二大死因，也是同年龄段男性的第四大死因。无论按什么标准来看，自杀都是个相当重要的公共卫生问题。

过去半个世纪，年轻人的自杀率在世界各地都一直在上升。自杀率的急剧上升，尤其是在二十五岁以下人群中，已经成为临床医生、科学家和公共卫生官员极为关切的重要问题。例如英国研究人员调查了从1960代初到1970年代18个国家年轻人自杀率的变化，发现在几乎所有国家这个数字都有显著增长④。斯德哥尔摩卡罗林斯卡学院的研究人

---

① Robert Lowell, "Suicide," lines 46–55; *Day by Day* (London: Faber and Faber, 1978), p. 16.

② *Morbidity and Mortality Weekly Report*, 46 (1997), p. 942.

③ World Health Organization, *The World Health Report 1999* (Geneva: World Health Organization, 1999).

④ P. Sainsbury, J. Jenkins, and A. Levey, "The Social Correlates of Suicide in Europe," in R. D. T. Farmer and S. R. Hirsch, eds., The Suicide Syndrome (London: Croom Helm, 1980), pp. 38–53; U. Åsgård, P. Nordström, and G. Råbäck, "Birth Cohort Analysis of Changing Suicide Risk by Sex and Age in Sweden 1952 to 1981," *Acta Psychiatrica Scandinavica*, 76 (1987): 456–463; S. P. Kachur, L. B. Potter, S. P. James, and K. E. Powell, *Suicide in the United States*, *1980–1992* (Atlanta, Ga.: National Center for Injury Prevention and Control, 1995).

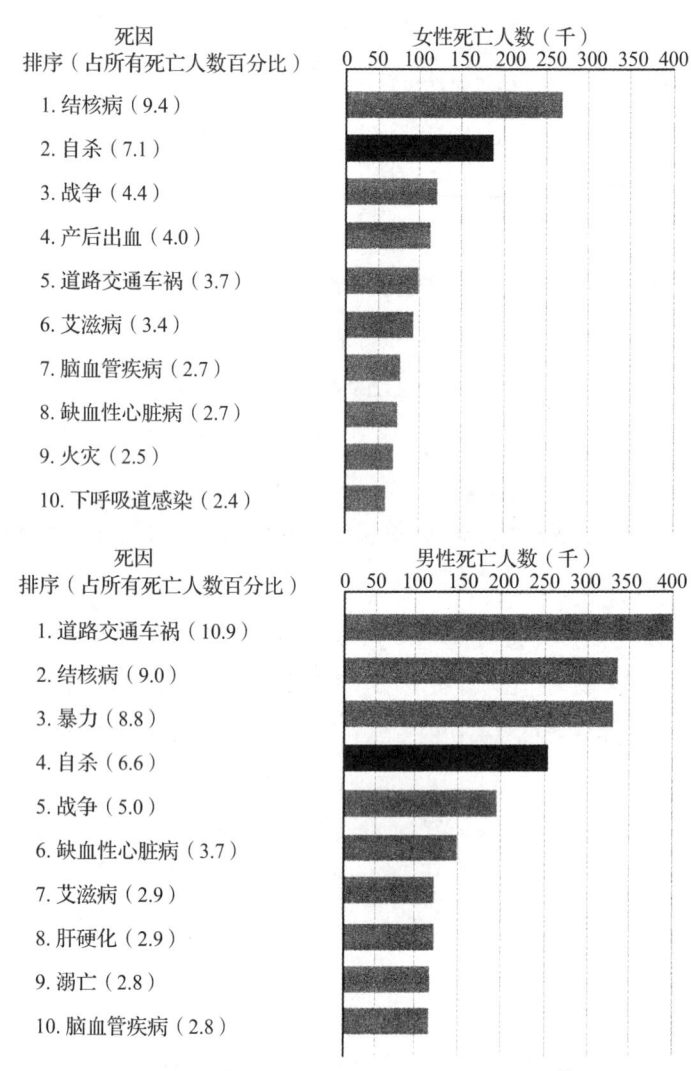

死因排序（占所有死亡人数百分比）	女性死亡人数（千）
1. 结核病（9.4）	
2. 自杀（7.1）	
3. 战争（4.4）	
4. 产后出血（4.0）	
5. 道路交通车祸（3.7）	
6. 艾滋病（3.4）	
7. 脑血管疾病（2.7）	
8. 缺血性心脏病（2.7）	
9. 火灾（2.5）	
10. 下呼吸道感染（2.4）	

死因排序（占所有死亡人数百分比）	男性死亡人数（千）
1. 道路交通车祸（10.9）	
2. 结核病（9.0）	
3. 暴力（8.8）	
4. 自杀（6.6）	
5. 战争（5.0）	
6. 缺血性心脏病（3.7）	
7. 艾滋病（2.9）	
8. 肝硬化（2.9）	
9. 溺亡（2.8）	
10. 脑血管疾病（2.8）	

全球十五岁到四十四岁女性和男性的前十大死因[①]

[①] 图中数据来源：World Bank, *World Development Report 1993: Investing in Health*（New York：Oxford University Press for the World Bank, 1993）；C. J. L. Murray and A. D. Lopez, *The Global Burden of Disease*（Cambridge, Mass.：Harvard University Press, 1996）。

员追踪了1952年到1981年三十年间自杀率的变化规律,发现二十岁男性在二十五岁以前死于自杀的风险增加了260%。

在美国,十岁到十四岁孩子的自杀率从1980年到1992年增加了120%。1995年,死于自杀的青少年和年轻人比死于癌症、心脏病、艾滋病、肺炎、流感、出生缺陷和中风的人全都加起来还多。用马里兰州首席法医的话来说就是:"太多,太年轻了。"更低年龄段人群的自杀率呈现出强烈的上升趋势,还有很多科学家群组也都有同样发现,引发了大量关于原因的推测和研究①。

部分原因可能只是自杀报告更加准确了,也就是验尸官和法医现在可以更准确地把有些青少年死于暴力的案例归因为自杀,而不是放到意外事故或可疑死亡等分类里。现在的人更容易也可以在更小的年纪接触到枪支、酒精和毒品,让那些轻易就会想到自杀的人实施起来更容易,

---

① E. M. Brooke, Suicide and Attempted Suicide, Public Health Paper No. 58 (Geneva: World Health Organization, 1974); C. Jennings and B. Barraclough, "Legal and Administrative Influences on the English Suicide Rate Since 1900," *Psychological Medicine*, 10 (1980): 407–418; G. E. Murphy and R. D. Wetzel, "Suicide Risk by Birth Cohort in the United States, 1949 to 1974," *Archives of General Psychiatry*, 37 (1980): 519–523; O. Hagnell, J. Lanke, B. Rorsman, and L. Ojesjo, "Are We Entering an Age of Melancholy? Depressive Illness in a Prospective Epidemiological Study over 25 Years: The Lundby Study, Sweden," *Psychological Medicine*, 12 (1982): 279–289; G. L. Klerman, P. W. Lavori, J. Rice, T. Reich, J. Endicott, N. C. Andreasen, M. B. Keller, and R. M. A. Hirschfeld, "Birth Cohort Trends in Rates of Major Depressive Disorder Among Relatives of Patients with Affective Disorder," *Archives of General Psychiatry*, 42 (1985): 689–695; R. T. Rubin, "Mood Changes During Adolescence," in J. Bancroft and J. Reinisch, eds., *Adolescence and Puberty* (Oxford: Oxford University Press, 1990); L. N. Robins and D. A. Regier, eds., *Psychiatric Disorders in America: The Epidemiologic Catchment Area Study* (New York: Free Press, 1991); N. D. Ryan, D. E. Williamson, S. Iyengar, H. Orvaschel, T. Reich, R. E. Dahl, and J. Puig-Antich, "A Secular Increase in Child and Adolescent Onset Affective Disorder," *Journal of American Academy of Child Psychiatry*, 31 (1992): 600–605; J. L. McIntosh, "Generational Analyses of Suicide: Baby Boomers and 13ers," *Suicide and Life-Threatening Behavior*, 24 (1994): 334–342; C. Pritchard, "New Patterns of Suicide by Age and Gender in the United Kingdom and the Western World 1974–1992: An Indicator of Social Change?" *Social Psychiatry Psychiatric Epidemiology*, 31 (1996): 227–234.

这些几乎可以肯定也会推高自杀率。也有人指出,因为母亲在孕期营养不良,或是摄入酒精、尼古丁或可卡因而对胎儿造成的神经损伤,可能会导致更多孩子身上出现跟自杀有关的情绪和行为模式。(例如美国和芬兰发表于1999年的一些研究就发现,母亲在孕期吸烟,会增加孩子出现暴力、冲动和成瘾性疾病的可能性①。)同样,以前可能很快就会夭折的早产儿现在存活时间更长,而由于出生体重极低,他们的神经系统可能也更脆弱。自杀案例增加可能还有一个原因是,精神病治疗比以前更成功,让很多患有精神疾病的人也能结婚生子(以前他们未必有这样的机会),这也可能会让因精神疾病(抑郁症、躁郁症和精神分裂症)而自杀的案例增加。

不过青少年自杀率上升还有一种解释最为常见,就是观察到孩子进入青春期的平均年龄在过去几十年下降了很多;跟这个现象也许有关系的还有,首次出现抑郁症的年龄也下降了。还有更多证据也在表明,抑郁症的实际发病率可能也在随着时间增加。

抑郁症和其他类别的精神疾病是很多自杀案例的核心原因,因此,现在我们就来看看这些可怕得叫人绝望、不知所措乃至抓狂的疾病。

---

① P. Räsänen, H. Hakko, M. Isohanni, S. Hodgins, M.-R. Järvelin, and J. Tiihonen, "Maternal Smoking During Pregnancy and Risk of Criminal Behavior Among Adult Male Offspring in the Northern Finland 1966 Birth Cohort," *American Journal of Psychiatry*, 156 (1999): 857-862; M. M. Weissman, V. Warner, P. J. Wickramartne, and D. B. Kandel, "Maternal Smoking During Pregnancy and Psychopathology in Offspring Followed to Adulthood," *Journal of the American Academy of Child and Adolescent Psychiatry*, 38 (1999): 892-899.

特 写
生死之际

> 是一股寂寞的喜悦冲动
> 长驱直入这云中的骚乱;
> 我回想一切,权衡一切,
> 未来的岁月似毫无意义,
> 毫无意义的是以往岁月,
> 二者平衡在这生死之际。
>
> ——威廉·巴特勒·叶芝,
> 《一名爱尔兰飞行员预见死亡》[①]

看这盘录像带的时候,会有那么一刻,你的心停止了跳动,你多想能把这盘录像带还给主人,把看到的景象都从记忆里抹去。你知道最后的结局是什么;你也知道已经发生了的就是发生了;然而这盘录像带仍然悲伤得令人胆寒,比你能想到的还要令人悲伤。这盘录像带让人不忍心看但又不得不看,带子里预示的未来让人不寒而栗。

这盘家庭录像带无疑跟同一天拍下的另外上百份录像一样,镜头都同样扫过科罗拉多州落基山脉中的兰帕特山脉,使之成为美国空军学院那些锯齿状或三角形人造建筑物的背景。镜头摇晃着,也继续记录着风景、形形色色的人以及这一天发生的事情,最后定格在阅兵场上。从镜头里可以看到,阅兵场上布满了穿着蓝色夹克和白色裤子,戴着白手套,披着金色绶带,正在列队行进的学员。1 000 名,或将近 1 000 名即将毕业的高年级学生；除了其中一个，也全都刚刚被任命为军官。

游行结束了，学员们一一领取毕业证书，行礼并返回座位落座。每个名字都有属于自己的一瞬间；而每一次轻快的敬礼，都是在练习压抑激情。慢慢地，镜头的焦点越来越明显也越来越对准个人，直到叫到一个名字。从人群的反应——他的同学发出了赞许的欢呼声——可以清楚地看出，那个年轻人非常受欢迎。有个同学甚至说他是学院最受尊敬的毕业班学生，他所在的中队也把杰出领导奖颁给了他。

那个年轻人接过毕业证书，把戴着手套的手举到帽子的位置，干净利落地敬了个礼。他的笑容那么灿烂，那么亲切，也很有感染力，看到这些，你开始明白他的同学为什么会那么暖心、那么热烈地回应他。

但你的心并不是在这一刻停止跳动的，尽管也已经有某种忧郁悄悄渗了进来。让你心脏停跳的是在后面，在所有名字都被叫到，所有人都敬完礼以后。这时候，空军军歌令人澎湃的节拍响彻阅兵场和体育场，随后，1 000 名新晋少尉猛然回头，看着六架 F-16 战斗机排成紧凑队形从他们头顶呼啸而过，这是向学院新晋军官致敬的传统飞行。喷气飞机在天空中留下的尾迹还没消散，地上就已经变成了欢腾的海洋，几百顶白帽子被高高抛向空中，飞往各个方向，变成一片杂乱无章的白色斑点。在欢呼声和拥抱中，仅剩下的一点秩序也土崩瓦解了。

家庭录像带再次聚焦到那个年轻人身上。他慢慢绽放的笑容是那么迷人，他的出现，让同学们都情不自禁地热烈欢呼起来。他跟他们一样，看着头顶上的喷气式飞机飞过，然后把帽子抛向空中。但你的心就是在这一刻停止跳动的——他脸上流露出隐约而让人揪心的困惑。他看起来无依无靠，好像不大确定下一步该做什么，他周围的喧嚣仿佛跟他

---

① 中文译文摘自《叶芝诗集（增订本）》，上海译文出版社，傅浩译，2018 年 12 月。——译者

隔了一层玻璃一样。看着这些会让人很痛苦,因为你知道最后的结局,也因为你知道从某种意义上讲,结局正是从这里开始的,这叫你难以忍受。

这个年轻人叫德鲁·索皮拉克,毕业典礼那天晚上,他没有回空军学院,也没有得到军官任命。尽管多年以来他一直都在梦寐以求当上飞行员,还在人才辈出的飞行学校赢得了一席之地,他却从来没有拿到过飞行员徽章。实际上,那天晚上他没有参加庆祝活动,而是回到了一个谁也想不到他会去的地方——附近一家部队医院精神科病房。在那里,他想好好理一理最近拿到的一手牌。跟之前所有充满了爱意、运气和能力的同花大顺不同,这手牌是个噩梦,他会因为这手牌失去一切。这手牌出乎意料,最后也会证明根本就没法玩。

看来成功也许并不足以教会人所有道理。再怎么体贴的朋友和家人好像也不够。德鲁·索皮拉克这些全都有,也全都非常充足。他的朋友和老师全都说,他这个人热情、活泼,深受同龄人欢迎,是个天生的领袖,"帅得掉渣",而且跟任何人都能自来熟。他有个朋友说:"他身上就是有点儿什么,我估计谁也说不上来究竟是什么,但他就是那么迷人,那么优秀——他生来如此。"他在特拉华州威尔明顿高中毕业时曾作为毕业生代表上台致辞,三年级和四年级都是班长,是返校节舞会上的国王,是所在运动队的队长,还是社区排练《柳林风声》时万分积极的"鼹鼠"。德鲁同时拿到了西点军校和空军学院的录取通知书,任何人都觉得是理所当然。他生来就是要成功的,也确实一直走在成功之路上。

德鲁选择了空军学院,作为一个对所有会飞的东西都充满热情、梦想着也决心当上飞行员的十八岁年轻人,做出这个决定顺理成章。然而毕业后不到十八个月,德鲁·索皮拉克不知怎么的觉得自己的生活无比痛苦,前途也一片晦暗,于是去了一家枪支专卖店,买了把0.38口径的左轮手枪,扣动了扳机。第一次哑火了,他又扣了第二次。

那时他二十三岁:下坡路很长,走起来也很快。

> 男儿的心智创造出雷霆般的载具,
> 又驾驶着它飞上青天;
> 男儿的双手对着地表狂轰滥炸,
> 只有天知道他们怎么活!
> 男儿的灵魂,梦想着征服天空,
> 给了我们双翼,翱翔天际!
> ……
> 保持机翼水平而真实。
>
> ——《美国空军军歌》①

空军学院教会德鲁为生活中可能发生的很多事情做好了准备,但没有也不可能让他准备好应对疯癫。因此就在毕业前几个星期,他的心智崩溃时,并没有跟以前在生存训练中学会的相当的技能来帮助他度过让人四分五裂的躁狂和随后必然会接踵而至的熄火。他的心智先是失去了控制,然后是失去了用度;随之一起失去的,还有他的梦想和生活。事实证明,躁郁症是超出他能力范围的敌人,也完全不按通常的交战规则来跟他对敌。

后来德鲁说,在第一次躁狂发作前,他就时不时地会出现脑子里各种想法左冲右突的情况,还有过几次抑郁。但他从来没有跟谁提起过。他的朋友们谁都想不到,他竟然会得精神病,还必须住进精神病院。然

---

① "The U. S. Air Force Song," ll. 10–13, 15–16, 28. 作词作曲均为 Robert Crawford。(Copyright © 1939, 1942, 1951 by Carl Fischer, Inc.)

而，想想后来把德鲁害死的那种疾病的天然属性，就会觉得这件事这么出乎意料和不合时宜，本身也并非完全是出乎意料了。躁郁症通常都发生在年轻人身上，在大学生身上很常见，在那些表面看起来不可战胜的人——开朗友好、精力无限、学业有成的人——身上更是绝非罕见。

德鲁的学习成绩以前一直很好，但在空军学院的最后几个月开始大幅度下滑。他室友说，差不多也在这个时候，德鲁讲了很多"没多大意义"的言论，他妈妈也越来越担心他，因为跟妈妈打电话的时候，他"听起来很偏执"。用他自己的话说，他变得非常兴奋，很少睡觉，有时候甚至整晚都不睡。

在失眠的那段时间里，德鲁越来越狂躁，也开始相信自己能解决世界上很多乃至大部分问题，而且认为自己是上帝的信使。他设计了一艘超级航天器，但并不是以他学到的航空工程学为基础，而是基于他新近幻想出来的对不明飞行物的理解。在他笔下，这艘航天器有旋转的灯光，有逐渐增强的神秘能量来源，也就是来自干冰包和等离子体的"一种新型的协同增效作用"，还有一个奇特的力场，可以产生脉冲流，以某种方式"推动"这个航天器。这些概念很难理解——实际上就跟狂躁的思考一样往往毫无逻辑——但1994年4月下旬，德鲁在处于极为浮躁、充满幻想的状态时勾画出了这些，他写下画下的内容显然对他来说有重要意义。我们还会痛苦地发现，他狂乱的笔记和草图中还藏着一个更个人化、更像是预言的句子，不仔细看根本发现不了。他给自己写道："你不会开心的。你会因为某些重要的事情而倍感压力。"不知道到底是什么给了他压力。

6月初在山里的时候，他听到上帝的声音告诉他要"净化"自己；为了履行这条指示，他脱掉所有衣服，光着身子在林间奔跑。后来，遍体鳞伤的他又是害怕又是困惑，担心着世界末日即将来临，于是又跑去他的牧师家里。牧师的妻子给他披了条毯子。随后，浑身颤抖、精神失常的他被送往空军学院医院。次日早上他仍然在疑神疑鬼，相信学院里的俄罗斯间谍因为听说了他的超级航天器而正在"四处找他"，因此十分焦躁不安，人们只能把他送往菲茨西蒙斯陆军医疗中心。

给德鲁做检查的几位军医相当精通精神病学，对医学问题很细致，也很有同情心。他们扫描了德鲁的大脑，看有没有可能导致类似狂躁症状的肿瘤或脑血管疾病；检查了他的尿样，看有没有可能导致偏执、焦躁或狂躁状态的药物；还咨询了神经科和医疗科。医生们得出的结论是，德鲁家有大量躁郁症（双相情感障碍）的家族病史，而他自己也是这种疾病的经典教科书范例。他们也在德鲁的病历中记录道，他有很多朋友，是个很善良的学生，也是学院的优秀学员。有位医生写道："他在任何活动中都表现得那么出色，对此，他过去的经历有重要意义。"

德鲁开始服用锂盐，两三天时间就明显好转了。住院第九天，他不再有妄想症，尽管他还一度害怕医院会想给他做手术，"从他脑子里删掉那些重要信息"。他可以去参加学院的毕业典礼，但几天后还需要把他空运到华盛顿特区附近的安德鲁斯空军基地继续接受治疗。

转院前，由三名军医组成医疗委员会给他做了会诊。根据需要，他们最后出具的报告以客观的医学和军事语言写成，终结了德鲁的未来规划：他的军官任命没有通过，他在飞行学校的位置也没有了，他既当不成军官，也做不了飞行员。委员会写道："由于具有带有精神病特征的精神障碍，被检查人员未能达到担任军官所应达到的医学标准。"主任军医认同该结论，并总结称："我强烈建议出于医疗原因让这名学员退学。"德鲁在军队里的路走到头了。但他跟精神疾病的斗争还没到头。

德鲁在安德鲁斯又住了三个星期的院。接诊医生对早先双相情感障碍的诊断表示认同，也观察到德鲁仍然有点偏执、焦虑，而且"拼命想弄清楚发生在自己身上的事情"。他还记下了德鲁的完美主义（很多认识德鲁的人都提到过他的这个性格特点），以及德鲁因为自己生病给家里人带来那么多麻烦而感到歉疚。

德鲁住院期间负责治疗照料他的医生和护士写下的笔记清楚表明，那段时间里，德鲁拼命想拼凑起他生活的碎片，也拼命想拼凑出一个未来。他跟人们讨论自己有没有可能拿到航空工程领域的博士学位，当个老师，或是他心情没那么乐观的时候提出来的，也许去海滩上工作。他也不知道；现在说这些有点太早了。他非常担心怎么把他自认为欠空军学院的助学贷款还上。但眼下他最紧急的目标是，了解他的病情以及他为了治病服用的药物。

德鲁在安德鲁斯的住院治疗困难重重，既因为他的疾病造成的毁灭性后果开始显现，也因为从他的病史已经可以明显看出，他的躁郁症很严重。在安德鲁斯的第二天，有名护士发现他非常抑郁，以胎儿的姿势摇晃着。他显得非常焦虑，说自己很害怕，觉得自己在受折磨，快要死了。医生让护士每十五分钟查看他一次，确保总能有护理人员在监控他的安全和行踪。他的情绪来回变得很快，起伏也相当剧烈。几天后，他对治疗小组里另一个人说，他有办法解决世界上所有问题，但没过几个小时他又泪流满面，害怕自己无法控制自己翻腾的思绪。

德鲁的病情慢慢好转了，到7月初，医生同意给他两天假，让他趁周末去看看爸妈。回到医院时，他因为不得不回到病房而愤怒、激动。他挥舞双臂，对工作人员喊道："不！我不会留在这儿的！不！"

三十分钟后，一名护士发现他躺在床上，病恹恹地说："我没事儿。只不过回到这里真是太难了。"

没几个小时，德鲁又变得焦躁不安起来。护士发现他脸色通红，在走廊里来回踱着步。十五分钟后，他从医院逃跑了——当然，由于他在空军学院接受过生存训练，从医院逃跑对他来说就是小菜一碟。随后他从医院去了特拉华州爸爸妈妈家里。他从后面的窗户翻进家里，次日早上，爸妈发现了他，在他自己的床上好好睡着。

他妈妈给医院打了电话，告诉他们找到德鲁了，而且他因为接了个电话而感到非常苦恼。他在菲茨西蒙斯陆军医疗中心的精神病房住院的时候，有位病友曾自杀未遂，只得再次入院。在这种情况下，德鲁父母认为，让他在离家近的地方接受精神病治疗更好。

1994年7月初，德鲁回到家里，父母给他安排了精神病私人护理和咨询。有段时间他的心理有些不稳定，也仍然因为不得不离开空军而处于愧疚之中。然而，他还是在慢慢好转，而且相当稳定。到仲夏时节，他感觉好多了，又开始锻炼身体，还打起了网球。他的妄想症短暂复发了一下，还有一小段时间又在失眠，但总的来说确实好多了。到11月，他开始看一位新的精神科医生，这位医生在德鲁已经在服用的锂盐之外，又给他加了一种抗精神病药物。德鲁和这位医生都注意到他的情绪和思维有了显著改善，他父母也同样看到了他的进步。

从1994年底到1995年8月，德鲁的情绪一直很稳定，没有出现任何精神病症状。他去了一家银行上班，每周工作二十小时，身体上很活跃，还跟人聊起想读研究生。尽管他偶尔表示希望停止服药，因为希望也许有一天能驾驶民用飞机，但他还是遵照医嘱，继续按处方吃药。

对于自己患有躁郁症的事情，德鲁觉得是一种耻辱，而且非常生气，他觉得无法跟朋友们或新认识的人讨论这个问题。他对自己的精神科医生吐露："那是我最不愿意谈起的事情，但认识新朋友的时候，或是出去玩在酒吧里、在聚会上，总是会出现这个问题。"他会限制自己只喝一两杯啤酒，结果就老有人问他为什么不再喝点。他也经常被问到为什么离开了空军，他对于说出真相非常窘迫，只能编造一些别的说法。

朋友们知道德鲁不想谈自己的问题。德鲁有个高中同学，跟很多人一样喜欢把德鲁说成是"万事通先生"，他说："他仍然很风趣，也很愿意度过一段快乐时光。我一点儿也不知道他脑子里在经历什么事情。"

还有位仍然在"对于我压根儿不懂的事情寻求解释"的密友描述称,德鲁从空军学院回来以后就变了。他说,德鲁以前是个深情的人,"对生活充满激情";现在有什么地方出问题了;德鲁不想谈论这个问题;他"藏着好多秘密"。不过,德鲁和朋友们仍然是个紧密、活跃的团体。他们一起听 U2 乐团的音乐,一起去摇滚音乐会、去海滩,一起打网球、排球和篮球,一起在冰球比赛中疯了一样大喊大叫,还一起参加聚会,希望多认识几个女孩子。

然而德鲁仍然深陷困扰之中,还坚信自己让那些对自己来说最重要的人失望了。他妈妈说:"我从来没在德鲁身上看到过痛苦,只有失望和遗憾。他觉得自己让所有人都失望了,包括更年轻的学员,他的朋友以及空军学院。因为无法让自己受到的教育有用武之地,他深感苦恼。他也很难解释他为什么住在家里。他觉得自己遵守了空军学院的所有规则,但对他还是不起作用。他因为生病而感到羞耻。"跟很多得了躁郁症的人一样,德鲁对自己疾病的感受也自相矛盾。妈妈说:"我们跟他讲,还有那么多人也是得了双相情感障碍但是应对得很好、表现很不错,但他听不进去。"

1995 年 11 月,德鲁停止服药,工作也辞了。有一小段时间,他的生活看起来好像会顺利进行下去。他和另外两个人去康涅狄格大学探望一位朋友,其中一个人评论道:"德鲁很棒——认识了新朋友,让几个女孩子为他心碎,成了德鲁该有的样子。"但也是这位朋友说:"那是我最后一次看到德鲁开心的样子。"

德鲁的病情迅速恶化。有个朋友写道:"正是在这段时间,我发现了德鲁到底在经历什么。我们会花好几个小时谈起他见到耶稣的事情,他的不明飞行物理论,或是他正在经历的别的事情。就算在躁郁发作的时候,他也仍然保持着幽默感。"还有一位朋友提到德鲁渴望有点隐私:"我猜他从空军学院回来的时候已经支离破碎了,但他还是想办法隐藏得很好。我只知道他的飞行员徽章不知怎么被扣留了,我也不应该提起这事——他不想谈这些。就好像,他只是不希望有任何人担心他。"

德鲁在跟躁郁症的斗争中败下阵来,让已经认识他多年,也一直深爱着、钦佩着他的朋友们深感不安。他是他们的领袖,是个性格坚强的人,心地也非常善良:有位朋友说,他这个人"性格非常友善,外貌也帅气逼人——我们都希望能成为他那样的人,一个所有女人的梦中情人,一个会让所有男人钦佩、敬重并希望成为朋友的人"。知道这样一个人在为让自己保持精神正常而苦苦挣扎,对他的朋友来说既有着无法克服的困难,也有着无法承受的痛苦。

德鲁很幸运有这样一群朋友,而这些朋友也很幸运遇到了他。然而,他们对他病情的反应也正是因此而更加令人心碎。有位跟德鲁特别亲密的朋友写道:

> 我还记得我尝试跟他交谈,但那些谈话很令人恐惧,也很叫人困惑。他经常说些车轱辘话或是废话,再不就是讲他的朋友们在密谋针对他。他跟我详细描述过他脑子里那些可怕的想法,里面大部分内容我都不想复述。我甚至都不知道有没有办法复述那些可怕的细节,我反正是觉得,我有责任保护他的荣誉和名声。他也会为我这么做的。
>
> 他被诊断出双相情感障碍后,我开始尝试理解他内心的恐惧,我知道,他可能永远不会像从前一样了。但我没想过他会自杀。看起来好像根本不可能。他住院后几个月,他的家人和他自己谁都没告诉,只有他们家里人和我知道。我们想保护他,也许我们是认为他会好起来,我们会再也不用提起这事儿。但德鲁并没有好转,时间拖得越久,我就知道他越有可能永远都无法康复了。
>
> 德鲁断断续续地服用着锂盐,但我觉得他从来没有真的愿意相

信,自己需要吃这玩意儿。他永远不想对自己承认这一点。我觉得,他认为自己可以康复。但随着时间越拖越久,好多个月过去了,我意识到这种疾病偷走了德鲁的一部分灵魂,也从他那里夺走了他的部分个性,夺走了他对生活的热爱。我记得他在华盛顿特区住院的时候我去探望他,他妈妈出去吃晚饭了,他把头枕在我腿上,像胎儿一样蜷在那里。我用我的眼睛看着我认识的那个叫德鲁的人的脸,耳朵里听到的却是另一个生灵的声音。就好像他的躯壳里居住着别的什么东西。不是德鲁,是别的什么人在让他的嘴唇吐出话语,在他身上造成那些令人尴尬、不安的举动。他揉搓着自己的脑袋,仿佛想让自己的思绪、精神正常一点,我看着他,想着,我的朋友消失了,他去哪里了呢?这个怪物接管了他的身心。他面容憔悴,好几个星期没刮胡子了。他皮肤蜡黄,脸颊凹陷。每个动作都显得很痛苦。他变成了一个我不认识的人。他讲得越多,我对他的恐惧就越深。那天晚上回到家里,我哭了足足两个小时。那天晚上我脸上那么惊恐的表情,在别的时候还从来没有过。

到了12月,德鲁的病情急转直下。他越来越抑郁,也越来越封闭。圣诞节收到的礼物一直留在房间里没有拆,也要经过大家轮番劝说和催促,他才肯跟朋友们出去一趟。在音乐和长时间泡澡中他找到了暂时的安慰,而他也拼命尝试着用这种安慰来抑制自己的躁动。

1996年1月初,德鲁几乎跟所有人都完全断绝了来往。到最后,他只能极为紧张地躺在自己床上。一辆救护车把他送往一家当地医院,尽管他并不情愿,还是只能通过急诊入院治疗。入院的时候他一言不发,眼睛紧闭着,躺在担架上一动不动。医生给他开了一种抗精神病药物,起效很快。实际上,这服药起效太快了,第二天他就从锁着的病房里逃了出去,在有史以来最狂暴的暴风雪中回到了家。他被送回医院,在医院里又待了十天。这段时间里,他的医生指出,德鲁表现出"一些进步",尽管他"仍然很难接受把自己看成一个身患疾病的人"。

德鲁的病情变化让人越来越沮丧。他对接诊护士说,自己"毫无希望"。他的工作经历记录很简单,就是"无业——曾在银行工作。空军学院毕业。"仅仅一年半的时间,一个前程远大的年轻人,就从学术界、体育界的精英,从军官和绅士的世界走出来,变成了"无业"和"毫无希望"的人。躁郁症不留活口。

住院期间,医生要德鲁描述一下他康复后理想的生活场景。他强调说,他不想被怜悯,也不想服药。在标准心理测试中,他表示认可的那些选项表现出他内心深深的绝望。在测试表上,他勾选了"我非常沮丧,非常不开心,我都受不了了",以及"我觉得我没什么可期待的了"。对于选项"回首过去,我只能看到一连串失败"他也表示认同,最令人痛苦的是"我经常有自杀的念头,但我不会去实施"。

在自杀前五天,德鲁办了出院,只需要进行门诊治疗。没有人知道那段时间他有什么想法和感受,但他确实留下了零星几篇笔记和日记。用他妈妈的话说,在这些文字里,"能看到他正在滑向深渊"。那些文字很费解,很怪异,也很像胡言乱语。有时候这些文字也能言之有物,但更多时候是能从文字里面感觉到精神病让人惊疑的存在。

他记下了不寻常的梦境、巧合和事件;从文字里能感觉到,他的心灵拼命想要坚持下去。他提到流星,说梦到老鹰,梦到地狱,还提到飓风、闪电、喷气飞机和死亡。他给自己的命令要求他放松、祈祷、缓和下来,集中注意力,找到宁静。他很担心自己"以前的信仰"会卷土重来,还悲叹道:"我祈求上帝帮助我。但我不配得到他的帮助。因为在祈求他之前,我咒骂了他。"

他的文字里充满了这样一种感觉:迷失的世界,迷失的自我,完全放弃的希望。他为自己给别人,尤其是家人带来的痛苦感到愧悔不已,也详细列举了他必须面对的问题：必须还清贷款，失恋了没女朋友，必须服药，必须看医生。他相信，"所有人都会用我生病了的眼光来看我，直到我死的那天"，但他也表示："没有人知道我究竟经历了什么——所以他们也永远听不进去我告诉他们的事情。"

他的最后一篇日记反映出他对自己的疾病充满了矛盾心理："有病还是没病？——药物减轻（了）症状，但（我）想（要）快乐。"

德鲁有一本《哲学中的道德问题》，是在空军学院第一次犯病时他正在读的一本指定教科书，书中用不同颜色画了很多下划线或高亮线，突出强调了很多词句。他反复圈出的一个句子是"有生命这样一种东西，并不值得过"，还有一句下面也画了线："让一个人在痛苦的最后阶段苦挨好几个月，真是太残酷了。"最叫人如坠冰窟的是，德鲁画线的最后一句话是这样的："一个精神失常，身患绝症、痛苦不堪的人，终结他的生命（是一种）道德责任。"

> 然而正义之人受上帝保护，永远不会遭受磨难。认为正义之人也死，而且他们的死亡是一种可怕的灾难，这是一个愚蠢的错误。他们会离我们而去，但那并不是灾难。事实上，正义之人永远平安。
>
> ——《所罗门智训》，3：1—9，在德鲁的追思会上宣读

就在德鲁去世前几天，两个最亲密的朋友去看他。他们不知道，这会是最后一次探望。其中一个看到最近才刚刚出院的德鲁："胡子拉碴，从头到脚都是黑色，而且闷闷不乐。我不知道他是不是那个时候就已经下定决心了。我只能跟你说，他既没有开怀大笑，也没有面露微笑。那天晚上（我们）走的时候，德鲁老老实实地说：'我爱你们。'这挺奇怪的，我也不知道该怎么回应他。他也感觉到了这一点，但只是又说了

一遍：'我真的很爱你们。'随后就关上了门。就我所知，在那之后他再没对任何人说过任何话。"

1月27日，德鲁·索皮拉克离开位于威尔明顿的父母家，开车去了一家枪支专卖店。特拉华州对于购买手枪并不要求等待期，店员也马上就卖了一把0.38口径的左轮手枪给他。几个小时后，德鲁开枪自杀了。警方通知德鲁父母，在宾夕法尼亚州收费公路入口处的一辆吉普车里发现了他的尸体。那里离家大概四十分钟。

"那条高速公路我们走过好多回了，"德鲁妈妈说，"我们两边的家人都住在匹兹堡地区。走那条路，他能去爷爷奶奶家，去叔叔婶婶家，去舅舅舅妈家，去堂表兄弟家，还能去宾夕法尼亚州立大学找他弟弟。但他就是没开上那条路。他肯定在那儿失去了所有希望。"

家人只能去做接下来那些无法想象的事情：去太平间认领德鲁的尸体，通知其他亲属和朋友，规划葬礼和追思会，悼念他，想他。

德鲁的父母和弟弟收到了好多慰问信，写信的有德鲁高中时候的朋友和老师，空军学院的同学和教员，还有朋友的父母。一封封读这些信的时候，他们惊讶地发现好多都是用感谢信的形式写的：感谢他的一生，他的存在，他的温暖；感谢他的活力，友谊和影响。

有个朋友写道："我没办法告诉你，在我知道这个世界已经失去了一位伟大的参与者的时候，我有多悲伤。……奥维德曾写道：'要有耐心，要学会忍受，总有一天这痛苦会带来回报。'我不知道对于一个人遭受的损失来说这句话有多正确，但我知道，每当想起德鲁，我都很痛。德鲁，你给了我们所有人多么美妙的一份礼物。谢谢你。"

还有一个人只是说："他这一生真的被爱过，希望你们能因此得到安慰。"德鲁的一位老师，在空军学院教航空工程学的，写道："我从来没有真的搞明白他得的病，他也从来没有拿自己生病当过借口。我教过的几百个学生里，大部分人我都记不住名字，但有几个人确实卓尔不群,让人难忘,德鲁就是其中一个。德鲁带来了改变。德鲁举足轻重。我以认识他为荣。"

大家的安慰能带来一些帮助,但最后德鲁的家人和朋友还是需要试着理解,他为什么就这样走上了绝路,做出了这件无法理解的事情。有个朋友试着分析了一下:

> 我很少会这么说,但是看到德鲁那么长时间里都那么痛苦,我还是能理解,自杀确实治愈了他的痛苦。对于他的决定,我并不生气,因为我也不知道我要是像他那样,有没有力量支撑像他那么久。很多人都不知道他在遭受痛苦,他也很少让人近距离看到自己的痛苦。但我们这些深爱着他,也看到了他有多痛苦的人,不会责怪他放弃了自己的生命。我仍然痛恨他生的病,也仍然希望能听到,哪怕是最后一次,听到他的吉普车带着震天响的U2乐团音乐,一路轰鸣开到我家,看到晒得黝黑的他光彩照人地从车里跳出来,说想去山谷里兜兜风。
>
> 我再也不会跟从前一样了。我以前也说过,认识他的人,谁也不会还跟从前一样。但我知道,能认识德鲁这样的人,我很幸运。很少有人能得到这样一份礼物。

如果是在一个更公平、更美好的世界,德鲁家人的温暖,他们对他的理解,也许足以让他活下去。然而在这个世界,他们无法与冷酷无情、大开杀戒的疾病抗衡。他们为德鲁的葬礼写下的记录,以洞察一切、直截了当的一句事实陈述结尾:"1996年1月27日,德鲁结束了自己的生命。此前他就已经停止服药。他的病情发展得比他接受这种疾病的速度要快。"

德鲁从空军学院毕业前的那个圣诞节,他在圣诞树下放了一份给父母的小礼物；这也是最后才拆开的小包裹。他们在盒子里发现了一对少尉肩章。德鲁请求他们，在六个月后他得到军官任命时，把这对肩章别在他肩上。他那支中队的所有学员都在6月得到任命，别上了肩章。所有人，除了德鲁。

德鲁父母的补救是，在他下葬那天，把没有上过肩的肩章放在他手里。

>他会让你乘着山鹰的翅膀，
>乘着黎明的气息高高飞扬，
>让你像太阳一样闪亮，
>把你紧紧握在他的手掌。

>你不用害怕令人恐惧的黑暗①。

2月在空军学院为德鲁举行追思会的那天，天气晴朗，风和日丽，阳光明媚。学院那天降了半旗，小教堂里挤满了穿着制服的青年男女。开幕曲《乘着山鹰的翅膀》响起，大家都站了起来，随后又静静听着军官同僚和同学们读起《旧约》和《新约》里的段落。牧师讲起德鲁的领导才能，以及他是班上多少人的榜样。他极为动情地说："我想，我们并不知道德鲁因为生了这场病，到底经历了多少痛苦，多少混乱，多少磨难。"

五名学员和军官——悲悲戚戚、年纪轻轻、神志清醒、深受打击——依次走上讲坛，表达他们的哀悼之情。有位少尉之前跟德鲁非常

---

① "On Eagle's Wings," refrain and l. 1 of verse 3. Text and music, 1979, New Dawn Music. Lyrics by Michael Joncas (adapted from Psalm 91).

亲密，令人痛苦地展现了自己的口才。他说："这座教堂，对我的人生来说意义重大。六年前，我战战兢兢地走进这道门，因为我初来乍到，愣头青一样。一年半以前，我开开心心地走出这道门，因为当上了新郎官。今天，我满怀悲伤地回到这个地方，因为我不得不来赴这位好朋友的离殇。"

青年军官顿了顿，他的悲伤都写在脸上。随后他的悼词以空军飞行员的一段祝酒词结尾，那是他、德鲁和另一些同学在收到学院颁发的飞行员徽章那天晚上写下的。当时这篇祝酒词致敬的是传奇飞行员比利·米切尔将军，也是一战期间的美国空军司令，现在这名少尉则用来跟朋友告别：

> 我们在他们当中翱翔的时候，
> 肯定会听到他的恳求，
> 照顾好我的朋友，
> 注意你身后，
> 再翻滚一圈……
> 就当是为了我①。

到终曲奏响时，追思会上所有人都站起身来。他们唱道："我们奔跑却不困倦，因为我们的上帝就是我们的力量；我们必如鹰展翅上腾，我们必再次高高飞起。"② 穿着蓝色制服的青年男女，一个接一个地离开了锯齿状的三角形教堂。

从那盘家庭录像带上，你能看到的最后一幕就是他们离去的场景。

---

① "One More Roll," by Commander Jerry Coffee (Hanoi, 1968).
② "We Will Rise Again," refrain. Text and music by David Haas, text based upon Isaiah 40, 41. OCP Publications, 1985.

这景象里有一种令人害怕的悲伤，甚至超过你的料想。你脑子里唯一浮现出来的，是多年前你从一名军队牧师那里听到的一句话：

"我不知道年轻人为什么必须得死。你可能会想，这会让上帝心碎。"

第二部　只有希望不再回还

——心理学与精神病理学——

现在，希望，——不是健康，也不是快乐，
因为健康和快乐都可以去而复返，
就像短短一小时里就经常能见到的那样，——

只有希望，一去就不再回还。

——爱德华·托马斯

英国诗人爱德华·托马斯（1878—1917）在二十九岁那年给妻子写道："我坐在那里，思考着杀死自己的方法。我的左轮手枪就剩一颗子弹了。我无法上吊自杀；而尽管我也设想过在惠瑟姆自己用剃刀割喉，但没有精力去那里。随后我走出去，思索着我自杀会有什么后果。我感觉自己并不在乎那些后果……这些想法过去三四年至少每周都会出现在我脑子里，最近七个星期出现得更是频繁至极——"

第三章
摘下项链,熄灭吊灯
——自杀心理学——

是时候摘下琥珀项链,
是时候更换语言,
是时候熄灭
门上的吊灯……①

——玛琳娜·茨维塔耶娃

小男孩潦草地写下一张纸条,别在衬衣上。随后他走到家里圣诞树的另一侧,在房梁上上吊自杀了。纸条非常简短——"圣诞快乐"——他爸妈永远不会忘记,但也永远无法弄懂这句话。

每种自杀方式都自有其独特之处:极其私密,无法得知,也极为可怕。对于实施自杀的人来说,自杀似乎是多种极其糟糕的可能性里最后也是最好的一个选项,仍然活着的人想要描绘生命最后这块领地的任何尝试,得到的都只能是草图,远远称不上完成。

作为朋友,作为家人,作为临床医生,或是作为科学家,留给我们的只有蛛丝马迹:只有最后几句对话;当时看来完全正常,但现在回想起来相当可疑的行为举止;偶然写下的一则短笺或一篇日记;回忆中我们跟死者打交道的情景,我们因愧疚、愤怒,或是因为遭遇了可怕的损失而扭曲了的记忆片段。留给我们的,是需要我们绞尽脑汁理解的一个小男孩的圣诞留言;一位有三个孩子的妈妈,电脑屏幕上写着:"我爱你们。对不起。要好好学习啊";一个事业有成的商人,跳进了地铁轨道;一个聪明绝顶的研究生,用实验室的氰化物杀死了自己;一个本来大有前途的十五岁非裔美国男孩,用玩具枪指着警察,从而迎来了自己的死亡。

我们的理解也会有无法突破的局限:最后的迹象和信息要读上好几十遍才能看出来;而生命一旦戛然而止,就再也无法起死回生。无论我们多么希望能重现自杀者的内心世界,我们能得到的任何认识都是间接的,也远远不够:太私密的思绪,我们永远无法参透。任何人都有充分理由自杀,至少对那些想要自杀的人来说是这样。但大多数人还有更好的理由活下去,这样一来,一切都变得好复杂。

然而自杀并不完全是私密行为,也并非完全是特例,根本无法预测。我们有办法了解自杀背后的心理学原因,而这些了解尽管可能无法给我们最终想要的清楚的答案,也还是能够成为我们的起点,让我们由此出发。

遗书是谁都能想到的起点,但能从中解读到的,往往远小于我们的期待。似乎没有什么比自杀的人留下的遗言或遗书更接近自杀的真相,但真实情形并非如此;我们预计人们在面对自己的死亡时会有什么感受和行动,但我们预期的总是比他们真正的行动以及行动背后的真实原因更戏剧化。比如研究自杀问题的权威学者埃德温·施奈德曼就曾提到,

---

① 引自 Viktoria Schweitzer, Tsvetaeva (New York: Farrar, Straus and Giroux, 1992), p. 377。俄罗斯诗人玛琳娜·茨维塔耶娃(1892—1941年)在自杀前六个月写下了这些诗句。她的朋友 Boris Pasternak 对她的评价是"意志坚定,充满斗志,不屈不挠。在生活和工作中,她冲动、热切、近乎贪婪地冲向最终的、明确的成就"。他还写道,茨维塔耶娃的作品"巨大无匹,感情强烈",是"俄罗斯诗歌的伟大胜利"。Boris Pasternak, *I Remember: Sketches for an Autobiography* (Cambridge, Mass.: Harvard University Press, 1983), pp. 109-110。

很多自杀者的遗言都千篇一律、乏味得很。他写道:"自杀遗言往往看起来像是从大峡谷、地下墓室或金字塔寄回家的明信片上写的那些模仿语句一样——从根本上讲只是个形式,完全无法反映所描述的场景有多宏伟,或是在这种场景下人们期待着会生发的人类情感有多深沉。"①这句评论里倒是也包含了一个很多人都有的愿望,就是希望对生命最后时刻的记录能提供对死亡的深刻或悲惨的看法。

但是当然会有人说,大部分决定放弃自己生命的人都已经失去了深入、宏大地感受事物,彻彻底底、原原本本地反映事物的能力,也只能以单色的眼光看待这个世界。对于那些头脑敏锐、思维活跃的人来说,将终极、黑暗的心理活动形诸语言已经够难的了,而那些抑郁、混乱、绝望,脑子也在死钻牛角尖的人,口不择言、词不达意的时候多半更为常见。要是真有很能传神达意的深刻见解出现在自杀遗言里,这样的遗言肯定会经常被引用,原因也正是这些文字对自杀心理的视角独一无二。这样的遗言也许很震撼也很吸引人,甚至尖酸刻薄、引人发笑,但很难说得上是典型。

实际上,很少有人留下遗言。也许有四分之一的人会留下遗言②,

---

① E. Shneidman, *Voices of Death* (New York: Bantam Books, 1980), p.58.
② 有人综合回顾了 16 项关于自杀遗言比例的研究,发现会留下遗言和遗书的自杀者,占比在 10%~42%之间;3 项规模最大的自杀研究(样本数分别为 3 127、1 418 和 1 033 人)报告的留下遗言的比例分别为 30%、23%和 21%。被引用最多的关于自杀遗言的研究(E. S. Shneidman and N. L. Farberow, "Some Comparisons Between Genuine and Simulated Suicide Notes in Terms of Mowrer's Concepts of Discomfort and Relief," *Journal of General Psychology*, 56 [1957]: 251-256)发现,721 名自杀者有 15%留下了遗书。亦可参见 J. Tuckman, R. J. Kleiner, and M. Lavell, "Emotional Content of Suicide Notes," *American Journal of Psychiatry*, 116 (1959): 59-63; L. B. Bourque, B. Cosand, and J. Kraus, "Comparison of Male and Female Suicide in a Defined Community," *Journal of Community Health*, 9 (1983): 7-17; J. A. Poseners, A. LaHaye, and P. N. Cheifetz, "Suicide Notes in Adolescence," *Canadian Journal of Psychiatry*, 1989 (34): 171-176; N. Heim and D. Lester, "Do Suicides Who Write Notes Differ from Those Who Do Not? A Study of Suicides in West Berlin," *Acta Psychiatrica Scandinavica*, 82 (1990): (转下页)

但也没有人知道,这些遗言是否能代表那些没有在纸上留下只言片语的人的心理状态、动机和经历。

四千年前,一个埃及人用四首叙事短诗在莎草纸上写下了自己的绝望。这份文件现藏于柏林博物馆,英国精神病学家克里斯·托马斯认为这是现在仍然存世的最早的自杀遗言,还认为这些文字反映了一个深度抑郁、可能患有精神疾病的人的沉思。在四首诗里的第二首,这位古代作者采用了他那个时代的形象来宣泄自己的痛苦:

> 瞧,我的名字令人憎恶,
> 瞧,比炎炎夏日里腐肉的气味
> 还要令人掩鼻。

> 瞧,我的名字令人憎恶,
> 瞧,比鳄鱼的气味更让人皱眉,
> 比坐在满是鳄鱼的岸边更让人反胃。

> 瞧,我的名字令人憎恶,
> 瞧,比一个有人在她丈夫面前造谣
> 的女人更加遭人唾弃[①]。

随后他的笔触从生有何欢转向死有何苦:

> 今天死亡出现在我面前,

(接上页)372-373; R. Chynoweth, "The Significance of Suicide Notes," *Australian and New Zealand Journal of Psychiatry*, 11 (1997): 197-200。

① C. Thomas, "First Suicide Note?" *British Medical Journal*, July 26, 1980, pp. 284-285.

就像没药的香气,
像大风天坐在风帆下,一日千里。

今天死亡出现在我面前,
就像莲花的香气,
像处在将醉未醉的边缘,浑然忘机。

今天死亡出现在我面前,
就像关押多年的犯人,
渴望看到自家的房子,承欢绕膝。

从这一篇文字开始,人们用墨水、颜料、铅笔、蜡笔或是鲜血写下了无数篇自杀遗言。比如法国艺术家朱尔·帕辛就割开手腕,蘸着鲜血写下了一则简短的遗言——"露西,原谅我"——然后上吊自杀。还有俄罗斯诗人谢尔盖·叶赛宁,在自己房间天花板上的暖气管道上吊自杀时才三十岁(他留下的房间一片狼藉,到处乱扔着各种各样的东西,撕碎的手稿也散落满地)。就在自杀前一天,他用自己的鲜血写下了一整首诗:

再见吧,我的朋友,再见,
挚友,你常在我的心中。
事先安排好的这次相别,
有希望成为未来的重逢。

再见了,朋友,不告而别吧,
你不要伤心,别紧锁眉头,——

> 这样地活着，死去不足奇，
> 即便活下来，新意也难有①。

大多数遗言写得都没这么有戏剧性。有些写遗言的人，尽管自己就是诗人，却留下了别人的语句。例如保罗·策兰，在荷尔德林的一本传记里划了这么一句话出来："有时候这个天才会陷入黑暗，沉入他内心的苦井。"然后跳进塞纳河自杀了。另一些人留下的对自己想法的记录更全面。切萨雷·帕韦塞生命最后一年留下的日记，记录了他的痛苦无始无终的历史。他写道："遭受苦难的节律已经开始，每天晚上，在黄昏时分我的心都会收紧，直到黑夜来临。"② 随后就在他自杀前不久，他又写道："现在就连早上都充满了痛苦。"

不同遗书的篇幅有很大差异。牛津大学的伊恩·奥唐奈和同事们一起研究了在伦敦地铁里自杀的人写下的遗言，发现这些遗言长度不等，最短的只有17个单词，就写在一张地铁车票背面，最长的有800个单词，是"在地铁车站的长凳上坐了一个小时写成的意识流文字，最后结尾描述了走向铁轨的最后几步路，以及为地铁列车到达所做的最后准备"③。他们收集到的大量遗书的平均长度，大致跟本段篇幅相当。

很多遗言都很短，给出的也可能只是对那些有可能发现尸体的人提出的明确警告，比如"小心。这间浴室里有氰化物气体"，或是"别进来，请呼叫护理人员"④。具体指令或要求都很常见，大都会详细说明

---

① Sergei Esenin, 引自 Gordon McVay, *Esenin: A Life* (Ann Arbor, Mich.: Ardis, 1976), p. 288。
② 引自 D. Lajolo, *An Absurd Vice: A Biography of Cesare Pavese* (New York: New Directions, 1983), p. 238。
③ I. O'Donnell, R. Farmer, and J. Catalan, "Suicide Notes," *British Journal of Psychiatry*, 163 (1993): 45-48, p. 47.
④ A. Leenaars, *Suicide Notes: Predictive Clues and Patterns* (New York: Human Sciences Press, 1988), pp. 232, 255.

怎么处理尸体,怎么跟孩子或父母讲这场自杀,怎么分配财产,还有怎么处置猫猫狗狗,等等。遗言给出的自杀原因往往并不清晰,只能从字里行间揣摩出越积越深的痛苦和疲倦——"我再也无法忍受下去了";"我已经厌倦了活下去";"继续下去毫无意义"[1]——不会涉及更多细节。小孩子在写到他们自杀的原因和他们希望怎么处理自己的尸体和私人物品时,往往没有年纪更大一些的青少年或成人那么具体[2]。更年轻的两个年龄群体留下遗书的可能性也都比成年人要低,但他们经常会很明确地想要减轻他们父母、兄弟姐妹对他们自杀的负罪感。比如有个从办公楼跳下去的二十岁的女孩子就写道:"我会这么做,跟任何人都没关系。只是我怎么也无法跟生活本身和解。愿上帝垂怜我的灵魂。"[3]

所有自杀遗言中,大部分对被他们留在身后的人的评价都很正面积极[4]。然而真的出现敌意时,恶毒的程度也很令人震惊。有个男子,他妻子爱上了他弟弟,他把一根煤气管放进自己嘴里,在咽气前给妻子留下了几句话:"以前我多么爱你,但现在我恨你,也恨我弟弟。"他又在妻子的一张照片背面写道:"我把这张照片看成另一个女人——那个我以为我与之结为夫妻的女孩,也希望你永远记得,我曾经爱过你,但死的时候却在恨你。"[5] 在另一个人留下的遗书中也可以读到类似的敌

---

[1] A. Capstick, "Recognition of Emotional Disturbance and the Prevention of Suicide," *British Medical Journal*, 1 (1960): 1179–1181; S. L. Cohen and J. E. Fiedler, "Content Analysis of Multiple Messages in Suicide Notes," *Life-Threatening Behavior*, 4 (1974): 75–95.

[2] J. A. Posener, A. LaHaye, and P. N. Cheifetz, "Suicide Notes in Adolescence"; B. Grøholt, Ø. Ekeberg, L. Wichstrøm, and T. Haldorsen, "Youth Suicide in Norway, 1990–1992: A Comparison Between Children and Adolescents Completing Suicide and Age- and Gender-Matched Controls," *Suicide and Life-Threatening Behavior*, 27 (1997): 250–263.

[3] 引自 E. R. Ellis and G. N. Allen, *Traitor Within: Our Suicide Problem* (New York: Doubleday, 1961), p. 183。

[4] J. Tuckman, R. J. Kleiner, and M. Lavell, "Emotional Content of Suicide Notes," *American Journal of Psychiatry*, 116 (1959): 59–63.

[5] 引自 in H. Wolf, "Suicide Notes," *American Mercury*, 24 (1931): 264–272, p. 265。

意:"我恨你,恨你们全家所有人,我希望你的心永世不得安宁。我希望,只要你还住在这里,我就会一直在这房子里阴魂不散,也希望世界上所有霉运都会降临在你身上。"① 好在这么尖酸刻薄的遗言并不常见。

一般来讲,自杀遗言有具体、类型化的性质②。有一系列研究比较了真实的和模拟的遗言,后者是由年龄、性别和社会经济地位都与自杀者相当的个人写下的,研究人员要求他们设想,如果他们计划怎么自杀,遗言会怎么写。真实的自杀遗言里跟财产分配和保险有关的指示要具体得多;更关心他们的行为会带来的痛苦和伤害;语气更中性,尽管更有可能表达心理痛苦;也更有可能在文本中用到"爱"这个字眼。但模拟的那些对于导致(想象中的)自杀的环境和想法提供了更多细节,提到自杀行为本身的时候更多,在说到死亡和自杀时也更常使用委婉的语句。

就算是处在巨大的精神痛苦中,有些人在自杀前也还是会抽出一些

---

① Tuckman et al., "Emotional Content of Suicide Notes," p. 60.
② E. S. Shneidman and N. L. Farberow, "Some Comparisons Between Genuine and Simulated Suicide Notes in Terms of Mowrer's Concepts of Discomfort and Relief," *Journal of General Psychology*, 56 (1957): 251-256; L. A. Gottschalk and G. C. Gleser, "An Analysis of the Verbal Content of Suicide Notes," *British Journal of Medical Psychology*, 33 (1960): 195; D. E. Spiegel and C. Neuringer, "Role of Dread in Suicidal Behavior," *Journal of Abnormal and Social Psychology*, 66 (1963): 507-511; D. M. Ogilvie, P. J. Stone, and E. S. Shneidman, "Some Characteristics of Genuine Versus Simulated Suicide Notes," *Bulletin of Suicidology*, March 1969, 27-32; R. I. Yufit, B. Benzies, M. E. Fonte, and J. A. Fawcett, "Suicide Potential and Time Perspective," *Archives of General Psychiatry*, 23 (1970): 158-163; S. Arbeit and S. J. Blatt, "Differentiation of Simulated and Genuine Suicide Notes," *Psychological Reports*, 33 (1973): 283-297; D. Lester, "Temporal Perspective and Completed Suicide," *Perceptual and Motor Skills*, 36 (1973): 760; A. A. Leenaars and W. D. G. Balance, "A Predictive Approach to Freud's Formulations Regarding Suicide," *Suicide and Life-Threatening Behavior*, 14 (1984): 275-283; D. Lester, "Can Suicidologists Distinguish Between Suicide Notes from Completers and Attempters?" *Perceptual and Motor Skills*, 79 (1994): 1498.

时间，向继续活下去的人提出相当明确的指示。比如有个十四岁的女孩在用厨房炉子里的煤气自杀前写了这么一份遗书：

致可能受此影响的人：

如果我要在童年时死去，那么这就是我的遗嘱。我没有钱，只有银行里的 2.95 美元和一点点战争储蓄票。这些是要留给我侄子罗伯特·C 的。我的衣服请捐给慈善机构，或者谁想要谁就拿去好了。

如果要给我入殓，我希望给我穿上蓝色衣服。如果会给我办葬礼，我希望所有亲友都会受邀出席。

给我的妈妈，我想献给她我所拥有的一切。给我的爸爸和姐妹，我想献给他们我全部的爱和我的所有物品。

我不是因为任何人死的。我自己想死。我是自杀①。

1931 年，一名二十五岁的男子失业了，他强迫妻子去卖淫，这样他们才能活下去，之后又对妻子非常失望，便服毒自尽。他的遗书有一部分是这么写的：

我亲爱的亲爱的贝蒂：

我是多么爱你啊，但是我不配当你的丈夫，也不配和你一起生活。我刚刚服下了世上最致命的毒药，你读到这封信的时候，我已经永远离开了。我会把佩吉（他们的狗）交给女房东，让她替你照看，还给了她 1 块钱，让她喂它到周四。房间的钱我也只付到了周四。收据在这里。

---

① 引自 Ellis and Allen, *Traitor Within*, p. 62。

我也会把23美元现金、你的戒指、我的戒指和手表带去拘留所,你出来的时候,他们会交给你。我告诉女房东,这个星期我会不在,但下周一你很可能会在这儿,如果你不在,我给了她律师的电话,也跟她说叫律师去见你,问问你想怎么处置这些东西,再回来告诉她。

我也给律师写了封信,告诉他我带去给你的钱和戒指什么的,还指示他把你送回家,或是送到我妈妈那儿,都随你①。

19世纪中叶一位因为欠债被关进县监狱的英国人,留下的指示和声明又完全是另外一种类型。他相信自己是神灵,是上帝的儿子,是先知以利亚。尽管很多人都知道他精神失常,他们还是让他能接触到自己的剃刀和刀具,随后便发现他因为喉咙和腹部的自残性伤口死掉了。他留下了几封信,分别写给监狱长、验尸官和他妻子。他精神紊乱的状态显而易见,尽管脑子里颇多妄想,对于怎么把他自杀的消息告诉他妻子,他还是成功提出了具体而合理的关心。在给监狱长的那封信里,他写道:

牧师赫舍尔先生认识我,我也毫不怀疑,他会把写给我妻子的那封信带去她家。尽管如此,我还是要表达一下愿望,而执行与否完全由他按照自己的意愿来选择。我希望他能邀请威廉姆斯医生陪他一起坐11点的火车去纽汉姆,然后转车前去利特尔丁拜访乔利夫人,请她跟他们一起去辛德福德找我太太。我太太要是不在家,就会在德赖布鲁克我姐姐家,他们务必一路找到那里,尽可能波澜不惊地把这个消息透露给她。我想,赫舍尔先生读到我的将死之

---

① Wolf, "Suicide Notes," p. 264.

言，知道了我就是他的教民期待已久的弥赛亚时，肯定会答应我的请求①。

他写给验尸官的信说到他预计自己死后会进行的验尸工作，让人们更加确信他的精神状态了：

> 一方面，你会相当庄重地确信，我是上帝之子——在创世之初被宰杀的那只羔羊；另一方面，你会得到一个压抑、可怕的事实，就是我是死在自己手上的。你可能几乎不敢做出暂时性精神错乱的判断，因为这一行为经过了深思熟虑，也早就下定了决心，这才得以完成，也因为三天三夜过去后我会死而复生，这会证明那样的判断完全是无耻的诽谤和亵渎②。

很少有遗书像这个人留下的那样，其中的独特之处和精神病征象都那么显而易见。实际上，大部分遗书都没有或几乎没有迹象表明死者的思想没有条理，或是得了妄想症。然而我们会看到，绝大部分自杀案例都跟精神疾病有关，因此不必奇怪，自杀者留下来的遗言和记录大都反映了这些情形的痛苦和日积月累的绝望。

严重的精神疾病会带来痛苦和危险，一旦有了这样的疾病，或随时都在担心这种病会卷土重来，也会带来长期的困苦。抑郁症、躁郁症、精神分裂症和另外一些重要精神疾病造成的痛苦，描述得再怎么浓墨重彩都不为过。痛苦、绝望、焦躁和羞愧交织在一起，同时又痛苦地意识

---

① 匿名，*American Journal of Insanity*, 13（1857）: 401-402, p. 401。
② 同上，p. 402。

到自己的疾病对朋友、家人和职业生涯造成了往往无法挽回的危害。这是一种会置人死地的交织混合。有个女人在跟精神疾病的斗争中失败了,她的遗书这样写道:

> 我希望自己能解释一下,这样也许有人能理解。但恐怕我无法将其用言语表达出来。
>
> 只有这样一种沉重的、让人喘不过气来的绝望——对一切都感到害怕。害怕生活。内心空虚,到了麻木的地步。就好像里面有什么东西已经死了一样。已经好几个月了,我的全副身心都一直在被一股力量往那虚空里拉。
>
> 所有人都对我很好——都拼命对我好。为了我的家人,我真心希望我能有所不同。伤害我的家人是自杀最坏的影响,这种负罪感也一直在跟我想要消失的那部分左右互搏。
>
> 但是,有些核心层面的生命火花已经不复存在了。尽管也有人说我最近"好转"了——脑子里逼得我发疯的那个声音还是比以往任何时候都更响亮。看起来,似乎任何人,任何事,都远远无法达到。我再也无法忍受了。我觉得,某种心理上的扭曲——逆转已经控制了局面,我再也无法与之抗争了。我只希望自己能消失,同时又不会伤害任何人。我很抱歉①。

有个开枪自杀的四十二岁的女人留下了一封很长的绝笔信来保护自己的名誉,并恳求媒体不要炒作她的死亡。跟很多患有精神疾病的人一样,她担心的是自己的疾病对别人的影响,尤其是她妈妈:"有了这些

---

① 自杀者遗书,收录于 A. A. Leenaars, *Suicide Notes: Predictive Clues and Patterns*(New York: Human Sciences Press, 1988), pp. 247-248。

已经疯掉的神经,我对她来说也不再有任何用处了。从未经历过神经崩溃带来的彻头彻尾的沮丧的人,无论如何都不可能认识到,单凭这一点就让人想死。"①

19世纪英国画家本杰明·海登在写下最后的话时,找莎士比亚借用了一些语句。焦灼不安、睡不着觉、也有严重的躁狂症病史的海登割开自己喉咙,随后又朝自己脑袋开了一枪。他的日记翻开在最后几天:

21日——睡得很糟糕。在悲伤中祈祷,在焦灼中起身。
22日——上帝原谅我。阿门。

B. R. 海登
的
结局

不要把我在这个冷酷世界的刑架上拉得更长。

——《李尔王》②

"神经",焦灼,以及长期精神痛苦带来的沮丧,是遗书的常见主题。日本作家芥川龙之介患有偏执狂和妄想症(比如说他相信自己的食物里有蛆),在年仅三十五岁的时候服用了过量安眠药,长眠不醒。他写道:"我现在生活的世界,是一个充满病态神经、冰凉透明的宇宙……当然,我不想死,但活下去太遭罪了。"③

詹姆斯·惠尔,《隐形人》《旅程终点》和最经典的《科学怪人》

---

① Wolf, "Suicide Notes," p. 271.
② *Autobiography of Benjamin Robert Haydon*, 有 Edmund Blunden 撰写的引言和后记。(London: Oxford University Press, 1927; autobiography first published 1853), p. 399。
③ 引自 M. Iga, *The Thorn in the Chrysanthemum: Suicide and Economic Success in Modern Japan* (Berkeley: University of California Press, 1986), pp. 82-83。

系列电影的导演,也在他的遗书里谈到了"神经"和痛苦。遗书题为《致所有我爱的人》,他在里面写道:

> 不要为我悲伤。我的神经高度紧张,过去一年里,我日日夜夜都深陷痛苦之中,只有因安眠药而安眠的时候才稍有喘息,而白天我如果能享有片刻安宁,也都是服药的结果。
>
> 我度过了美好的一生,但现在一切都结束了,我的神经也在恶化,恐怕会把我带走。(他曾因精神崩溃而入院治疗,还接受了休克疗法。)所以,所有我爱的人,请原谅我,希望上帝也能原谅我,但我实在无法忍受这种痛苦了,这样对所有人来说都是最好的……
>
> 不要责怪任何人——我的朋友都非常棒,他们也为我尽了全力……整整一年我都在努力尝试我知道的所有办法,但精神还是越来越糟糕,因此,请为我不会再遭受任何痛苦而感到安心吧①。

他怕水怕得要命,接下来却在自己家泳池里溺亡了。在离泳池不远的地方,他留下了一本书,题为《不要靠近水边》,这倒是跟他一贯的黑色幽默相当一致。

认识到严重精神疾病对自己和他人可能会造成什么损害,以及担心精神疾病会旧病复发,这些心理在很多自杀案例中都起到了决定性作用②。例如,在精神分裂症患者中,那些更聪明、受过更好教育、在抽象推理方面表现更好、对这种疾病的本质也了解更深刻的,更有可能自

---

① 引自 James Curtis, *James Whale: A New World of Gods and Monsters* (Boston: Faber and Faber, 1998), pp. 384-385。

② H. Warnes, "Suicide in Schizophrenics," *Diseases of the Nervous System*, 29 (1968): 35-40; R. E. Drake, C. Gates, P. G. Cotton, and A. Whitaker, "Suicide Among Schizophrenics: Who Is at Risk?" *Journal of Nervous and Mental Disease*, 172 (1984): 613-617; C. Dingman and T. McGlashan, "Discriminating Characteristics of Suicides: Chestnut Lodge (转下页)

杀。年少时在社交和学业上表现更好,但后来遭受精神分裂症或躁郁症等疾病毁灭性打击的患者,也似乎特别容易想着自己会不会精神崩溃、这病在自己身上会不会久治不愈,并因此而恐慌不已。对他们和其他很多人来说,失去梦想太可怕了,也会对朋友、家人和自身造成无法避免的伤害。美国诗人兰德尔·贾雷尔在跟妻子描述自己的躁郁症日积月累的影响时说:"那感觉太古怪了……就好像小仙女们把我偷走了,在我的位置只留下了一根木头。"[1]——这感觉,就等于说现在的自己只是以前那个自己的影子或躯壳,是无法撼动的绝望感,也是失败感、羞耻感,同时又对这种疾病也许会卷土重来满心焦虑。对另一些人来说,旧病复发本身就无法忍受,一次都已经太多了。

弗吉尼亚·伍尔夫遭受着精神病性躁狂和抑郁症的折磨,自杀前她写了两封遗书给丈夫。在第一封里她写道:"我很确定我又要疯掉了:我感觉我们无法再次安然度过那样的可怕时刻。这次我不会好了。我开始产生幻听,无法集中精神。所以我现在做的,是看起来最应该去做的

(接上页) Follow-up Sample Including Patients with Affective Disorder, Schizophrenia and Schizoaffective Disorder," *Acta Psychiatrica Scandinavica*, 74 (1986): 91–97; A. Roy, "Suicide in Schizophrenia," in A. Roy, ed., *Suicide* (Baltimore: Williams & Wilkins, 1986), pp. 97–112; A. A. Salama, "Depression and Suicide in Schizophrenic Patients," *Suicide and Life-Threatening Behavior*, 18 (1988): 379–384; J. F. Westermeyer, M. Harrow, and J. T. Marengo, "Risk for Suicide in Schizophrenia and Other Psychotic and Nonpsychotic Disorders," *Journal of Nervous and Mental Disorders*, 179 (1991): 259–266; X. F. Amador, J. Harkavy Friedman, C. Kasapis, S. A. Yale, M. Flaum, and J. M. Gorman, "Suicidal Behavior in Schizophrenia and Its Relationship to Awareness of Illness," *American Journal of Psychiatry*, 153 (1996): 1185–1188; K. J. Kaplan and M. Harrow, "Positive and Negative Symptoms as Risk Factors for Later Suicidal Activity in Schizophrenics Versus Depressives," *Suicide and Life-Threatening Behavior*, 26 (1996): 105–121; C. D. Rossau and P. B. Mortensen, "Risk Factors for Suicide in Patients with Schizophrenia: Nested Case-Control Study," *British Journal of Psychiatry*, 171 (1997): 355–359.

[1] 引自 *Randall Jarrell's Letters: An Autobiographical and Literary Selection* (Boston: Houghton Mifflin, 1985), Mary Jarrell, ed., p. 516。

事情。"① 几天后她写下第二封遗书,也再次把自杀身亡归咎于自己的精神失常:

最亲爱的:

我想告诉你,你给了我完整的幸福。没有人能比你做得更多。一定要相信我。

但是我知道,这事儿我永远过不去,而我也是在浪费你的生命。这就是我的精神失常。无论什么人,无论说什么,都不可能让我回心转意。你可以工作,没有了我,你会过得更好。你也看到了,我连这个都写不好,也正好证明了我是对的。我只想说,在我生病以前,我们一直都非常开心,而那么开心也都是因为你。从第一天一直到现在,没有人能像你那么好。大家都知道。

伍。

你能毁掉我所有文件吗?②

随后,伍尔夫往口袋里装满沉甸甸的石头,走进河里。

如果对一个自杀者的生活详加审视,很容易将其自杀决定解读为极其复杂的原因网络。当然,这么复杂也确实有理有据。并非某一种疾病或某个单一事件就能导致自杀;当然,我们也不可能知道自杀背后的全部乃至大部分动机。但精神病理学几乎总是会出现,而且致命力度总是超乎想象。爱、成功和友谊并非总是足以抗衡严重精神疾病造成的痛苦和破坏。美国艺术家拉尔夫·巴顿就曾在留下的遗书中试

---

① Virginia Woolf, March 18 (?), 1941, 见 Virginia Woolf, *The Letters*, vol. 6, eds. N. Nicolson and J. Trautman (London: Hogarth Press, 1975-1980), p. 481。

② Virginia Woolf, March 28, 1941, 同上, pp. 486-487。

图解释：

> 所有认识我、也听说我自杀了的人都会自有一套理论来解释我为什么会这么做。但实际上，所有理论都会是夸大其词——而且完全错误。任何神志正常的医生都知道，自杀的原因无一例外，都出自精神病理学。生活中遇到的困难只不过会促成自杀事件，而真正的自杀者会自己给自己制造困难。我一直没遇到过什么正儿八经的困难。刚好相反，我的生活一直相当富有魅力——生活就这样继续着。而我得到的爱情和感激之情，也已经超过了我应得的份额。我认识的最有魅力、最聪明、最举足轻重的人都对我青眼有加，而我敌人的名单也让我有受宠若惊之感。我的身体一直很好。但是我从很小的时候起就患有忧郁症，过去五年，忧郁症已经开始表现为很明确的躁郁症症状。这种病阻碍了我充分发挥自己的才能，也在过去三年让工作完全成了一种折磨。这病让我不可能再享受其他人看起来都能享受的简单生活的乐趣。我娶了一任又一任妻子，住进一栋又一栋房子，逃向一个又一个国家，就为了以一种可笑的方式逃避自我。这么做的时候，我也非常担心，我给爱我的人带去了不知道多少忧愁①。

巴顿穿上睡衣和丝绸晨衣，上了床，打开一本《格雷解剖学》，翻到有人类心脏插图的一页，朝自己的脑袋开了一枪。

巴顿写道，生活中遇到的困难只不过会促成自杀，并不会真正导致

---

① 引自 Bruce Kellner, *The Last Dandy: Ralph Barton* (Columbia: University of Missouri Press, 1991), p. 213。

自杀。有很多证据可以支持他这一论断。但哪些困难是最能促成自杀的，以及为什么会这样？命运的逆转，至亲离世，离婚，都可能会成为自杀怪罪的对象，我们所有人也都会面对同样的灾难和沮丧。但我们很少有人以自杀来回应。

在谈到自杀的人对自己的自杀事件给出的高度个人化的解释时，阿尔弗雷德·阿尔瓦雷斯的描述比任何人的都更准确："自杀者的借口通常都很随意。那些理由最多也就能缓和一下需要继续活下去的人的负罪感，抚慰抚慰头脑清醒的人，并鼓动社会学家继续漫无目标地寻找证据，建立令人信服的范畴和理论。那些借口，就像边境上一场微不足道的小小纷争引发了两国大战。推动一个人放弃自己生命的真正动机不在这里，而是在百转千回、自相矛盾、有如迷宫，并且绝大部分都隐而不显的内心世界。"①

每种文化都会强调自己理解的自杀动机。按照学者安东·范霍夫的说法，羞耻、悲伤和绝望是古典时期罗马年轻人自杀的主要原因②。到了19世纪，法国精神科医生比埃·德布瓦蒙给法国近5 000例自杀的成因分门别类，结论是精神错乱和酗酒是最重要原因，其次是不治之症、"悲伤或失望"，以及"令人失望的爱情"③。意大利心理学家恩里科·莫尔塞利研究了19世纪欧洲的统计数据，指出大部分自杀案例都可以归因于精神失常；按重要性排序，接下来依次是"厌倦生活""激情"和"堕落"。列表往下走，会读到用语十分人性化的一条："绝望——未知且多样化。"

---

① A. Alvarez, *The Savage God: A Study of Suicide* (London: Weidenfeld and Nicolson, 1971), p. 97.
② Anton van Hooff, *From Autothanasia to Suicide: Self-Killing in Classical Antiquity* (London: Routledge, 1990).
③ 比埃·德布瓦蒙的数据引自 Henry Romilly Fedden, *Suicide: A Social and Historical Study* (London: Peter Davies, 1938), p. 344。

对于人为什么会自杀的辩论，20世纪增添了更多细节，但也许并非那么有说服力。近年来，心理学家和精神病学家研究了"生活事件"（一个很奇怪的冷血词汇，用来指灾难和心碎）与抑郁症、躁狂症和精神分裂症等精神疾病发作之间的关系。当然，生活事件也可以是正面、积极的，比如结婚或升职，但大部分研究人员关注的都是有害事件，比如生病，离婚或分居，家人离世或生病，家庭不和，经济问题或工作问题等。

有很多理由相信，压力事件可能会导致精神疾病或使其恶化。如果潜在的精神疾病或生物学倾向足够严重，那样的事件也很可能会在自杀案例中起到重要作用。我们知道，压力不但会对身体的免疫系统和强大的应激激素的生成产生深远影响，对于睡眠-清醒周期也同样如此，而这个周期又在躁狂症和抑郁症的病理生理学机制中发挥着关键作用。例如美国心理健康研究所的汤姆·韦尔及其同事就已经证明，心理压力、某些药物和疾病、光线和温度的显著变化都会干扰昼夜节律，而这样的干扰又会在有相关基因、易受影响的人群中引发躁狂症或抑郁症[1]。

然而，生活事件、压力和精神疾病之间的关系并没有那么简单。人们在躁狂或抑郁的时候，不只是会受到生活事件的影响，而且也会对周围的人和世界产生强烈的交互影响：他们往往会因为自己的愤怒、想要逃避现实或暴力而疏远他人，做出某些事情最终导致离婚，或是让自己被解雇[2]。看起来像是旧病复发的原因的，很可能实际上就是疾病本身

---

[1] T. A. Wehr, D. A. Sack, and N. E. Rosenthal, "Sleep Reduction as a Final Common Pathway in the Genesis of Mania," *American Journal of Psychiatry*, 144（1987）: 201-204; S. Malkoff-Schwartz, E. Frank, B. Anderson, J. T. Sherrill, L. Siegel, D. Patterson, and D. J. Kupfer, "Stressful Life Events and Social Rhythm Disruption in the Onset of Manic and Depressive Bipolar Episodes," *Archives of General Psychiatry*, 55（1998）: 702-707.

[2] C. Hammen, "Generation of Stress in the Course of Unipolar Depression," *Journal of Abnormal Psychology*, 100（1991）: 555–561; X.-J. Cui and G. E. Vaillant, "Does Depression Generate Negative Life Events?" *Journal of Nervous and Mental Disease*, 185（1997）: 145-150.

引起的。(比如失业和自杀之间并没有多么一致、强烈的关联①。倒是很容易看到，酗酒、精神疾病和人格障碍都可能会导致失业。)这些事情互为因果，而且实际上个人处于抑郁或罹患精神疾病时，跟没有精神疾病的人比起来，对压力的反应方式千差万别，这也让情形更加复杂了。因此，很多研究人员都把生活事件的研究范围缩小到所谓的"独立"生活事件，比如家人离世或生了重病。离婚或经济问题这样的"事件"更有可能受到精神疾病的影响，"独立"事件则有所不同，更容易看成是真正随机的。

大部分研究都发现，在躁狂症和精神分裂症发作以前，生活事件会显著增加②，尽管到了躁郁症晚期（这时这种疾病往往已经形成了自己

---

① R. D. Goldney and P. W. Burvill, "Trends in Suicidal Behaviour and Its Management," *Australian and New Zealand Journal of Psychiatry*, 14 (1980): 1–15; D. M. Shepherd and B. M. Barraclough, "Work and Suicide: An Empirical Investigation," *British Journal of Psychiatry*, 136 (1980): 469–478; S. Platt, "Unemployment and Suicidal Behaviour: A Review of the Literature," *Social Science and Medicine*, 19 (1984): 93–115; H. J. Cormier and G. L. Klerman, "Unemployment and Male-Female Labor Force Participation as Determinants of Changing Suicide Rates of Males and Females in Quebec," *Social Psychiatry*, 20 (1985): 109–114; A. Beautrais, P. R. Joyce, and R. T. Mulder, "Unemployment and Serious Suicide Attempts," *Psychological Medicine*, 28 (1998): 209–218.

② G. W. Brown and J. L. T. Birley, "Crises and Life Changes and the Onset of Schizophrenia," *Journal of Health and Social Behavior*, 9 (1968): 203–214; A. Ambelas, "Psychologically Stressful Life Events in the Precipitation of Manic Episodes," *British Journal of Psychiatry*, 135 (1979): 15–21; D. L. Dunner, V. Patrick, and R. R. Fieve, "Life Events and Onset of Bipolar Disorder," *American Journal of Psychiatry*, 136 (1979): 508–511; A. Ambelas, "Life Events and Mania: A Special Relationship?" *British Journal of Psychiatry*, 150 (1987): 235–240; R. Day, J. A. Neilsen, A. Korten, et al., "Stressful Life Events Preceding the Acute Onset of Schizophrenia: A Cross-National Study from the World Health Organization," *Culture, Medicine and Psychiatry*, 11 (1987): 123–206; A. Ellicott, C. Hammen, M. Gitlin, G. Brown, and K. Jamison, "Life Events and Course of Bipolar Disorder," *American Journal of Psychiatry*, 147 (1990): 1194–1198; F. K. Goodwin and K. R. Jamison, *Manic-Depressive Illness* (New York: Oxford University Press, 1990); P. Bebbington, S. Wilkins, P. Jones, A. Foerster, R. Murray, B. Toone, and S. Lewis, "Life Events and Psychosis: Initial Results from the Camberwell Collaborative Psychosis Study," *British Journal of Psychiatry*, 162 (1993): 72–79.

的节律），社会心理压力的影响似乎已经没那么重要了①。情绪障碍患者似乎大多数时候都比精神分裂症患者更容易受到有压力的生活事件的影响②。布朗大学心理学家谢里·约翰逊及同事发现，负面生活事件不但会增加躁郁症患者旧病复发的概率，也会令他们从抑郁周期或躁狂周期中恢复的时间变长③。没有导致压力的重大诱因的话，患者需要四个月左右康复。但是，如果在旧病复发前发生了重大负面生活事件，他们平均需要差不多十一个月才能再次好起来。康复时间增加了将近两倍，不但对病人和家属来说是极度痛苦的一段时间，也让病人容易自杀的时间延长了。

自杀发生前经常会有突然心碎或发生什么灾难的情形，但这些问题引发的危机属于什么性质，程度如何，我们都还没有弄清楚④。几乎可以肯定，这种事件最危险的地方在于对潜在精神状态的煽动性影响。但心理压力的最终影响在每个人身上都截然不同，取决于这个人自己的生

---

① R. M. Post, D. Rubinow, and J. C. Ballenger, "Conditioning and Sensitisation in the Longitudinal Course of Affective Illness," *British Journal of Psychiatry*, 149 (1986): 191-201; R. M. Post, "Transduction of Psychosocial Stress into the Neurobiology of Recurrent Affective Disorder," *American Journal of Psychiatry*, 149 (1992): 999-1010.

② A. Breier, "Stress, Dopamine, and Schizophrenia: Evidence for a Stress-Diathesis Model," in C. M. Mazure, ed., *Does Stress Cause Psychiatric Illness*? (Washington, D.C.: American Psychiatric Press, 1995), pp. 67-86; B. P. Dohrenwend, P. E. Shrout, B. G. Link, A. E. Skodol, and A. Stueve, "Life Events and Other Possible Psychosocial Risk Factors for Episodes of Schizophrenia and Major Depression: A Case-Control Study," in Mazure, ed., *Does Stress Cause Psychiatric Illness*?, pp. 43-65.

③ S. L. Johnson and I. Miller, "Negative Life Events and Time to Recovery from Episodes of Bipolar Disorder," *Journal of Abnormal Psychology*, 106 (1997): 449-457.

④ E. S. Paykel and D. Dowlatshahi, "Life Events and Mental Disorder," in S. Fisher and J. Reason, eds., *Handbook of Life Stress, Cognition, and Health* (New York: J. Wiley and Sons, 1988), pp. 241-263; M. Heikkinen, H. Aro, and J. Lönnqvist, "Life Events and Social Support in Suicide," *Suicide and Life-Threatening Behavior*, 23 (1993): 343-358; E. Isometsä, M. Heikkinen, M. Henriksson, H. Aro, and J. Lönnqvist, "Recent Life Events and Completed Suicide in Bipolar Affective Disorder: A Comparison with Major Depressive Suicides," *Journal of Affective Disorders*, 33 (1995): 99-106.

活经历、获取自杀手段的难易程度、绝望程度,以及精神疾病的类型和严重程度。例如跟抑郁症患者在自杀前的情形相比,人际关系方面的困难和冲突,马上会遭到逮捕或刑事起诉的威胁,在酗酒的人和药物滥用的人身上在他们自杀前往往出现得更为频繁①。(有时候绝望的原因叫人很难理解②。有个六岁的小女孩试图从行驶中的汽车里跳出去,她被带到一家精神病诊所,结果只是说:"我好饿。我咬了人,还想把他们吃掉。我是个坏孩子,我应该死。")

性别也是重要因素。芬兰的一项大型研究采访了自杀者的伴侣,询问在他们看来,伴侣自杀的原因是什么③。严重的精神疾病被认为是导致女性自杀最重要的原因,但对于男性自杀的案例,身体疾病被认为是更重要的原因。无论是对男性还是女性,人际关系严重不和,也都被认为是重要促成因素。

性别差异在更年轻的人群中也同样存在。例如青年男性或青春期男孩,就比女孩子更有可能在自杀前二十四小时经历危机事件,而且可能性要高得多④。最常见的是跟女友分手、纪律惩戒或法律问题(比如被学校

---

① G. E. Murphy and E. Robins, "Social Factors in Suicide," *Journal of the American Medical Association*, 199 (1967): 303-308; G. E. Murphy, J. W. Armstrong, S. L. Hermele, J. R. Fischer, and W. W. Clendenin, "Suicide and Alcoholism: Interpersonal Loss Confirmed as a Predictor," *Archives of General Psychiatry*, 36 (1979): 65-69; G. E. Murphy, "Suicide in Alcoholism," in A. Roy, ed., Suicide (Baltimore: Williams & Wilkins, 1986), pp. 89-96; C. L. Rich, R. C. Fowler, L. A. Fogarty, and D. Young, "San Diego Suicide Study: III. Relationship Between Diagnoses and Stressors," *Archives of General Psychiatry*, 45 (1988): 589-592.

② T. F. Dugan and M. L. Belfer, "Suicide in Children," in D. Jacobs and H. N. Brown, eds., *Suicide: Understanding and Responding: Harvard Medical School Perspectives* (Madison, Conn.: International Universities Press, 1990), pp. 201-220, p. 201.

③ M. Heikkinen, H. Aro, and J. Lönnqvist, "The Partners' Views on Precipitant Stressors in Suicide," *Acta Psychiatrica Scandinavica*, 85 (1992): 380-384.

④ D. Shaffer, "Suicide in Childhood and Adolescence," *Journal of Child Psychology and Psychiatry*, 15 (1974): 275-291; C. L. Rich, D. Young, and R. C. Fowler, "San Diego Suicide Study: I. Young vs. Old Subjects," *Archives of General Psychiatry*, 43 (转下页)

停学,或是要去青少年法庭出庭),以及羞辱性事件(比如在众目睽睽下失败或公开被嫌弃)。纽约哥伦比亚大学儿童精神病学家戴维·谢弗发现,自杀的男性青少年很多不但抑郁,而且好斗、脾气暴躁、容易冲动,还往往酗酒、吸毒,人际关系也存在困难[1]。大部分临床医生和研究人员都认

(接上页)(1986): 577-582; D. J. Poteet, "Adolescent Suicide: A Review of 87 Cases of Completed Suicide in Shelby County, Tennessee," *American Journal of Forensic Medicine and Pathology*, 8 (1987): 12-17; D. A. Brent, J. A. Perper, C. E. Goldstein, D. J. Kolke, M. J. Allan, C. J. Allmen, and J. P. Zelenak, "Risk Factors for Adolescent Suicide: A Comparison of Adolescent Suicide Victims with Suicidal Inpatients," *Archives of General Psychiatry*, 45 (1988): 581-588; H. H. Hoberman and B. D. Garfinkel, "Completed Suicide in Youth," *Canadian Journal of Psychiatry*, 33 (1988): 494-504; D. A. Brent, J. A. Perper, G. Moritz, M. Baugher, C. Roth, L. Balach, and J. Schweers, "Stressful Life Events, Psychopathology, and Adolescent Suicide: A Case Control Study," *Suicide and Life-Threatening Behavior*, 23 (1993): 179-187; L. Davidson, M. L. Rosenberg, J. A. Mercy, J. Franklin, and J. T. Simmons, "An Epidemiologic Study of Risk Factors in Two Teenage Suicide Clusters," *Journal of the American Medical Association*, 262 (1989): 2687-2692; M. Marttunen, H. M. Aro, and J. K. Lönnqvist, "Precipitant Stressors in Adolescent Suicide," *Journal of the Academy of Child and Adolescent Psychiatry*, 32 (1993): 1178-1183; M. S. Gould, P. Fisher, M. Paridas, M. Flory, and D. Shaffer, "Psychosocial Risk Factors of Child and Adolescent Completed Suicide," *Archives of General Psychiatry*, 53 (1996): 1155-1162.

[1] D. Shaffer, "Suicide in Childhood and Adolescence," *Journal of Child Psychology and Psychiatry*, 15 (1974): 275-291; M. Shafii, S. Carrigan, J. R. Whittinghill, and A. Derrick, "Psychological Autopsy of Completed Suicide in Children and Adolescents," *American Journal of Psychiatry*, 142 (1985): 1061-1064; R. C. Fowler, C. L. Rich, and D. Young, "San Diego Suicide Study: II. Substance Abuse in Young Cases," *Archives of General Psychiatry*, 43 (1986): 962-965; D. Shaffer, A. Garland, M. Gould, P. Fisher, and P. Trautman, "Preventing Teenage Suicide: A Critical Review," *Journal of the American Academy of Child and Adolescent Psychiatry*, 27 (1988): 675-687; D. A. Brent, J. A. Perper, C. E. Goldstein, D. J. Kolke, M. J. Allan, C. J. Allman, and J. P. Zelenak, "Risk Factors for Adolescent Suicide: A Comparison of Adolescent Suicide Victims with Suicidal Inpatients," *Archives of General Psychiatry*, 45 (1988): 581-588; D. Shaffer, "The Epidemiology of Teen Suicide: An Examination of Risk Factors," *Journal of Clinical Psychiatry*, 49 (1988): 36-41; M. Shaffi, J. Steltz-Lenarsky, A. M. Derrick, C. Beckner, and R. Whittinghill, "Comorbidity of Mental Disorders in the Post-Mortem Diagnosis of Completed Suicide in Children and Adolescents," *Journal of Affective Disorders*, 15 (1988): 227-233; B. Runeson, "Mental Disorders in Youth Suicide: DSM-III-R Axes I and I," *Acta Psychiatrica Scandinavica*, 79 (1989): 490-497; F. E. Crumley, "Substance (转下页)

同这个结论。抑郁性疾病和药物滥用兼备在这些青少年身上很普遍，在受到恶性或痛苦的事件触发时，就会如同天雷勾动地火。然而大部分家长都对青春期孩子的抑郁症和自杀想法毫不知情，这也让发生灾难的可能性大幅增加[1]。近期有一项研究表明，跟没有得过精神疾病的人相比，得了抑郁症的青少年在步入成年时自杀身亡的可能性要高得多[2]。

青少年自杀还有个不一样的特点，但这种情形并不罕见，就是他们往往都是成就很高、满心焦虑或抑郁的完美主义者。挫折和失败，无论是真实的还是想象的，有时候都会促成自杀。可能很难确定这种儿童精神病理学问题和精神痛苦的程度，因为他们往往努力表现出正常的样子去取悦他人，不想引起别人关注。自杀的真实原因仍然说不清道不明。

有个十五岁的男孩子，在自杀前两年写了这么一首诗：

有一次……他写了首诗，

（接上页）Abuse and Adolescent Suicidal Behavior," *Journal of the American Medical Association*, 263 (1990): 3051-3056; M. Kovacs, D. Goldston, and C. Gatsonis, "Suicidal Behaviors and Childhood-Onset Depressive Disorders: A Longitudinal Investigation," *Journal of the American Academy of Child and Adolescent Psychiatry*, 32 (1993): 8-20; M. J. Marttunen, H. M. Aro, M. M. Henriksson, and J. K. Lönnqvist, "Antisocial Behaviour in Adolescent Suicide," *Acta Psychiatrica Scandinavica*, 89 (1994): 167-173; D. Shaffer, M. S. Gould, P. Fisher, P. Trautman, D. Moreau, M. Kleinman, and M. Flory, "Psychiatric Diagnosis in Child and Adolescent Suicide," *Archives of General Psychiatry*, 53 (1996): 339-348; B. M. Wagner, R. E. Cole, and P. Schwartzman, "Comorbidity of Symptoms Among Junior and Senior High School Suicide Attempters," *Suicide and Life-Threatening Behavior*, 26 (1996) 300-307; B. Grøholt, Ø. Ekeberg, L. Wichstrøm, and T. Haldorsen, "Youth Suicide in Norway, 1990-1992," *Suicide and Life-Threatening Behavior*, 27 (1997): 250-263.

[1] D. M. Velting, D. Shaffer, M. S. Gould, R. Garfinkel, P. Fisher, and M. Davies, "Parent-Victim Agreement in Adolescent Suicide Research," *Journal of the Academy of Child and Adolescent Psychiatry*, 37 (1998): 1161-1166.

[2] M. M. Weissman, S. Wolk, R. B. Goldstein, D. Moreau, P. Adams, S. Greenwald, C. M. Klier, N. D. Ryan, R. E. Dahl, and P. Wickramaratne, "Depressed Adolescents Grow Up," *Journal of the American Medical Association*, 281 (1999): 1707-1713.

题为"排骨",
因为他的狗就叫这个名字,而且
　　　整首诗都在写这事。
老师给他打了个"优",
还给了他一颗金星。
他妈妈把这首诗挂在厨房门上,
　　　读给所有姨妈听……

有一次……他写了另一首诗,
题为"带问号的纯真",
因为这是他所有的悲伤,而且
　　　整首诗都在写这事。
教授给他打了个"优",
还意味深长地看了他一眼。
他妈妈从来没把这首诗挂在厨房门上,
　　　因为他从来没让妈妈看到这首诗……

有一次,凌晨3点……他试着写另一首诗……
题为"绝对什么都没有",因为
　　　整首诗都在写这事。
他给自己打了个"优",
还在两只潮湿的手腕上都留下刀痕,
又把这首诗挂在浴室门上,因为
　　　他没法去厨房那里①。

---

① 引自 J. J. Norwich, *Christmas Crackers* (London: Penguin, 1982), p. 105。

如果单纯只是心理痛苦或压力,那么无论损失或失望有多大,无论羞耻感有多深,也无论被嫌弃有多令人心碎,很少会足以导致自杀。赴死的决定很大程度上取决于对事件如何解读,而很多人只要心理健康,都不大会把任何事件解读为极具破坏力,足以导致自杀。压力和痛苦都是相对的,其体验和评估都极为主观。实际上,有些人经历了压力仍然活得好好的,混乱和情绪波动是他们的心理生活中也会带来舒适的组成部分。很多自杀风险相对较高的人(例如抑郁症或躁郁症患者)在疾病发作的间隙都表现得相当好,就算处于高度压力、高度不确定或反复发作的情绪或经济问题等情形时也是如此。

抑郁症会击碎这种能力。心理的灵活性和应变能力如果被精神疾病、酒精、毒品滥用或其他精神障碍损坏,防御能力就会处于危险境地。就好像受损的免疫系统很容易受到随机感染的威胁一样,生病的大脑也很容易受到生活中意外事件的袭击。健康的心理敏捷、灵活,相信或希望事情总有一天会过去;但在生病的大脑里,就没有这些可以倚仗的资源了。

我们知道,大脑如果无法流畅地思考、清晰地推理或充满希望地展望未来,就可能会导致抑郁症,我们也知道,抑郁症是大部分自杀事件的核心原因。神经心理学家和临床医生发现,抑郁时,人们思考的速度会变慢,更容易分心,在认知任务中更容易疲劳,还会发现自己记忆力也下降了[①]。抑郁症患者更可能回想起负面的经历和失败,会想到压抑而非积极的词语,也更有可能低估自己在绩效任务上有多成功。

抑郁症导致的认知功能受损,大都在有高度自杀倾向的患者身上也很明显,包括那些最近曾自杀未遂的患者。比如说,有自杀倾向的患者

---

① 相关研究综述见 "Thought Disorder, Perception, and Cognition," in F. K. Goodwin and K. R. Jamison, *Manic-Depressive Illness* (New York: Oxford University Press, 1990), pp. 247–280。

在面对一系列需要解决的问题时，不太有能力提出也许可以解决问题的方案[1]。他们的思维非常狭隘、僵化，能感觉到的选择范围极为狭窄，而死亡往往会被看成是唯一的选择[2]。有时候，他们不但会把死亡看成唯一的选择，还会认为这种选择极有诱惑力，充满了浪漫情调。一名十九岁的大学生画了幅画交给她的心理医生，画中就把自杀描绘成痛苦平静结束的过程，是缓和人生问题的选项。

有自杀倾向的患者在接受心理测试时，描述的经历往往消极、模糊、零散，而对于未来，他们认为怎么做都是徒劳，感到绝望[3]。在让

---

[1] C. Neuringer, "Rigid Thinking in Suicidal Individuals," *Journal of Consulting and Clinical Psychology*, 76 (1964): 91-100; M. Levenson and C. Neuringer, "Problem Solving Behavior in Suicidal Adolescents," *Journal of Consulting and Clinical Psychology*, 37 (1971): 433-436; A. Patsiokas, G. Clum, and R. Luscomb, "Cognitive Characteristics of Suicide Attempters," *Journal of Consulting and Clinical Psychology*, 3 (1979): 478-484; R. L. Bonner and A. R. Rich, "Toward a Predictive Model of Suicidal Ideation and Behavior," *Suicide and Life-Threatening Behavior*, 17 (1987): 50-63; B. C. McLeavey, R. J. Daly, C. M. Murray, J. O'Riordan, and M. Taylor, "Interpersonal Problem-Solving Deficits in Self-Poisoning Patients," *Suicide and Life-Threatening Behavior*, 17 (1987): 33-49; I. Orbach, E. Rosenheim, and E. Hary, "Some Aspects of Cognitive Functioning in Suicidal Children," *Journal of the American Academy of Child and Adolescent Psychiatry*, 26 (1987): 181-185; D. E. Schotte and G. A. Clum, "Problem-Solving Skills in Suicidal Psychiatric Patients," *Journal of Consulting and Clinical Psychology*, 55 (1987): 49-54; A. Bartfai, I.-M. Winborg, P. Nordström, and M. Åsberg, "Suicidal Behavior and Cognitive Flexibility: Design and Verbal Fluency After Attempted Suicide," *Suicide and Life-Threatening Behavior*, 20 (1990): 254-266; J. Evans, J. M. G. Williams, S. O'Loughlin, and K. Howells, "Autobiographical Memory and Problem-Solving Strategies of Parasuicide Patients," *Psychological Medicine*, 22 (1992): 399-405; W. Mraz and M. A. Runco, "Suicide Ideation and Creative Problem Solving," *Suicide and Life-Threatening Behavior*, 24 (1994): 38-47.

[2] V. J. Henken, "Banality Reinvestigated: A Computer-Based Content Analysis of Suicidal and Forced Death Documents," *Suicide and Life-Threatening Behavior*, 6 (1976): 36-43; Antoon A. Leenaars, *Suicide Notes: Predictive Clues and Patterns* (New York: Human Sciences Press, 1988); I. O'Donnell, R. Farmer, and J. Catalan, "Suicide Notes," *British Journal of Psychiatry*, 163 (1993): 45-48.

[3] J. M. G. Williams and K. Broadbent, "Autobiographical Memory in Attempted Suicide," *Journal of Abnormal Psychology*, 95 (1986): 144-149; J. M. G. Williams and B. Dritschel, "Emotional Disturbance and the Specificity of Autobiographical Memory," *Cognition and Emotion*, 2 (1988): 221-234; J. Evans, J. M. G. Williams, S. O'Loughlin, and K. Howells, "Autobiographical Memory and Problem-Solving Strategies of Parasuicide Patients," *Psychological Medicine*, 22 (1992): 399-405.

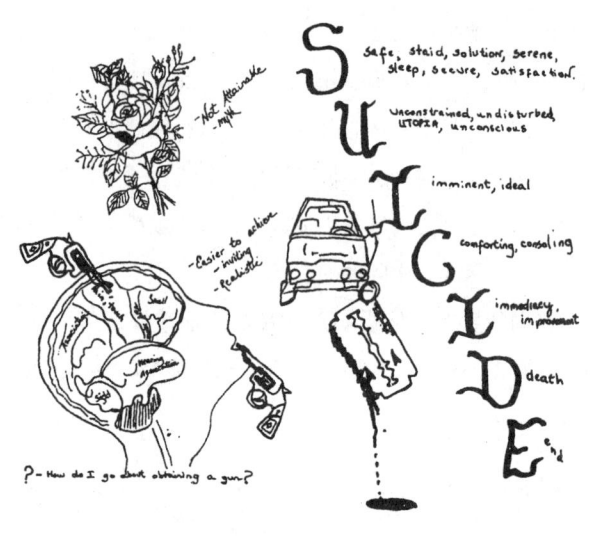

一名十九岁大二学生的画①

他们想想自己期待着什么东西的时候，有自杀倾向的患者能想到的内容，远远少于没有自杀倾向的人想到的②。有些拥有极为强烈的自杀欲望的人，支撑他们活下去的，不过是对家人的责任感，或是担心自杀会对孩子产生不好的影响③。

总之，人们有自杀倾向的时候，他们的脑子是瘫痪的，他们的选择看起来要么少得可怜要么压根儿不存在，他们的情绪很绝望，那种无助的感

---

① 画作引用自 A. L. Berman and D. A. Jobes, *Adolescent Suicide: Assessment and Intervention* (Washington, D. C.: American Psychological Association, 1991), pp. 133-134。
② A. K. MacLeod, G. S. Rose, and J. M. G. Williams, "Components of Hopelessness About the Future in Parasuicide," *Cognitive Therapy and Research*, 17 (1993): 441-455; A. K. MacLeod, B. Pankhania, M. Lee, and D. Mitchell, "Parasuicide, Depression and the Anticipation of Positive and Negative Future Experiences," *Psychological Medicine*, 27 (1997): 973-977.
③ M. Linehan, J. Goodstein, S. Nielsen, and J. Chiles, "Reasons for Staying Alive When You Are Thinking of Killing Yourself: The Reasons for Living Inventory," *Journal of Consulting and Clinical Psychology*, 51 (1983): 276-286.

觉充盈着他们的整个精神世界。他们无法把未来和现在分开，而现在的痛苦根本无法缓解。有位青年化学家在遗书里写道："这是我最后一次实验了。如果有任何永恒的折磨比我的还糟糕，我肯定会展现出来。"①

实际上，对于未来无法控制、感到绝望、被消极情绪浸透身心的感觉，正是自杀最应引起警觉的一致征象之一。宾夕法尼亚大学的亚伦·贝克及其同事在一系列广泛研究中证明，无论是抑郁症的入院患者还是门诊患者，绝望感都跟最后自杀身亡的结果相关性极高②。芝加哥拉什长老会医院的简·福西特在他的自杀研究做出的长期预测中也得出了同样结论③。只要还相信情形会有好转的一天，人们似乎就能一直忍受抑郁，但如果这种信念破碎、消失了，自杀就成了他们选中的选项。

二十岁的道恩·勒妮·贝法诺是马里兰州一位很有天赋的自由记者，近年来一直饱受严重抑郁症之苦。1995 年 10 月 29 日，她自杀了。她留下了 22 本日记，现在仍是未发表的手稿。从她去世前几周写下的日记里摘录出来的如下片段，显示出她的世界变得有多无法忍受，她能

---

① 引自 Ellis and Allen, *Traitor Within*, pp. 175-176。
② A. T. Beck, M. Kovacs, and A. Weissman, "Hopelessness and Suicidal Behavior," *Journal of the American Medical Association*, 234 (1975): 1146-1149; A. E. Kazdin, N. H. French, A. S. Unis, K. Esveldt-Dawson, and R. B. Sherick, "Hopelessness, Depression, and Suicidal Intent Among Psychiatrically Disturbed Inpatient Children," *Journal of Consulting and Clinical Psychology*, 51 (1983): 504-510; A. T. Beck, R. A. Steer, M. Kovacs, and B. Garrison, "Hopelessness and Eventual Suicide: A 10-Year Prospective Study of Patients Hospitalized with Suicidal Ideation," *American Journal of Psychiatry*, 142 (1985): 559-563; A. T. Beck, G. Brown, and R. A. Steer, "Prediction of Eventual Suicide in Psychiatric Inpatients by Clinical Ratings of Hopelessness," *Journal of Consulting and Clinical Psychology*, 57 (1989): 309-310; A. T. Beck, G. Brown, B. J. Berchick, B. L. Stewart, and R. A. Steer, "Relationship Between Hopelessness and Ultimate Suicide: A Replication with Psychiatric Outpatients," *American Journal of Psychiatry*, 147 (1990): 190-195.
③ J. Fawcett, W. A. Sheftner, L. Fogg, D. C. Clark, M. A. Young, D. Hedeker, and R. Gibbons, "Time-Related Predictors of Suicide in Major Affective Disorder," *American Journal of Psychiatry*, 147 (1990): 1189-1194.

感觉到的自己的选择如何一步步收紧，最后变得不再有任何选择，以及那种痛苦、充满绝望的感觉如何充盈着她的整个心灵：

10 月 9 日。

就现在这种感觉，我活不过一个月了。我并不质疑我的眼睛是棕色的，也不会质疑我的命运：如果解脱没有很快到来，下个月内我会死于自杀。我越来越累，也越来越绝望。我正在死去。我知道我正在死去，还知道我会死在自己手上……

我精疲力尽，我周围所有人也都厌倦了我的病。

10 月 10 日。

外面的世界清新蔚蓝，秋高气爽的一天，天气多好啊。但我感觉身在地狱，困在黑洞洞的自由落体中。两者的对比，让两者都显得更加极端。

然而我竟然以一种奇怪的方式感觉到了平静，是任由命运摆布的感觉。我已经决定，如果到 11 月底我的感觉还没有好转，那就选择死亡，而不是精神错乱。我知道，无论这样还是那样，到下个月底，这一切就全都结束了。这一切全都会以……结束。

我能感觉到一切，而一切都是痛苦。我真的不想活了，但我必须坚持到最后期限。

10 月 11 日。

我吓坏了。会是什么？死亡还是精神错乱？说老实话，像这样再生活两个星期会是什么样子，就连想象一下都好难。对这种惩罚，我只能承受这么多。我死了以后，留在身后的就只有这些日记了……我觉得我不会留一封遗书，这些日记比一封遗书要丰富多了。

10月17日。

我无法思考。一切都很混乱。我想沉睡,想逃避。我好累。关心任何事情都需要付出那么大的努力。浓雾滚滚而入,永不止息。

我只是希望这个世界不要来打扰我,但这个世界从一道道裂缝、一道道罅隙偷偷溜了进来。我无法阻止。该死的浓雾还在滚滚而入。

我疯了。这番等待真的是在考验我的忍耐力。我不可能还忍受很久。我不想忍下去了。我身边也没有人愿意。一个都没有。

10月20日。

看哪,我是枯树。——《以赛亚书》56:3

10月23日。

我想死。今天我甚至感觉比以前更脆弱。那痛苦吞噬着一切,击垮了我全部身心。昨天晚上,房子里所有人都去睡觉了以后,我甚至想跳进湖里淹死,但我还是设法压制了这股冲动,去睡觉了。我醒来的时候,那急迫的感觉消失了。但今天早上,急迫感又回来了,每一天,我都像是生活在地狱里。每一天,我都比前一天更加崩溃。我正在被侵蚀,一点一点,一个细胞接一个细胞,一颗珍珠接一颗珍珠。我不会好转了。"好转"对我来说很陌生,我不可能去到那里的。他们可以尝试针灸,尝试电休克疗法,尝试额叶切除术,但无论怎样都不会奏效。我的情形已经毫无希望。我失去了我的天使。我失去了我的理智。日子太长、太沉重了;被这些日子的重量压着,我的骨头都在嘎吱作响。

10 月 24 日。

我病了，病得很重。不可能的病……

10 月 28 日。

所以这就是《西藏生死书》里所谓的"中阴"吧，也就是两世之间的时间。我对人世没有任何兴趣，因为我也正处于两世之间。用一种更乐观的方式来说，而不是简单说说的话就是，我不想活了……

我不会回医院的。我只会走到水里去。

痛苦已经变得极为剧烈，一直持续着，无休无止。这痛苦超越了时间，超越了现实，也超越了我的忍耐力。今晚我会过量服药，但我不想生病，我只想死①。

第二天早上，道恩很早就醒了。她坐在厨房的桌子那里，吃下冰冷的麦片，做了报纸上的填字游戏。过了一会儿，她离开了厨房，再也没有人见过她活着的样子。

她妈妈说，她房间里的床铺收拾得很整洁。"有一摞图书馆的书堆在地板上，有 13 本，还有她背包里的东西，包括钥匙、现金和她的驾照，装在一个大信封里。她曾祖母的水晶念珠散落在床上。"

她的尸体几个月以后才找到，在一个湖里漂着。

---

① 道恩·勒妮·贝法诺 1995 年 10 月日记选段。

第四章
躁郁压得喘不过气
——精神病理学与自杀——

> 人很容易忘记自己的感情。倘若我写的是个想象中的人物,我可能非动用制造逼真效果的手段不可,写他如何拿不定主意,把枪放回柜子;隔段时间,躁郁压得喘不过气时,迟疑着又战战兢兢地回去取枪。然而在我身上,一无迟疑①。
>
> ——格雷厄姆·格林

"打从我记事起,痛苦就好像我身体里面的一个小小病菌,有时候还会开始蠕动起来。"②格雷厄姆·格林写道。痛苦变得无法忍受的时候,格林先是找了把刀,然后又找来了毒药,最后搞到了一把枪。由疾病引发的绝望感很早就降临到他的生命里,在他整个一生中频频去而复返,而躁郁症也正是这样,还伴随着危险、酗酒和凶残的自杀倾向。在回忆录《生活曾经这样》③中,格林描述了自己早年间遭遇自杀性抑郁症的情形,以及他不断升级地用麻木或死亡来摆脱抑郁症的尝试。还在上学的时候,

> 割腿不成,我试过其他的逃避方法。一次,上课之日的晚上,我走进内衣衣柜旁的暗室,借着鬼火一般的红光,大口喝下硫代硫酸钠定影液,误以为这东西肯定有毒。另一次,我把整整一蓝色玻璃瓶的花粉热药水喝了个精光,因为药里有少量可卡因,对我的抑

郁也许有治疗作用。一把在公地采摘并吃下肚去的致命颠茄果，结果只是稍有麻痹作用。又有一次，某个假日行将结束之时，我一口气吞下二十片阿司匹林，然后跳进学校空无一人的浴池游泳④。

这些作为到底是"真正的"自杀未遂、绝望的姿态，还是只是对童年常见的阴郁情绪的夸张反应？在考虑这样一个早熟而敏感的小学男生所采取的行动时，这个问题怎么也绕不过去：他的所作所为有多少是因为他的气质（在这里就是后来会成为伟大作家的孩子迅疾、敏锐的气质），有多少是对环境中的艰难困苦的反应，又有多少是因为他潜在的精神疾病，也就是他大大方方承认的躁郁症以及他的家族里的一种遗传病？

当然，随着格林年岁渐增，自杀的念头并没有消失。十九岁的时候，他把他们卧室中哥哥柜子里的一把左轮手枪拿了出来。他说："我没有一点感觉。我成了固态物质，就像化学溶液里的负片。"⑤ 随后他便拿着枪，往山毛榉树林走去：

---

① Graham Greene, *A Sort of Life*, p. 127. 格雷厄姆·格林（1904—1991年）和他祖父一样患有躁郁症。还在上中学的时候，他割开过自己的大腿，还尝试过用致命的颠茄果和阿司匹林来毒死自己；念本科的时候，他曾经在六个月里玩了六次俄罗斯轮盘赌。他在《恋情的终结》（*The End of the Affair*）里写道："我始终不明白：那些能相信人格化的神这种非常不可能的东西的人却对人格化的鬼大惊小怪。"这些事情记录在格林的回忆录《生活曾经这样》中（London: Penguin Books, 1962; first published 1951），pp. 64-68 and 92-96，以及 Norman Sherry 的传记，*The Life of Graham Greene*, *Volume I: 1904-1939* (London: Jonathan Cape, 1989), pp. 85-91 and 154-160。上述引文来自 *The End of the Affair*, p. 59。

② Graham Greene, letter to Vivien Dayrell-Browning, 1926（引自 Norman Sherry, *The Life of Graham Greene*, *Volume 1*, *1904-1939* [New York: Viking Penguin, 1989], p. 276）。

③ 有上海译文出版社陆谷孙先生译本。本章相关引文均来自该译本。——译者

④ Graham Greene, *A Sort of Life* (London: Penguin, 1972; first published 1971), p. 64.

⑤ 同上，p. 91。

> 我把一颗子弹推上膛，然后把枪执在身后，转动左轮。……
>
> 我把左轮手枪的枪口插入右耳，扣动扳机。只听得轻轻地咔嚓一声，我低头一看，子弹已转入击发位置，只差左轮再一转我就没命了。……
>
> 这样的冒险，我重复了多次。……左轮枪猛地抽出放在身后，弹仓一转，在黑乎乎的冬日树下，神不知鬼不觉地飞快把枪口塞进耳朵，扣动扳机①。

格林到底还是没有自杀。但自杀身亡的可能性在他的生活中反复出现，而对很多患有抑郁症的人来说都一样，自杀似乎是对痛苦和疲倦最好也是最后的回应。他继续向自己积重难返的抑郁症开战，用他的话说，就是用酒精，俄罗斯轮盘赌的反常兴奋和风险，到国外打仗的地方或政治、社会极为动荡的地方以身涉险，来向"多年来无望的痛苦"开战，也作为自己失血状态的解药。

自杀曾经是最个体化的行为，但对很多遭受着严重精神疾病折磨的人来说，也是令人麻木的刻板印象，是极为常见的终点站。尽管无法从某一种疾病或一系列境遇来预测自杀，但某些脆弱性、疾病和事件还是会让某些人自杀的可能性比其他人高出许多。

自杀最常见的原因是精神病理学方面的，或者说精神疾病。在各种各样的精神疾病中，只有少数几种跟自残死亡高度相关：情绪障碍（抑郁症和躁郁症），精神分裂症，边缘型和反社会型人格障碍，酗酒，还有吸毒。欧洲、美国、澳大利亚和亚洲进行的一项又一项研究都已经证明，那些死在自己手上的人，身上都会明显存在严重的精神

---

① Graham Greene, *A Sort of Life* (London: Penguin, 1972; first published 1971), pp. 93–94.

病理学问题①。实际上,迄今为止的所有重大研究中,自杀者有90%~95%都可以诊断出精神疾病。在那些有严重自杀倾向的人当中,也发现了很高的精神病理学问题发生率②。

克莱尔·哈里斯和布赖恩·巴勒克拉夫在英国进行的工作以适当调整的方式展示如图,给出了哪些类型的精神疾病会让个体面临自杀

---

① E. Robins, G. E. Murphy, R. H. Wilkinson, S. Gassner, and J. Kayes, "Some Clinical Considerations in the Prevention of Suicide Based on a Study of 134 Successful Suicides," *American Journal of Public Health*, 49 (1959): 888-899; T. L. Dorpat and H. S. Ripley, "A Study of Suicide in the Seattle Area," *Comprehensive Psychiatry*, 1 (1960): 349-350; B. M. Barraclough, J. Bunch, B. Nelson, and P. Sainsbury, "A Hundred Cases of Suicide: Clinical Aspects," *British Journal of Psychiatry*, 125 (1974): 355-373; O. Hagnell and B. Rorsman, "Suicide and Endogenous Depression with Somatic Symptoms in the Lundby Study," *Neuropsychobiology*, 4 (1978): 180-187; J. Beskow, "Suicide and Mental Disorder in Swedish Men," *Acta Psychiatrica Scandinavica*, 277 (Suppl.) (1979): 1-138; O. Hagnell and B. Rorsman, "Suicide in the Lundby Study: A Comparative Investigation of Clinical Aspects," *Neuropsychobiology*, 5 (1979): 61-73; R. Chynoweth, J. I. Tonge, and J. Armstrong, "Suicide in Brisbane — A Retrospective Psychosocial Study," *Australian and New Zealand Journal of Psychiatry*, 14 (1980): 37-45; R. C. Fowler, C. L. Rich, and D. Young, "San Diego Suicide Study: II. Substance Abuse in Young Cases," *Archives of General Psychiatry*, 43 (1986): 962-965; D. W. Black, "The Iowa Record-Linkage Experience," *Suicide and Life-Threatening Behavior*, 19 (1989): 78-89; B. L. Tanney, "Mental Disorders, Psychiatric Patients, and Suicide," in R. W. Maris, A. L. Berman, J. T. Maltsberger, and R. I. Yufit, eds., *Assessment and Prediction of Suicide* (New York: Guilford, 1992), pp. 277-320; A. T. A. Cheng, "Mental Illness and Suicide: A Case-Control Study in East Taiwan," *Archives of General Psychiatry*, 52 (1995): 594-603; T. Foster, K. Gillespie, and R. McClelland, "Mental Disorders and Suicide in Northern Ireland," *British Journal of Psychiatry*, 170 (1997): 447-452; J. Angst, F. Angst, and H. H. Stassen, "Suicide Risk in Patients with Major Depressive Disorder," *Journal of Clinical Psychiatry*, (Suppl. 2) (1999): 57-62.

② M. M. Weissman, "The Epidemiology of Suicide Attempts, 1960-1971," *Archives of General Psychiatry*, 30 (1974): 737-746; D. J. Pallis and P. Sainsbury, "The Value of Assessing Intent in Attempted Suicide," *Psychological Medicine*, 6 (1976): 487-492; J. G. B. Newson-Smith and S. R. Hirsch, "Psychiatric Symptoms in Self-Poisoning Patients," *Psychological Medicine*, 9 (1979): 493-500; P. Urwin and J. L. Gibbons, "Psychiatric Diagnosis in Self-Poisoning Cases," *Psychological Medicine*, 9 (1979): 501-507; R. D. Goldney, K. S. Adam, J. C. O'Brien, and P. Termansen, "Depression in Young Women　　(转下页)

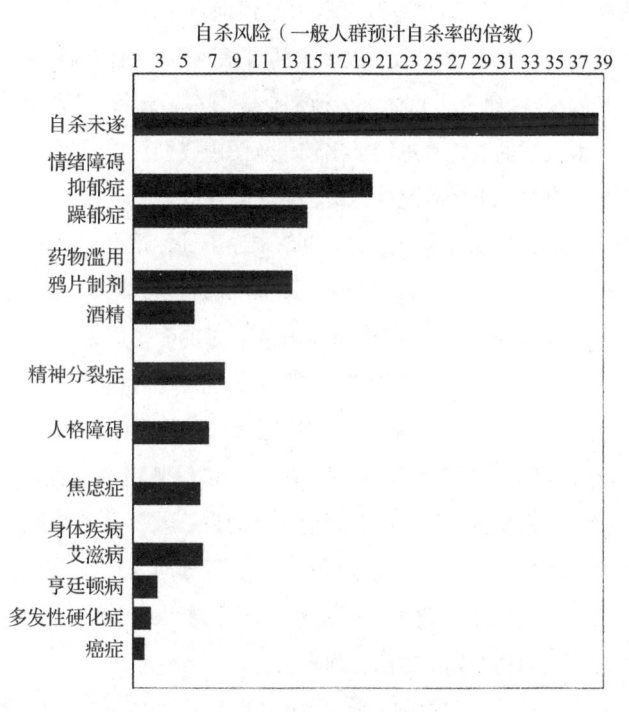

自杀风险（一般人群预计自杀率的倍数）
1 3 5 7 9 11 13 15 17 19 21 23 25 27 29 31 33 35 37 39

自杀未遂
情绪障碍
　抑郁症
　躁郁症
药物滥用
　鸦片制剂
　酒精
精神分裂症
人格障碍
焦虑症
身体疾病
　艾滋病
　亨廷顿病
　多发性硬化症
　癌症

特定精神疾病和医疗状况的自杀风险

风险的一般概念[1]。他们分析了 250 项临床研究的结果，并将患有特定

（接上页）Who Have Attempted Suicide: An International Replication Study," *Journal of Affective Disorders*, 3 (1981): 327-337; K. Hawton and J. Catalán, *Attempted Suicide: A Practical Guide to its Nature and Management* (Oxford: Oxford University Press, 1982); K. Michel, "Suicide Risk Factors: A Comparison of Suicide Attempters with Suicide Completers," *British Journal of Psychiatry*, 150 (1987): 78-82; A. L. Beautrais, P. R. Joyce, R. T. Mulder, D. M. Fergusson, B. J. Deavoll, and S. K. Nightingale, "Prevalence and Comorbidity of Mental Disorders in Persons Making Serious Suicide Attempts: A Case-Control Study," *American Journal of Psychiatry*, 153 (1996): 1009-1014; K. Suominen, M. Henriksson, J. Suokas, E. Isometsä, A. Ostamo, and J. Lönnqvist, "Mental Disorders and Comorbidity in Attempted Suicide," *Acta Psychiatrica Scandinavica*, 94 (1996): 234-240.

[1] E. C. Harris and B. Barraclough, "Suicide as an Outcome for Mental Disorders: A Meta-Analysis," *British Journal of Psychiatry*, 170 (1997): 205-228.

精神疾病者自杀的比例与一般人群中的预期自杀率进行了比较。比如说，为了确定精神分裂症会造成多大的自杀风险，他们回顾了在 13 个国家进行的 38 项研究；总体上，他们把 3 万多名精神分裂症患者的自杀率与一般人群的自杀率进行了比较。从图中我们可以看到，精神分裂症患者死在自己手上的可能性，是正常人的 8 倍多。

事实证明，先前发生过严重的自杀未遂事件，是最能预测病人后来是否会死于自杀的单一因素，这样的人面临的自杀风险，是一般人群预期风险的 38 倍。情绪障碍和药物滥用带来的自杀率也很高，身患抑郁症的人，或依赖处方药（镇静剂、安眠药、抗焦虑药物）的人，自杀风险是普通人的 20 倍，躁郁症（双相情感障碍）患者的自杀风险是普通人的 15 倍。然而，尽管依赖处方药的人比依赖酒精的人自杀率更高，但由于酗酒的人要多得多，因此酒精导致的自杀人数也多得多。这里有部分原因是酗酒的人比滥用处方药的人多，部分原因是抑郁症经常伴随着酒精依赖，而且会因此致命；还有一部分原因是人们真正自杀的时候，经常会把酒精跟别的方法合起来用。

然而在这份研究总结中，或许最让人瞠目结舌的结论是，跟精神疾病相关的自杀案例比跟亨廷顿病、多发性硬化症和癌症等严重的身体疾病有关的自杀案例要多得多。似乎很奇怪，后面这几种疾病常常跟疼痛、毁容、尊严扫地、丧失独立性和死亡相关联，然而跟自杀的关联却那么小。无论如何，大部分非精神性疾病都不会提高自杀率。尽管身体疾病在自杀的人身上也很常见，但是在没有自杀的人身上也同样常见。比如在对精神病人的一项研究中，研究人员发现自杀者有三分之一都患有非精神性疾病；然而在他们接着去考察没有自杀的精神病人身上这些疾病有多普遍时，却发现非精神性身体疾病的患病率一样高甚至更高[1]。

---

[1] A. Stenbeck, K. A. Achté, and R. N. Rimón, "Physical Disease, Hypochondria and Alcohol Addiction in Suicides Committed by Mental Hospital Patients," *British Journal of Psychiatry*, 111（1965）: 933-937.

有两件事看起来是成立的：首先，尽管也有例外，但几乎所有患有身体疾病并随后自杀的人，都患有精神疾病[1]。其次，大部分确实表明显著增加了自杀率的身体疾病——颞叶癫痫、亨廷顿病、多发性硬化症、脊髓损伤、艾滋病、头颈癌——要么直接来自大脑和神经系统其他部分，要么会强烈影响神经系统[2]。这些身体疾病可能会导致极端的情绪波动，有时候甚至还会导致痴呆。另一些疾病，比如心脏或肺部疾病，尽管也许会很痛苦，可能致残甚至危及生命，但并不会让自杀率变高。(但是，针对这些疾病的部分治疗方法，比如冠状动脉搭桥手术和用来治疗高血压的某些药物，也许会在易感人群中造成严重的乃至有自杀倾向的抑郁症。)

本书关注的重点是相对年轻且身体健康的人的自杀案例，因此，跟绝症有关的自杀问题，还没有讨论老年人自杀来得重要。尽管如此，强调这样一个事实仍然很重要：即便在那些患有身体疾病的人中间，大部分自杀案例和严重的自杀未遂案例都要归因于患者身上同时并存的抑郁症。看起来真正可以防止自杀的唯一情况是有孕在身，这也是年轻人或相对年轻的人才会有的情形。在怀孕期间和生产后一年内，自杀风险下降到了原本的三分之一乃至八分之一[3]。

最应该为自杀负责，且对自杀的贡献遥遥领先的疾病是精神疾病。而自杀风险最大、最真切的，是情绪障碍：抑郁症和躁郁症。

---

[1] T. L. Dorpat, W. F. Anderson, and H. S. Ripley, "The Relationship of Physical Illness to Suicide," In H. L. P. Resnick, ed., *Suicidal Behaviors: Diagnosis and Management* (Boston: Little, Brown, 1968), pp. 209–219.

[2] F. A. Whitlock, "Suicide and Physical Illness," in A. Roy, ed., *Suicide* (Baltimore: Williams & Wilkins, 1986), pp. 151–170; E. C. Harris and B. M. Barraclough, "Suicide as an Outcome for Medical Disorders," *Medicine*, 73 (1994): 281–296; P. R. McHugh, "Suicide and Medical Afflictions," *Medicine*, 73 (1994): 297–298.

[3] E. C. Harris and B. Barraclough, "Suicide as an Outcome for Medical Disorder," *Medicine*, 73 (1994): 281–296.

情绪障碍，或者说与酗酒和吸毒结合起来的情绪障碍，是目前与自杀关系紧密的最常见的精神疾病。实际上，几乎所有自杀者身上，都有某种类型的抑郁症。据估计，自杀身亡的人有30%～70%都是情绪障碍患者；而如果抑郁与酗酒或吸毒并存，这个比例还会更高。

抑郁症在很严重的时候，会让我们成其为人的原本必不可少的所有力量全都瘫痪，只留下一种黯淡、绝望、麻木的状态。这种状态了无生气，让人身心交瘁、焦虑不安。没有希望，也没有做任何事情的能力；用阿尔弗雷德·阿尔瓦雷斯的话来说，这个世界"没有空气，也没有出口"①。生活没有了血液，没有了脉搏，但还是足以产生令人窒息的恐怖和痛苦。所有的方向都已经迷失；一切都是黑暗的，所有感觉也都被抽离了。你会在不知不觉中逐渐进入做什么都是徒劳的境地，随后便再也出不来了。思想，和情绪一样容易受到抑郁症的多方面影响，这时也变得病态、混乱和麻木。这种状态下，你会踌躇不定、沉思默想、优柔寡断、自我谴责。身体疲惫不堪，你不再有愿望，无论做什么都需要百般努力，但也无论什么都不值得你去努力。睡眠支离破碎、若有若无，或者就算睡着了，也仍然完全是在消耗你自己。就像不稳定的气体一样，令人烦躁的疲惫感已经渗透到你思想和行动的每一道罅隙里。

美国天才诗人西尔维娅·普拉斯在自杀五年前描述了抑郁症是怎么渗透、钳制自己的。她在日记里写道："我一直在跟抑郁症作战，就算现在也是。我现在满心绝望，简直可以说歇斯底里，就好像我要憋死了一样。就好像有一只肌肉发达的猫头鹰坐在我胸口，爪子紧紧攥着我的心脏。"② 在英国作家艾伦·加纳笔下，他的躁郁症开始发作时那种冷冰冰的恐惧感有所不同，但恐惧和窒息的感觉显而易见：

---

① A. Alvarez, The Savage God (New York: W. W. Norton, 1990; first published 1971), p. 293.
② Sylvia Plath, *The Journals of Sylvia Plath*, T. Hughes and F. McCullough, eds. (New York: Dial Press, 1982), p. 240.

我记得的下一件事是，我站在阳光明媚的厨房里，眺望着一道绿色山谷，那里有山溪和树木；光线正在消失。我还是能看见，但就像隔着一块黑色的滤光镜。我的心口麻木了。

某种奇特装置，也是某个孩子留在这里的一块机械垃圾，叫我把它捡起来。这玩意是圆柱形的，有一些尖刺，还有个小小的曲柄。我转动曲柄。这是个廉价音乐盒的核心，它一遍又一遍奏响那几个音符，我停不下来。每转一圈，光线都在变暗，我心口的感觉也在往全身扩散。那感觉抵达我的脑袋时，我开始哭起来，为自己的空白和世界的空白而害怕地哭了。

爱森斯坦导演的《亚历山大·涅夫斯基》中的一个场景占据了我的大脑。在那个可怕的片段里，涅夫斯基把条顿骑士团诱骗到结冰的湖面上，冰面裂开了，他们没有面容的盔甲拽着他们沉了下去。斗篷漂在水面上，随后又被拽下去，无数双手抓向浮冰，浮冰翻了过来，把骑士们都封在了湖里。

无助、寒冷、恐惧的感觉吞没了我。屋子里只有我一个人，那整个下午我都在旋转那个叮当作响的破玩具，后来都变成了冰块的声音。我的身体像盔甲和浸水的斗篷一样沉重，我仿佛也被封在了冰面以下。

家里人回来的时候，看到我像胎儿一样躺在厨房的高背长椅上，一动不动，也不说话，直到半夜我才上床睡觉。睡眠是无意识状态，也无法得到休息……

我无法表达情感，最多也只能表达出，我无法表达情感。我毫无价值。我毒害了这个星球[1]。

---

[1] Alan Garner, *The Voice That Thunders: Essays and Lectures* (London: Harvill Press, 1997), pp. 208-209.

对于没有经历过的人来说，深度抑郁的恐怖之处，以及通常相伴而来的绝望，就连想象一下都很困难。那绝望是私密的，因此无法清晰而令人信服地描述出来。然而，美国小说家威廉·斯泰伦在讲述自己跟有自杀倾向的抑郁症的斗争时，生动地记录了也许会导致自杀的那种沉重、无法逃避的痛苦：

> 这个时候我已经开始认识到，这场由抑郁症引发的暗淡而恐怖的毛毛细雨，的确能以神秘且非同寻常的方式给人带来肉体上的痛苦。它和断胳膊断腿不同，其痛楚并不会被立刻感知。也许，绝望才是更准确的说法，如同被囚禁在一间奇热无比的房间里的人所感受到的那种地狱般的痛苦。它源自栖息在病态大脑中的灵魂对大脑所耍的一些邪恶花招。这只大蒸笼里透不进一丝风，而人也无法从中逃脱，这样一来病人自然开始不停地想要进入无意识的状态①。

躁狂跟忧郁这两种状态恰好形成了鲜明对比。奥地利作曲家胡戈·沃尔夫说，"血液变成了火流"②，思如泉涌，想法在不同主题之间来回跳跃。情绪是欢欣鼓舞的，但往往夹杂着凶残，夹杂着令人焦虑的烦躁。罗伯特·洛厄尔说，你会"不知疲倦，疯了一样地乐观自信，受着威胁，也在危及别人"③。思考的范围非常辽阔，没有任何阻碍，而且

---

① William Styron, *Darkness Visible: A Memoir of Madness* (New York: Random House, 1990), p. 50.
② Hugo Wolf, 引自 F. Walker, *Hugo Wolf: A Biography* (London: J. M. Dent & Sons, 1968), p. 359。
③ Robert Lowell, "Near the Unbalanced Aquarium," in R. Giroux, ed., *Robert Lowell: Collected Prose* (New York: Farrar, Straus and Giroux, 1987), p. 353。

速度快得惊人；语速很快，也停不下来；感官非常敏锐、投入，也会对周遭世界作出迅疾反应。

躁狂症中思维的流动性，跟思想和事件无所不包的关联性的那种令人神往、往往又很病态的感觉正好相匹配。（这种令人眼花缭乱的欣快狂躁，让很多患者都欲罢不能。）俄罗斯诗人韦利米尔·赫列勃尼科夫——他这人性格非常古怪，情绪喜怒无常，有段时间还被关进精神病院，马雅可夫斯基称他是"发现诗歌新大陆的哥伦布……我们的一位大师"①——他相信自己拥有"恒星的方程式，声音的方程式，思想的方程式，出生和死亡的方程式"。他确信，作为数字的艺术家，他可以绘制这个宇宙：

> 他以数字为炭笔，把人类先前所有知识都融合到自己的艺术里。他画下的线里有那么一根，在一个红血球和地球之间形成了闪电般的直接连接，第二根线突然变成了氦，第三根线则在一板一眼的天空中破碎，发现了木星的卫星。速度中注入了新的加速，就是思维的速度，而在挣脱束缚的数字像命令一样投印遍整个地球以前，分隔不同知识领域的界限就会消失。
>
> 因此，这就是看待新型创世记的方式，而我们认为这种形式完全行得通。
>
> 行星地球的表面积有 510 051 300 平方千米，而红血球——人体中的银河系里的公民和星辰——的表面积为 0.000 128 平方毫米。天空的公民和人体的公民之间达成了一个协议，条约规定：行星地球的表面积除以小小红血球星辰的表面积，等于 365 乘以

---

① V. Mayakovsky, 引自 V. Markov, *The Longer Poems of Velimir Khlebnikov* (Westport: Conn.: Greenwood Press, 1975), p. 23。

10 的 11 次方（365×10^{11}）。两个世界之间的完美协调，确立了人类在地球上位居第一的地位。这是血细胞的政府与天体的政府之间条约里的第一条，一条活生生、会走路的银河系及其小星星，已经与天上的银河系及其伟大地星，达成了包含 365 点的协议，死去的银河系和活着的银河系，作为两个平等的法律实体，在上面签了字①。

躁狂症患者精力充沛，总也待不住，几乎没有睡觉的想法或需求。他们行为举止反复无常，鲁莽冲动，还经常很暴力；喝酒、性事和花钱都会没有节制。躁狂严重时，可能会出现幻视、幻听，也可能会出现宏伟的幻象，或受迫害的妄想。偏执、暴怒和绝望，也经常潜藏在躁狂症宽大的外衣下。

偏执与黑暗在躁狂症中互相交织、难分难解的现象，在我的一位患者在对主题统觉测验（TAT，一种心理测验，要求被试者根据在卡片上看到的东西编一个故事）中的空白卡片作回应时体现得淋漓尽致。这位患者接受测验时二十五岁，因急性躁狂症入院。他脱口而出、不带任何停顿地讲述的那个故事——请注意，他是在对着一张空白卡片讲——充满了偏执的弦外之音、明显的精神失常和夹杂着希望的抑郁：

真的非常清楚，只除了几个地方。有好多病菌，所以我不想离我的脸那么近。加上些颜色会更好看。什么颜色都没有，只有几个色点。我喜欢英雄，害怕病菌。锂的颜色。蝴蝶的形状。好多对称、对应。糖果色的废话。我感觉自己不由自主地困在一场大雾

---

① V. Mayakovsky, 引自 V. Markov, *The Longer Poems of Velimir Khlebnikov*（Westport: Conn.: Greenwood Press, 1975), pp. 362-363。

里，看不到多少蓝色。看不到任何花。有个家伙看到一群黑人和怪人，他跟着他们，发现了一个文明，那些人像机器人一样走路，直到他们被发现。他们逃走了，发现了很多关于陷阱的秘密。他们跟警察起了冲突，发现一个看起来像上帝的男人因为跟他妻子发生性关系而被捕，而他妻子这时本应怀着试管婴儿。在大雾里做了好多次心脏电击，还有好多同性恋和绿色的人、灰色的人穿过大雾，走进一家疯人院。他们又走出来，回到这个世界，在一百年里第一回看到太阳。

20世纪初，还有一位更兴奋的患者描述了精神病的程度能有多夸张，也讲到了飞速追逐各种想法的情形，这也是躁狂症的典型特征。但在越来越夸张的想法和感受背后，暗藏着转瞬即逝的自我毁灭暗流：

> 过去好多个月，我的精神状态根本无法用语言描述。我的想法以闪电般的速度在不同主题之间跳跃。我对自己的重要性有一种非常夸大的感觉。宇宙间所有问题都挤在我脑子里，要求立即讨论和解决——心灵感应、催眠术、无线电报、基督教科学、女性权利，还有医学、宗教和政治领域的所有问题。我甚至设计了一种称出人类灵魂重量的方法，还在我的房间里建造了一台仪器，就为了在我的灵魂离开我身体的当下马上称一下我灵魂的重量……
>
> 各种想法在我脑子里以闪电般的速度相互追逐。我感觉自己就像骑着一匹野马的人，缰绳很不结实，我不敢用力，只能信马由缰，沿着阻力最小的路线走。疯狂的冲动会在我脑中闪现，把我先是带到这里，随后又带往那里。我常常想到干脆毁掉自己或赶紧逃出来，但我的脑子无法长时间专注于同一个主题够久，也就无法制

订出任何明确计划①。

躁郁症——特点是既有躁狂周期（可能很严重也可能较轻微），也有抑郁周期，两者交替发作——虽然没有抑郁症那么常见，但仍然相当普遍。约百分之一的人都患有严重躁狂症，可能还有百分之二三的人得的是轻微些的版本②。躁狂症平均发病年龄为十八岁，比重度抑郁症的平均发病年龄（二十六岁左右）要年轻得多。抑郁症在女性中的发病率至少是男性中的 2 倍，而躁郁症不一样，无论男女发病率都是一样的③。一般来讲，双相情感障碍比单是抑郁症要更严重，复发更频繁，遗传因子也要多得多④。躁郁症也比抑郁更有可能伴随吸毒、酗酒的情形（躁郁症患者将近三分之二都有严重的酗酒或吸毒问题，而如果只是抑郁症，有这些问题的只有四分之一）。

---

① E. Reiss, *Konstitutionelle Verstimmung und Alanisch-Depressive Irresein: Klinische Untersuchungen über den Zusammenhang von Veranlagung und Psychose* (Berlin: J. Springer, 1910).

② F. K. Goodwin and K. R. Jamison, *Manic-Depressive Illness* (New York: Oxford University Press, 1990); L. N. Robins and D. A. Regier, *Psychiatric Disorders in America: The Epidemiologic Catchment Area Study* (New York: Free Press, 1991); R. C. Kessler, D. R. Rubinow, C. Holmes, J. M. Abelson, and S. Zhao, "The Epidemiology of DSM-III-R Bipolar I Disorder in a General Population Survey," *Psychological Medicine*, 27 (1997): 1079-1089.

③ M. M. Weissman, R. C. Bland, G. J. Canino, C. Faravelli, S. Greenwald, H.-G. Hwu, P. R. Joyce, E. G. Karam, C.-K. Lee, J. Lellouch, J.-P. Lépine, S. C. Newman, M. Rubio-Stipec, E. Wells, P. J. Wickramaratne, H.-U. Wittchen, and E.-K. Yeh, "Cross-National Epidemiology of Major Depression and Bipolar Disorder," *Journal of the American Medical Association*, 276 (1996): 293-299; J. Angst, "The Prevalence of Depression," in M. Briley and S. A. Montgomery, eds., *Antidepressant Therapy: At the Dawn of the Third Millennium* (St. Louis: Mosby, 1998), pp. 191-212.

④ F. K. Goodwin and K. R. Jamison, *Manic-Depressive Illness* (New York: Oxford University Press, 1990); D. A. Regier, M. E. Farmer, D. S. Raye, B. Z. Locke, S. J. Keith, L. L. Judd, and F. K. Goodwin, "Co-Morbidity of Mental Disorders with Drug and Alcohol Abuse: Results from the Epidemiologic Catchment Area (ECA) Study," *Journal of the American Medical Association*, 264 (1990): 2511-2518; D. F. MacKinnon, K. R. Jamison, and J. R. DePaulo, "Genetics of Manic-Depressive Illness," *Annual Review of Neuroscience*, 20 (1997): 355-373.

这两种情绪障碍患者中自杀未遂的发生率也高得不成比例①。至少五分之一重度抑郁症患者会尝试自杀，而双相情感障碍患者有将近一半都会至少有一次。跟没有抑郁症的人相比，患有情感障碍的人尝试自杀的时候会更郑重其事，而尽管他们通常用的是非暴力方法，比如吸毒或药物过量，但他们的尝试通常都会有更详细的计划，求死之心也更坚决②。

在情绪障碍患者中，那些抑郁症非常严重、曾被要求住院治疗或之前什么时候就曾自杀未遂的人，自杀身亡的风险最高③。而轻度或中度抑郁症尽管也往往非常痛苦，让人身心俱疲，但带来的自杀风险并没有那么高④。瑞典研究人员对所有农村人口做了精神病学评估，并在接下

---

① G. F. Johnson and G. Hunt, "Suicidal Behavior in Bipolar Manic-Depressive Patients and Their Families," *Comprehensive Psychiatry*, 20 (1979): 159-164; K. R. Jamison, "Suicide and Bipolar Disorders," *Annals of the New York Academy of Sciences*, 487 (1986): 301-315; Y. W. Chen and S. C. Dilsaver, "Lifetime Rates of Suicide Attempts Among Subjects with Bipolar and Unipolar Disorders Relative to Subjects with Other Axis I Disorders," *Biological Psychiatry*, 39 (1996): 896-899; F. K. Goodwin and K. R. Jamison, *Manic-Depressive Illness* (New York: Oxford University Press, 1990); S.-Y. Tsai, C.-C. Chen, and E.-K. Yeh, "Alcohol Problems and Long-Term Psychosocial Outcome in Chinese Patients with Bipolar Disorder," *Journal of Affective Disorders*, 46 (1997): 143-150; R. C. Kessler and E. E. Walters, "Epidemiology of DSM-III-R Major Depression and Minor Depression Among Adolescents and Young Adults in the National Comorbidity Survey," *Depression and Anxiety*, 7 (1998): 3-14. S. G. Simpson and K. R. Jamison, "The Risk of Suicide in Patients with Bipolar Disorders," *Journal of Clinical Psychiatry*, 60 (Suppl. 2) (1999): 53-56.
② E. Vieta, E. Nieto, C. Gastó, and E. Cirera, "Serious Suicide Attempts in Affective Patients," *Journal of Affective Disorders*, 24 (1992): 147-152.
③ A. R. Beisser and J. E. Blanchette, "A Study of Suicides in a Mental Hospital," *Diseases of the Nervous System*, 22 (1961): 365-369; K. A. Achté, A. Stenback, and H. Teravainen, "On Suicides Committed During Treatment in Psychiatric Hospitals," *Acta Psychiatrica Scandinavica*, 42 (1966): 272-284.
④ J. R. Morrison, "Suicide in a Psychiatric Practice Population," *Journal of Clinical Psychiatry*, 43 (1982): 348-352; R. L. Martin, C. R. Cloninger, and S. B. Guze, "Mortality in a Follow-up of 500 Psychiatric Outpatients: I. Total Mortality," *Archives of General Psychiatry*, 42 (1985): 47-54; G. W. Blair-West, G. W. Mellsop, and M. L. Eyeson-Annan, "Down-Rating Lifetime Suicide Risk in Major Depression," *Acta Psychiatrica Scandinavica*, 95 (1997): 259-263.

来十五到二十五年里跟踪调查了他们的心理健康状况[1]。在后续调查期间自杀的男性，几乎全都在初始评估中诊断出患有抑郁症。未诊断出精神疾病的男性，自杀率整体上为每 10 万人 8.3 人，而在患有抑郁症的男性中间，这个数字飙升到了 650。不过，最有说服力的发现，还是抑郁症的严重程度与自杀之间的直接关联。患有轻度抑郁症的人没有一个自杀（尽管被瑞典医生标记为"轻度"，这样的抑郁症还是足够严重，会导致活动水平急剧下降），但是被诊断为中度抑郁症的人，自杀率会上升到每 10 万人 220 人，而患有重度抑郁症（研究人员定义为抑郁症造成现实测试受损，通常达到精神病程度）的人，这个数字更是高得让人触目惊心，达到了每 10 万人 3 900 人。抑郁症的严重程度——尤其是如果还能同时拿到身体刺激、酗酒、吸毒、生活中影响深远的情绪波动、损失或失望等相关数据的话——用来预测自杀率时比单单只是诊断得没得抑郁症要好用得多[2]。

重度抑郁症患者自杀的情形[3]似乎比双相情感障碍患者要稍微多

---

[1] O. Hagnell, J. Lanke, and B. Rorsman, "Suicide Rates in the Lundby Study: Mental Illness as a Risk Factor for Suicide," *Neuropsychobiology*; 7 (1981): 248–253.

[2] T. L. Dorpat and H. S. Ripley, "A Study of Suicide in the Seattle Area," *Comprehensive Psychiatry*, 1 (1960): 349–359; M. Arato, E. Demeter, Z. Rihmer, and E. Somogyi, "Retrospective Psychiatric Assessment of 200 Suicides in Budapest," *Acta Psychiatrica Scandinavica*, 77 (1988): 454–456; M. M. Henriksson, H. M. Aro, M. J. Marttunen, et al., "Mental Disorders and Comorbidity in Suicide," *American Journal of Psychiatry*, 150 (1993): 935–940; E. T. Isometsä, M. M. Henriksson, H. M. Aro, M. E. Heikkinen, K. I. Kuoppasalmi, and J. K. Lönnqvist, "Suicide in Major Depression," *American Journal of Psychiatry*, 151 (1994): 530–536; S. C. Dilsaver, Y.-W. Chen, A. C. Swann, A. M. Shoaib, and K. J. Krajewski, "Suicidality in Patients with Pure and Depressive Mania," *American Journal of Psychiatry*, 151 (1994): 1312–1315.

[3] D. L. Dunner, E. S. Gershon, and F. K. Goodwin, "Heritable Factors in the Severity of Affective Illness," *Biological Psychiatry*, 11 (1976): 31–42; M. T. Tsuang, "Suicide in Schizophrenics, Manics, Depressives, and Surgical Controls," *Archives of General Psychiatry*, 35 (1978): 153–155; T. H. McGlashan, "Chestnut Lodge Follow-up Study: III. Long-Term Outcome of Schizophrenia and Affective Disorders," *Archives of General* （转下页）

点[①]，尽管被诊断出抑郁症的人很多后来也发现有轻度躁狂症。这种所谓的"轻躁狂"一般并不是由患者自行报告的，也并非总是由医生发现或通过心理解剖确认。经历这种轻度躁狂周期的人，通常都精力充沛，睡眠不足，也明显易怒，他们身上往往同时还有酗酒或吸毒的问题，生活方式混乱，也不按处方服用药物。如果烦躁易怒和药物滥用成为这种疾病长期抑郁阶段的一部分，那些变化无常的因素可能就会被事实证明特别致命。

除非贴身观察过或亲身经历过，就不可能理解有些有自杀倾向的抑郁症患者何以那么暴躁激动。这种激情高涨、焦虑不安然而也带着病态的状态，在双相情感障碍患者处于混合状态时尤为常见。混合状态广义上的定义是抑郁和躁狂症状同时发生，可以作为独立的临床形式存在（跟躁狂和抑郁本身一样），也可能作为过渡状态出现，在躁郁症的一个阶段和另一个阶段之间搭上桥混合起来。抑郁升级为躁狂、躁狂逐渐降

（接上页）*Psychiatry*, 41 (1984): 586–601; J. Endicott, J. Nee, N. Andreasen, P. Clayton, M. Keller and W. Coryell, "Bipolar II: Combine or Keep Separate?" *Journal of Affective Disorders*, 8 (1985): 17–28; R. L. Martin, C. R. Cloninger, S. B. Guze, and P. Clayton, "Mortality in a Follow-up of 500 Psychiatric Outpatients," *Archives of General Psychiatry*, 42 (1985): 58–66; A. Weeke and M. Vaeth, "Excessive Mortality of Bipolar and Unipolar (Manic-Depressive) Patients," *Journal of Affective Disorders*, 11 (1986): 227–234; Z. Rihmer, J. Barsi, M. Arató, and E. Demeter, "Suicide in Subtypes of Primary Major Depression," *Journal of Affective Disorders*, 18 (1990): 221–225; S. C. Newman and R. C. Bland, "Suicide Risk Varies by Subtype of Affective Disorder," *Acta Psychiatrica Scandinavica*, 83 (1991): 420–426.

① S. B. Guze and E. Robins, "Suicide and Primary Affective Disorders," *British Journal of Psychiatry*, 117 (1970): 437–438; G. Winokur and M. Tsuang, "The Iowa 500: Suicide in Mania, Depression, and Schizophrenia," *American Journal of Psychiatry*, 132 (1975): 650–651; W. Coryell, R. Noyes, and J. Clancy, "Excess Mortality in Panic Disorder: A Comparison with Primary Unipolar Depression," *Archives of General Psychiatry*, 39 (1982): 701–703; M. Berglund and K. Nilsson, "Mortality in Severe Depression," *Acta Psychiatrica Scandinavica*, 76 (1987): 372–380; D. W. Black, G. Winokur, and A. Nasrallah, "Suicide in Subtypes of Major Affective Disorder: A Comparison with General Population Suicide Mortality," *Archives of General Psychiatry*, 44 (1987): 878–880; F. K. Goodwin and K. R. Jamison, *Manic-Depressive Illness* (New York: Oxford University Press, 1990).

级为抑郁或是从抑郁恢复到正常时，这种混合状态都尤为常见。19 世纪晚期，德国精神病学家埃米尔·克雷珀林真切描述了他的大量躁郁症患者极度绝望的状态：

> 因此，患者经常会试图绝食、上吊或割动脉自杀；求我们把他们烧死、活埋、驱逐到树林里任他们在那里死去……有个病人经常拿脖子往固定在地上的一个凿子的边缘上撞，结果所有软肉都被切开，脊椎骨都露出来了①。

处于这种阶段的患者，行为往往飘忽不定，情绪也往往喜怒无常。不同症状的任何组合都有可能出现，但最有可能导致自杀的还是抑郁情绪、病态想法和有些"兴奋"、焦躁的能量水平组合起来。偏执、极度易怒、睡觉老是醒、重度酗酒和肢体攻击跟这一混合状态的某种变化形式也经常会同时出现②。这样的状态非常不舒服，也极度危险。能量过多会产生某种躁动导致精神失常，用美国诗人安妮·塞克斯顿的话来说，就是一股"相当可怕的能量"：

> 我从一个房间走到另一个房间，拼命想找点事做——有那么一阵我确实会做点什么，做饼干啦，打扫浴室啦——铺床啦——接

---

① E. Kraepelin, *Manic-Depressive Insanity and Paranoia*, trans. R. M. Barclay, ed. G. M. Robertson (New York: Arno Press, 1976; first published 1921), p. 25.

② J. Himmelhoch, D. Mulla, J. F. Neil, T. P. Detre, and D. J. Kupfer, "Incidence and Significance of Mixed Affective States in a Bipolar Population," *Archives of General Psychiatry*, 33 (1976): 1062-1066; F. K. Goodwin and K. R. Jamison, *Manic-Depressive Illness* (New York: Oxford University Press, 1990); S. L. McElroy, P. E. Keck, H. G. Pope, J. I. Hudson, G. L. Faedda, and A. C. Swann, "Clinical and Research Implications of the Diagnosis of Dysphoric or Mixed Mania or Hypomania," *American Journal of Psychiatry*, 149 (1992): 1633-1644.

电话啦——但我身体里一直奔涌着这股相当可怕的能量,似乎什么都帮不上忙……我在房间里来回踱步,感觉自己像关在笼子里的老虎①。

埃德加·爱伦·坡在自杀未遂后不久写了封信,描写了一种"可怕的躁动":

> 我上了床,那个漫长而可怕的夜晚,我一整晚都在绝望中哭泣——黎明到来时,我起了身,快步走进寒冷刺骨的空气,想让自己的思绪平静下来——但什么都无法让我平静……那个恶魔还在折磨我。我活不下去了……直到我压制住这种可怕的躁动;这躁动持续下去的话,要么会毁掉我的生活,要么会让我绝望得发疯②。

混合状态无论以抑郁性躁狂还是躁动性抑郁的面目出现,都会使经历这种状态的人更有可能自杀③。躁狂本身很少导致自杀,而就算确实

---

① 安妮·塞克斯顿的手写便条,标记日期为"2月16日左右[可能是1957年]",Dr. Orne file, restricted collection; 引自 Diane Wood Middlebrook, Anne Sexton: *A Biography* (Boston: Houghton Mifflin, 1991), p. 36。

② Edgar Allan Poe, letter to Annie L. Richmond, November 16, 1848, in John Wand Ostrom, ed., *The Letters of Edgar Allan Poe*, vol. 2 (Cambridge, Mass.: Harvard University Press, 1948), pp. 401-403.

③ G. R. Jameison, "Suicide and Mental Disease: A Clinical Analysis of One Hundred Cases," *Archives of Neurology and Psychiatry*, 36 (1936): 1-12; K. R. Jamison, "Suicide and Bipolar Disorders," *Annals of New York Academy of Sciences*, 487 (1986): 301-315; S. C. Silsaver, Y.-W. Chen, A. C. Swann, A. M. Shoaib, and K. J. Krajewski, "Suicidality in Patients with Pure and Depressive Mania," *American Journal of Psychiatry*, 151 (1994): 1312-1315; S. M. Strakowski, S. L. McElroy, P. E. Keck, and S. A. West, *American Journal of Psychiatry*, 153 (1996): 674-676; J. F. Goldberg, J. L. Garno, A. C. Leon, J. H. Kocsis, and L. Portera, "Association of Recurrent Suicidal Ideation with Nonremission from Acute Mixed Mania," *American Journal of Psychiatry*, 155 (1998): 1753-1755.

是在躁狂症发作时自杀的，也通常是因为患者在幻想中相信自己可以飞行、走在水上或攻击荷枪实弹的警察却可以免罪。这些情形下的自杀意图非常值得怀疑。

现代医疗出现以前，很多患者都会在急性躁狂症发作期间死去，原因包括精疲力竭，心脏病发作，以及长时间且经常是赤足地行走时脚上受的伤没有被注意到或是没有人处理，结果造成了大面积感染。克雷珀林就曾这样描述他的躁狂症患者发狂一样的行为：

> 患者无法久坐或久卧，从床上跳起，跑来跑去，蹦蹦跳跳，手舞足蹈，爬上桌子和凳子，取下图画。他强迫自己出门，脱下衣服，戏弄病友，跳水，泼水，吐口水，叽叽喳喳……他们释放着内心的不安，抖动上半身，跳华尔兹，挥动手臂，扭曲肢体，摩擦脑袋，上蹿下跳，划水，擦拭，痉挛，拍手，还有敲鼓……仅仅因为长期持续极度兴奋，睡眠障碍，营养不足等导致的心力衰竭而精疲力尽，或是受伤后血液中毒［，就可能会导致死亡］①。

情绪障碍中的精神病，出现幻觉或妄想，跟自杀风险之间的关联，并没有抑郁症或混合状态本身真正的严重程度那么明显②。部分研究人

---

① Kraepelin, *Manic-Depressive Insanity and Paranoia*, pp. 64-65, 164.
② D. W. Goodwin, P. Alderson, and R. Rosenthal, "Clinical Significance of Hallucinations in Psychiatric Disorders," *Archives of General Psychiatry*, 24 (1971): 76-80; W. Coryell and M. T. Tsuang, "Primary Unipolar Depression and the Prognostic Importance of Delusions," *Archives of General Psychiatry*, 39 (1982): 1181-1184; D. E. Frangos, G. Athanassenas, S. Tsitourides, P. Psilolignos, and N. Katsanou, "Psychotic Depressive Disorder: A Separate Entity?" *Journal of Affective Disorders*, 5 (1983): 259-265; S. P. Roose, A. H. Glassman, B. T. Walsh, S. Woodring, and J. Vital-Herne, "Depression, Delusions, and Suicide," *American Journal of Psychiatry*, 140 (1983): 1159-1162; M. Wolfersdorf, F. Keller, B. Steiner, and G. Hole, "Delusional Depression and Suicide," *Acta Psychiatrica Scandinavica*, 76 (1987): 359-363; D. W. Black, G. Winokur, and A. Nasrallah, "Effect （转下页）

员发现精神病性抑郁症患者自杀率会升高，但绝非一致结论。尽管产生幻听的严重抑郁症患者可能会听到有声音命令他们自杀[1]，他们似乎也并没有真的就更有可能走上绝路。不过，精神病患者确实往往会使用更暴力、更怪异的方法自杀[2]。

患上抑郁症或躁郁症的人，在病程早期尤其有可能自杀或出现极为严重的自杀未遂情形，而这些行为通常发生在他们的严重抑郁第一次发作之后，或从精神病院出院以后[3]。为什么会这样，原因并非显而易见，

(接上页) of Psychosis on Suicide Risk in 1, 593 Patients with Unipolar and Bipolar Affective Disorders," *American Journal of Psychiatry*, 145 (1988): 849-852; C. L. Rich, M. S. Motooka, R. C. Fowler, and D. Young, "Suicide by Psychotics," *Biological Psychiatry*, 23 (1988): 595-601; J. F. Westermeyer, M. Harrow, and J. T. Marengo, "Risk for Suicide in Schizophrenia and Other Psychotic and Nonpsychotic Disorders," *Journal of Nervous and Mental Disease*, 179 (1991): 259-266; K. J. Kaplan and M. Harrow, "Positive and Negative Symptoms as Risk Factors for Later Suicidal Activity in Schizophrenics Versus Depressives," *Suicide and Life-Threatening Behavior*, 26 (1996): 105-121; P. E. Quinlan, C. A. King, G. L. Hanna, and N. Ghaziuddin, "Psychotic Versus Nonpsychotic Depression in Hospitalized Adolescents," *Depression and Anxiety*, 6 (1997): 40-42.

① D. Hellerstein, W. Frosch, and H. W. Koenigsberg, "The Clinical Significance of Command Hallucinations," *American Journal of Psychiatry*, 144 (1987): 219-221.

② E. Isometsä, M. Henriksson, H. Aro, M. Heikkinen, K. Kuoppasalmi, and J. Lönnqvist, "Suicide in Psychotic Major Depression," *Journal of Affective Disorders*, 3 (1994): 187-191.

③ G. R. Jameison, "Suicide and Mental Disease: A Clinical Analysis of One Hundred Cases," *Archives of Neurology and Psychiatry*, 36 (1936): 1-12; S. Guze and E. Robins, "Suicide and Primary Affective Disorders," *British Journal of Psychiatry*, 117 (1970): 437-438; J. B. Copas, D. L. Freeman-Browne, and A. A. Robin, "Danger Periods for Suicide in Patients Under Treatment," *Psychological Medicine*, 1 (1971): 400-404; M. T. Tsuang and R. F. Woolson, "Excess Mortality in Schizophrenia and Affective Disorders," *Archives of General Psychiatry*, 35 (1978): 1181-1185; G. F. Johnson and G. Hunt, "Suicidal Behavior in Bipolar Manic-Depressive Patients and Their Families," *Comprehensive Psychiatry*, 20 (1979): 159-164; A. Weeke, "Causes of Death in Manic-Depressives," in M. Schou and E. Strömgren, eds., *Origin, Prevention and Treatment of Affective Disorders* (London: Academic Press, 1979), pp. 289-299; A. Roy, "Risk Factors for Suicide in Psychiatric Patients," *Archives of General Psychiatry*, 39 (1982): 1089-1095; D. W. Black, G. Winokur, and A. Nasrallah, "Mortality in Patients with Primary Unipolar Depression, Secondary Unipolar Depression, and Bipolar Affective Disorder: A Comparison with General (转下页)

不过，对抑郁症经历感到陌生，不确定生病对个人和职业会有什么影响，还有就是担心这个病会不会以及什么时候卷土重来，这些因素肯定全都在起作用。能不能得到对症治疗完全看运气，就算碰上了最好的医生，也往往需要很长时间才能看到效果。人们往往会等到病情最严重的时候才去寻求治疗，可能也无法在治疗过程中保持足够长的时间，让他们能感觉足够良好，可以继续生活下去。

有个事实很让人坐立不安，就是自杀风险最高的时期之一，是患者实际上正在从抑郁状态恢复正常的时候[1]。从毫无希望、没精打采的绝望状态，到情绪正常地存在，这一转变充满危险：这种时候混合状态很常见，随之而来的还有快速的情绪波动、能量起伏，睡眠也会经常被打

（接上页）Population Mortality," *International Journal of Psychiatry and Medicine*, 17（1987）：351-360；J. Fawcett, W. Scheftner, D. Clark, D. Hedeker, R. Gibbons, and W. Coryell, "Clinical Predictors of Suicide in Patients with Major Affective Disorders: A Controlled Prospective Study," *American Journal of Psychiatry*, 144（1987）：35–40；D. W. Black, "The Iowa Record-Linkage Experience," *Suicide and Life-Threatening Behavior*, 19（1989）：78-89；A. Roy, "Features Associated with Suicide Attempts in Depression: A Partial Replication," *Journal of Affective Disorders*, 27（1993）：35-38；B. Ahrens, A. Berghöfer, T. Wolf, and B. Müller-Oerlinghausen, "Suicide Attempts, Age and Duration of Illness in Recurrent Affective Disorders," *Journal of Affective Disorders*, 36（1995）：43–49；H. Brodaty, C. M. MacCuspie-Moore, L. Tickle, and G. Lusocombe, "Depression, Diagnostic Sub-Type and Death: A 25-Year Followup Study," *Journal of Affective Disorders*, 46（1997）：233-242.

[1] Sir T. S. Clouston, Clinical Lectures on Mental Disease, 5th ed.（London: Churchill, 1898）；J. Barfield Adams, "Suicide — From a General Practitioner's Point of View," *The Practitioner*, 44（1915）：470-478；D. K. Henderson and R. D. Gillespie, *A Textbook of Psychiatry* (London: Oxford University Press, 1927); E. Stengel, "The Risk of Suicide in States of Depression," *Medical Press*, 234（1955）：182-184；J. B. Copes, D. L. Freeman-Browne, and A. A. Robin, "Danger Periods for Suicide in Patients Under Treatment," *Psychological Medicine*, 1（1971）：400–404；J. B. Copas and M. J. Fryer, "Density Estimation and Suicide Risk in Psychiatric Treatment," *Statistical Society*, 143（1980）：167-176；P. Barner-Rasmussen, "Suicide in Psychiatric Patients in Denmark, 1971-1981: II. Hospitalization Utilization and Risk Groups," *Acta Psychiatrica Scandinavica*, 73（1986）：449-455；E. Schweizer, A. Dever, and C. Clary, "Suicide upon Recovery from Depression: A Clinical Note," *Journal of Nervous and Mental Disease*, 176（1988）：633-636.

乱。恢复过程中患者状态来回往复，先是感觉很好了接着又病了的那种感觉，可能也会带来极度失望。意志和生命力开始复苏（通常也是恢复健康的标志），也可能会让先前封存的自杀意念和欲望变成行动。

要把那些真的正在好转的人和可能会一时冲动自杀或在某个特别绝望的时候自杀的人区分开还挺难的。例如有一项研究就比较了自杀患者自杀前不久的临床观察书面记录跟年龄和诊断相当但没有自杀的患者的临床观察记录。与直觉相反，在医生的评估中，那些后来自杀的比没自杀的人更冷静，"精神更好"。事实上，需要住院治疗的精神病患者，有将近三分之一在自杀前几分钟或几小时内，在他们医生、家人或朋友看来都很"正常"。

这种暴风雨前表面上的宁静也许反映了多种情况：有自杀倾向的患者也许本来正在康复过程中经历真正的宁静，但随后突然转变成严重抑郁或混合状态。但是，他们显得更平静也有可能是因为，已经决定了要自杀，也就摆脱了必须继续活下去而必然会有的焦虑和痛苦。他们也有可能是处心积虑要骗过医生和家人，好保证他们能有个自杀的环境。后面这种做法，为了死而骗人，几百年前人们就已经注意到了。其中有一个人很值得我们关注，就是18世纪费城伟大的医生、教育家和爱国者本杰明·拉什，在美国独立战争期间曾担任大陆军的军医长，也是《独立宣言》的签署人：

> 我们需要小心区分到底是理智真的回来了还是某种狡猾手段。这种狡猾可以让疯了的人短时间里言谈举止都很正常，从而骗过他们身边的人，这样就能提前出院，离开自己动弹不得的地方。要防止这种错误可能引发的祸害，他们在康复期必须受到严密监视，不能让他们出院，直到能有连续几周言行举止正常，证明患者确实完全康复了。有3名患者都在离开宾夕法尼亚医院后很快就自杀了，

还是在朋友们为他们的康复表示祝贺的时候①。

情绪障碍与自杀的关联尽管比其他精神疾病都更紧密，但也并不是只有情绪障碍才会导致过早的自残死亡案例。精神分裂症是一种可怕的精神疾病，经常也会造成自杀。

1918 年 6 月，英国诗人、作曲家艾弗·格尼在给朋友的一封信里写道："这是一封道别信。我很害怕自己会突然倒下，变成一片废墟——我也知道，你宁愿听到我死了，也不愿听说我疯了……愿上帝奖励你，也愿上帝宽恕我。"格尼当时在一家战地医院里被诊断为患有"迟发性炮弹休克导致的神经衰弱"，有严重的自杀倾向，正开始陷入漫长、可怕的偏执型精神分裂症。他多次宣称要自杀，还有至少两次自杀未遂，一次是过量服用了医生给他的镇静剂，另一次是尝试用煤气自杀。格尼的痛苦几乎无法忍受。想象中的声音要求他杀死自己，他也确信无线电中的电波正在轰炸他。这样的幻觉怎么也挥之不去，而威胁着、折磨着他的那个声音也一直在脑子里萦绕。格尼的医生描述了他的精神状况：

> 电主要表现在思想里。把话语传达给他。话语经常充满威胁，也是下流、淫秽的。他听到了好多种声音。他醒着的时候会看到很多东西，比如说脸。他认识的脸。他心里也很扭曲。他没法把精力集中在工作上……对自杀这件事，他脑子里实在是太痛苦了，觉得自己还不如死了②。

格尼的精神状况几乎没有任何好转的迹象，从 1922 年到 1937 年去

---

① Benjamin Rush, *Medical Inquiries and Observations upon the Diseases of the Mind* (Philadelphia: Kimber & Richardson, 1812), pp. 239-240.
② Michael Hurd, *The Ordeal of Ivor Gurney* (Oxford: Oxford University Press, 1984), p. 158.

世,他都几乎一直待在一家精神病院里。他把自己的痛苦也写进了诗。在有一首病院诗里他这样写道:"我的内心有一个可怕的地狱,谁也帮不了我……我只祈祷能赶紧死去,死去,死去。"① 在另一首病院诗里他宣称:"有个人一天天地但求一死……祈求得到死神的垂怜。"②

精神分裂症是最严重、最可怕的精神疾病③。跟躁郁症一样,这种病也会在个体很年轻时(二十岁上下)首次发作;是遗传性的,尽管没有双相情感障碍那么显著;相对常见(约有1%的人会得精神分裂症);而且对人际关系、教育规划和个人前景会产生毁灭性影响。如果不及时治疗,病情通常会越来越重。与朋友、家人疏远会成为常态,而非例外。自杀的情形虽然没有情感障碍里那么常见,但同样不算少见,因此仍然是一种极为致命的疾病——既致命又痛苦,因为精神分裂症会摧毁患者的感觉、理智、情感以及行动所需能力。精神分裂症非常恶毒,10%的患者都会死于自杀④。

幻觉,也就是感觉到一些不存在的事物,以及妄想,也就是尽管有

---

① "To God," ll. 8-9, 12, in P. J. Kavanagh, ed., Collected Poems of Ivor Gurney (Oxford: Oxford University Press, 1984), p. 156.

② 引自 "An Appeal for Death," ll. 1, 22, in Kavanagh, ed., Collected Poems of Ivor Gurney, pp. 181-182。

③ R. J. Wyatt, R. C. Alexander, M. F. Egan, and D. G. Kirch, "Schizophrenia: Just the Facts. What Do We Know? How Well Do We Know It?" Schizophrenia Research, 1 (1988): 3-18; L. N. Robins and D. A. Regier, eds. Psychiatric Disorders in America: The Epidemiologic Catchment Area Study (New York: Free Press, 1991); American Psychiatric Association, Diagnostic and Statistical Manual of Mental Disorders, 4th ed. (Washington, D. C.: American Psychiatric Association, 1994); I. I. Gottesman, "Complications to the Complex Inheritance of Schizophrenia," Clinical Genetics, 46 (1994): 116-123; P. Asherson, R. Mant, and P. McGuffin, "Genetics and Schizophrenia," in S. R. Hirsch and D. R. Weinberger, Schizophrenia (Oxford: Blackwell Science, 1995), pp. 253-274.

④ A. Roy, "Suicide in Schizophrenia," in A. Roy, ed., Suicide (Baltimore: Williams & Wilkins, 1986), pp. 97-112; C. B. Caldwell and I. I. Gottesman, "Schizophrenia — A High-Risk Factor for Suicide: Clues to Risk Reduction," Suicide and Life-Threatening Behavior, 22 (1992): 479-493.

无可辩驳的反面证据但仍然坚持相信的错误信念,只是精神分裂症诸多可怕之处里的两种。患者的整个视觉和情感世界,通常都会转变成一片伸手不见五指的黑暗,黑得叫人害怕。幻听,尤其是在幻觉中听到有人说话,极为常见。那声音发出威胁、谴责和要求。那声音可能从任何地方发出来:近处或远处;心里或脑子里,鼻子里或肚子里;也可能来自外部世界:在鸟叫声、电话声、电视声中,乃至互联网上。那声音的内容通常很让人不安,有时候又完全无法理解。有时候,那声音只有一个;但更多的时候,听起来像是有两个声音在对话或争吵;也有的时候是各种语句和声响混在一起的一片嘈杂。

幻视不像幻听那么常见,但是也同样各种各样,变化万千。埃米尔·克雷珀林对于精神病中的躁狂症和精神分裂症的观察极为敏锐,他以自己的精神分裂症病人为例,描述了他们所经历的视觉扭曲和幻觉。他说,他们看到死人头、古往今来所有圣徒、一个翻着跟头的小丑、黑色猛禽在头顶盘旋、中国皇帝、食物里有蛇、马丁·路德、火焰、心脏里有红老鼠和白老鼠、肩膀上有两只乌龟等等[①]。他们看到、听到的可怕景象千变万化。

目前在圣路易斯华盛顿大学医学院任教的医生兼科学家卡萝尔·诺斯描述了她自己的精神分裂症世界中可怕的幻觉、奇异的妄想和扭曲的感知。她回忆起自己在精神病院隔离病房里的经历:

> 我一动不动地在塑料地垫上一连躺了好几个小时,直到手脚都因为没有动弹而僵硬了。水泥地板中央的排水管喷出粗暴的声音,嘲笑、辱骂着我,墙上贴着令人恶心的绿色瓷砖,那声音在墙壁之间回

---

① Emil Kraepelin, *Dementia Praecox and Paraphrenia*, trans. R. M. Barclay, ed. G. M. Robertson (Huntington, N. Y.: Robert E. Krieger, 1971; first published in English 1919), p. 14.

荡了好些次才慢慢消失。时不时地，门上那扇窗子的另一边也会出现一些可怕的面孔盯着我看，就好像隔着玻璃盯着动物园里的爬行动物看一样。刚开始我以为那些面孔属于回来检查我的情形的副手们，但后来我认识到，这些面孔也许实际上属于那些声音，而现在他们终于现身，要跟我见面了。再后来我想着，会不会这些面孔根本就不存在，只是我的混乱心灵的又一种产物而已。

我陷入了地狱的边缘，也有可能是炼狱，等待着我在另一个世界的位置。啊，我多希望能发生什么事情来结束这一切，来终结我的病痛。

然而很神奇，那3英寸①厚的门竟然开了。

门里传来法尔茅斯医生的声音："卡萝尔，我想跟你聊聊。"

"聊聊……摇摇，瞧瞧，唠唠，照照，笑笑……"那声音回响着，跟法尔茅斯医生的话压着韵脚。这条含着暗语的信息，表明我们正以超高速向太阳前进。我们从狭义相对论进入了狭狭义相对论。我的身体是电，正嗡嗡作响：60赫兹的嗡嗡声，在一个通信网络里充当着导电材料，而这个网络可供400亿条信息在平行宇宙和其他世界之间来回传播。如果没有我来传递这些信息并全部整合起来，所有这些系统全都会陷入一片混乱。法尔茅斯医生也会无法抵挡我们面前的可怕力量。

法尔茅斯医生把我的胳膊举了起来。

我的手指自行并拢，形成一个新模型，做好了向多维空间发出射线的准备②。

---

① 英寸：英制长度单位，1英寸约为2.54厘米。——译者
② Carol S. North, *Welcome, Silence: My Triumph over Schizophrenia* (New York：Simon and Schuster, 1987), p.116.

言行举止严重混乱也是精神分裂症的特征。话语可能会变得没有条理、没有意义。心灵渐渐解体，这个过程几乎无法理解，而从内部视角观察到心灵如何一层层解开不再缠绕，也肯定无法忍受。对这个世界感到恐惧；与世界隔离开来，还要接受世界的长篇说教；把生活看成扭曲失真的面孔、形状和颜色；脑子里失去了坚定的感觉，失去了信任：对大部分人来说，那痛苦已经无法用言语表达。精神分裂症患者罗伯特·贝利描述了他每天的痛苦挣扎有多可怕：

> 我的现实情形就是几乎永远都在遭受痛苦和折磨。那些声音，那些幻象，出现得那么频繁，侵入、扰乱了我的日常生活。那声音几乎只会带来破坏，要么用怪腔怪调胡言乱语，要么尖声叫喊着命令我实施暴力行为。那些声音也一直纠缠着我，一直对我冷嘲热讽，想要诓骗、迷惑、强迫我进入一个极度偏执的世界。那声音里的命令生硬粗暴、包罗万象，让我时不时地就会做出自杀行为和自残行为。在感受到这种要毁掉我的生命的冲动时，我曾经冲到飞驰的汽车跟前，也曾经割开自己的动脉。随着那声音里的力道越来越强，我往往别无选择，这让我感到既痛苦不堪又精疲力竭。我也会听到大脑深处传来的经过极度扭曲的声音。有时候，这样的声音突然之间就会从不知道什么地方爆发出来，不断把我推向疯狂的内心世界。
>
> 那些幻觉也栩栩如生，让人感到恐惧、错愕。比如说，在我遭到狂轰滥炸的那些时候，路上的石子会变成恶魔的面孔，在我呆若木鸡的眼前化为齑粉。在我跟人接触的时候，那些人会变得奇形怪状，皮肤剥落，露出他们身体里正在腐烂的肌肉和器官[1]。

---

[1] R. Bayley, "First Person Account: Schizophrenia," *Schizophrenia Bulletin*, 22 (1996): 727–729.

扭曲的现实并非痛苦的唯一来源。带有恶意的冷漠无处不在；对别人来说很强烈或是很愉快的情绪，到了精神分裂症患者那里往往会感觉很平淡、很迟钝；智力，记忆力，集中注意力的能力，还有逻辑思考的能力，都会受到侵蚀。(毫不奇怪，脑成像研究显示，精神分裂症患者和没有得精神分裂症的人，他们的大脑结构和功能存在显著差异。) 这些症状尽管跟抑郁症患者的症状有重叠之处，但在精神分裂症患者身上往往更持久，随着时间过去得到缓解的可能性也更低。对很多人来说，他们的情绪也会受到影响[1]：精神分裂症患者至少有四分之一也患有严重抑郁症，两种病征叠加，也让这些人自杀的可能性大为上升[2]。

死于自杀的精神分裂症患者和情绪障碍患者一样，极有可能也患有抑郁症，会极度烦躁、焦虑不安[3]。他们也更有可能有过自杀未遂的经

---

[1] S. G. Siris, "Depression and Schizophrenia," in S. R. Hirsch and D. R. Weinberger, *Schizophrenia* (Oxford: Blackwell Science, 1995), pp. 128–145.

[2] R. E. Drake and P. G. Cotton, "Depression, Hopelessness and Suicide in Chronic Schizophrenia," *British Journal of Psychiatry*, 148 (1986): 554–559; A. A. Salama, "Depression and Suicide in Schizophrenic Patients," *Suicide and Life-Threatening Behavior*, 18 (1988): 379–384; K. K. Cheng, C. M. Leung, W. H. Lo, and T. H. Lam, "Risk Factors of Suicide Among Schizophrenics," *Acta Psychiatrica Scandinavica*, 81 (1990): 220–224; A. M. Dassori, J. E. Mezzich, and M. Keshavan, "Suicidal Indicators in Schizophrenia," *Acta Psychiatrica Scandinavica*, 81 (1990): 409–413; J. S. Jones, D. J. Stein, B. Stanley, J. R. Guido, R. Winchel, and M. Stanley, "Negative and Depressive Symptoms in Suicidal Schizophrenics," *Acta Psychiatrica Scandinavica*, 89 (1994): 81–87; H. Heilä, E. Isometsä, M. M. Henriksson, M. E. Heikkinen, M. J. Marttunen, and J. K. Lönnqvist, "Suicide and Schizophrenia: A Nationwide Psychological Autopsy Study on Age- and Sex-Specific Clinical Characteristics of 92 Suicide Victims with Schizophrenia," *American Journal of Psychiatry*, 154 (1997): 1235–1242; C. D. Rossau and P. B. Mortensen, "Risk Factors for Suicide in Patients with Schizophrenia: Nested Case-Control Study," *British Journal of Psychiatry*, 171 (1997): 355–359.

[3] P. E. Yarden, "Observations on Suicide in Chronic Schizophrenia," *Comprehensive Psychiatry*, 15 (1974): 325–333; C. W. Dingman and T. H. McGlashan, "Discriminating Characteristics of Suicide," *Acta Psychiatrica Scandinavica*, 74 (1986): 91–97; D. G. Wilkinson, "The Suicide Rate in Schizophrenia," *British Journal of Psychiatry*, （转下页）

历(30%~40%的精神分裂症患者至少会有一次自杀未遂[1];跟抑郁症患者一样,有过极为严重的自杀未遂经历,是患者最后会死于自杀的最佳预测因素[2])。自杀的人也往往处于自身疾病的早期阶段[3],或是最近才从精神病院出院[4]。然而,尽管幻觉和妄想明显会给精神病患者带来痛苦,

---

(接上页)140 (1982): 138–141; P. Allebeck, A. Varla, E. Kristjansson, and B. Wistedt, "Risk Factors for Suicide Among Patients with Schizophrenia," *Acta Psychiatrica Scandinavica*, 76 (1987): 414–419; A. M. Dassori, J. E. Mezzich, and M. Keshavan, "Suicidal Indicators in Schizophrenia," *Acta Psychiatrica Scandinavica*, 81 (1990): 409–413.

[1] A. Roy, "Suicide in Schizophrenia," in A. Roy, ed., *Suicide* (Baltimore: Williams & Wilkins, 1986), pp. 97–112; L. N. Robins and D. A. Regier, eds., *Psychiatric Disorders in America: The Epidemiologic Catchment Area Study* (New York: Free Press, 1991); C. B. Caldwell and I. I. Gottesman, "Schizophrenia — A High-Risk Factor for Suicide: Clues to Risk Reduction," *Suicide and Life-Threatening Behavior*, 22 (1992): 479–493; R. Chatterton, "Parasuicide in People with Schizophrenia," *Australian and New Zealand Journal of Mental Health Nursing*, 4 (1995): 83–86; G. L. Haas, "Suicidal Behavior in Schizophrenia," in R. W. Maris, M. M. Silverman, and S. S. Canetto, eds., *Review of Suicidology*, 1997 (New York: Guilford, 1997), pp. 202–236.

[2] J. W. Shaffer, S. Perlin, C. W. Schmidt, and J. H. Stephens, "The Prediction of Suicide in Schizophrenia," *Journal of Nervous and Mental Disease*, 159 (1974): 349–355; G. Wilkinson and N. A. Bacon, "A Clinical and Epidemiological Survey of Parasuicide and Suicide in Edinburgh Schizophrenics," *Psychological Medicine*, 14 (1984): 899–912; P. Allebeck, A. Varla, E. Kristjansson, and B. Wistedt, "Risk Factors for Suicide Among Patients with Schizophrenia," *Acta Psychiatrica Scandinavica*, 76 (1987): 414–419; G. L. Haas, "Suicidal Behavior in Schizophrenia," in R. W. Maris, M. M. Silverman, and S. S. Canetto, eds. *Review of Suicidology* (New York: Guilford, 1997), pp. 202–236. Roy, "Suicide in Schizophrenia."

[3] M. T. Tsuang and R. F. Woolson, "Excess Mortality in Schizophrenia and Affective Disorders," *Archives of General Psychiatry*, 35 (1978): 1181–1185; D. W. Black and G. Winokur, "Prospective Studies of Suicide and Mortality in Psychiatric Patients," *Annals of the New York Academy of Sciences*, 487 (1986): 106–113; C. A. Johns, M. Stanley, and B. Stanley, "Suicide in Schizophrenia," *Annals of the New York Academy of Sciences*, 487 (1986): 294–300; D. Wiersma, F. J. Nienhuis, C. J. Slooff, and R. Giel, "Natural Course of Schizophrenic Disorders: A 15-Year Followup of a Dutch Incidence Cohort," *Schizophrenia Bulletin*, 24 (1998): 75–85.

[4] G. S. Stein, "Dangerous Episodes Occurring Around the Time of Discharge of Four Chronic Schizophrenics," *British Journal of Psychiatry*, 141 (1982): 586–589; Roy, "Suicide in Schizophrenia"; D. W. Black and R. Fisher, "Mortality in DSM-III-R Schizophrenia," *Schizophrenia Research*, 7 (1992): 109–116; C. D. Rossau and P. B. Mortensen, "Risk Factors for Suicide in Patients with Schizophrenia: Nested Case-Control Study," *British Journal of Psychiatry*, 171 (1997): 355–359.

但这些因素究竟在多大程度上导致了自杀，目前还并不清楚①。

另外几种精神疾病，尤其是焦虑症以及边缘型和反社会型人格障碍，也会带来高于预期的自杀风险。（尽管神经性厌食症和神经性贪食症这样的饮食失调问题也会导致很多并发症甚至死亡，但这类疾病引发的自杀率现在还不清楚②。对30多项研究的回顾发现，饮食失调患者约有1%会死于自杀③。）

但是，焦虑症，尤其是伴有惊恐发作或严重抑郁时，肯定会增加自杀风险④。这类疾病的典型症状——过度焦虑和担忧、睡不安宁、肌肉紧张、易怒、疲劳和焦躁不安——在患者的个人生活中往往是长期存在

---

① A. Breier and B. M. Astrachan, "Characterization of Schizophrenic Patients Who Commit Suicide," *American Journal of Psychiatry*, 141 (1984): 206–209; G. Wilkinson and N. A. Bacon, "A Clinical and Epidemiological Survey of Parasuicide and Suicide in Edinburgh Schizophrenics," *Psychological Medicine*, 14 (1984): 899–912; Roy, "Suicide in Schizophrenia"; D. Hellerstein, W. Frosch, and H. W. Koenigsberg, "The Clinical Significance of Command Hallucinations," *American Journal of Psychiatry*, 144 (1987): 219–221; K. J. Kaplan and M. Harrow, "Positive and Negative Symptoms as Risk Factors for Later Suicidal Activity in Schizophrenics Versus Depressives," *Suicide and Life-Threatening Behavior*, 26 (1996): 105–121; W. S. Fenton, T. H. McGlashan, B. J. Victor, and C. R. Blyler, "Symptoms, Subtype, and Suicidality in Patients with Schizophrenia Spectrum Disorders," *American Journal of Psychiatry*, 154 (1997): 199–204.

② D. B. Herzog, M. B. Keller, and P. W. Lavori, "Outcome in Anorexia Nervosa and Bulimia Nervosa: A Review of the Literature," *Journal of Nervous and Mental Disease*, 176 (1988): 131–143; E. D. Eckert, K. A. Halmi, P. Marchi, et al., "Ten-Year Follow-up of Anorexia Nervosa: Clinical Course and Outcome," *Psychological Medicine*, 25 (1995): 143–156.

③ A. Gardner and C. Rich, "Eating Disorders and Suicide," in R. Yufit, ed., *Proceedings of the 21st Annual Meeting of the American Association of Suicidology* (Denver: American Association of Suicidology, 1988), pp. 171–172; P. K. Keel, J. E. Mitchell, K. B. Miller, T. L. Davis, and S. J. Crow, "Long-Term Outcome of Bulimia Nervosa," *Archives of General Psychiatry*, 56 (1999): 63–69.

④ J. Fawcett, W. A. S. Scheftner, L. Fogg, D. C. Clark, M. A. Young, D. Hedeker, and R. Gibbons, "Time-Related Predictors of Suicide in Major Affective Disorder," *American Journal of Psychiatry*, 147 (1990): 1189–1194; E. C. Harris and B. Barraclough, "Suicide as an Outcome for Mental Disorders: A Meta-Analysis," *British Journal of Psychiatry*, 170 (1997): 205–228.

的特征①。抑郁症症状很常见。惊恐发作也跟自杀率和自杀未遂的比例上升有关，但是对于惊恐发作的影响程度还存在强烈争议②。惊恐发作时患者会感到强烈恐惧或不适，不过这些时间段并不连续，而且会伴随有突然出现的大量身心不适症状，比如心悸、盗汗、发抖、有窒息感或呼吸急促、胸痛，还会有对死亡或失去理智的强烈恐惧。这些症状经常会让患者不得不去急诊室就诊，因为出现这些症状的人会害怕自己是心脏病发作。如果惊恐发作过于频繁，可能会让患者感到绝望，还会让他们自我强制社交孤立，认为这样就能避开可能会诱发他们惊恐发作的各种情形。严重的焦虑，跟严重的激越（agitation）一样，能很好地预测自杀③。

然而很让人意外，在重大精神疾病中，唯有强迫症似乎并不会让身患这种疾病的人自杀风险增加。强迫症的特征是持续存在的侵入性想法和冲动，以及不断重复的各种行为，比如洗手洗到快脱皮、数数、反复确认门锁了没有——这些特征不但会让强迫症患者深感痛苦，还非常耗时间（往往会让他们一天花掉好几个小时），而且对他们生活的几乎方方面面都极具破坏性。但是，大部分研究还是发现，

---

① P. J. Clayton, W. M. Grove, W. Coryell, et al., "Follow-up and Family Study of Anxious Depression," *American Journal of Psychiatry*, 148 (1991): 1512-1517.

② M. M. Weissman, G. L. Klerman, J. S. Markowitz, and R. Ouellette, "Suicidal Ideation and Suicide Attempts in Panic Disorder and Attacks," *New England Journal of Medicine*, 321 (1989): 1209-1214; M. G. Warshaw, A. O. Massion, L. G. Peterson, L. A. Pratt, and M. B. Keller, "Suicidal Behavior in Patients with Panic Disorder: Retrospective and Prospective Data," *Journal of Affective Disorders*, 34 (1994): 235-247; C. D. Horning and R. J. McNally, "Panic Disorder and Suicide Attempt: A Reanalysis of Data from the Epidemiologic Catchment Area Study," *British Journal of Psychiatry*, 167 (1995): 76-79; M. M. Weissman, "Comorbidity and Suicide Risk," *British Journal of Psychiatry*, 167 (1995): 819-820; E. C. Harris and B. Barraclough, "Suicide as an Outcome for Mental Disorders: A Meta-Analysis," *British Journal of Psychiatry*, 170 (1997): 205-228.

③ J. Fawcett, W. A. S. Scheftner, L. Fogg, D. C. Clark, M. A. Young, D. Hedeker, and R. Gibbons, "Time-Related Predictors of Suicide in Major Affective Disorder," *American Journal of Psychiatry*, 147 (1990): 1189-1194.

强迫症患者很少自杀①，只有那些强迫症极为严重的人，或是并发抑郁症的患者，自杀的风险才比较大②。

最后要说的一类存在较为广泛的精神疾病，即所谓的人格障碍，包含了两种会导致大量自杀案例的疾病。边缘型人格障碍被较为宽泛地定义为一种普遍存在的生活模式，这种人的人际关系很不稳定，易冲动，会有一些自己伤害自己的行为；可能出现的症状包括工作经历不稳定、长期有空虚感、害怕被遗弃、经常有极为愤怒的时候、情绪波动剧烈，会出现割腕、割破或灼烧皮肤、撞头、自残乃至自杀行为。而反社会型人格障碍往往始于童年时期的行为障碍，这样的人都会有无视他人权利、缺乏同理心等特征，还会非常有攻击性，无法控制地撒谎骗人，没有或几乎没有自责的能力，对自己的身体也会相当残忍。

这两种疾病尽管在很多重要方面都很不一样（比如说，反社会型人格障碍在男性中的发病率是女性的3倍，而边缘型人格障碍则刚好相反），但还是有几个共同特征：两者都是家族性疾病，也就是说，患者直系亲属（父母、兄弟姐妹和子女）患有边缘型或反社会型人格障碍的可能性，会比随机情形高得多；两者都相对常见；而且两者的严重程度都有随时间推移减弱的趋势。反社会型和边缘型人格障碍的另一些共同

---

① N. L. Gittleson, "The Relationship Between Obsessions and Suicidal Attempts in Depressive Psychosis," *British Journal of Psychiatry*, 112 (1966): 889–890; C. M. Rosenberg, "Complications of Obsessional Neurosis," *British Journal of Psychiatry*, 114 (1968): 477-478; R. A. Woodruff, P. J. Clayton, and S. B. Guze, "Suicide Attempts and Psychiatric Diagnosis," *Diseases of the Nervous System*, 33 (1972): 617–621; C. E. Hollingsworth, P. E. Tanguay, L. Grossman, and P. Pabst, "Long-Term Outcome of Obsessive-Compulsive Disorder in Childhood," *Journal of the American Academy of Child Psychiatry*, 19 (1980): 134-144; W. Coryell, R. Noyes, and D. House, "Mortality Among Outpatients with Anxiety Disorders," *American Journal of Psychiatry*, 143 (1986): 508-510.

② E. Kringlen, "Obsessional Neurotics: A Long-Term Follow-Up," *British Journal of Psychiatry*, 111 (1965): 709-722; P. Hay, P. Sachdev, S. Cumming, et al., "Treatment of Obsessive-Compulsive Disorder by Psychosurgery," *Acta Psychiatrica Scandinavica*, 87 (1993): 197-207.

特征可能导致了自杀风险增加：明显的冲动行为；无法控制的愤怒；经常与人打斗或无端攻击他人；不计后果的行为，例如高风险的性滥交或药物滥用；情绪高度不稳定，极度烦躁。情绪和行为极度不稳定，加上肆意摆布他人、毫不顾及他人感受和权利等诊断特征，基本上可以保证患者人际关系充满火药味，患者的个人生活贫穷、孤立，工作一片混乱，失业乃至锒铛入狱。

不计后果的和暴力的行为（接下来几章我们还会更深入地讨论），一次又一次地跟精神疾病患者的自杀和自杀未遂联系在一起。边缘型和反社会型人格障碍的定义性特征中的不稳定因素与抑郁症、酗酒或药物滥用同时出现时，这样的组合也许会一触即发，十分危险，也经常会危及生命[1]。边缘型人格障碍患者有将近四分之三都至少有一次自杀未遂，更有5%~10%的人最终会死于自杀[2]。跟重度抑郁症、精神分裂症和躁郁症患者相比，人格障碍患者的自杀行为与他们跟他人之间的人际冲突

---

[1] M. R. Fryer, A. J. Frances, T. Sullivan, S. W. Hurt, and J. Clarkin, "Suicide Attempts in Patients with Borderline Personality Disorder," *American Journal of Psychiatry*, 145 (1988): 737-739; E. M. Corbitt, K. M. Malone, G. L. Haas, and J. J. Mann, "Suicidal Behavior with Minor Depression and Comorbid Personality Disorders," *Journal of Affective Disorders*, 39 (1996): 61-72; E. T. Isometsä, M. M. Henriksson, M. E. Heikkinen, H. M. Aro, M. J. Marttunen, K. I. Kuoppasalmi, and J. K. Lönnqvist, "Suicide Among Subjects with Personality Disorders," *American Journal of Psychiatry*, 153 (1996): 667-673; M. H. Stone, "Paradoxes in the Management of Suicidality in Borderline Patients," *American Journal of Psychotherapy*, 47 (1993): 255-272; P. H. Soloff, "Risk Factors for Suicidal Behavior in Borderline Personality Disorder," *American Journal of Psychiatry*, 151 (1994): 1316-1323; J. Davis, P. Janicak, and F. Ayd, "Psychopharmacotherapy of the Personality-Disordered Patient," *Psychiatric Annals*, 25 (1995): 614-620.

[2] T. H. McGlashan. "The Chesnut Lodge Follow-up Study: III. Long-Term Outcome of Borderline Personalities," *Archives of General Psychiatry*, 43 (1986): 2-30; J. Paris, R. Brown, and D. Nowlis, "Long-Term Follow-up of Borderline Patients in a General Hospital," *Comprehensive Psychiatry*, 28 (1987): 530-535; M. H. Stone, D. K. Stone, and S. Hurt, "The Natural History of Borderline Patients Treated by Intensive Hospitalization," *Psychiatric Clinics of North America*, 10 (1987): 185-206.

关系更加紧密。边缘型人格障碍患者对实际的或他们感觉到的厌弃极其敏感，他们的抑郁情绪虽然持续时间较短，但更多来自人际关系中的挫折。(他们的自杀行为经常发生在有他人在场的时候。一项研究表明，边缘型人格障碍患者的自杀尝试40%以上都有他人目睹；而患有其他疾病的人的自杀行为只有15%会有他人在场[①]。)

霍华德·威士尼是一位长年致力于边缘型人格障碍的临床医生，他有位三十二岁的病人是3个孩子的妈妈，曾因抑郁症和短暂的精神病发作入院治疗。威士尼描述了这名病人的情形：

> 刚入院的前几个小时，她看上去是个衣着整洁、楚楚动人的年轻女性，很快就跟工作人员和其他病人打成了一片。看不出来她身上有抑郁症的征象。周末她喝了好多酒，还服用了过量的镇静剂。周一她再次出现在医院后，医生马上给她停了药。病人多次尝试恢复用药，并拒绝承认她用药不当是给她停药的充分理由。到周一下午，她开始公开色诱住院治疗师，要求跟他发生性关系。她的外表和行为变得越来越不像话，也越来越怪异。我们尝试把这位病人外表和精神状态上的剧烈波动解读为她"患病"的证据，但她完全不理解自己得了什么病。治疗师指出她打理自己生活、应对自身强烈情绪的能力在入院前似乎比现在更好后，病人变得暴怒起来，声称自己要换一家医院，那里的医生更了解她，也不会对她这么冷漠。她冲出治疗师的办公室，离开了大楼。
>
> 几分钟后，治疗师离开办公室。十分钟后再回到办公室时，他发现病人站在一摊血里。她打碎了治疗师办公室的窗子，用玻璃碎片割

---

① B. S. Runeson, J. Beskow, and M. Waern, "The Suicidal Process in Suicides Among Young People," *Acta Psychiatrica Scandinavica*, 93 (1996): 35-42.

伤了自己。几个月后她解释称:"就算我说我要走,你也应该在办公室里等着我。我知道你会在那儿。你不在的时候,我突然看到我爸的脸出现在玻璃上,正朝我走过来。他脸上有好大一滴眼泪。这个世界开始四分五裂、支离破碎。我只好开始打碎这些影像。"

这次短暂的精神病发作后,就在同一天,他们与患者丈夫会面时,又出现了第二次精神病发作。尽管患者病情已表现出消退的迹象,但为了让患者对自己的行为负责,还是让她重新入院开始治疗。患者开始跟丈夫讲述医生对她极为冷淡,漠不关心,但这番讲述未能改变在医院里继续治疗的条件,于是患者倒在地上,开始啃椅子腿,发出奇怪的呻吟和哭泣声。丈夫把妻子拉开,生气地说妻子的行为清清楚楚地表明她确实需要强化治疗,也表明她无法对自己的行为负责。治疗师也坚持自己的观点,患者则呈现出有些恍惚的样子。她和丈夫离开了办公室,想去别的医院看看能否住院治疗。

一个小时后,治疗师接到患者打来的电话。她说话很清晰也很直接,就跟她入院的时候一样。她说:"医生,我同意。"她同意按照最早的安排继续治疗。医生马上给她办了出院手续,在接下来的一年半时间里,她都在门诊接受治疗。在随后的治疗过程中,也有几次短暂的精神病发作,每次都与真实的或她怀疑的物品丢失有关。而每次在确认了物品丢失后,精神病症状都会在她接受治疗的时间内得到缓解。要是这名患者在她恢复期间前去就诊,也没有以前的病史的话,多半会被诊断为精神分裂症。

这名患者的真实诊断结果的主要线索,是对她的症状公开而激烈的讨论,以及她周围的很多人都因为她的病情动员了起来[1]。

---

[1] H. A. Wishnie, "Inpatient Therapy with Borderline Patients," in J. E. Mack, ed., *Borderline States in Psychiatry* (New York: Grune & Straton, 1975), pp. 47-48.

到现在为止我们讨论过的所有精神疾病——情绪障碍、精神分裂症、焦虑症和人格障碍——不仅是痛苦、可怕的疾病，还会对患者建立有意义的人际关系、从事令人满意且经济上足以独立的工作、相信生活的意义等这些方面的能力产生深远影响，且通常都是削弱乃至破坏患者的这些能力。所有这些疾病也都会因饮酒和吸毒而变得更加严重。

精神分裂症、情绪障碍、焦虑症和人格障碍是很多自杀案例的核心原因，但绝非全部。酗酒和吸毒，无论是这些行为本身还是更常见的情形——与抑郁症和其他精神疾病相结合，也都会造成大量死亡。跟躁郁症和精神分裂症一样，药物滥用也经常在很早的时候就会出现，比如青春期或二十出头的时候，而且一旦出现这样的苗头，就会有一个极难遏制、愈演愈烈的过程。有酗酒或吸毒问题的人，尽管会有大量的且往往无法改变的个人、经济、社交、法律和职业等方面的问题，但他们往往还是会无法控制自己，继续对那些会毁灭自己的东西甘之如饴。

对药物或酒精产生依赖的情形跟抑郁相关疾病（可能发生在药物滥用之前、之后，也可能与药物滥用同时发生）并非总是很容易就能区分开。这两类问题都会让情绪、思维、行为、睡眠和食欲出现紊乱。酗酒会让人产生抑郁症的多数症状，而长期饮酒也可能会导致极为严重的抑郁症。个中原因既非常明显，又不易察觉①。抑郁症、躁狂症和精神分裂症等精神疾病既令人痛苦，又非常可怕。毒品和酒精短时间内可以让人摆脱绝望情绪，也可以暂时消除绝望的感觉，让神经不再那么紧张。抑郁期间酗酒的人会喝得更多，而酗酒的人处于躁狂状态，或在经历激越的混合状态时更是如此，让病情雪上加霜。这些让人担心的情形会让人举杯浇愁，或是服用其他药物，比如镇静剂和安眠药，让患者平复焦躁不安的心

---

① P. M. Marzuk and J. J. Mann, "Suicide and Substance Abuse," *Psychiatric Annals*, 18 (1988): 639–646.

情,有机会睡上一觉,并(无论多么短暂地)掩盖不愉快的感觉,而这样的感觉和心情,是这类身体和心理疾病相当重要的组成部分。

在实践中,意在遏制不安想法和可怕情绪的自我治疗方法往往相当明确。比如可卡因,尽管价格高出天际,而且到最后还是对患者有害无益,也仍然被很多抑郁症患者当成抗抑郁药物来用,不但如此,可卡因还会在那些有躁狂倾向的人当中诱发轻度躁狂,或是让已经出现的躁狂症状持续时间延长。数百年来,鸦片一直承担着让病人镇静、麻木的作用,而酒精尽管从药理学角度来讲是一种抑制剂,而且除了让没法睡好的人能睡得好一点之外一无是处,但还是有成千上万人借用酒精的力量来让自己忘记当下,摆脱抑郁,乃至不省人事。

酒精、毒品和精神疾病之间的关系循环往复,会通过自我回馈产生深远影响。毒品在初次使用时效果良好且往往足以疗伤止痛,因而全世界广泛使用了数千年,成了解决焦虑、痛苦、抑郁和精神病等问题的核心手段。而为了驱散抑郁、消除麻木的感觉、清理掉乱七八糟的想法、压制住闯入脑子里的声音,发酵过的谷物、卷起来的古柯叶和罂粟汁一直是最常见的选择。但服用这些毒品总归有很大风险。这些毒品是通过改变大脑里的微调过程、让意识变得有些模糊不清来起作用的,因此会让大脑变得迟钝,长期使用还会改变或损坏大脑里精细的化学构成,而这样一来,依赖于或成瘾于这些毒品的人,其人际关系、工作、健康和自尊心都会受到极大损害。

酒精和毒品本来是用来缓解精神疾病带来的痛苦,结果却往往会让病情恶化[1]。无论是两者单独还是一起,酒精和毒品都可能会引发精神

---

[1] T. W. Estroff and M. S. Gold, "Medical and Psychiatric Complications of Cocaine Abuse with Possible Points of Pharmacological Treatment," *Advances in Alcohol and Substance Abuse*, 5 (1986): 61–76; J. M. Himmelhoch and M. E. Garfinkel, "Sources of Lithium Resistance in Mixed Mania," *Psychopharmacology Bulletin*, 22 (1986): 613–620; F. K. Goodwin and K. R. Jamison, *Manic-Depressive Illness* (New York: Oxford University Press, 1990).

病急性发作，让潜在的疾病病程整体恶化，并且不但会削弱病人寻求和接受良好临床护理的意愿，还会破坏处方治疗的效果。药物滥用还会带来更大杀伤力。毒品和酒精让病人不再束手束脚，增加了他们的冒险、暴力和冲动行为。对于那些有自杀倾向的人来说，则可能危及生命。往往跟药物滥用或戒毒相伴而来的剧烈情绪波动也同样如此。他们的判断力被扭曲，人际关系也一片混乱或遭到破坏，对药物的渴求也不断升级，随着时间过去，病人的状况越来越差，因此可能也不必奇怪，在吸毒和酗酒跟精神病理学方面的问题结合起来时，就形成了一个自杀一触即发的环境。

各项研究往往容易得出这样的观点：在两种情形兼备的人身上，精神疾病通常比成瘾性疾病出现得更早[1]。埃德加·爱伦·坡经常借用葡萄酒和苹果酒的力量来浇灭自己汹涌动荡的情绪，他说："我这人生来敏感，非常容易紧张。我疯掉了，经常会有很长一段时间，神志都处于很可怕的状态。在我完全变成行尸走肉的时候我就跑去喝酒，只有天知道我喝了多少酒，也只有天知道我喝了多久。当然，我的敌人把我的精神错乱归咎于狂饮烂醉，而不是反过来把狂饮烂醉归咎于精神错乱。"[2] 他的描述很能说明问题。

---

[1] D. B. Kandel and M. Davies, "Adult Sequelae of Adolescent Depressive Syndromes," *Archives of General Psychiatry*, 43 (1986): 255-262; K. A. Christie, J. D. Burke, D. A. Regier, D. S. Rae, J. H. Boyd, and B. Z. Locke, "Epidemiologic Evidence for Early Onset of Mental Disorders and Higher Risk of Drug Abuse in Young Adults," *American Journal of Psychiatry*, 145 (1988): 971-75; R. C. Kessler, "The National Comorbidity Survey: Preliminary Results and Future Directions," *International Journal of Methods in Psychiatric Research*, 5 (1995): 139-151; R. C. Kessler, C. B. Nelson, K. A. McGonagle, M. J. Edlund, R. G. Frank, and P. J. Leaf, "The Epidemiology of Co-Occurring Addictive and Mental Disorders: Implications for Prevention and Service Utilization," *American Journal of Orthopsychiatry*, 50 (1996): 36-43.

[2] J. W. Robertson, *Edgar A. Poe: A Psychopathic Study* (New York: G. P. Putnam, 1923), p. 82.

很不幸，精神疾病和酗酒或吸毒的问题往往秤不离砣。躁郁症患者有三分之二都有严重的酗酒或吸毒问题，抑郁症人群中这个比例是四分之一，而精神分裂症患者中出现这类问题的也在同一个量级①。更危险的问题在于，那些既患有精神疾病，又有酗酒或吸毒问题的人，自杀未遂或自杀身亡的风险都比别人高得多②。一般认为，酗酒和抑郁症的结合，是大部分自杀案例的起因。吸毒和情绪障碍也往往相得益彰，对彼此产生最坏的结果：单独出现就已经很可怕了，联起手来则会要人命。

美国诗人约翰·贝里曼因酗酒和躁狂症成了医院常客，在他看来，酗酒和精神疾病毁掉了他的生活，也让他的婚姻、友谊和写作成了无本之木。后来他死于跳桥自杀，而在此之前，他的父亲和姑妈也做了同样

---

① L. N. Robins and D. A. Regier, eds., *Psychiatric Disorders in America* (New York: Free Press, 1991).

② P. Nicholls, G. Edwards, and E. Kyle, "Alcoholics Admitted to Four Hospitals in England: General and Cause-Specific Mortality," *Quarterly Journal Studies of Alcohol*, 35 (1974): 841–855; M. Berglund, "Suicide in Alcoholism," *Archives of General Psychiatry*, 41 (1984): 888–891; A. C. Whitters, R. J. Cadoret, and R. B. Widmer, "Factors Associated with Suicide Attempts in Alcohol Abusers," *Journal of Affective Disorders*, 9 (1985): 19–23; D. W. Black, W. Yates, F. Potty, R. Noyes, and K. Brown, "Suicidal Behavior in Alcoholic Males," *Comprehensive Psychiatry*, 27 (1986): 227–233; A. Roy and M. Linnoila, "Alcoholism and Suicide," *Suicide and Life-Threatening Behavior*, 16 (1986): 244–273; M. A. Schuckit, "Primary Men Alcoholics with Histories of Suicide Attempts," *Journal of Studies on Alcohol*, 47 (1986): 78–81; G. Winokur and D. W. Black, "Psychiatric and Medical Diagnoses as Risk Factors for Mortality in Psychiatric Patients: A Case-Control Study," *American Journal of Psychiatry*, 144 (1987): 208–211; D. Hasin, B. Grant, and J. Endicott, "Treated and Untreated Suicide Attempts in Substance Abuse Patients," *Journal of Nervous and Mental Disease*, 176 (1988): 289–294; M. Hesselbrock, V. Hesselbrock, K. Syzmanski, and M. Weidenman, "Suicide Attempts and Alcoholism," *Journal of Studies on Alcohol*, 49 (1988): 436–442; M. M. Henriksson, H. M. Aro, M. J. Marttunen, M. E. Heikkinen, E. T. Isometsä, K. I. Kuoppasalmi, and J. K. Lönnqvist, "Mental Disorders and Comorbidity in Suicide," *American Journal of Psychiatry*, 150 (1993): 935–940; M. D. Rudd, P. F. Dahm, and M. H. Rajals, "Diagnostic Comorbidity in Persons with Suicidal Ideation and Behavior," *American Journal of Psychiatry*, 150 (1993): 928–934; E. Johnsson and M. Fridell, "Suicide Attempts in a Cohort of Drug Abusers: A 5-Year Follow-Up Study," *Acta Psychiatrica Scandinavica*, 96 (1997): 362–366; L. Tondo, R. J. Baldessarini, J. Hennen, G. P. Minnai, P. Salis, L. Scamonatti, M. Masia, C. Ghiani, and P. Mannu, "Suicide Attempts in Major Affective Disorder Patients with Comorbid Substance Use Disorders," *Journal of Clinical Psychiatry* (Suppl. 2) (1999): 63–69.

的事情。在他跳桥自杀前两年,他曾写到自己的精神状态让他有多无力。在又一次狂饮烂醉、不假思索地跟人上床后,贝里曼回到家里,发现家里不但有他妻子(他所任教的大学里的高管),还有几个准备把他抓起来送进精神病院的警察:

> 他知道自己正站在门厅里。妻子面对着他,冷若冰霜,伸出来的手里拿着一个小酒杯——比他喜欢的要小一点。两个警察在他左边。他的系主任和妻子在右边什么地方……那个女孩子已经走了。他看着妻子的眼睛,听到她说:"这是你最后一杯酒。"尽管在他羽毛一样的脑子里,他不知怎么地说了一句"管他呢",他也还是有一种很不安的感觉,感觉好像世界末日来临一般,觉得这场景也说不定是真的[1]。

---

[1] John Berryman, 引自 Paul Mariani, *Dream Song: The Life of John Berryman*(New York: William Morrow, 1990), pp. 466-467。

第五章
如果绳索或吊袜带能减轻痛苦
—— 方法和地点 ——

既然我们都只能死一次，如果绳索或吊袜带，
毒药、手枪、剑，让人油尽灯枯的疾病，
或高贵部位的动脉瓣膜突然破裂，
如果这些能减轻人类生命里的痛苦，
那么，怎么死的又有什么关系？
尽管原因各有不同，结果却是一样：
都是走向共同的消亡①。

——托马斯·查特顿

自杀的细节会以一种阴险的方式抓住我们的想象力。就算是很乏味的自残方式也会让我们着迷，被其中的奇异之处吸引，让我们一心想从他们选择的自杀方法和地点反推出导致他们走上绝路的痛苦和疲惫。我们试图在自杀行为（在树林里上吊，在浴室里割喉）的组织安排里找到意义，希望能进入一种本来无法接近的精神状态。然而几乎所有自杀，采用的都只有这么几种方法：饮弹自尽、跳楼、服毒、吸入煤气、上吊、溺水。

塞涅卡早在1世纪就谈到了这些方法。他写道："在你能看到的任何地方，都有结束你的痛苦的办法。你看到那座悬崖了吗？从那里一跃而下就是通往自由的道路。你看到那片海洋，那条河，那口井了吗？那

里也有自由——就在水底。看到那棵歪歪扭扭、没有果实的枯树了吗？然而悬吊在树枝上就能得到自由。看到你的喉咙、食道和心脏了吗？……你想问哪一条是通往自由的捷径？你身上任何一条静脉都是！"②

然而就像耶鲁大学医学院医生、作家舍温·尼兰说的那样，真到了自杀的时候，塞涅卡还是发现，对自己痛下狠手比他想象的以及向别人建议的都要艰难得多。尼兰写道："他将一把匕首插进手臂上的动脉，但血液流得不够快，没法让他很快死去，于是他又切开了腿上和膝盖上的静脉。这样还是不够，于是他又吞下毒药，结果仍然无济于事。"③最后他在浴缸里用蒸汽让自己窒息，死亡才终于姗姗来迟。

那些对自杀行为背后的凄凉绝望知之甚少的人，往往会因为自杀行为本身的恐怖程度而感到忧虑和恐惧。而那些对自杀很熟悉的人，冷静思考足以让他们做出选择。美国作家多萝西·帕克的《简历》一诗是针对这个主题的尖酸妙语，也是对这个主题的著名阐述：

> 剃刀会割痛你；
>
> 河水湿气太重；
>
> 酸液会弄脏你；
>
> 毒药让你绞痛。
>
> 枪支违反法律；
>
> 绳套可能松脱；

---

① Thomas Chatterton, "Suicide." 查特顿（1752—1770 年），英国诗人，在吞下足以致命的砒霜的几个月前写下了这首《自杀》。他在离世前不久写道："请终结我痛苦的灵魂，并最后一次宽恕我凄惨的人生。"他才十七岁。
② Seneca, "To Norvatus on Anger" (III. xv. 3-xvi.), p. 295.
③ S. B. Nuland, *How We Die: Reflections on Life's Final Chapter* (New York: Alfred A. Knopf, 1994), p. 158.

煤气味道呛鼻；

你还不如苟活①。

帕克的生活就是她笔下的样子。她第一次自杀未遂是用剃刀割开静脉，第二次是服用过量的佛罗拿，第三次则是巴比妥类药物。她喝酒喝得很凶，对她频繁发作、极为痛苦的抑郁症当然毫无助益，但她还能借助自己顶尖的智慧来转移痛苦，至少和朋友们在一起的时候她都还过得去。传记作家玛丽昂·米德切中要害地写出了帕克顽皮的黑色幽默：

多萝西恢复到可以接待客人以后，就开始准备表现。尽管她看起来还有些憔悴，也因为哭多了而感觉有些虚弱，但她还是带着欢快的笑容，以惯常的连珠炮般的粗话跟她那些不拘礼数的朋友打招呼。淡蓝色的丝带系在她缠着绷带的手腕上，显得有些花哨，她挥动手臂以示强调，仿佛自己得意洋洋地戴着一对卡地亚钻石手镯一般。要是她能坦率地承认自己有多绝望，客人们也许会不得不承认她承受的痛苦有多深重，也可能会以更合适的方式回应她。她这么玩不过是为了博君一粲，也让他们更容易下得来台②。

美国诗人埃德纳·圣文森特·米莱的生日跟帕克相差不过一年，但生活方式天差地别。她也在多家精神病院住过院，也写下过关于自杀的诗句戏作。不过说来颇为怪异，她的诗作《我知道一百种死法》竟然是收录在一本面向年轻人的诗集里。

---

① D. Parker, *The Poetry and Short Stories of Dorothy Parker* (New York: Modern Library, 1994), p. 62.
② M. Meade, *Dorothy Parker: What Fresh Hell Is This?* (New York: Penguin USA, 1989), p. 107.

我知道一百种死法。

我还经常想试试其中一种:

要是有一天我站在一辆卡车旁边,

就躺到这辆卡车下面。

或者从一座桥上跳下去——

然而这么做对于食腐动物

和清理水体的人来说

必定很难处理。

我知道我也可以服下毒药。

我也经常想尝尝味道。

但妈妈买来是为了清理水槽,

喝了就浪费了①。

米莱和帕克押着韵脚洋洋洒洒地写下了人们熟悉的自杀方式,但急诊室医生、警察、殡葬人员、精神科医生和法医还见识过大量更加可怕的死亡方式。英国医生福布斯·温斯洛在出版于1840年的著作《自杀剖析》(The Anatomy of Suicide)中写道,有个男的用眼镜扎死了自己,有个男的在巴黎的皇家公园以身饲熊,还有个男的把自己挂在乡村教堂钟楼的钟锤上自尽。有个法国人,他的情妇背叛了他,他就叫来自己的仆人,跟他说他要自杀。他告诉仆人,等他死了,就用他的脂肪做一支蜡

---

① Edna St. Vincent Millay, *Collected Poems*, ed. Norma Millay (New York: Harper & Row, 1956), p. 264.

烛,"点燃后交给他的情妇"。在给情妇的绝笔信中他写道:"这么久以来他都在为她熊熊燃烧,现在她也许会看到,他的火焰多么真实;用他可怜的身体的一部分做成的蜡烛,会陪伴她读完这封信。"随后他便自杀了①。

同一个世纪晚些时候,纽约州疯人院院长描述了更多五花八门的自杀方式:喝开水,把扫帚柄插进喉咙,把缝补针扎进肚子,吞下皮革或铁器,等等②。

为了结束自己的生命,自杀的人会跳进火山口,会绝食而死,会把火鸡屁股塞进喉咙,会吞下炸药、红炭、内裤或被褥,会拿自己的头发勒死自己,会用电钻往自己脑袋上钻孔,会仅着寸缕、不带给养走进冰天雪地,会把脖子放进老虎钳,想办法砍掉自己的脑袋,还会把人类知道的各种各样的东西注射进自己体内,比如空气、花生酱、毒药、水银和蛋黄酱。他们会开着轰炸机飞往山里,把黑寡妇蜘蛛放在自己皮肤上,拿一大桶啤酒或醋把自己淹死,在冰箱里或放嫁妆的箱子里把自己闷死。美国精神病医生卡尔·门宁格有个病人多次尝试喝纯盐酸自杀,但每次都没能成功,直到他吞下一串点燃的鞭炮③。

英国作家亨利·罗米利·费登在20世纪初写下了有关自杀的文字,说有个波兰女人吞下了"四把勺子,三把刀,十九枚硬币,二十颗钉子,七个窗户螺栓,一个黄铜十字架,一百零一个别针,一块石头,三块玻璃和两颗念珠"。还有个女的,巴黎人,把一百只蚂蟥放在自己

---

① Forbes Winslow, *The Anatomy of Suicide* (London: H. Renshaw, 1840; reprinted by Longwood Press, Boston, 1978), p. 298.
② J. P. Gray, "Suicide," *American Journal of Insanity*, 35 (1878): 37-73, p. 66.
③ K. A. Menninger, "Psychoanalytic Aspects of Suicide," *International Journal of Psychoanalysis*, 14 (1933): 376-390.

身上①。

最近有几起报道提及,有些想自杀的男人故意想感染艾滋病病毒,还有很多人故意激怒警察,让警察杀死他们,数量多到让人不安,这种做法警方称之为"假手警察自杀"②。《纽约时报》曾有报道称,这种让人百思不得其解的结局,如今在美国遭警察枪击致死的案例中占了将近10%③。

跟警察一样,殡葬人员和法医往往是最早见证噩梦般的死亡场景的人。就算只是涉及毒品或溺水,那样的场景在想象中就已经很可怕了,而要是自杀者用到了特别怪异或特别暴力的方法,那场景以后一辈子都会在脑子里挥之不去。美国诗人、殡葬承办人托马斯·林奇写了本书叫《殡葬》(*The Undertaking*),通过他经手的一起惨痛的自杀案例清清楚楚地表现了这一点:

> 他妻子宣称自己打算戴着海绵卷发棒睡觉,然后便上了床,之后这位被妻子戴了绿帽的男人就一直坐在那里喝酒。妻子的这个安排已经成了一个私密暗号,意思是不想跟他发生性关系,但是想明天在老板面前好看点。他喝完一瓶爱尔兰威士忌,搜出妻子藏起来的安定,然后走向抽屉,复活节、感恩节和圣诞节都会用一下的百得电动切肉刀就放在那里。他把切肉刀插到他那一侧床头的插座

---

① Henry Romilly Fedden, *Suicide: A Social and Historical Study* (London: Peter Davies, 1938), p. 305.

② R. J. Frances, T. Wikstrom, and V. Alcena, "Contracting AIDS as a Means of Committing Suicide," *American Journal of Psychiatry*, 142 (1985): 656; D. K. Flavin, J. E. Franklin, and R. J. Frances, "The Acquired Immune Deficiency Syndrome (AIDS) and Suicidal Behavior in Alcohol-Dependent Homosexual Men," *American Journal of Psychiatry*, 143 (1986): 1440-1442.

③ A. Feuer, "Drawing a Bead on a Baffling Endgame: Suicide by Cop," *New York Times*, June 21, 1998.

上，锁住自己的下巴，让自己发不出任何声音，然后在妻子身边躺下来，把嗡嗡作响的刀片架在自己喉咙上，割断了两条上行颈动脉和颈静脉，让刀片切开食道切到一半，这才松开握着切肉刀开关的手。让他妻子醒过来的，不是他上床睡觉的动静，不是切肉刀的嗡嗡声，也不是他就算发出过的任何声音，而是他带着温度的血液，从他切开的血管里喷涌而出，主卧墙壁下面那一半都溅满了，也浸透了他妻子的身体和妻子头上的海绵卷发棒，浸透了床单、床垫和底座，在床下的地毯上积成一摊。血液里的暖意唤醒了她，让她忍不住想，自己是不是做了个梦①。

这些奇特的自杀方法在离奇的死亡中绝非凤毛麟角，反倒刚好可以证明自杀者的决心之大、绝望之深。这些死法越是怪异，越是在某种意义上让他们的自杀行为更加真实。这些死法当然会让人不寒而栗，但也让我们得以管窥原本无法想象的痛苦和疯狂。

古人自杀的方法与数千年来自杀的人采用的不无相似之处。使用武器——刀、剑（"罗马式死亡"）、剃刀、手术刀、匕首——是最常见的手段，其次是上吊，从高处跳下，服下毒芹、鸦片或其他毒物身亡。还有些没那么常见但也绝非罕见的死法是，罗马人会绝食、蹈火而死，或是诱使想要杀死他们的人动手杀死自己（跟今天的"假手警察自杀"颇多相似之处）。安东·范霍夫对古典时期自杀行为的描述比任何人都详细，他说，罗马也跟现代大部分国家一样，男性自杀的远远比女性多。只有在古代神话中，自杀的女性才多过男性②。

---

① Thomas Lynch, *The Undertaking: Life Studies from the Dismal Trade* (London: Jonathan Cape, 1997), p. 173.

② A. van Hooff, *From Autothanasia to Suicide: Self-Killing in Classical Antiquity* (London: Routledge, 1990).

上吊是年轻人和女性中很常见的自杀方式，但罗马人视为"不洁"，也认为这么做是一种耻辱。使用武器才会被看成是光荣的死亡方式。范霍夫引用了一段欧里庇得斯的话，明确阐述了这种看法：

> 死去是最好的结局。那么怎么才能死得光荣？
> 天地之间的绞索并不体面；
> 在绞索的束缚下死去甚至是一种耻辱，
> 但是匕首高贵而光荣，
> 只要短短一瞬，就能夺走生命①。

接下来数千年间，使用武器仍然是最常见的自杀方法。枪支在越来越容易搞到手之后，也逐渐取代刀剑，成为人们首选的自杀工具。不过上吊仍然很流行，而服毒和投水自尽的人也越来越多。到了19世纪末的欧洲，在法国、英国和普鲁士，上吊和服毒是最常见的自杀方式，其次是投水②。不过文化差异也相当显著。比如在意大利、法国和普鲁士，用枪支自杀极为常见，但在英国就少得多，英国人用得更多的是各式各样的毒物——氢氰酸、烧碱、水银、鸦片、鸦片酊、氰化钾、砒霜、杀虫剂、氯仿、马钱子碱和颠茄。而美国在同一时期用得最多的自杀方式是枪支，其次则是服毒。

江河湖海，乃至城市公园里的水域（比如伦敦海德公园里的蛇河，很多人都在那里投水自尽，其中还有诗人雪莱的第一任妻子）都是人们经常用来自杀的场所；而这样的地方，也成了文学作品和民间传说中黑

---

① Euripides, "Helena," ll. 298–303.
② E. Morselli, Suicide: An Essay on Comparative Moral Statistics (London: Kegan Paul, 1881); E. Durkheim, *Suicide: A Study in Sociology*, trans. J. A. Spaulding and G. Simpson (New York: Free Press, 1951; first published 1897).

色浪漫的一部分。

20世纪美国诗人兰斯顿·休斯在他言简意赅的诗作《自杀笔记》中描述了河流的诱惑：

> 那条河
> 平静、冷峻的脸
> 邀我一吻①。

不同国家对自杀方式的偏好往往各有不同。法国社会学家埃米尔·涂尔干在1897年写道："因此，每个族群都有自身最喜欢的死亡方式，而且偏好排序很少改变。"② 19世纪的俄罗斯人最喜欢上吊，英国人和爱尔兰人最喜欢服毒，意大利人最喜欢用枪支，而美国人最喜欢的前三样依次为枪支、毒药和照明气。而移民无论走到哪里，对特定死亡方法的偏好往往都会如影随形，至少在他们融入新国家之前都会一直这样。恩里科·莫尔塞利写道："就算远远背井离乡，英国人和爱尔兰人都仍然保留着他们对毒药和手枪的偏爱，而德国人始终把悬梁自尽放在第一位。"③ 然而随着时光流逝，从德国移居美国的人慢慢变得更喜欢毒药和枪支，也就是说，采用了北美人首选的自杀方式；同样地，移居澳大利亚的英格兰人、苏格兰人和爱尔兰人也都慢慢入乡随俗，接受了澳大利亚人最喜欢的自杀方式④。

---

① Langston Hughes, "Suicide's Note," in A. Rampersad and D. Roessel, eds., *The Collected Poems of Langston Hughes* (New York: Alfred A. Knopf, 1994), p. 55.
② Durkheim, *Suicide: A Study in Sociology*, p. 290.
③ Morselli, *Suicide: An Essay on Comparative Moral Statistics*, p. 327.
④ P. Burvill, M. McCall, T. Woodings, and N. Stenhouse, "Comparison of Suicide Rates and Methods in English, Scots and Irish Immigrants in Australia," *Social Science and Medicine*, 17 (1983): 705–708.

同一个国家之内的自杀方式也往往会因地理区域而异。比如在比利时，南方人服毒自尽的更多一些，而狩猎文化历史更为悠久的森林地区，则是使用枪支的人更多①。布鲁塞尔的建筑比别的地方高大，因此经常发生跳楼自杀的事情。印度大部分地区最常见的自杀方式是服毒和上吊，只有旁遮普邦不一样，那里55%的自杀者都是躺在铁轨上或跳到火车前面求死的②。

也许不必奇怪，自杀方法也会在时光流逝中发生变化。以1960年到1980年间为例，对16个国家的自杀方法进行的一项研究发现，使用家用燃气死亡的人有所减少，而借用机动车尾气自杀、上吊和用枪支自杀的情形都增加了③。采用服毒、割脉、溺水这几种方式自尽的人，数量没有什么变化。用家用燃气自杀的人减少了，原因是政府政策发生了变化，燃气里的一氧化碳减少了，其致命性也就降低了。这也带来了一些关键问题，比如降低特定自杀方法（比如煤气、处方药或枪支）被实施的可能性对总体自杀率究竟会有什么影响，是真的能降低自杀率呢，还是说那些决意自杀的人只不过会转而采用别的办法？这个问题在后面说到自杀预防政策时我们会继续展开讨论。

美国目前有60%以上的自杀案例用的是枪支，与之相比，其他自杀方法望尘莫及。扼死（上吊、勒死和窒息）和服药过量（毒品、药品和毒药）加起来占了25%的样子。剩下的自残死亡方式还包括吸入煤气和蒸汽、高坠、割脉和溺水等。

---

① G. F. G. Moens, M. J. M. Loysch, and H. van de Voorde, "The Geographical Pattern of Methods of Suicide in Belgium: Implications for Prevention," *Acta Psychiatrica Scandinavica*, 77 (1988): 320–327.

② R. Desjarlais, L. Eisenberg, B. Good, and A. Kleinman, *World Mental Health: Problems and Priorities in Low-Income Countries* (New York: Oxford University Press, 1995).

③ D. Lester, "Changes in the Methods Used for Suicide in 16 Countries from 1960 to 1980," *Acta Psychiatrica Scandinavica*, 81 (1990): 260–261.

决意自杀的人是如何决定自己怎么去死的？是出于务实、象征还是模仿？选择这种方法，是因为这种方法刚好便于实施，因为这么做没有痛苦，还是因为这也是自身风格和绝望的最终反映？日本作家芥川龙之介在遗书中阐述了他选择这么去死的部分理由：

> 我首先考虑的是怎么没有痛苦地死去。出于这个目的，悬梁而死可能是最好的，但我想象了一下一个人悬在梁上的情形，感觉从审美来说很是厌恶……投水而死也不大好，因为……淹死遭受的痛苦比吊死更大。冲到疾驰的火车前面自杀，在我看来从审美角度来说同样非常可怕。举枪或是挥刀自尽在我这里也不太能行得通，因为我的手会抖。从高楼上一跃而下会形成一地狼藉，无法直视。想到这些，我决定服药自尽。这么做，遭受痛苦的时间会比悬梁更久，但也还是有好处的。我的尸体看起来会好看一些，跟其他方法比起来，失败的风险也更小。唯一不好的地方是很难弄到药片。自从我决定服药自尽以后，就一直在想方设法，抓住一切机会收集药片。与此同时，我也在尽量了解毒品。
>
> 随后我考虑的是自杀地点。我的家人只能依靠我留给他们的东西。我的财产是一块100坪（1坪约为3.3平方米）的地，我家的房子，我的书的版税，以及2 000日元的积蓄。如果我在我家房子里自杀，房子就会掉价。而我希望我自杀以后，除了家人以外，让其他人越不可能看到我的尸体越好①。

---

① 引自 M. Iga, *The Thorn in the Chrysanthemum: Suicide and Economic Success in Modern Japan* (Berkeley and Los Angeles: University of California Press, 1986), pp. 82-83。

人们为不同的自杀方式赋予了不同的象征意义和动人的解释，比如卡尔·门宁格认为溺水而死代表自杀者渴望回到子宫，而弗洛伊德推测，不同自杀方式代表着实现了不同的性愿望（服毒自尽是想要怀孕，淹死和高坠都是想要生孩子；弗洛伊德并没有具体说明，这些解释是否对两性都同样适用）①。尽管如此，这些解读里面，异想天开的成分看起来似乎超过了现有证据。在自杀者自杀前几个月或几年进行的标准心理测试得出的人格特征，与他们选择的自杀方法并没有什么关联。选择枪支、毒药、高坠、上吊和淹死的人之间，智力水平也没有任何差异②。

毫无疑问，很多因素都在自杀方法的选择中发挥着重要作用。这个方法究竟是否能够实施，显然极为关键③。在很容易就能搞到枪支的国

---

① S. Freud, "The Psychogenesis of a Case of Homosexuality in a Woman," *The Standard Edition of the Complete Psychological Works*, trans. and ed. J. Strachey (London: Hogarth Press, 1955), vol. 18, pp. 147-172.

② D. Lester, "Factors Affecting Choice of Method for Suicide," *Journal of Clinical Psychology*, 26 (1970): 437; D. Lester, "Personality Correlates Associated with Choice of Method for Suicide," *Personality*, 1 (1970): 261-264; D. Lester, "Choice of Method for Suicide and Personality: A Study of Suicide Notes," *Omega*, 2 (1971): 76-80; N. Lukianowicz, "Suicidal Behavior," *Psychiatrica Clinica*, 7 (1974): 159-171; K. Noreik, "Attempted Suicide and Suicide in Functional Psychoses," *Acta Psychiatrica Scandinavica*, 52 (1975): 81-106; D. Lester and A. T. Beck, "What the Suicide's Choice of Method Signifies," *Omega*, 113 (1980-1981): 271-277; D. Lester, "Excitor-Inhibitor Scales of the MMPI and Choice of Method for Suicide," *Perceptual and Motor Skills*, 66 (1988): 218; D. Lester, "Determinants of Choice of Method for Suicide and the Person/Situation Debate in Psychology," *Perceptual and Motor Skills*, 85 (1997): 497-498.

③ M. Tousignant and B. L. Mishara, "Suicide and Culture: A Review of the Literature (1979-1980)," *Transcultural Psychiatric Research Review*, 18 (1981): 5-32; J. R. Bowles, "Suicide and Attempted Suicide in Contemporary Western Samoa," in F. X. Hezel, D. H. Rubinstein, and G. H. White, eds., *Culture, Youth and Suicide in the Pacific: Papers from an East-West Center Conference* (Honolulu: East-West Center, 1985), pp. 15-35; L. R. Berger, "Suicides and Pesticides in Sri Lanka," *American Journal of Public Health*, 78 (1988): 826-828; W. H. Lo and T. M. Leung, "Suicide in Hong Kong," *Australian and New Zealand Journal of Psychiatry*, 19 (1985): 287-292; K. T. Hau, "Suicide in Hong Kong 1971-1990: Age Trend, （转下页）

家（比如美国）或职业（比如警察和军人）中，用枪支自杀的人就会多得不成比例。在有毒的植物和水果遍地都是的地方——比如斯里兰卡黄夹竹桃的翼状种子有毒，阿根廷一种叫作"萨莎桑迪亚"的水果也能要人命——或是致命的杀菌剂、杀虫剂和其他农用化学品用得非常多的地方，比如中国、新加坡、萨摩亚、斯里兰卡、圭亚那、印度和其他很多国家，自杀而死的方式也都反映了这些东西有多容易弄到。

在铁路和地铁系统很发达的地方，在江河湖海、悬崖峭壁和高楼大厦很容易找到也很容易用上的地方，这些自杀方法都会被一心求死的人利用上。如果你是医生或化学家，可以接触到致命药物，那么跟无法得到这些药物或不了解相关信息的人相比，你选用这些药物的情形就会多得多。如果你住在精神科病房，没办法接触到更容易想到的自杀手段，那么求死之心会让你转而使用鞋带、衣架或床单自杀，乃至急匆匆地从无保护的楼梯间一跃而下。如果你是精神病患者但没有住院，而医生给你开了可能致死的药物（比如抗抑郁药、锂盐或巴比妥类药物），那么你也可能会用本来是给你治病的药来毒死自己[①]。

自杀方法是否能够实施，并不是决定选用哪种方法时唯一重要的考虑因素。对这种方法究竟有多致命的预期，显然也对作出决定至关重要。有些自杀方法，比如跳楼、上吊和枪支，被人发现或救下的可能性

（接上页）Sex Ratio, and Method of Suicide," *Social Psychiatry and Psychiatric Epidemiology*, 28 (1993): 23–27; D. Lester, "Suicide by Jumping in Singapore as a Function of High-Rise Apartment Availability," *Perceptual and Motor Skills*, 79 (1994): 74; R. Desjarlais, L. Eisenberg, B. Good, and A. Kleinman, *World Mental Health: Problems and Priorities in Low-Income Countries* (New York: Oxford University Press, 1995).

[①] D. Jacobsen, K. Frederichsen, K. M. Knutsen, Y. Sorum, T. Talseth, and O. R. Odegaard, "A Prospective Study of 1212 Cases of Acute Poisoning: General Epidemiology," *Human Toxicology*, 3 (1984): 93–106; E. Isometsä, M. Henriksson, and J. Lönnqvist, "Completed Suicide and Recent Lithium Treatment," *Journal of Affective Disorders*, 26 (1992): 101–104; D. Waddington and I. P. McKenzie, "Overdose Rates in Lithium-Treated Versus Antidepressant-Treated Outpatients," *Acta Psychiatrica Scandinavica*, 90 (1994): 50–52.

都几乎可以说没有,也没有给人留下改变主意的空间。不过另一些方法,比如吸毒过量和割腕,留给自杀行为和最后身亡之间的时间就要长很多,因而被人发现的可能性要大得多,自杀者自行改变主意寻求帮助的话,也更有可能改变结果。现在大城市的创伤治疗中心和很多地方医院都能提供相当先进的紧急医疗服务,因而尤其如此。

然而,对一种自杀方法有多有效的估计因人而异。例如法医病理学家在被要求评估 28 种自杀方法的致命程度时,认为枪伤、氰化物、爆炸、被火车撞和高坠最为有效[1]。病理学家做出的评估,相互之间高度一致。但是,非专业人员对不同自杀方法的理解天差地别。与病理学家相比,他们会高估处方药过量和割腕的效果,低估枪支的致死能力。女性往往会高估大部分自杀方法的致死效果,尤其是药物过量,这也表明在那些过量服药但幸存下来的女性中,真的一心求死的人也许比通常认为的多很多。也有进一步证据表明,人们在估计自杀方法的致死能力时会出差错。美国青少年很容易搞到非处方药,服药过量的人里服用非处方药的也高达一半,而他们往往会大大低估这些药物的潜在毒性[2]。

一般来讲,女性使用暴力方法和极端手段自杀的要少一些,但近年来使用枪支的也越来越多。1970 年代进行的一项研究发现,无论男女都把毒品和毒药看成是"最能接受"的自杀方式,但男性认为枪支更"男子气概",更有效,也更容易实施[3]。女性偏好毒品和毒药则主要是因为,她们认为这样自杀没有痛苦,毒品和毒药容易搞到,用起来也很方

---

[1] C. E. Rhyne, D. I. Templer, L. G. Brown, and N. B. Peters, "Dimensions of Suicide: Perceptions of Lethality, Time, and Agony," *Suicide and Life-Threatening Behavior*, 25 (1995): 373–380.

[2] H. E. Harris and W. C. Myers, "Adolescents' Misconceptions of the Dangerousness of Acetaminophen in Overdose," *Suicide and Life-Threatening Behavior*, 27 (1997): 274–277.

[3] A. Marks, "Sex Differences and Their Effect upon Cultural Evaluations of Methods of Self-Destruction," *Omega*, 8 (1977): 65–70.

便。害怕自己会面目全非,也一直有人认为是女性偏好非暴力手段的可能原因,尽管这方面的证据并不多见①。

在选定自杀方法时,不同年龄也会做出不同选择②。现在和古时候一样,年轻人往往更喜欢采用上吊的方式。从高处跳下和跳到迎面驶来的火车前头也是如此。年轻人和老年人都会用枪自杀,但在用枪的人里面,年轻人越来越多。精神病理学方面问题的类型和程度也是选择自杀方式的影响因素③。跟其他人相比,病情严重的精神病患者更有可能自

---

① D. Lester, "Why Do People Choose Particular Methods for Suicide?" *Activitas Nervosa Superior*, 30 (1988): 312-314.

② K. Hawton, M. Osborn. J. O'Grady, et al. "Classification of Adolescents Who Take Overdoses," *British Journal of Psychiatry*, 140 (1982): 124-131; D. A. Brent, "Correlates of Medical Lethality of Suicide Attempts in Children and Adolescents," *Journal of the American Academy of Child Psychiatry*, 26 (1987): 87-89; M. L. Rosenberg, J. C. Smith, L. E. Davidson, and J. M. Conn, "The Emergence of Youth Suicide: An Epidemiologic Analysis and Public Health Perspective," *Annual Review of Public Health*, 8 (1987): 417-440; H. M. Hoberman and B. D. Garfinkel, "Completed Suicide in Youth," *Canadian Journal of Psychiatry*, 33 (1988): 494-504; I. O'Donnell and R. D. T. Farmer, "Suicidal Acts on Metro Systems: An International Perspective," *Acta Psychiatrica Scandinavica*, 86 (1992): 60-63; J. L. McIntosh, "Methods of Suicide," in R. W. Maris, A. L. Berman, J. T. Maltsberger, and R. I. Yufit, eds., *Assessment and Prediction of Suicide* (New York: Guilford Press, 1992), pp. 381-397; Centers for Disease Control, "Suicide Among Children, Adolescents, and Young Adults — United States, 1980-1992," *Journal of the American Medical Association*, 274 (1995): 451-452; D. De Leo, D. Conforti, and G. Carollo, "A Century of Suicide in Italy: A Comparison Between the Old and the Young," *Suicide and Life-Threatening Behavior*, 27 (1997): 239-249.

③ H. Hendin, "The Psychodynamics of Suicide," *Journal of Nervous and Mental Disease*, 136 (1963): 236-244; F. G. Guggenheim and A. D. Weisman, "Suicide in the Subway: Publicly Witnessed Attempts of 50 Cases," *Journal of Nervous and Mental Disease*, 155 (1972): 404-409; K. Lindekilde and A. G. Wang, "Train Suicide in the County of Fyn 1979-1982," *Acta Psychiatrica Scandinavica*, 72 (1985): 150-154; R. L. Symonds, "Psychiatric Aspects of Railway Fatalities," *Psychological Medicine*, 15 (1985): 609-621; R. Jacobson, M. Jackson, and M. Berelowitz, "Self-Incineration: A Controlled Comparison of Inpatient Suicide Attempts. Clinical Features and History of Self-Harm," *Psychological Medicine*, 16 (1986): 107-116; M. J. Shkrum and K. A. Johnston, "Fire and Suicide: A Three Year Study of Self-Immolation Deaths," *Journal of Forensic Sciences*, 37 (1992): 208-221. 142 "sometimes noble and weighty": Morselli, *Suicide: An Essay on Comparative Moral Statistics*, p. 352.

焚、卧轨，或是选择特别怪异的自残方式走向死亡。

有的人会因为担心危及他人生命，或影响他人心理健康而不去采用某些自杀方法。比如说，他们会因为气体可能会渗入别人居住的地方而不用一氧化碳中毒的方法，会因为嘴唇上的微量氰化物可能危及使用嘴对嘴的人工呼吸技术的救援人员而不使用氰化物，会因为担心砸到别人而不去跳楼，还会因为担心惨不忍睹的画面会给目击者带来创伤而不去饮弹自尽和跳楼。然而，大部分自杀者会因为痛苦、冲动或思维受损，就算有这样的利他主义考虑也无能为力，采取不了任何行动。因此，在未亡人看来也许表现了自杀者的愤怒和恶意的画面——一具面目全非的尸体躺在他们熟悉或私密的地方——实际上可能只是绝望之举或仓促为之。有些自杀案例中确实会有报复和愤怒的成分，但可能不会是大部分。就像莫尔塞利在一百多年前写的那样，"为什么自杀的人会在自己床上割喉，或者在房子里最黑暗的角落里窒息而死，有时高贵而沉重，有时耻辱而轻率"，个中原因几乎不可能找出。

象征和暗示也是自残死亡会选择什么方式的重要影响因素。路易斯·都柏林曾经担任大都会人寿保险公司首席统计学家，对自杀的预测和预防都非常感兴趣，笔下就曾提及个体的"心理情意丛[①]和个人象征"[②]。这些想法、记忆和渴求等等情形，被冲动和非理性挟持，也深受个人审美和价值观的影响。他们的选择同样也会受到对他人自杀的描述的引导，而在新闻报刊和电视的报道中，或是在书籍、影视作品的刻画中，那些自杀经过往往会被夸大或浪漫化。有些方法和地点还会成为"自杀磁石"，受其吸引的不只是那些会一时冲动、极为心神不安的人，还有那些很久以来一直都有自杀倾向的人。

[①] 情意丛（constellation）指多种重要潜意识的组合，或是隐藏在个人神秘的心理状态中、无意识而又强烈的某种冲动。——译者
[②] L. I. Dublin, *Suicide: A Sociological and Statistical Study* (New York: Ronald Press, 1963).

投河或蹈海似乎总是兼具美感和实用性，是很有吸引力的自杀方式。很久很久以前，希腊人——据说包括抒情诗人萨福和希腊神话中的佛波斯——会从莱夫卡斯岛高耸的悬崖上跳下，走向生命终点。还有一些人会从桥上和岸上跳进台伯河或幼发拉底河。近年来，泰晤士河因其实用而拥有了别具一格的吸引力，到1840年，伦敦自杀者中将近15%都是从滑铁卢桥上跳进泰晤士河了结自己的。在浪漫主义者眼里，走进大海是一种"安闲的死亡"方式，对他们有着奇异的吸引力。在19世纪的巴黎，投水自尽成了一种极为流行的自杀方式，以至于为了避免出现公共卫生问题，对于渔民打捞上来的每一具尸体，市里都会付一笔赏金。

在英吉利海峡东端有英国最高的海岸悬崖比奇角，6世纪以来就有自杀事件的报告。近年来，在这里自残而死的人数急剧上升，有人认为这可能跟媒体的密集报道有关。1965年到1979年间，从萨塞克斯悬崖纵身一跃的有120多人。英国研究人员认为，对比奇角自杀事件的公开报道增加了那里发生其他自杀事件的可能性。他们引用了一个五十六岁男性的例子来说明公开报道的影响，这个人因过量服药自杀未遂，在医院康复期间读到了有很多人跑到比奇角去自杀的新闻报道。他说："真想不到报纸上会登这样的事情，让我这种人读到。"① 两个星期后，他去了比奇角，从那里纵身一跃，慷慨赴死。（从有纪念意义的公共地标上跳下来同样有一种会传染的吸引力，比如巴黎的埃菲尔铁塔，罗马的圣彼得大教堂，米兰的大教堂，佛罗伦萨的乔托钟楼，纽约市的帝国大厦，等等。也正是因为这种诱惑，这样的建筑物很多都装上了防护屏障。）

对特定自杀方式和地点的公开报道肯定会影响那些脆弱的人做出的

---

① S. J. Surtees, D. C. Taylor, and R. W. Cooper, "Suicide and Accidental Death at Beachy Head," *Eastbourne Medical Gazette*, 2（1976）：22-24；S. J. Surtees, "Suicide and Accidental Death at Beachy Head," *British Medical Journal*, 284（1982）：321-324.

选择①。1983年以前,在斯里兰卡还没有人知道黄夹竹桃的翼状种子可以用来自杀。报纸上的报道和一部南印度电影令其用途广为人知,再加上人们很容易就能弄到这种植物,随后那些年用这种东西毒死自己的人增加了好几个数量级。同样地,媒体报道了除草剂百草枯可怕的致命性,说只要一口就能一命呜呼,也让斐济用百草枯自杀的人大为增加。有部印度电影同样突显了南印度泰米尔纳德邦霍根纳卡尔村的一道瀑布,而电视和报纸对发生在东京都板桥区高岛平高层公寓的自杀事件,以及澳大利亚多层停车场的跳楼自杀事件的报道,也都同样起到了推波助澜的效果。

美国记者德里克·汉弗莱在1991年的时候出版了一本畅销书,叫作《最后解脱》(Final Exit),详细介绍了各种各样的自杀方式(尤其是突出介绍了用塑料袋窒息而死),接下来那一年,用塑料袋窒息的方法自杀的人增加了31%②。纽约康奈尔大学医学院医生彼得·马尔祖克及其同事指出,尽管自杀总人数没有增加,但围绕这种死法的公开报道可能会对冲动、拿不定主意的人产生致命影响。因此,他们也有充分理由提出这样的建议:临床医生用来评估自杀风险的问题不但要有跟需要关注的行为有关系的,比如写下遗书或起草遗嘱,也还需要关注病人有没

---

① D. J. Pounder, "Suicide by Leaping from Multistorey Car Parks," *Medical Science and Law*, 25 (1985): 179-188; R. H. Haynes, "Suicide in Fiji: A Preliminary Study," *British Journal of Psychiatry*, 145 (1984): 433-438; M. Pinguet, *Voluntary Death in Japan*, trans. R. Morris (Cambridge, England: Polity Press, 1993); D. J. Somasundaram and S. Rajadurai, "War and Suicide in Northern Sri Lanka," *Acta Psychiatrica Scandinavica*, 91 (1995): 1-4.

② P. M. Marzuk, K. Tardiff, C. S. Hirsch, A. C. Leon, M. Stajic, N. Hartwell, and L. Portera, "Increase in Suicide by Asphyxiation in New York City After the Publication of Final Exit," *New England Journal of Medicine*, 329 (1993): 1508-1510; P. M. Marzuk, K. Tardiff, and A. C. Leon, "Increase in Fatal Suicidal Poisonings and Suffocations in the Year Final Exit Was Published: A National Study," *American Journal of Psychiatry*, 151 (1994): 1813-1814.

有拿到并读过跟安乐死或辅助自杀有关的文献。

1978年，有个二十四岁的澳大利亚女孩子，是一大笔财产的继承人，她在议会广场威胁要自杀，遭到英国驱逐，一周后便在日内瓦万国宫前自焚了，随后引发了英格兰和威尔士自焚自杀的浪潮。澳大利亚女继承人自焚三天后，福南梅森百货公司的一名董事在温莎泰晤士河畔也用类似方法自杀身亡。到那个月结束的时候，已经发生了10起自焚事件，随后的一年内，有82人以自焚的方式自杀。1963年到1978年间，平均每年自焚而死的人只有23人（没有任何一年超过35人），而1978年到1979年的数字与此形成了鲜明对比。对自焚事件的大量媒体报道也让得出这一发现的研究人员总结道，对于这类新闻，媒体有必要采取某种形式的自我克制。他们写道："在自由社会，对新闻自由的追求与利用对可怕的死亡事件夺人眼球的报道来娱乐大众存在矛盾。"[1] 他们还强调，有必要去除自焚死亡的浪漫色彩。他们指出，这样的死法远非快捷、无痛，引火烧身的人只有三分之一会很快死去，还有三分之一的人要活活遭受二十四小时以上的折磨才能死去，而所有自焚而死的人都会经历巨大的痛苦和折磨。

富士山是日本最高峰，也是日本的圣地。富士山脚下有一片茂密的树林，叫作"树海"，也就是"树的海洋"。这片森林生长在一片熔岩上，没什么人烟，也基本上没有路。树海最早记录到的自杀事件是在14世纪，从那以后，这片茂密的"黑森林"吸引了数百人前来赴死。山梨大学医学院的高桥美智称，民间有一种近乎神话般的信念，认为这片森林有去无回：火成岩熔岩的磁性成分让指南针在这里几乎没有用武之地，

---

[1] J. R. Ashton and S. Donnan, "Suicide by Burning as an Epidemic Phenomenon: An Analysis of 82 Deaths and Inquests in England and Wales in 1978-1979," *Psychological Medicine*, 11 (1981): 735-739.

而且由于能见度为零,也几乎不可能用太阳或星星找到方向①。

1960年代初,日本有个畅销书作家写了本很卖座的小说,讲述了女主人公想要进入这片森林自杀的故事。大群大群的人追随着她的步伐来到了这里。电视、电影、报刊都在呼吁人们进一步关注作为自杀地点的树海,从而也增加了这个地方的吸引力。警方不得不在这里投入警力定期巡逻,好营救可能自杀的人,每年春秋两季也都会进行大规模的搜山行动,以搜寻自杀者留下的遗体。即便如此,每年仍然有至少30人死在这片森林里,其中大部分都是上吊或过量服药,也有少数人死于一氧化碳中毒,甚至还有冻死的。

然而,因为文学作品而拥有了浪漫色彩,或是被媒体大肆渲染过的所有自杀地点中,有两个因为十分流行,也因为激发了大众对自杀的想象而脱颖而出,就是位于日本伊豆大岛的三原山和美国旧金山的金门大桥。

三原山是日本的一座活火山,一直鲜为人知,直到1933年1月,东京一所上流学校的两名同学爬到火山口。两人中年龄大些的叫上井明子,二十四岁,她对一同前来的伙伴说想要跳进火山口。她解释说,自己会马上灰飞烟灭,并在烟雾和美丽中升天。在要求朋友发誓会保密后,她跳了下去。

富田雅子才二十一岁,因此也可以理解,这个秘密她不可能守得住。她向另一个朋友吐露了这个秘密,结果那个朋友坚持要雅子带她去三原山,这样她也能"追随明子,从三原之门进入天堂"。雅子没法说服朋友回心转意,2月初,两个女孩子爬到火山口,那个朋友独自跳了下去,雅子一个人回来了,很快这个故事就成了日本文化生活中的重要

---

① Y. Takahashi, "Aokigahara-jukai: Suicide and Amnesia in Mt. Fuji's Black Forest," *Suicide and Life-Threatening Behavior*, 18 (1988): 164–175.

作用力。人们纷至沓来，都想要一窥究竟满足好奇心，要上岛的人先是坐汽船，后来人越来越多，只好换了更大的船。两个女孩子死后不久，4月的一个星期天，就有6个人跳进了这座火山，还有25个人因不得不加以禁足措施才没有走向同样的结局。游客排着队观看别人自杀，现在每周都会发生那么几次。到当年底，至少有140人在这里命赴黄泉。

第二年，也就是1934年，在这里赴死的超过160人，还有1 200人是由于被警察拦下才没有追随而去。1935年1月，有三个年轻人在十分钟内相继跳进火山口身亡。警察在火山口二十四小时值守，建起了高高的铁丝网；然而到1936年，仍然有至少600人在三原山自杀。爱德华·埃利斯和乔治·艾伦在《体内叛徒》(*Traitor Within*)中描述说，三原山火山口和周围那片地方，还有当地的商业，都呈现出一种隔岸观火、离奇怪诞的氛围：

> 自杀事件泛滥成灾给伊豆大岛带来的繁荣，可以跟1925年到1926年间佛罗里达州的土地热潮相媲美。这片贫瘠、荒凉的土地，一时间兴旺起来，变成了一个集康尼岛、大西洋城和尼亚加拉瀑布于一体的国家圣地。岛上人口激增。两年内新开了14家旅店、20家餐馆。岛上进口了马匹，好把游客载往三原山顶。5家出租车公司在这里做起了生意。到1935年，岛上的摄影师从2名增加到47名。就在火山口边上新开了一家邮局。三原山的斜坡上还建了一条360米高的突降滑道，为游客提供最顶级的刺激，也让这里平添了几分游乐园的味道……
>
> 东京湾轮船公司用2条更大的新船换下了"菊丸"号，并宣布派发6%的股息，要知道过去三年半都没有过分红。公司还报告称，现在年度净利润达到了28万美元。部分收入来自轮船公司在三原山景点的业务大幅增加。公司还引进了3头骆驼，用来在三原火山

口周围1英里①宽的火成沙漠地带载客。大多数日本人都是头一回见到骆驼,这些骆驼也让公司马上日进斗金。

因为不想背上靠自杀赚钱的名声,轮船公司禁止出售前往伊豆大岛的单程船票。政府对轮船公司此举也立法以示支持,将试图购买单程票的行为定为刑事犯罪。便衣工作人员会跟船上乘客杂处,他们接到的命令是,逮捕任何在他们看来有自杀倾向的人②。

前往这座山的道路最后终于关闭了,但在此之前,已经至少有上千人跳进了火山口。

差不多一年后,在太平洋的另一边,金门大桥建成通车。旧金山湾区本就美得令人赞叹不止,这座优雅的建筑一出来,很快就接过了三原山的吸引力。大桥开通于1937年5月,三个月后就有了第一起跳桥自杀事件。据估计,多年来在这里跳桥自杀的有上千人之多,有的估计甚至几乎是这个数字的两倍。从金门大桥跳海自杀很快成为美国民间的热门传说,正如三原山已经渗入日本的文化意识一样。加州大学伯克利分校心理学家理查德·塞登和玛丽·斯彭斯发现,一种语言、一种神话很快就围绕着金门大桥诞生了:要是压力变得太大,人们就会借用城里人的话说:"总归还可以从那座桥上跳下去嘛。"③ 旧金山的旅游公交巴士司机会把金门大桥的自杀事件当成旅游线路上的一个项目,最后还会用问候卡开这个主题的玩笑。《旧金山纪事报》甚至报道,还有人拿下一次有人跳桥自杀的日期开庄卖起了彩票。

---

① 英里:英制长度单位,1英里约为1.609公里。——译者
② E. R. Ellis and G. N. Allen, Traitor Within: Our Suicide Problem (New York: Doubleday, 1961), pp. 98-99.
③ R. H. Seiden and M. C. Spence, "A Tale of Two Bridges: Comparative Suicide Incidence on the Golden Gate and San Francisco – Oakland Bay Bridges," Crisis, 2 (1982): 32-40.

从金门大桥跳下去有 75 米高，基本上肯定会死。与水面撞击造成的创伤非常严重，能撕裂主要的血管，摧毁中枢神经系统，断开脊椎。也有少数人是淹死的，还有一个人死于鲨鱼袭击，但大多数人都死于水和身体的强烈撞击。用一位调查自杀者死因的医生的话来说，创伤能"撕裂"内脏[1]。

实际上，从金门大桥跳下去的人只有 1% 能活着回来。加州大学旧金山分校医学院精神病学家戴维·罗森采访了其中 6 名幸存者。他们全都表示，对他们来说，只考虑过把金门大桥当成自杀地点。用其中一个人的话来说就是："要么金门大桥，要么哪儿都不去。"另一个人说："金门大桥有一种形式，一种优雅和美丽。金门大桥太容易去了，也就跟自杀产生了关联。"[2] 有个深受抑郁症折磨的男子也强调了这座桥太容易上去，在他跳桥自杀前留下的遗书中，他问道："你为什么把自杀搞得这么容易？"[3]

所有幸存者都赞同在桥上建一道防止自杀的防护网，但一直到最近，管理大桥的官员都在反对这一想法[4]。大部分幸存者也都强调，用某种方式去除跳桥自杀的浪漫色彩极为重要。一位幸存者说："报纸编辑应该主动停止跟金门大桥自杀事件有关的所有新闻报道——正是因为这种报道铺天盖地，才让我脑子里有了去跳桥自杀的想法。"他的话也许有些天真，但还是可以理解。而他的看法也许值得辩论一番，这也会是一场重要而复杂的辩论，稍后我们还会回到这个问题继

---

[1] M. Lafave, A. J. LaPorta, J. Hutton, and P. L. Mallory, "History of High-Velocity Impact Water Trauma at Letterman Army Medical Center: A 54-Year Experience with the Golden Gate Bridge," *Military Medicine*, 160 (1995): 197–199.

[2] D. H. Rosen, "Suicide Survivors: A Followup of Persons Who Survived Jumping from the Golden Gate and San Francisco – Oakland Bay Bridges," *Western Journal of Medicine*, 122 (1975): 289–294, p. 292.

[3] 引自 G. H. Colt, *The Enigma of Suicide* (New York: Summit, 1991), p. 334。

[4] P. Fimrite, "Anti-Suicide Fence Sample on Display," *San Francisco Chronicle*, 10 June 1998.

续讨论。

实际上,在精神病院自杀的人比在那些知道的人特别多的地方自杀的人,或是在什么奇特的地方自杀的人多得多。自杀有5%~10%发生在精神病院①。这么高的比例竟然发生在专门为保护病人伤害或杀死自己而建造的地方,乍一看似乎很让人奇怪。但从很多方面来看,这事儿并不比重症监护病房或肿瘤病房的死亡率很高更奇怪。精神病院之所以存在,就是为了照护那些得最严重,自杀风险也最高的人。被精神病院收治的一个常见原因就是曾经自杀未遂,而我们已经看到,自杀未遂是病人最后会死于自杀最准确的预测因素。巨大的自杀风险,也是人们会并非出于自愿,被强制送进精神病院的少数原因之一。

尽管医务人员可以采取很多预防措施来保护患者,但侵犯隐私和自由会令人无法容忍,因此根本不可能让所有人都受到保护。公民自由权与保护生命之间的界限,总是会引起很大争议。有严重自杀倾向的病人会受到密切观察,他们的病房也往往都是锁起来的。这种病房的窗户通常都既无法打破也无法打开,屋内的电线会尽可能短,用的挂钩和淋浴杆也都是"可分离"的,很轻的重量就会使之折断。病人还会被搜查有

---

① E. Robins, G. E. Murphy, R. H. Wilkinson, S. Gassner, and J. Kayes, "Some Clinical Considerations in the Prevention of Suicide Based on a Study of 134 Successful Suicides," *American Journal of Public Health*, 49 (1959): 888-899; K. A. Achté, A. Stenbäck, and H. Terävainen, "On Suicides Committed During Treatment in Psychiatric Hospitals," *Acta Psychiatrica Scandinavica*, 42 (1969): 272-284; R. Hessö, "Suicide in Norwegian, Finnish, and Swedish Psychiatric Hospitals," *Archives of Psychiatry and Neurological Sciences*, 224 (1977): 119-127; J. L. Crammer, "The Special Characteristics of Suicide in Hospital Inpatients," *British Journal of Psychiatry*, 145 (1984): 460-476; U. B. Sunqvist-Stensman, "Suicides in Close Connection with Psychiatric Care: An Analysis of 57 Cases in a Swedish County," *Acta Psychiatrica Scandinavica*, 76 (1987): 15-20; M. Wolfersdorf, F. Keller, P.-O. Schmidt-Michel, C. Weiskittel, R. Vogel, and G. Hole, "Are Hospital Suicides on the Increase?," *Social Psychiatry and Psychiatric Epidemiology*, 23 (1988): 207-216; E. C. Harris and B. Barraclough, "Suicide as an Outcome for Mental Disorders: A Meta-Analysis," *British Journal of Psychiatry*, 170 (1997): 205-228.

没有锋利的东西和毒品,而火柴、打火机、洗甲水、镜子、瓶子、剪刀、皮带和鞋带通通都会被收走。

对于有自杀倾向的病人,对他们身体活动的观察会非常严密,不过严密程度因对其自杀风险的评估而异。在一对一观察中,患者会一直有工作人员严密监视和陪伴,就连他们洗澡、上厕所的时候也不例外。工作人员与患者的身体会离得更近,有时候一伸手就能够到,以便在病人突然行动或一时冲动的情况下能够快速响应。有时候一名护士可能会同时观察两到三名有自杀倾向的患者;如果自杀风险看起来降低了,患者就会变成接受五分钟、十五分钟或三十分钟一次的"检查",也就是由工作人员频繁但并非持续地跟踪患者的行踪和健康状况。

如果有自杀倾向的病人能够或愿意阐明自己的自杀想法有多严重,自杀计划有多周密,那也就不存在什么风险了。但情形并非如此。决心赴死的病人呈现的临床表现,也许会跟他们的实际感受和他们打算做的事情大相径庭。他们也许会迅速行动,而且聪明绝顶。19 世纪的精神病学家埃米尔·克雷珀林就在他的经典著作《躁郁症》(*Manic-Depressive Insanity*)中写道:

> 病人知道怎么把自杀意图隐藏在看起来兴高采烈的行为后面,同时细心准备着在合适的时候实施他们的计划,这样的事情简直不胜枚举。他们能采用的方法也非常多。他们可能会在骗过周围那些小心提防着他们会自杀的人以后,把自己淹死在浴缸里,吊死在门锁上,或是厕所里任何突出来的地方,甚至会在床上用一块手帕或几块亚麻布闷死自己。他们可能会吞下针头、钉子、碎玻璃片甚至勺子,喝下不管什么药物,把安眠药存起来一次性吞服,从楼上跳下去,用重物击碎自己的头骨,等等。有个女病人把纸片塞在窗户里,让窗户没法好好关上,而这扇窗户的上半部分没有格栅。然后

瞅着无人看管的空当，她从二楼跳了下去。还有个刚刚出院的病人，只不过独自在洗涤室待了几分钟，她从他们因为疏忽忘了关上的碗柜里拿出一小瓶烈酒和一根火柴，把烈酒浇在自己身上，点火自焚①。

1930年代，纽约州布卢明代尔医院的杰拉尔德·贾梅森和詹姆斯·沃尔讲述了他们医院的患者使用的五花八门的自杀方法：把绳子缠绕在脖子上；把两条领带系在厕所里的管道上；把三块手帕系在衣柜门的合叶上；把窗帘扎在喉咙上，然后又系在垂直推拉窗的窗扇上；用剃刀或窗户玻璃割喉；用平底玻璃杯的一块玻璃割开股动脉和桡动脉②。（西尔维娅·普拉斯有一次自杀未遂几乎要了她的命，不得不被送往医院。在自传体小说《钟形罩》中，她描写了与自杀念头相伴而来的诡诈伎俩："有个身穿绿色制服的女仆正在摆桌子准备晚饭，有白色亚麻桌布、玻璃杯和餐巾纸。这些可都是真正的玻璃杯啊，我把这个信息存在我的脑海里，就像松鼠储存坚果一样。在市医院里，我们一直只能用纸杯喝水，弄不到小刀来划开我们的皮肉。"③）

到现在为止，上吊和高坠是精神病住院病人最常见的自杀方式④。

---

① E. Kraepelin, *Manic-Depressive Insanity and Paranoia*, trans. R. M. Barclay, ed. G. M. Robertson (New York: Arno Press, 1976; first published 1921), p. 88.
② G. R. Jameison and J. H. Wall, "Some Psychiatric Aspects of Suicide," *Psychiatric Quarterly*, 7 (1933): 211-229.
③ S. Plath, *The Bell Jar* (New York: Harper & Row, 1971), p. 153.
④ K. A. Achté, A. Stenbäck, and H. Terä-väinen, "On Suicides Committed During Treatment in Psychiatric Hospitals," *Acta Psychiatrica Scandinavica*, 42 (1969): 272-284; N. L. Farberow, S. Ganzler, F. Cutter, and D. Reynolds, "An Eight-Year Survey of Hospital Suicides," *Life-Threatening Behavior*, 1 (1971): 184-202; A. R. Beisser and J. E. Blanchette, "A Study of Suicides in a Mental Hospital," *Diseases of the Nervous System*, 22 (1961): 365-369; A. K. Shah and T. Ganesvaran, "Inpatient Suicides in an （转下页）

就算有工作人员密切监督，也并不能保证他们不会自残或死亡。精神病医生简·福西特和凯蒂·布施对芝加哥在住院期间自杀的病人进行了一项研究，发现超过40%的人在自杀前都处于每十五分钟检查一次的状态，而足足有70%的自杀者在自杀前都否认自己有任何自杀的想法或计划①。

治疗病情严重、有自杀倾向的患者的现实问题是，每一步都必须做出艰难的临床决定。患者什么时候才能最早停止持续不断的护理观察，改为每十五分钟或三十分钟跟踪检查一次？什么时候可以开始允许患者无人陪伴离开病房，又是什么时候可以允许患者回家过周末？预测无法做到完美，而一心求死的病人会掩盖自己的真实想法。

研究表明，在精神病院自杀的病人，超过一半在自杀前都曾被护理人员或医务人员认定为"临床上已经改善"或"正在改善"②。实际上，那些在住院期间自杀，或是出院后马上自杀的人，将近50%在入院时得

（接上页）Australian Mental Hospital," *Australian and New Zealand Journal of Psychiatry*, 31（1997）：291-298；K. A. Busch, D. C. Clark, J. Fawcett, and H. M. Kravitz, "Clinical Features of Inpatient Suicide," *Psychiatric Annals*, 23（1993）：256-262；F. Proulx, A. D. Lesage, and F. Grunberg, "One Hundred Inpatient Suicides," *British Journal of Psychiatry*, 171（1997）：247-250；V. Sharma, E. Persad, and K. Kueneman, "A Closer Look at Inpatient Suicide," *Journal of Affective Disorders*, 47（1998）：123-129.

① 与简·福西特医生的私下交流，Rush - Presbyterian - St. Luke's Medical Center, Chicago, May 1998。

② H. G. Morgan, *Death Wishes? The Assessment and Management of Deliberate Self-Harm*（New York：Wiley, 1979）；P. H. Salmons, "Suicide in High Buildings," *British Journal of Psychiatry*, 145（1984）：469-472；H. G. Morgan and P. Priest, "Suicide and Other Unexpected Deaths Among Psychiatric Inpatients," *British Journal of Psychiatry*, 158（1991）：368-374；J. A. Dennehey, L. Appleby, C. S. Thomas, et al. , "Case Control Study of Suicides by Discharged Psychiatric Patients," *British Medical Journal*, 312（1996）：1580；K. A. Busch, D. C. Clark, J. Fawcett, and H. M. Kravitz, "Clinical Features of Inpatient Suicide," *Psychiatric Annals*, 23（1993）：256-262；H. G. Morgan and R. Stanton, "Suicide Among Psychiatric Inpatients in a Changing Clinical Scene," *British Journal of Psychiatry*, 171（1997）：561-563；V. Sharma, E. Persad, and K. Kueneman, "A Closer Look at Inpatient Suicide," Journal of *Affective Disorders*, 47（1998）123-129.

到的评估都是没有自杀倾向。刚住进医院的那几天，或是即将出院的那些天，都是自杀风险特别高的时候。出院前的日子病人往往非常担心，担心家人和朋友会嫌弃自己，担心自己会孤单，也担心自己仍然处于动荡不安的临床过程中（通常以一触即发的情绪循环、让人特别不舒服的焦虑不安、激动和易怒为特征），担心工作，担心自己会失业，而且害怕自己没有能力再去过医院以外的生活。病人往往陷入了这样的困境：状态已经足够好不需要住院了，然而又没有好到能应对医院外面的生活所需要面对的现实和压力的地步，同时还不得不努力应付身患严重精神疾病对个人和经济状况产生的影响。因此，有些病人会感到没有任何希望，感觉自己被压垮了，最后走上绝路。医院可以提供庇护，提供医疗服务，也可以拯救很多有自杀倾向的人。但是，医院无法拯救所有人。

特 写
狮子围场

全世界都从我笼子外面经过,但没人看到我。

——兰德尔·贾雷尔

《华盛顿动物园里的女人》①

  法医称,死因是自杀:这个女人死于利器和钝器损伤导致的大量失血和软组织损失。这个结论无疑是对的。然而更血淋淋的真相是,这个头发又黑又长的三十六岁女人被华盛顿国家动物园里的一只或两只狮子在户外围场里咬烂、撕碎,还吃掉了一部分。撕咬才是真相。撕咬,以及随之而来的所有恐怖画面,就是人们能想到的。不是钝器损伤。不是软组织损失。一个女人惨烈地死去了,其死亡方式经过精心挑选,令人惊骇。

  1995 年 3 月一个寒冷的早晨,动物园的一名工作人员发现了她的尸体。因为游过了 8 米宽的水域(把公众跟 400 磅②的猫科动物分隔开的几道屏障之一),尸体仍然湿漉漉的。尸体脸朝上,严重损毁,面目全非;作为冬日来讲,尸体上穿的衣服也很少。尸体躺在一个长满青草的平台上,两只狮子通常被喂食的地方就在那附近;尸体的手和脚都已经被咬掉了,尸体上也遍布撕咬过的痕迹。用法医的话来说,她肯定"不是马上就死了"。肯定,而且可怕。

  没有人对死亡的直接原因质疑。这两头狮子,一头年轻的雄狮和一头年纪大一些的母狮,对于闯进它们领地的入侵者,作出了可以预见的反应。出于好奇或因为感觉到威胁,它们的本能决定了结果只能是致命的或近乎致命③。没有人质疑是这两头强大而危险的食肉动物杀死了这个年纪轻轻的女人。在一两天时间里,让这个国家的首都想破头的问题是,她是谁?为什么要这么做?

女人的死亡之惨烈让公众产生了强烈兴趣,也不可避免地让人们纷纷猜测:这是自杀,还是谋杀?她是不小心掉进狮子围场的吗?她的死亡那么离奇,又那么凶残,也以最黑暗、最原始的方式让所有人都浮想联翩。

《华盛顿邮报》就这一事件连续编发了5篇报道④,其中之一写到了整个城市对这件事情有多震惊。记者菲尔·麦库姆斯写道:"突然间,这座以圆滑的外交手腕闻名、带着虚假的满面笑容、也几乎总是露出獠牙的城市,这座阿拉法特和拉宾⑤可以在此握手言和的城市,这座说客

---

① 兰德尔·贾雷尔(1914—1965年)于1950年代生活在华盛顿特区时写下了这首诗。他和妻子都经常去那家动物园,他经过岩溪公园去国会图书馆上班时也几乎每天都会开车路过那里。在被问到《华盛顿动物园里的女人》的中心人物时,贾雷尔形容她身上有一种"无法描述"的绝望,"在由她的生活、她的身体组成、机械、官方的笼子里,她隐形地生活着;没有人喂养这只动物,没有人去看它的名字,也没有人用树枝穿过铁栅栏去戳它——笼子里是空的……她成了她自己的笼子"("The Woman at the Washington Zoo," pp. 319-327, 收录于 *Randall Jarrell, Kipling, Auden & Co.: Essays and Reviews: 1935-1964* [New York: Farrar, Straus and Giroux, 1980], pp. 324-325)。贾雷尔凭借诗集《华盛顿动物园里的女人》荣获美国国家图书奖。1965年,因躁郁症入院治疗并自杀未遂后,贾雷尔在一天晚上被一辆迎面驶来的汽车撞死。他去世前后的情形不免让人们议论纷纷:那场车祸到底是意外还是自杀? (J. Meyers, "The Death of Randall Jarrell," *The Virginia Quarterly Review*, Summer 1982, pp. 450-467; *Randall Jarrell's Letters*, ed. Mary Jarrell [Boston: Houghton Mifflin, 1985]; W. H. Pritchard, *Randall Jarrell: A Literary Life* [New York: Farrar, Straus and Giroux, 1990]; K. R. Jamison, *Touched with Fire: Manic-Depressive Illness and the Artistic Temperament* [New York: Free Press, 1993])。

② 磅:英制重量单位,1磅约为0.454千克。——译者

③ George B. Schaller, *The Serengeti Lion: A Study of Predator-Prey Relations* (Chicago: University of Chicago Press, 1972).

④《华盛顿邮报》就玛格丽特·戴维斯·金之死于1995年3月6日至10日连续发表了5篇文章,《阿肯色民主公报》也于1995年3月7日、8日和10日发表了数篇文章。

⑤ 阿拉法特为巴勒斯坦前领导人,拉宾为以色列前总理,两人于1993年9月13日在美国白宫见证了以色列政府和巴解组织签署《奥斯陆协议》,开启了巴以和平进程,在巴以冲突历史上具有重要意义。——译者

们会信誓旦旦地说自己的致命产品不会伤害到你的城市,这个充斥着精心编造的词句、秘而不宣的动机和纸面上的死亡的地方,却被这起突然出现的暴烈凶残的屠杀迷住了……从某种意义上讲,这场死亡过于简单,让华盛顿无法接受。截至昨天下午(这个女人的死讯被报道两天后),至少有一名电台谈话节目的听众来电猜测,这起发生在动物园的令人悲伤的事情肯定跟白水事件①的调查有关。"②

但是,警方根据自己掌握的资料指出,这个女人想要在狮子围场找到出路的做法,某种程度上跟她的宗教信仰有关。古罗马的基督徒,作为信仰基督教的惩罚,确实会被扔给狮子。而《圣经·旧约》中的但以理,被扔进狮子坑考验他的信仰,最后全身而退,胜利归来。后来人们对死者的身世有了更多了解,因而也开始觉得,这是最合理的猜测。经过进一步调查可以看到,她的思想并非完全属于自己,还会受到各种声音、幻象和疯狂带来的其他副产品的影响。

王下令,人就把但以理带来,扔在狮子坑中。王对但以理说:"你所常事奉的神,他必救你。"

有人搬石头放在坑口,王用自己的玺和大臣的印封闭那坑,使惩办但以理的事毫无更改。

——《但以理书》,6:16—17

女人留下的线索很零碎。在她尸体旁边,调查人员发现了一个索尼

---

① 美国前总统比尔·克林顿任期内的一桩著名政治丑闻,又称"白水开发公司案",涉及第一夫人希拉里·克林顿获得的一笔非法红利。调查期间,希拉里被控妨碍司法、作伪证等罪名。经过长达七年的调查取证,最后有十余人被定罪,但没有发现足以将关键人物克林顿夫妇定罪的证据。——译者

② Phil McCombs, "In the Lair of the Urban Lion," *Washington Post*, March 7, 1995.

随身听，里面有一盘磁带，是基督徒歌手艾米·格兰特的《爱之家》。她头发上的一个发夹掉在地上，离狮子咬死她的地方不远。她鞋里塞着一张汇票，口袋里还有一封商业信函。没有发现遗书，也没有在哪里留下指纹。

阿肯色州交通管理局的一张公交卡显示，死者是玛格丽特·戴维斯·金，曾在小石城短期逗留。去世前三天，她住进了华盛顿西北边一家廉价酒店，后来警方在那里找到了一个行李箱，还有一些散落的宗教作品。关于她生命最后几天的行踪没有什么发现，只发现她在死去的前一天下午晚些时候去了趟美国地方法院，但那次拜访也可以说徒劳无功。负责接待这个女人的职员称，金在那里说想提起诉讼，把女儿要回来。

那名职员很快发现，金精神错乱。她自称是耶稣基督的姐妹，还说自己跟耶稣和克林顿总统都在同一个屋檐下长大。眼下这个关于她孩子的监护权的案件，她希望总统能过问一下。那个职员报告说，金"干净整洁，很有魅力，谈吐得体"；尽管看起来很沮丧，但那是一种"有节制"的沮丧。职员说，实际上她看上去"相当平静"。在提出要求时她引用了《圣经》，还把一摞文件紧紧抱在胸前。

下午5点左右，她离开地方法院大楼。之后没有人知道她去了哪里、做了什么，直到她走进动物园，前往展出狮子和老虎的地方。她可能动摇过，但在某个时候，她对自己的决定非常坚定：她翻过1米多高的障碍物，走过一片泥土地面的缓冲区，爬下将近3米高的墙，游过8米宽的水域，一直来到狮子绿草茵茵的家园。她是谁？为什么要这么做？

法医和记者发现，玛格丽特·戴维斯·金结过两次婚，有三个年幼的孩子。她也是从美国海军光荣退役的退伍军人，无家可归，还是偏执型精神分裂症患者。多年以来，她一直被限制在加州、佐治亚州和阿肯色州的精神病院里。她不只是会自称是耶稣基督的姐妹，有时候还会说自己就是耶稣本人，为了证明后面这个说法，她还会指给别人看，自己手上哪儿哪儿是钉在十字架上留下的钉孔。她说她能直接收到上帝的信息，她还会给全国各地的人打电话，命令他们离开家园，离开工作岗位来追随她。她跟他们保证，上帝会帮忙把他们运送到她这里。

她曾因为发出威胁和严重侵犯他人而被捕。阿肯色州治安官办公室称，有一次她向一名警察挥动长柄扫帚，还叫另一名警察开枪打她。她被收治入院，出院，再次被收治入院，再次出院。医生给她开了药，她吃了一段时间就不吃了。她无法控制自己的想法，她的情绪和精力的起伏也没有人受得了。渐渐地，她的生活变得跟成千上万名精神分裂症患者没有区别，她成了低地居民的一部分，成了无家可归的精神病患者。

> 王下令，人就把那些控告但以理的人，连他们的妻子儿女都带来，扔在狮子坑中。他们还没有到坑底，狮子就抓住他们，咬碎他们的骨头。
>
> ——《但以理书》，6：24

我们填平了这些低地，卸去了任何文明的伪装；我们用精神病患者和没有行为能力的人壮大了他们的队伍，让绝望的人变得更加绝望，并对他们生存所需要的一切不闻不问。我们放任病情严重的精神病患者游走街头，在我国无家可归的流浪汉中，他们已经占到三分之一乃至一半[①]。他们让

[①] W. R. Breakey, P. J. Fischer, M. Kramer, et al., "Health and Mental Health Problems of Homeless Men and Women in Baltimore," *Journal of the American Medical Association*, 10 (1989): 1352 – 1357; E. Susser, R. Moore, and B. Link, "Risk Factors for Homelessness," *American Journal of Epidemiology* 15 (1993): 546-556; T. K. J. Craig and P. W. Timms, "Homelessness and Schizophrenia," in S. R. Hirsch and D. R. Weinberger, eds., *Schizophrenia* (Oxford: Blackwell Science, 1995), pp. 664-684.

街上其他人都深感不安，也让城市管理者大伤脑筋。他们让我们感到不舒服，但又没到让我们觉得需要保护、安置、照料乃至治愈他们，并为他们提供保障的地步。

他们死在街上，死在停车场、避难所、空置建筑物、公园里或人行道上。跟我们比起来，他们都死得更早。他们的死因，也都跟疏于照顾有关：肺结核、艾滋病、乙肝、酗酒、吸毒，以及受伤。有将近10%死于自杀①。

让精神病患者在医院外面到处乱跑的决定并非出于恶意，只是因为粗心大意、考虑不周。1963年由肯尼迪总统签署成为法律的《社区精神卫生中心法案》，意在反对把病情严重的精神病患者关押在大型医院和相关院所中的行为。法案希望，新推出的抗精神病药物和抗抑郁药物能让患者回归社群，也过于乐观地认定相关社群有能力并且愿意照顾这些患者。社会给自己办了件蠢事。

美国心理健康研究所神经精神病学部门主任理查德·怀亚特跟另一些医生和科学家一起，一直强烈批评国家强制执行这项影响深远的社会政策，而这项政策也并没有科学依据支持。在《科学》杂志1986年的一篇评论中，怀亚特写道：

> 美国的流离失所危机始于1963年，也就是让精神病患者离开

---

① C. H. Alstrom, R. Lindelius, and I. Salum, "Mortality Among Homeless Men," *British Journal of Addiction*, 70 (1975): 245-252; Centers for Disease Control, "Deaths Among the Homeless," *Mortality and Morbidity Weekly Report*, 36 (1987): 297-299; Centers for Disease Control, "Deaths Among Homeless Persons — San Francisco, 1985-1990," *Mortality and Morbidity Weekly Report*, 40 (1991): 877-880; J. R. Hibbs, L. Benner, L. Klugman, R. Spencer, I. Macchia, A. K. Mellinger, and D. Fife, "Mortality in a Cohort of Homeless Adults in Philadelphia," *New England Journal of Medicine*, 331 (1994): 304-309. 158 In a 1986 editorial: R. J. Wyatt and E. G. De Renzo, "Scienceless to Homeless," *Science*, 234 (1986): 1309.

医院和相关院所成为法律的时候……成千上万精神伤残的病人，患有精神分裂症、情感（情绪）障碍、严重人格障碍的人，或是有酗酒问题的人，被从各种机构中赶出来，流落街头。离开那些机构以后，这些人就形成了自己的社群，他们遭到孤立、疏远，感到绝望。在法律要求下，这些原本可以住在组织完善的各级机构里的人变成了无家可归的流浪汉。之所以会出现这种情况，是因为一项几乎没有任何以科学方法收集到的数据作为支撑的社会福利运动居然变成了公共政策。值得注意的是，该法案通过时，只有一项在英国进行的对照试点研究可供参考。这个国家开启了一个崇高但不具备可行性的项目，最终也被证明并不合理，因为必要研究尚未完成。

治疗精神分裂症患者或无家可归的精神病患者的人，没有一个会声称自己有办法解决这些错综复杂、令人眼花缭乱的问题。当然，也没有人能解释为什么玛格丽特·戴维斯·金，一个无家可归、精神分裂、患有妄想症，也基本上不可能要回孩子监护权的女人，会选择在那样的时候、以那样的方式结束自己的生命。公众对这起死亡事件的兴趣很快褪去，跟狮子和自杀有关的问题也蜕变成华盛顿人茶余饭后的谈资。首都的车轮滚滚向前。

金是个无名小卒，默默无闻，也没有什么人能理解她。她为什么会死？她是失去希望、感到绝望，还是欣喜若狂、精神错乱，乃至超越了恐惧？她为什么要选择这么可怕的方式？这些问题我们全都没法回答，我们对她也一无所知。她留下的，只是人类隐私最轻微的痕迹。而对于公众对国家动物园里的狮子的集体记忆来说，那道痕迹甚至更加轻微，在那一年全世界上百万起自杀事件中，这个女人一闪而过，怎么看都微不足道。

第三部　自然的苦难，血的污迹

—— 自杀的生物学因素 ——

我们仍然相信：不管如何
恶最终将达到善的目的地，
不论是信仰危机、血的污迹
自然的苦难和意志的罪恶；

　　　　　　——艾尔弗雷德·丁尼生男爵

丁尼生家族历代都饱受精神疾病折磨，包括让人软弱无力的忧郁症、无法控制的愤怒以及躁郁症。艾尔弗雷德·丁尼生男爵在作品中提到了丁尼生家族的"黑血"，而他一些最震撼人心的诗作，就以自杀、绝望和先辈遗传下来的疯狂等主题为核心。

第六章
一头扎进深渊
—— 遗传和进化视角 ——

照他说,这是先天性的病,祖传的病,他已经死了心,不想再找药治了①。

——埃德加·爱伦·坡

但是,我究竟想不想摆脱这种愁闷,始终是个问题……这九个星期仿佛一头扎进深渊……掉到井里,然而没有任何东西能保护你不受到真相的戕害②。

——弗吉尼亚·伍尔夫

刚好就在罗伯特·李将军于阿波马托克斯县法院率领北弗吉尼亚邦联军队向尤利西斯·格兰特将军投降的一年前,约翰·奥德罗诺教授在纽约向哥伦比亚学院学生发表了一场重要演讲。他告诉大家,人类行为并非总能反映人类理性③。原始本能,"无论被知识文化如何改变,被禁止表达的环境如何压制,被完全根除的时候就算有,也是极为罕见的"。他借用弗朗西斯·培根的话说,天性"常常是隐藏起来的;有的时候可以克服;但很少能够根除"。

尽管奥德罗诺和他所有的同事和同胞一样都深受美国内战影响,但在演讲中,他并没有谈到这场战争。但也可以说他是在谈论另一场内战,一场内战的非理性、暴力的根源,似乎在人类中代代相传的一些作用力。他长篇大论，激情澎湃地阐述了自杀倾向有其遗传基础的观点。跟19世纪中期很多治疗精神疾病的医生一样，奥德罗诺对精神错乱和自杀背后带有倾向性的秉性印象深刻：

> 观察表明，秉性的问题在自杀这一问题中起到的作用相当大。多血质和有多血症的人容易患上会加速循环的疾病，比如躁狂症，并有可能，甚至是经常，造成突然发疯的行为（无论是针对他人还是自身），而胆汁质、黏液质、抑郁质等秉性在身的人则通常会有长期且顽固的自杀倾向。在他们身上，患病倾向似乎很容易唤醒又很难根除；而麻木作为遗传下来的秉性时，只需要一点点能让人兴奋起来的起因，就能发展成全面的痼疾。一个很有说服力的事实就是，遗传因素对自杀的影响极大，所有记录在案的自杀案例中，可以直接追溯到这个根源的不少于六分之一④。

我们并不知道这个"六分之一"的估计是从哪儿来的，因为那个年代还没有什么靠得住的数据，现在也只是稍微好一点罢了。但是可以肯定，很久以来（实际上是两千多年以来）人们都相信，发疯和自杀会在家族中遗传。二十五年前的1840年，英国医生福布斯·温斯洛就明确指出："就自杀来说，我们最清楚的事实是，这种行为有遗传特征。在所有会影响不同器官的疾病中，最容易代代相传的是脑子里的病。自杀倾向未必会在每一代人中都表现出来，经常会跳过一代人再出现在下一

---

① 埃德加·爱伦·坡，《鄂榭府崩溃记》。酗酒的问题和一生的恶劣情绪找上了埃德加·爱伦·坡（1809—1849），在去世前一年，他曾自杀未遂。
② 弗吉尼亚·伍尔夫，《弗吉尼亚·伍尔夫日记》卷三。弗吉尼亚·伍尔夫（1882—1941）的家族有大量抑郁症病例，她自己在与躁郁症斗争多年后最终死于自杀。
③ J. Ordronaux, "On Suicide," *American Journal of Insanity*, 20 (1864): 380-401, p.380.
④ 同上，p.381.

代人身上,就像没有自杀倾向的精神错乱一样。"①

宾夕法尼亚大学医学教授本杰明·拉什也着重强调了自杀的遗传特征,还在他1812年出版的一本教材《对精神疾病的医学调查和观察》里收录了他收到的一封信。这本教材非常受欢迎,也产生了很大影响。这封信是一名同事写来的,里面讲到了一对同卵双胞胎的自杀案例:

> 上尉 C.L. 和 J.L. 是双胞胎兄弟,他们的面容和外形都极为相似,陌生人几乎没办法分出来谁是谁,就连他们的朋友都经常被他们骗到。他们的习惯和言谈举止也都很像,很多故事都讲到人们如何把一个认成了另一个,引人发笑。
>
> 他俩同时加入美国大陆军。两人担任过的职务都很类似,在美国独立战争中也都功勋卓著。他们性格开朗、善于交际,无论从哪方面来说都称得上是谦谦君子。他们的家庭生活都很幸福美满,有相敬如宾的妻子,亲切可人的孩子,经济上也很独立。战争结束后,过了一段时间,J. 上尉搬去佛蒙特州,而 C. 上尉仍然留在马萨诸塞州的格林菲尔德,就挨着迪尔菲尔德,跟自己兄弟相去 300 多公里。三年时间里,他们俩都曾有过几次不完全的精神错乱,但都没有陷入过躁狂或忧郁症。他们的举止显得匆忙而混乱,但始终都还是能够处理自己的事务。大概两年前,J. 上尉从佛蒙特州议会(他是议会成员)回来后,大清早人们发现他在自己房间里割喉了,伤口从左耳朵一直划到右耳朵,之后很快就死了。在这场致命灾难发生前几天,他一直很忧郁,前一天晚上还在说自己身体不大舒服。

---

① F. Winslow, *The Anatomy of Suicide* (Boston: Longwood Press, 1978; 初版于 1840), p. 152。

大概十天前，格林菲尔德的 C. 上尉发现自己有忧郁的迹象，表示担心自己会毁了自己。6 月 5 日一早，他起了床，叫妻子跟他一起出去兜兜风。他像往常一样刮了胡子，擦了擦剃须刀，然后走进隔壁房间，妻子以为他是去把剃须刀放起来。然而很快，妻子听到像是水或者血在地板上流动的声音，便跑进那个房间，但为时已晚，救不了他了。他用剃须刀割开了自己的喉咙，之后也很快死去了。

这两个年轻人的妈妈，一位上了年纪的女士，现在处于精神错乱的状态。而他们的两个姐妹，他们家仅剩下的成员，也已经身患同样的疾病多年①。

认定自杀具有家族遗传特征，在 19 世纪和 20 世纪关于自杀的文献中都是一条主线。1906 年 6 月，纽约州心神丧失问题委员会主席查尔斯·皮尔格林，在波士顿向美国医学心理学协会宣读了一篇论文。在该文中，他宣称："没有比自杀倾向的遗传更清楚、更确定的事实了。这种倾向不但非常容易在后代身上再次出现，而且出现的年龄也经常跟父母出现同样倾向时的年龄一样，除此之外，父母和子女用来达成目的的手段也往往是一样的。"他还进一步令人焦虑不安地指出："因此，通过我们职业上的努力，阻止任何存在遗传污点的婚姻，也许能取得相当大的好处，这么想似乎也挺合理。"②

跟皮尔格林的看法几乎同时出现在医学文献里的，还有几个有大量自杀情形的家族世系。两名英国医生发表的文献里，就写到了一个

---

① B. Rush, *Medical Inquiries and Observations upon the Diseases of the Mind* (New York: Kimber and Richardson, 1812).
② C. W. Pilgrim, "Insanity and Suicide," *American Journal of Insanity*, 63 (1907): 349–360, p. 359.

以航海为业的家族的四代人,自杀和精神错乱的情形相当严重:在 65 名家族成员中,有 6 人自杀,4 人扬言要自杀,8 人"精神状态明显异常",还有 6 人像是"白痴或疯子"。医生们的措辞毫无疑问地表达了他们的观点:"C2 家庭的恶果尤其明显,一个饱受疾病困扰的父亲跟一个习惯酗酒的人婚配……两名表亲采用了快速方式自杀,精神病院会保护 C2 家庭免受更多灾难,C3 家庭的反社会倾向会减少他们生育的机会,而 C5 家庭一开始就很糟糕,也肯定会在精神病院留下记录。"[1]

1901 年,《病案》杂志记载了集中发生在一个家族里的自杀事件,情形更加令人震惊:

> 几天前,一个名叫埃德加·杰伊·布里格斯的男人在康涅狄格州丹伯里附近自家农场悬梁自尽,在此之前,在这个几乎因为自杀而不复存在的家族中,他已经差不多是最后一个还活着的成员。他的家族自我毁伤的历史已经持续了五十多年,据称在这段时间里,布里格斯家族第一个自杀者的后人和旁系亲属至少有 21 人结果了自己的性命,其中就有刚刚自杀的这个人的曾祖父、祖父、父亲、哥哥和两个姐姐[2]。

有报道称,最近在伊拉克有 5 个人自杀,是一个女人的两个姐妹、一个兄弟和两个侄子,其中 4 人是自焚,还有一人是开枪自杀,这个女人自己曾有一次自杀未遂,是把煤油倒在身上然后划燃了火柴[3]。

---

[1] J. M. S. Wood and A. R. Urquhart, "A Family Tree Illustrative of Insanity and Suicide," *Journal of Mental Science*, 47 (1901): 764-767, p. 767.

[2] *Medical Record*, 60 (1901): 660-661.

[3] F. Dabbagh, "Family Suicide," *British Journal of Psychiatry*, 130 (1977): 159-161.

医学文献中还提到了很多别的"自杀家族"①，尽管说起来很像那么回事，这些案例还是不能证明自杀有遗传基础。足够奇特、夺人眼球的病史更有可能得到关注并写进科学作品，但其他因素——比如这个家族经历了自杀事件，或是从其他家庭成员的行为中了解到，在面对人生问题或疾病时，自杀是一种可行乃至可取的解决方式——可能也很重要。从心理影响中区分出自杀的生物学倾向很困难。即便假定能证明自杀是可以遗传的，或者在一定程度上可以遗传，又会马上出现新的问题：从上一代遗传到下一代的究竟是什么基因？有什么特定基因让人更有可能自杀吗？还是说，自杀倾向增强，只是因为遗传了跟自杀关系最为密切的精神疾病——抑郁症、躁郁症、精神分裂症和酗酒——我们知道，所有这些，尤其是情绪障碍，在相当大程度上都可以遗传②？是

---

① 例如 L. B. Shapiro, "Suicide: Psychology and Familial Tendency — Report of a Family of Suicides with History and Discussion," *Journal of Nervous and Mental Disease*, 81 (1935): 547-553; Khin-Maung-Zaw, "A Suicidal Family," *British Journal of Psychiatry*, 139 (1981): 68-69。

② I. I. Gottesman and J. Shields, *Schizophrenia and Genetics: A Twin Vantage Point* (New York: Academic Press, 1972); S. S. Kety, D. Rosenthal, P. H. Wender, F. Schulsinger, and B. Jacobsen, "Mental Illness in the Biological and Adoptive Families of Individuals Who Have Become Schizophrenic," *Behaviour Genetics*, 6 (1976): 219-225; I. I. Gottesman and J. Shields, *Schizophrenia: The Epigenetic Puzzle* (Cambridge: Cambridge University Press, 1982); K. S. Kendler and A. M. Gruenberg, "An Independent Antigen of the Danish Adoption Study of Schizophrenia: VI. The Relationship Between Psychiatric Disorders as Defined by DSM-III in the Relatives and Adoptees," *Archives of General Psychiatry*, 41 (1984): 555-564; P. McGuffin, A. E. Farmer, I. I. Gottesman, R. M. Murray, and A. Reveley, "Twin Concordance for Operationally Defined Schizophrenia: Confirmation of Familiality and Heritability," *Archives of General Psychiatry*, 41 (1984): 541-545; I. I. Gottesman and A. Bertlesen, "Confirming Unexpressed Genotypes for Schizophrenia — Risks in the Offspring of Fischer's Danish Identical and Fraternal Discordant Twins," *Archives of General Psychiatry*, 46 (1989): 867-872; M. T. Tsuang and S. V. Faraone, *The Genetics of Mood Disorders* (Baltimore: Johns Hopkins, 1990); P. Tienari, "Gene-Environment Interaction in Adoptive Families," in H. Hafner and W. Gattaz, eds., *Search for the Causes of Schizophrenia* (Berlin: Springer, 1990), pp. 126-143; W. H. Berrettini, T. N. Ferraro, L. R. Goldin, D. E. Weeks, S. Detera-Wadleigh, J. I. Nurnberger, and E. S. Gershon, "Chromosome 18 DNA Markers and Manic-Depressive Illness: Evidence （转下页）

不是有什么基因跟某些特定的秉性——易冲动、有攻击性、喜欢暴力——有关,而我们知道,根据这些秉性也可以预测自杀?特别致命的问题基因组合,很有可能来自背后一触即发的秉性,再加上躁狂症、精神病或酗酒,或是由这些问题触发的秉性。

医学和科学已经发展出好几种策略来区分遗传的结果和环境的影响:家族研究,检验自杀和自杀未遂的家族模式;双胞胎研究,关注同卵双胞胎和异卵双胞胎的自杀率;收养研究,旨在得出"先天—后天"问题的答案,方法是将被收养人的自杀与其血亲和因收养而成为亲人的人的自杀情形相比较;还有分子遗传学研究,关注自杀者和没有自杀的人的特定基因有什么不同。这些策略带给我们的信息各有千秋。

到现在已经有 30 多项关于自杀的家族研究,而其中近年来完成的那些几乎全都发现,自杀者和曾有情形严重的自杀未遂事件的人,

(接上页) for a Susceptibility Gene," *Proceedings of the National Academy of Sciences*, USA, 91 (1994): 5918-5921; P. Asherson, R. Mant, and P. McGuffin, "Genetics and Schizophrenia," in S. R. Hirsch and D. R. Weinberger, eds., *Schizophrenia* (Oxford: Blackwell Science, 1995), pp. 253-274; O. C. Stine, J. Xu, R. Koskela, F. J. McMahon, M. Gschwend, C. Friddle, C. D. Clark, M. G. McInnis, S. G. Simpson, T. S. Breschel, E. Vishio, K. Riskin, H. Feilotter, E. Chen, S. Shen, S. Folstein, D. A. Meyers, D. Botstein, T. G. Marr, and J. R. DePaulo, "Evidence for Linkage of Bipolar Disorder to Chromosome 18 with a Parent-of-Origin Effect," *American Journal of Human Genetics*, 57 (1995): 1384-1395; N. B. Freimer, V. I. Reus, M. A. Escamilla, L. A. McInnes, M. Spesny, P. Leon, S, K. Service, L. Smith, S. Silva, E. Rojas, A. Gallegos, L. Meza, E. Fournier, S. Baharloo, K. Blankenship, D. J. Tyler, S. Batki, S. Vinogradov, J. Weissenbach, S. H. Barondes, and L. A. Lodewijk, "Genetic Mapping Using Haplotype, Association and Linkage Methods Suggests a Locus for Severe Bipolar Disorder (BPI) at 18q22-q23," *Nature Genetics*, 12 (1996): 436-441; E. S. Gershon, J. A. Badner, S. D. Detera-Wadleigh, T. N. Ferraro, and W. H. Berrettini, "Maternal Inheritance and Chromosome 18 Allele Sharing in Unilineal Bipolar Illness Pedigrees," *Neuropsychiatric Genetics*, 67 (1996): 202-207; D. F. MacKinnon, K. R. Jamison, and J. R. DePaulo, "Genetics of Manic Depressive Illness," *Annual Review of Neuroscience*, 20 (1997): 355-373; S. H. Barondes, *Mood Genes: Hunting for Origins of Mania and Depression* (New York: W. H. Freeman, 1998).

家族成员的自杀率和自杀行为的发生率都极高①。在对儿童和成人的研究中，以及对精神疾病患者的研究中，自杀者所在家族中曾有人自杀的可能性是没有自杀的人的两到三倍。以暴力方式（枪击、上吊和跳

---

① 其中包括 N. Farberow and M. Simon, "Suicide in Los Angeles and Vienna: An Intercultural Study of Two Cities," *Public Health Report*, 84 (1969): 389–403; F. Stallone, D. L. Dunner, J. Ahearn, and R. R. Fieve, "Statistical Predictions of Suicide in Depressives," *Comprehensive Psychiatry*, 21 (1980): 381–387; C. Tishler, P. McKenry, and K. Morgan, "Adolescent Suicide Attempts: Some Significant Factors," *Suicide and Life-Threatening Behavior*, 11 (1981): 86–92; B. D. Garfinkel, A. Froese, and J. Hood, "Suicide Attempts in Children and Adolescents," *American Journal of Psychiatry*, 139 (1982): 1257–1261; G. E. Murphy and R. D. Wetzel, "Family History of Suicidal Behavior Among Suicide Attempters," *Journal of Nervous and Mental Disease*, 170 (1982): 86–90; K. M. Myers, P. Burke, and E. McCauley, "Suicidal Behavior Among Suicide Attempters," *Journal of Nervous and Mental Disease*, 170 (1982): 86–90; C. R. Pfeffer, G. Solomon, R. Plutchik, M. S. Mizruchi, and A. Weiner, "Suicidal Behavior in Latency-Age Psychiatric Inpatients: A Replication and Cross Validation," *Journal of the American Academy of Child Psychiatry*, 21 (1982): 564–569; A. Roy, "Family History of Suicide," *Archives of General Psychiatry*, 40 (1983): 971–974; M. T. Tsuang, "Risk of Suicide in Relatives of Schizophrenics, Manics, Depressives, and Controls," *Journal of Clinical Psychiatry*, 44 (1983): 396–400; J. A. Egeland and J. N. Sussex, "Suicide and Family Loading for Affective Disorders," *Journal of the American Medical Association*, 254 (1985): 915–918; A. Roy, "Family History of Suicide in Manic-Depressive Patients," *Journal of Affective Disorders*, 8 (1985): 187–189; M. Shafii, S. Carrigan, R. Whittinghill, and A. Derrick, "Psychological Autopsy of Completed Suicides in Children and Adolescents," *American Journal of Psychiatry*, 142 (1985): 1061–1064; M. Kerfoot, "Deliberate Self-Poisoning in Childhood and Early Adolescence," *Journal of Child Psychology and Psychiatry*, 29 (1988): 335–343; D. Shaffer, "The Epidemiology of Teen Suicide: An Examination of Risk Factors," *Journal of Clinical Psychiatry*, 49 (1988): 36–41; B. Mitterauer, "A Contribution to the Discussion of the Role of the Genetic Factor in Suicide, Based on Five Studies in an Epidemiologically Defined Area (Province of Salzburg, Austria)," *Comprehensive Psychiatry*, 31 (1990): 557–565; S. B. Sorenson and C. M. Rutter, "Transgenerational Patterns of Suicide Attempt," *Journal of Consulting and Clinical Psychology*, 59 (1991): 861–866; C. R. Pfeffer, L. Normandin, and T. Kakuma, "Suicidal Children Grow Up: Suicidal Behavior and Psychiatric Disorders Among Relatives," *Journal of American Academy of Child and Adolescent Psychiatry*, 33 (1994): 1087–1097; K. Malone, G. Haas, J. Sweeney, and J. Mann, "Major Depression and the Risk of Attempted Suicide," *Journal of Affective Disorders*, 34 (1995): 173–185; D. A. Brent, J. Bridge, B. A. Johnson, and J. Connolly, "Suicidal Behavior Runs in Families: A Controlled Family Study of Adolescent Suicide Victims," *Archives of General Psychiatry*, 53 (1996): 1145–1152; B. A. Johnson, D. A. Brent, J. Bridge, and J. Connolly, "The Familial Aggregation of Adolescent Suicide Attempts," *Acta Psychiatrica Scandinavica*, 97 (1998): 18–24; D. J. Statham, A. C. Heath, P. A. F. Madden, K. K. Bucholz, L. Bierut, S. H. Dinwiddie, W. S. Slutske, M. P. Dunne, and N. G. Martin, "Suicidal Behaviour: An Epidemiological and Genetic Study," *Psychological Medicine*, 28 (1998): 839–855。

楼)自杀或自杀未遂的人,尤其有可能曾有大量家族成员自杀,而且自杀方式通常都很暴力①。

一个非常重要也很有意思的家族自杀研究是由贾尼丝·伊杰兰和詹姆斯·萨塞克斯进行的,研究对象是老派的阿米什人,一个保守的新教教派,他们于18世纪初在宾夕法尼亚州东南部定居下来②。这个社群务农为生,很有社会凝聚力,一般的城市文化中无处不在的很多风险因素在这里都不存在。他们禁止饮酒;严重刑事犯罪基本绝迹;他们很看重一大家人住在同一栋房子里,因此感到孤单、受到孤立的情形都相对少见。社会支持特别强大,失业在这里也不是什么问题。自杀——阿米什人称之为"令人憎恶的罪恶"或"可怕的行为"——在他们的社会中是不可接受的,也会受到社群的强烈谴责;直到最近,自杀的阿米什人都只能葬在社区墓地的边界以外。

阿米什人全面保存了祖祖辈辈的家谱和医疗记录,可以一直追溯到30代人以前。因此,伊杰兰和萨塞克斯能够确定从1880年到1980年这一百年间发生的所有自杀事件。在确认的26起自杀事件中,有24起(92%)都诊断为抑郁症或躁郁症(躁狂症的一些症状必然受到文化的约束,因而除了更传统的诊断标准外,还包括"让自己的马跑得特别快、背负得特别多……购买或使用机器或其他世俗物品……公用电话用得太多"③),而

---

① P. Linkowski, V. de Maertelaer, and J. Mendlewicz, "Suicidal Behaviour in Major Depressive Illness," *Acta Psychiatrica Scandinavica*, 72 (1985): 233–238; G. N. Papadimitriou, P. Linkowski, C. Delarbre, and J. Mendlewicz, "Suicide on the Paternal and Maternal Sides of Depressed Patients with a Lifetime History of Attempted Suicide," *Acta Psychiatrica Scandinavica*, 83 (1991): 417–419; A. Roy, "Features Associated with Suicide Attempts in Depression: A Partial Replication," *Journal of Affective Disorders*, 27 (1993): 35–38.

② J. A. Egeland and J. N. Sussex, "Suicide and Family Loading for Affective Disorders," *Journal of the American Medical Association*, 254 (1985): 915–918.

③ J. A. Egeland, A. M. Hostetter, and S. K. Eshleman, "Amish Study: III. The Impact of Cultural Factors on Diagnosis of Bipolar Illness," *American Journal of Psychiatry*, 140 (1983): 67–71, p. 68.

且大部分都发生在很多代人都患有情绪障碍的家族中。26 起自杀事件中，有 20 起是上吊，4 起是枪杀，还有 2 起是溺水。自杀者大都已婚已育，也大都正值盛年。

在这项阿米什人自杀研究中，最引人注目也最具科学意义的发现是，自杀案例集中在某几个家族中的程度有多高。所有自杀案例中，有 73% 发生在 4 个家族中，而这 4 个家族的人口只占阿米什人的 16%。自杀集中在患有情绪障碍的家族，但情绪障碍很严重的家族并不少，大都没有集中出现自杀现象。自杀倾向集中出现在患有严重抑郁症和躁郁症的家族中，但也有很多家族虽然患有情绪障碍，却没有出现自杀事件，这个现象在后来奥地利的一项研究中也同样出现了[1]。

家族研究的证据表明遗传对自杀有影响，但这个结论并非确凿。自杀事件集中发生在一个家族里，也有可能是因为其他非遗传性的因素：父亲自杀了的孩子可能会经受极大的丧亲之痛，如果再加上抑郁倾向的话，可能会出于绝望做出类似的事情；家族中出现过暴力或自杀可能会对一些家族成员造成特别致命的影响；一些人可能会模仿、学习自杀事件，因为对于剧烈疼痛、一贫如洗和巨大压力来说，自杀似乎是最好的解决办法。把遗传因素跟环境和心理影响区分开倒是有一个办法，就是看看同卵双胞胎和异卵双胞胎的自杀率。

同卵双胞胎来自同一个受精卵，因此所有遗传物质都是一样的，而异卵双胞胎来自不同的受精卵，只有一半的基因一样（从这个意义上

---

[1] B. Mitterauer, M. Leibetseder, W. F. Pritz, and G. Sorgo, "Comparisons of Psychopathological Phenomena of 422 Manic-Depressive Patients with Suicide-Positive and Suicide-Negative Family History," *Acta Psychiatrica Scandinavica*, 77（1988）: 438 – 442; B. Mitterauer, "A Contribution to the Discussion of the Role of the Genetic Factor in Suicide, Based on Five Studies in an Epidemiologically Defined Area (Province of Salzburg, Austria)," *Comprehensive Psychiatry*, 31（1990）: 557 – 565; B. A. Johnson, D. A. Brent, J. Bridge, and J. Connolly, "The Familial Aggregation of Adolescent Suicide Attempts," *Acta Psychiatrica Scandinavica*, 97（1998）: 18–24.

讲，他们和其他兄弟姐妹并无不同）。如果存在遗传效应，那么可以预计，同卵双胞胎自杀的一致发生率——也就是说，如果双胞胎当中有一个自杀了，另一个也会自杀——就会比异卵双胞胎高得多。事实证明确实如此。

新泽西州退伍军人管理局医院精神科医生亚力克·罗伊写下的跟自杀的遗传学因素有关的文献比任何人都多。最近，他回顾了在精神病学文献中发表过的所有双胞胎自杀案例研究，发现了将近400对至少其中一人自杀身亡的双胞胎①。在129对同卵双胞胎中，有17对是两人都自杀了，而在270对异卵双胞胎中，这样的只有两对。从统计学角度来看，这个差异可以说相当显著了。在另一项关于自杀未遂的研究中罗伊发现，同卵双胞胎如果有一人自杀，另一人有将近40%的可能性会有自杀未遂的历史；而异卵双胞胎有一人自杀时，另一个人只要还活着，就没有尝试过自杀②。澳大利亚最近的研究也发现了同样的结果：同卵双胞胎中如果有一个有严重的自杀未遂事件，另一个人有将近25%的可能性也会做同样的事情；而异卵双胞胎里两个都这么做的一对都没有。这些文章的作者们也指出，尽管可以说同卵双胞胎之间心理世界和社交圈比异卵双胞胎之间更同质——比如说，他们更有可能穿着打扮都一样，也更有可能受到同样的对待——但异卵双胞胎之间心理世界和社交圈的同质性也一样很高。

---

① W. Haberlandt, "Aportación a la Genética del Suicidio," *Filio Clínica Internacional*, 17 (1967): 319-322; N. Juel-Nielsen and T. Videbech, "A Twin Study of Suicide," *Acta Geneticae Medicae et Gemellologiae*, 19 (1970): 307-310; A. Roy, G. Rylander, and M. Sarchiapone, "Genetics of Suicide: Family Studies and Molecular Genetics," *Annals of the New York Academy of Sciences*, 836 (1997): 135-157; A. Roy, D. Nielsen, G. Rylander, M. Sarchiapone, and N. Segal, "Genetics of Suicide in Depression," *Journal of Clinical Psychiatry* (Suppl. 2) (1999): 12-17.

② A Roy, N. L. Segal, and M. Sarchiapone, "Attempted Suicide Among Living Co-Twins of Twin Suicide Victims," *American Journal of Psychiatry*, 152 (1995): 1075-1076.

同卵双胞胎自杀的一致发生率约为 15%，可以说明几个问题。首先，尽管这个发生率比异卵双胞胎高很多，但也不是高出天际。就算是在基因一致性最高的情形中，如果同卵双胞胎有一个自杀了，还是有相当大的可能性另一个不会同样走上绝路。其次，同卵双胞胎自杀的一致发生率，远远低于在两种精神疾病上观察到的一致发生率：躁郁症为 70%～100%，取决于是否将自杀和复发性抑郁症纳入一致性诊断[1]；精神分裂症则为 40%～50%[2]。遗传对严重精神疾病的影响也许比对自杀的影响更大。同样也有可能，对于双胞胎里还活着的那一个来说，自杀的毁灭性打击实际上降低了这个人采取同样行动的可能性，可能是因为对于自杀会给别人造成多么大的心理创伤更加清楚了，也可能是因为这个人现在更容易寻求帮助并得到医疗护理。

---

[1] P. McGuffin and R. Katz, "The Genetics of Depression and Manic-Depressive Disorder," *British Journal of Psychiatry*, 155 (1989): 294–304; M. T. Tsuang and S. V. Faraone, *The Genetics of Mood Disorders* (Baltimore: Johns Hopkins, 1990); L. Rifkin and H. Gurling, "Genetic Aspects of Affective Disorders," in R. Horton and C. Katona, eds., *Biological Aspects of Affective Disorders* (London: Academic Press, 1991), pp. 305-334; D. F. MacKinnon, K. R. Jamison, and J. R. DePaulo, "Genetics of Manic Depressive Illness," *Annual Review of Neuroscience*, 20 (1997): 355-373; A. G. Cardno, E. J. Marshall, B. Coid, A. M. Macdonald, T. R. Ribchester, N. J. Davies, P. Venturi, L. A. Jones, S. W. Lewis, P. C. Sham, I. I. Gottesman, A. E. Farmer, P. McGuffin, A. M. Revely, and R. M. Murray, "Heritability Estimates for Psychotic Disorders," *Archives of General Psychiatry*, 56 (1999): 162-168. （请注意，异卵双胞胎中躁郁症的一致发生率在 13%～30%之间。）

[2] E. Kringlen, "Twins — Still Our Best Method," *Schizophrenia Bulletin*, 2 (1976): 429-433; I. I. Gottesman and J. Shields, *Schizophrenia: The Epigenetic Puzzle* (Cambridge, England: Cambridge University Press, 1982); A. E. Farmer, P. McGuffin, and I. I. Gottesman, "Twin Concordance for DSM-III Schizophrenia: Scrutinizing the Validity of the Definition," *Archives of General Psychiatry*, 44 (1987): 634-641; S. Onstad, I. Skre, S. Torgersen, and E. Kringlen, "Twin Concordance for DSM-III-R Schizophrenia," *Acta Psychiatrica Scandinavica*, 83 (1991): 395-402; P. Asherson, R. Mant, and P. McGuffin, "Genetics and Schizophrenia," in S. R. Hirsch and D. R. Weinberger, eds., *Schizophrenia* (Oxford: Blackwell Science, 1995), pp. 253-274. （请注意，异卵双胞胎之间精神分裂症的一致发生率一般在 15%～20%之间。）

从双胞胎研究中得到的发现为遗传效应提供了强有力的证据，但家庭因素和其他心理问题当然会让他们的解释更加扑朔迷离。有一个办法可以把环境影响和遗传影响进一步区分开，就是进行收养研究。被收养的孩子跟他们的亲生父母有同样的基因，但环境不同；而跟他们的养父母则是有同样的环境，但基因不同。因此，收养关系形成了一个独一无二的自然实验。如果遗传因素对自杀存在显著影响，我们就可以预期，自杀身亡的被收养人，其亲生父母的自杀率将远远超过其养父母。在丹麦进行的两项研究发现的正是这一结果，那里多年以来一直保留着全面、高质量的医疗记录。

第一项研究以 1924 年到 1947 年间哥本哈根所有被收养人为基础，发现了 57 名最终自杀身亡的被收养人[1]。研究人员选取与这 57 名被收养人的年龄、性别、社会阶层、在精神病院里度过或与亲生父母相处的时间都相当的另一些被收养人形成对照组，并全面调查了他们血亲的死因，结果表明这些自杀身亡的被收养人有 12 名血亲也自杀了，而那些没有自杀的被收养人，只有 2 名血亲结果了自己的生命（这个统计差异也相当显著了）。而无论是自杀了的被收养人还是对照组，他们养父母这边的亲属都没有一个自杀的。该研究的作者们发现，自杀的 12 名血亲中只有 6 人接触过精神病服务机构，因此他们得出结论，自杀的遗传效应也许至少在某种程度上与重大精神疾病无关。尽管如此，这个结论仍然有可能成立，也有可能不成立。就拿美国来说，达到情绪障碍的临床诊断标准的人，超过一半从来没寻求过或得到过精神病治疗[2]。

---

[1] R. Schulsinger, S. Kety, D. Rosenthal, and P. Wender, "A Family Study of Suicide," in M. Schou and E. Stromgren, eds., *Origins, Prevention and Treatment of Affective Disorders* (New York: Academic Press, 1979), pp. 277–287.

[2] M. M. Weissman, J. K. Myers, and W. D. Thompson, "Depression （转下页）

对丹麦被收养人进行的第二项研究中,确认了71名患有情绪障碍的被收养人,而另外71名没有精神病史、各方面条件相当的被收养人则形成了对照组。两组被收养人亲属中共发生了19起自杀事件,其中15起都发生在被收养人患有抑郁症或躁郁症的血亲身上。抑郁发作时会变得极为冲动的被收养人,其血亲的自杀率尤其高[①]。

家族研究、双胞胎研究和收养研究共同有力地证明,遗传因素对自杀事件和自杀行为有强烈影响。当然,基因只是自杀谜团的一部分原因,但稍后我们就会看到,可以证明遗传因素一旦与心理和环境因素相叠加,就会造成生死之别。

如果自杀有遗传基础,而与自杀关系最为密切的疾病——抑郁症、躁郁症、精神分裂症和酗酒——与遗传的关系甚至更紧密,那么自然会产生这么一个问题:既然这些疾病充满痛苦、不利于适应且会带来早夭,为什么这些疾病还能以那么高的比例在基因库里存活至今?自杀有没有什么进化优势?还是说只不过是 DNA 的随机拼接和重新排列?这是充满压力的世界与脆弱的神经之间致命的相互作用的结果,还是有什么共同的元素在决定着生死?自杀是不是一直都是有自我意识的,因而是人类独有的行为?还是说有一些动物和我们一样,都具有毁灭自己、有意

(接上页)and Treatment in a U. S. Urban Community: 1975-1976," *Archives of General Psychiatry*, 38 (1981): 417-421; S. Shapiro, E. A. Skinner, L. G. Kessler, M. Von Korff, P. S. German, G. L. Tischler, P. J. Leaf, L. Benham, L. Cotler, and D. A. Regier, "Utilization of Health and Mental Health Services: Three Epidemiologic Catchment Area Sites," *Archives of General Psychiatry*, 41 (1984): 971-978; L. N. Robins and D. A. Regier, eds., *Psychiatric Disorders in America: The Epidemiologic Catchment Area Study* (New York: Free Press, 1991).

[①] P. Wender, D. Kety, D. Rosenthal, F. Schulsinger, J. Ortmann, and I. Lunde, "Psychiatric Disorders in the Biological and Adoptive Families of Adopted Individuals with Affective Disorder," *Archives of General Psychiatry*, 43 (1986): 923-929.

结束自己生命的能力？简言之，自杀是如何与自然界的其他部分这么融洽，乃至对这个世界有其用处的？

把自杀行为理解为有意识的决定，因此是只有人类才会做的事情，这种看法既容易理解，也问题多多。精神病学家艾弗·琼斯和布赖恩·巴勒克拉夫共同指出①：

> 把动物研究和人类联系起来时，自杀课题提出了一个很特别的问题：人类可以想象并安排自己的死亡，但还没有证据表明动物可以做到这些。从这个意义上讲，自杀是人类独有的行为。然而，这种表述意味着导致自杀的过程是理性的，但这个看法也许并不成立：大多数自杀案例都会涉及的抑郁症可能损害了理性思考的能力，同时还会诱发自杀的冲动。我们认为自杀可能是只有人类才做得出来的事情，只不过是因为我们对自杀就是这么定义的。换句话说，如果我们把自杀定义成对自我造成的破坏性的且最终导致死亡的行为，那么动物中间确实存在类似情形。但是，就算用这个修改过的定义来看，人类的自杀跟动物的自毁在下面这些方面仍然有所不同：人可能延缓这一事件，动物不会；人可能会使用工具，动物不会；人可能会操控周围环境来达到自杀目的，动物也不会。因此，动物行为就算跟自杀能扯上关系，这层关系看起来也只提供了一个因素——自残倾向——还需要跟其他人类独有的因素相结合，才会形成一种综合征。

没有人会否认，有些动物在处于巨大压力之下时——被孤立、过于

---

① I. H. Jones and B. M. Barraclough, "Auto-Mutilation in Animals and Its Relevance to Self-Injury in Man," *Acta Psychiatrica Scandinavica*, 58 (1978): 40–47, pp. 45–46.

拥挤、行动受限、栖息地改变——会对自己造成巨大伤害，甚至把自己搞死。它们可能会咬断自己的四肢或尾巴，挖出自己的眼珠，以其他方式毁伤自己的身体，或是把头不断往围栏的墙壁上撞。据报道，很多动物园里的动物在面对巨大压力时都会严重自残，甚至杀死自己，包括鹿、狮子、鬣狗和豺，多种被关起来的灵长类动物，还有小鼠、大鼠、章鱼、负鼠、鸭嘴兽等等多种动物，以及跟主人分开的家养宠物①。猕猴会拍打脑袋、撞头，用牙齿咬伤或用爪子抓伤自己的肢体。有时候，家猪和有些野生动物在被关起来或转移到新环境时会激烈地试图逃跑，如果怎么都逃不掉的话，有些就会陷入麻痹状态。很多养殖水貂在被关起来的时候会吃掉自己的尾巴②。

　　动物自我伤害最严重的情形似乎发生在行动受限或被隔离饲养的动物突然遇到巨大压力时，这样的事情通常会让这些动物进入激越、有攻击性或沮丧的状态。艾弗·琼斯说："在所有已知的实例中，最严重的自残和一些撞头的行为，都跟严重激越有关。"③ 激越和沮丧的起因似

---

① J. D. Christian and H. L. Ratcliffe, "Shock Disease in Captive Wild Animals," *American Journal of Pathology*, 28 (1952): 725-737; H. A. Cross and H. F. Harlow, "Prolonged and Progressive Effects of Partial Isolation on the Behaviour of Macaque Monkeys," *Journal of Experimental Research on Personality*, 1 (1965): 39-49; M. Meyer-Holzapfel, "Abnormal Behaviour in Zoo Animals," in F. W. Fox, ed., *Abnormal Behaviour in Animals* (Philadelphia: Saunders, 1968), pp. 476-503; C. A. Levison, "Development of Head Banging in a Young Rhesus Monkey," *American Journal of Mental Deficiency*, 75 (1970): 323-328; K. A. McColl, "Necropsy Findings in Captive Platypus (Ornithorhynchus anatinus) in Victoria, Australia," in M. Fowler, ed., *Wildlife Diseases of the Pacific Basin and Other Countries* (Proceedings of the Fourth International Conference of the Wildlife Disease Association, Sydney, Australia, August 25-29, 1981); M. S. Landi, J. W. Kreider, C. M. Lang, and L. P. Bullock, "Effects of Shipping on the Immune Function in Mice," *American Journal of Veterinary Research*, 43 (1982): 1654-1657.

② G. de Jonge, K. Carlstead, and P. R. Wiepkema, *The Welfare of Ranch Mink*, Publication 010, Centre for Poultry Research and Extension, Beekbergen, Netherlands, 1986.

③ I. H. Jones, "Self-Injury: Toward a Biological Basis," *Perspectives in Biology and Medicine*, 26 (1982): 137-150, p. 138.

乎包括：某些类型的身体活动在一定程度上受限，惯常的喂食、梳毛行为改变或消失了，或是与同类缺少社交或性接触①。严重的激越状态也可以用手术或药物的手段，通过在大脑里制造损伤，或是服用药物和酒精来引发。

在某种程度上，动物的自残行为替代了通常针对其他动物的攻击行为，也消耗掉了原本会用来应对自然界的能量。自残似乎也能降低动物所经历的严重激越的程度，在某种意义上跟遭受特定的精神病理学问题（比如边缘型人格障碍）折磨的人通过自残或割伤自己来缓解压力并无不同。人类在经历严重社交孤立或人身自由受到限制时，比如沦为阶下囚所要面对的情形，也可能会做出类似的毁灭性行为，比如就有囚犯做出过截掉脚趾、手指乃至生殖器的事情，偶尔还会有开膛破肚的报道②。

野生环境中，过度拥挤也往往会让一个个动物出现让自己受伤乃至死亡的行为。大鼠的种群数量如果太多，超过了所处环境的承受能力，它们就会出现极为异常的行为：攻击性行为和早夭都会急剧增加；为适应日渐减少的资源，生育率下降；包括做窝在内的母性行为也会受到影响③。同类相食的事情偶尔也会出现，比如青蛙、鳄鱼等物种在种群过

---

① E. M. Boyd, M. Dolman, L. M. Knight, and E. P. Sheppard, "The Chronic Oral Toxicity of Caffeine," *Canadian Journal of Psychology Pharmacology*, 43 (1965): 995-1007; H. A. Cross and H. F. Harlow, "Prolonged and Progressive Effects of Partial Isolation on the Behavior of Macaque Monkeys," *Journal of Experimental Research on Personality*, 1 (1965): 39-49; J. M. Peters, "Caffeine Induced Hemorrhagic Automutilation," *Archives of International Pharmacodynamics*, 169 (1967): 139-146; A. S. Chamove and H. F. Harlow, "Exaggeration of Self-Aggression Following Alcohol Ingestion in Rhesus Monkeys," *Journal of Abnormal Psychology*, 75 (1970): 207-209; G. Allyn, A. Demye, and I. Begue, "Self-Fighting Syndrome in Macaques: A Representative Case Study," *Primate Medicine*, 17 (1976): 1-22.

② F. Yaroshevsky, "Self-Mutilation in Soviet Prisons," *Canadian Psychiatric Association Journal*, 20 (1975): 443-446.

③ J. B. Calhoun, *The Ecology and Sociology of the Norway Rat*, Public Health Service Publication no. 1008 (Washington, D.C.: U.S. Government Printing Office, 1963).

于密集时就会这样①。雪兔就算从过于拥挤的地方转移到有充足食物和水的安全环境，也往往还是会因为压力绝食而死②。除了在人类身上，很少在动物中观察到精神病理学问题长期存在，其原因正如灵长类动物学家亨利·哈洛及其同事所说，这样的动物在自然界都活不了太久③。

旅鼠是传说中会集体自杀的一种动物，但实际上它们并不会自杀④。不过，它们确实会离开旅鼠过于密集的地方，而在向旅鼠较为稀少的新家园迁徙的过程中，会有很多旅鼠死去，这是它们前往新家园必须要付出的代价。动物这样播迁各地，既扩大了它们的领地范围，最终也提升了种群的基因多样性，对物种来说有其好处，但对个体来说就未必有利了。旅鼠的"向大海自杀式进军"从任何有意义的角度来讲都不是自杀。

除了搬迁到新领地，动物还会有高风险行为。数年前，哈佛大学生物学家爱德华·威尔逊提出了"利他"行为的说法，指出一些动物会为了自己的同类贡献出自己的住所或食物。同类生存率提高，能使物种的基因更有可能存续下去。比如在社会性昆虫中，工蜂和工蚁也许会为了保护群体献出自己的生命，但它们的死亡却让种群有机会存活下去。成群移动的动物，比如野牛和驼鹿，常常会让群体里更年长、更强壮的个体把更年幼的个体围在中间，以此保护它们。山地大猩猩在以小型社群

---

① M. P. Simon, "The Influence of Conspecifics on Egg and Larval Mortality in Amphibians," in G. Hausfater and S. B. Hrdy, eds., *Infanticide: Comparative and Evolutionary Perspectives* (New York: Aldine, 1984), pp. 65–86; W. L. Rootes and R. H. Chabreck, "Cannibalism in the American Alligator," *Herpetogica*, 49 (1993): 99-107.

② R. G. Green, C. L. Larson, and J. F. Bell, "Shock Disease as the Cause of the Periodic Decimation of the Snowshoe Hare," *American Journal of Hygiene*, 30 (1939): 83-102.

③ S. J. Suomi, H. F. Harlow, and M. T. McKinney, "Monkey Psychiatrists," *American Journal of Psychiatry*, 128 (1972): 927-932.

④ D. Chitty, *Do Lemmings Commit Suicide? Beautiful Hypotheses and Ugly Facts* (New York: Oxford, 1996).

为单位移动时，也会让地位较低的雄性保护幼年个体和雌性。这些在群体外围负责警戒，或是会主动站在捕食者和群体中最弱小的个体之间的动物，当然面临着受伤乃至死亡的危险。

包括人类在内的大部分物种，都会以一定能力和意愿承担这样的风险。在一个群体中，不同个体的秉性和能力各有不同。有些动物移动速度更快，更好奇，更冲动，也更耐不住性子。它们精力充沛，很贪心，而且有攻击性，会被新的地方、不同的食物和迥然不同的异性吸引。另一些动物则会退到一边等着，只进行集体行动，也没那么冲动鲁莽。风格和秉性的差异满足了群体的需要，让群体得以在必要时或是前进或是后退，或是扩增或是保存集体的能量。

跟其他动物一样，人类个体的能力和秉性也因人而异。适应良好的行为会突然变成适应不良，这也许是生物系统不可避免必须付出的代价，因为它们必须保持快速反应（逃跑、攻击、合作）的能力，才能在不断变化的或是危险的环境中生存下来。适应和病态之间的平衡往往就像走钢丝，然而从进化角度来看又理应如此。美国动物学家乔治·夏勒在研究塞伦盖蒂的狮子及其猎物时观察到，"飞奔中的动物处于危险的平衡中"①：为了逃命必须要有速度，但跑得那么快，也让它们冒着失去生命的风险。

同样地，攻击也可能会因为做过了头而出现危险。爱德华·威尔逊在《论人性》(*On Human Nature*) 中写道："在某些可界定的条件下，我们非常容易就能产生深深的、非理性的敌意。如果采取危险的放任不管的态度，敌意就会自行滋长，激发失控的反应，还有可能迅速发展成异化和暴力。攻击性不像会向容器壁持续施加压力的液体，也不像倒进一

---

① G. B. Schaller, *The Serengeti Lion: A Study of Predator-Prey Relations* (Chicago: University of Chicago Press, 1972).

个空着的容器中的一组活性成分。更准确的比方是,像是原本就存在的化学混合物,只要在稍后某一时候加入某种催化剂,再将其加热、搅拌,就很容易发生转化。"随后他继续写道:"人类具有这样的强烈倾向:以无缘无故的仇恨来应对外部威胁,充分放大他们的敌意,从而以极大优势战胜威胁,确保自己的安全。"①

因此,我们自身就有走极端的能力,这种能力有时对我们有利,有时则不然。这些极端不但包括愤怒和攻击性,也包括悲伤和狂喜,包括一动不动和疯狂输出的能量状态,还包括麻木和探索。但是,为什么自杀的倾向会一直延续下来?为什么让我们有可能自杀的基因和大脑中容易发作的化学物质仍然在我们的基因里?自杀是我们为多样性付出的代价之一吗?跟很多自杀行为都有关系的鲁莽和冲动行为,是不是跟物种存续不可或缺的能力也有关?还是说,这些病态情形尽管存在,但是没有任何适应价值?某种情形广泛存在,并不意味着一定有适应价值。

最近刚刚兴起的进化精神病学领域一直在研究一个重要且与此密切相关的问题:为什么严重的精神疾病——精神分裂症、躁郁症和抑郁症——一直在人类当中存在②?精神分裂症相当可怕,会让人虚弱不堪,极为痛苦,其基因却一直没有被淘汰掉,实在是令人费解。看起来

---

① E. O. Wilson, *On Human Nature* (Cambridge, Mass.: Harvard University Press, 1978), pp. 106, 119.

② D. de Catanzaro, *Suicide and Self-Damaging Behavior: A Sociobiological Perspective* (New York: Academic Press, 1981); R. Gardner, "Mechanisms in Manic-Depressive Disorder: An Evolutionary Model," *Archives of General Psychiatry*, 39 (1982): 1436–1441; D. H. Rubinstein, "A Stress-Diathesis Theory of Suicide," *Suicide and Life-Threatening Behavior*, 16 (1986): 100–115; R. M. Nesse, "Evolutionary Explanations of Emotions," *Human Nature*, 1 (1990): 261–289; P. Gilbert, *Depression: The Evolution of Powerlessness* (New York: Guilford, 1992); M. T. McGuire, I. Marks, R. M. Nesse, and A. Troisi, "Evolutionary Biology: A Basic Science for Psychiatry?" *Acta Psychiatrica Scandinavica*, 86 (1992): 89–96; K. R. Jamison, *Touched with Fire: Manic-Depressive Illness and the Artistic Temperament* (New York: Free Press, 1993); D. R. Wilson, "Evolutionary Epidemiology: Darwinian Theory in the Service of Medicine and Psychiatry," *Acta Biotheoretica*, 41 (1993): (转下页)

在数万年的时间里,针对或消除这种适应不良的基因突变的事情,理应早就发生过了。然而精神分裂症不但到现在都没消失,而且发生率相对来讲还挺高的,占到了所有人口的 1%。为什么?有人认为也许是同样的认知和社会行为,以其极端形式出现时,既是精神分裂症患者的特征,也摧毁了他们的生活——奇特、无法预测的思维,奇怪或有所改变的注意力模式,偏执,对身体疼痛的抵抗力,感觉意识敏锐,强烈的疑惧,与世隔绝,对某些炎症或先于这些炎症的传染源的抵抗力——而这些问题如果以较为温和的形式出现(警觉,新奇的想法,对潜在危险极为留心),那么不但对这些患者有好处,在以更弱化的形式出现时甚至对他们的近亲也都大有助益[1]。牛津大学精神病学家蒂莫西·克劳提出了一个很有争议的创新观点,他认为,语言和精神病有共同的进化源

(接上页)205-218; J. Price, L. Sloman, R. Gardner, P. Gilbert, and P. Rohde, "The Social Competition Hypothesis of Depression," *British Journal of Psychiatry*, 164 (1994): 309-315; D. S. Wilson, "Adaptive Genetic Variation and Human Evolutionary Psychology," *Ethology and Sociobiology*, 15 (1994): 219-235; D. R. Wilson, "The Darwinian Roots of Human Neurosis," *Acta Biotheoretica*, 42 (1994): 49-62; R. M. Brown, E. Dahlen, C. Mills, J. Rick, and A. Biblarz, "Evaluation of an Evolutionary Model of Self-Preservation and Self-Destruction," *Suicide and Life-Threatening Behavior*, 29 (1999): 58-71.

[1] M. Hammer and J. Zubin, "Evolution, Culture, and Psychopathology," *Journal of General Psychology*, 78 (1968): 151-164; D. F. Horrobin, A. Ally, R. A. Karmali, M. Karmazyn, M. S. Manka, and R. O. Morgan, "Prostaglandins and Schizophrenia: Further Discussion of the Evidence," *Psychological Bulletin*, 8 (1978): 43-48; L. Sloman, M. Konstantareas, and D. W. Dunham, "The Adaptive Role of Maladaptive Neurosis," *Biological Psychiatry*, 14 (1979): 961-972; J. S. Price and L. Sloman, "The Evolutionary Model of Psychiatric Disorder," *Archives of General Psychiatry*, 41 (1984): 211; S. Vinogradov, I. Gottesman, H. Molses, and S. Nicol, "Negative Association Between Schizophrenia and Rheumatoid Arthritis," *Schizophrenia Bulletin*, 17 (1991): 669-678; D. B. Horrobin, "Schizophrenia: The Illness That Made Us Human," *Medical Hypotheses*, 50 (1998): 269-288; R. J. Wyatt, "Schizophrenia: Closing the Gap Between Genetics, Epidemiology, and Prevention," in E. Susser, A. Brown, and J. Gorman, eds., *Epigenetic Causes of Schizophrenia* (Washington, D. C.: American Psychiatric Association Press, 1999), pp. 241-261.

头,而精神分裂症也许就是智人为拥有语言而付出的代价①。

很多人都强烈支持也很容易理解的一个观点是,情绪障碍也许对个人及其所在社会都能带来好处。抑郁症的特点是能在资源匮乏时保存能量,在面临无法解决的威胁时降低活动水平,或是在环境条件不足时放慢或停止性行为②。在面对变化或压力时,出现这样的生物反应没什么好奇怪的。抑郁症以较温和的形式存在时,也许能起到提醒其他动物以类似方式行事的作用,有些人甚至认为,可能也有助于让社会等级制度保持稳定。(比如说,相对处于劣势的动物可能会向更强势的动物俯首称臣,从而增加自己生存和繁殖的机会③。)抑郁者脑子里的不满和黑暗,可能也(通过艺术和哲学)为集体社会意识创造了有用的视角。

对于严重疾病罕见的适应性优势和自杀之间可能存在的联系,躁郁症的秉性、认知和行为因素提供了最强有力的证据。美国诗人安妮·塞克斯顿经历了与躁郁症和酗酒的长期斗争,最后还是自杀身亡。在一篇

---

① T. J. Crow, "Temporal Lobe Asymmetries as the Key to the Etiology of Schizophrenia," *Schizophrenia Bulletin*, 16 (1990): 433-443; T. J. Crow, "Constraints on Concepts of Pathogenesis: Language and the Speciation Process as the Key to the Etiology of Schizophrenia," *Archives of General Psychiatry*, 52 (1995): 1011-1014; T. J. Crow, "A Darwinian Approach to the Origins of Psychosis," *British Journal of Psychiatry*, 167 (1995): 12-25; T. J. Crow, "Is Schizophrenia the Price That Homo sapiens Pays for Language?" *Schizophrenia Research*, 28 (1997): 127-141.

② J. Price, L. Sloman, R. J. Gardner, P. Gilbert, and P. Rohde, "The Social Competition Hypothesis of Depression," *British Journal of Psychiatry*, 164 (1994): 309-315; I. H. Jones, D. M. Stoddart, and J. Mallick, "Towards a Sociobiological Model of Depression: A Marsupial Model," *British Journal of Psychiatry*, 166 (1995): 475-479; J. H. G. Williams, "Using Behavioural Ecology to Understand Depression," *British Journal of Psychiatry*, 173 (1998): 453-454.

③ P. Gilbert, *Depression: The Evolution of Powerlessness* (New York: Guilford Press, 1992); J. S. Price, L. Sloman, R. Gardner, P. Gilbert, and P. Rohde, "The Social Competition Hypothesis of Depression," *British Journal of Psychiatry*, 164 (1994): 309.

诗作中，她写到展翅高飞的伊卡洛斯：

……抬头一看便被攫住，奇妙地进入了
那只炽烈的眼睛。谁在乎他掉进了海里①？

"奇妙地进入"太阳以及随后掉进海里的过程，很容易让人联想到勇于探索和鲁莽冒进之间的危险关系。我们知道，躁狂是一种有攻击性、很不稳定的状态，但也是一种有生产力的状态，其中饱含的热情和能量很有感染力，也很容易对他人产生影响。躁郁症的定义中的部分要素——无所畏惧，主意来得又快又零散还非常广泛，情绪和想法无所不包，对某些事情有绝对把握，会去冒一些不可取的风险——往往既有破坏的力量，也有创造的力量。而在高速运转的躁狂大脑慢下来时（必定会慢下来），情绪也慢慢消散变成抑郁症以后，躁狂性的冲动和阴暗情绪如果同时爆发，结果就有可能是致命的。自杀，是短暂存在的激情时光，有时候也是一段收获满满的时光的常见结局。

躁狂者秉性中的胆气和激情也许会需要付出代价，但也有强有力的证据表明，躁郁症及其温和形式能够为个人、其亲属乃至整个社会都带来好处。(有个采访者曾经问我，躁狂症患者是不是有可能并非最早把长矛扎进乳齿象心脏的人，因为乳齿象也许能被打倒，但这个躁狂症患者同样也有可能倒下。) 有几项研究已经证明，躁郁症患者及其亲属都具有超出常人的创造力，学术上也相当成功②。至少有 20 项研究表明，跟

---

① A. Sexton, "To a Friend Whose Work Has Come to Triumph," in *The Complete Poems of Anne Sexton* (Boston: Houghton Mifflin, 1981), p. 53.
② R. A. Woodruff, L. N. Robins, G. Winokur, and T. Reich, "Manic-Depressive Illness and Social Achievement," *Acta Psychiatrica Scandinavica*, 47 (1971): 237-249; C. Bagley, "Occupational Class and Symptoms of Depression," *Social Sciences and Medicine*, 7 (1973): 327-340; F. K. Goodwin and K. R. Jamison, *Manic-Depressive Illness* （转下页）

一般人群比起来，有高度创造力的人遭受抑郁症和躁郁症折磨的可能性要大得多[①]。当然，情绪障碍并非伟大成就的必要条件，大部分患有情绪障碍的人也并没有什么特别的成就。但还是有令人信服的证据表明，这些疾病对创造力的影响相当显著。

跟一般人群相比，在具有高度创造力的人或相当成功的作家、艺术家、科学家和商人中间，自杀事件也更加普遍。这些自杀事件大都与底层的抑郁症或躁郁症，或是酗酒与这些情绪障碍的结合有关。诗人雪莱年轻时曾经自杀未遂，他说："然而，看啊，从这个可怕混沌里的尸骸

(接上页)(New York: Oxford University Press, 1990), pp. 169-173; W. Coryell, J. Endicott, M. Keller, N. Andreasen, W. Groove, R. M. A. Hirschfeld, and W. Scheftner, "Bipolar Affective Disorder and High Achievement: A Familial Association," *American Journal of Psychiatry*, 146 (1989): 983-988. Anthropologist and physician Melvin Konner has also addressed this issue in *Why the Reckless Survive . . . and Other Secrets of Nature* (New York: Viking, 1990).

① 下面是相关研究和讨论的部分列表：C. Martindale, "Father's Absence, Psychopathology, and Poetic Eminence," *Psychological Reports*, 31 (1972): 843-847; A. Storr, *The Dynamics of Creation* (London: Secker & Warburg, 1972); W. H. Trethowan, "Music and Mental Disorder," in M. Critchley and R. E. Henson, eds., *Music and the Brain* (London: Heinemann, 1977), pp. 398-442; R. Richards, "Relationships Between Creativity and Psychopathology: An Evaluation and Interpretation of the Evidence," *Genetic Psychology Monographs*, 103 (1981): 261-324; N. C. Andreasen, "Creativity and Mental Illness: Prevalence Rates in Writers and Their First-Degree Relatives," *American Journal of Psychiatry*, 144 (1987): 1288-1292; R. L. Richards, D. K. Kinney, I. Lunde, and M. Benet, "Creativity in Manic-Depressives, Cyclothymes, and Their Normal First-Degree Relatives: A Preliminary Report," *Journal of Abnormal Psychology*, 97 (1988): 281-288; K. R. Jamison, "Mood Disorders and Patterns of Creativity in British Writers and Artists," *Psychiatry*, 52 (1989): 125-134; K. R. Jamison, *Touched with Fire: Manic-Depressive Illness and the Artistic Temperament* (New York: Free Press, 1993); F. Post, "Creativity and Psychopathology: A Study of 291 World-Famous Men," *British Journal of Psychiatry*, 165 (1994): 22-34; J. J. Schildkraut, A. J. Hirshfeld, and J. M. Murphy, "Mind and Mood in Modern Art: II. Depressive Disorders, Spirituality, and Early Deaths in the Abstract Expressionist Artists of the New York School," *American Journal of Psychiatry*, 151 (1994): 482-488; A. M. Ludwig, *The Price of Greatness: Resolving the Creativity and Madness Controversy* (New York: Guilford Press, 1995); F. Post, "Verbal Creativity, Depression, and Alcoholism: An Investigation of One Hundred American and British Writers," *British Journal of Psychiatry*, 168 (1996): 545-555。

与血泊中,屹然兴起了一个多么美好的秩序!"① 他说的很可能是对的。情感和思维的极端形式若是跟训练有素的头脑、跟高度的想象力紧密结合,肯定能推动艺术、科学和商业向前发展。也许对艺术作品有益或能改变精神生活方向的痛苦——英国诗人杰拉德·曼利·霍普金斯问道:"若是暴风雨为你带来谷物,/这起海难是不是就成了丰收?"②——对艺术家的生活来说可能并没有那么大的好处。在人类经验几乎从未触及的地方生长出来的想法和行为也许会以死亡告终,然而有些艺术家和探索者感觉自己别无选择,只能追随而去。对很多人来说,处于极端情形的人生与中规中矩的人生,两者之间的拉力非常大。文森特·凡·高写道:"不可能既产生价值又得到颜色,就好像你不可能同时既在赤道又在极点。你必须选择自己的道路,至少我是这么希望的,而我可能会选择颜色。"③

艺术家、作家、科学家、数学家等对所在领域有重大影响的人中,自杀的不知凡几,而他们的自杀也都造成了重大损失。美国、英国、欧洲和亚洲的研究人员开展了一系列研究,对这些群体的自杀率进行了调查。他们发现,杰出的科学家、作曲家和最成功的商业人士,自杀的可能性是一般人群的5倍;作家,尤其是诗人,自杀率相当高④。本书脚

---

① Percy Bysshe Shelley, A Defence of Poetry, in R. Ingpen and W. E. Peck, eds., *The Complete Works of Percy Bysshe Shelley*, vol. 7 (New York: Gordian Press, 1965), p. 126.

② Gerard Manley Hopkins, "The Wreck of the Deutschland," ll. 248-249 in N. H. MacKenzie, ed., *The Poetical Work of Gerard Manley Hopkins* (Oxford: Clarendon Press, 1990), p. 127.

③ Vincent van Gogh to Theo van Gogh, 1888 (undated), in *The Complete Letters of Vincent van Gogh*, vol. 2 (Boston: New York Graphic Society, 1958), p. 542.

④ 关于自然科学家、商业领袖、演剧人员、(国际)作家和国际诗人的数据来自 A. Ludwig, *The Price of Greatness* (New York: Guilford Press, 1995);作曲家数据来自 W. H. Trethowan, "Music and Mental Disorder," 见 M. Critchley and R. E. Henson, eds., *Music and the Brain* (London: Heinemann, 1977), pp. 398-442;美国诗人数据来自 K. R. Jamison 1999 年所作未发表的对普利策奖获得者的研究;英国诗人数据　　(转下页)

注中列出了很多自杀身亡的艺术家、作家和科学家，这个列表很长，也相当令人不安①。英国诗人迪伦·托马斯的这几句诗，也可以把这个列

（接上页）来自 K. R. Jamison, *Touched with Fire* (New York: Free Press, 1993); 日本作家数据来自 Mamoru Iga, *The Thorn in the Chrysanthemum: Suicide and Economic Success in Modern Japan* (Berkeley and Los Angeles: University of California Press, 1986); 美国艺术家（抽象表现主义）的数据来自 J. J. Schildkraut, A. J. Hirshfeld, and J. M. Murphy, "Mind and Mood in Modern Art: II. Depressive Disorders, Spirituality, and Early Deaths in the Abstract Expressionist Artists of the New York School," *American Journal of Psychiatry*, 151 (1994): 482–488。

① 自杀身亡的作家（不完全名单）包括：弗朗西斯·埃林伍德·阿博特、芥川龙之介、有岛武郎、詹姆斯·罗伯特·贝克、托马斯·洛弗尔·贝多斯、沃尔特·本杰明、约翰·贝里曼、查尔斯·布朗特、巴克罗夫特·博克、塔syms乌什、博罗夫斯基、理查德·布劳提根、威廉·克拉克·布林克利、查尔斯·巴克马斯特、尤斯塔斯·巴格尔、唐·卡朋特、保罗·策兰、托马斯·查person顿、查尔斯·卡勒布·科尔顿、哈特·克莱恩、托马斯·克里奇、约翰·戴维森、太宰治、托芙·迪特勒夫森、迈克尔·多里斯、斯蒂芬·达克、谢尔盖·叶赛宁、亚历山大·法德耶夫、约翰·古尔德·弗莱彻、罗曼·加里、亚当·林赛·戈登、理查德·哈里斯、托马斯·赫根、詹姆斯·里奥·赫利希、欧内斯特·海明威、火野苇平、罗宾·海德、威廉·英格、生田春月、布莱恩·斯坦利·约翰逊、加藤道夫、川端康成、川上眉山、北村透谷、海因里希·冯·克莱斯特、亚瑟·科斯特勒、杰西·科辛斯基、利蒂西亚·E. 兰登、普里莫·莱维、瓦切尔·林赛、小罗斯·洛克里奇、安东尼·卢卡斯、菲利普·迈兰德、F. O. 马蒂森、弗拉基米尔·马雅可夫斯基、夏洛特·缪、休·米勒、小沃尔·M. 米勒、三岛由纪夫、伊夫·纳瓦尔、热拉尔·德·内瓦尔、阿瑟·诺特杰、约翰·奥布莱恩、切萨雷·帕维斯、西尔维娅·普拉斯、屈原、费迪南德·雷蒙德、雅克·里戈、安妮·塞克斯顿、约翰·萨克林爵士、田中英光、罗伯特·坦纳希尔、萨拉·蒂斯代尔、弗兰克·蒂尔斯利、约翰·肯尼迪·图尔、乔治·特拉克尔、玛琳娜·茨维塔耶娃、弗朗西斯·弗农、安娜·韦翰、弗吉尼亚·伍尔夫、康斯坦斯·费尼莫尔·伍尔森、保罗·亚什利和斯蒂芬·茨威格。罗伯特·伯顿、尤金·伊齐、兰德尔·贾雷尔和杰克·伦敦等人的死亡中也有证据指出可能是自杀。自杀身亡的艺术家（不完全名单）包括：拉尔夫·巴顿、詹姆斯·卡罗尔·贝克维斯、弗朗西斯科·博罗米尼、帕特里克·亨利·布鲁斯、多拉·卡林顿、约翰·柯里、爱德华·戴耶斯、罗索·菲奥伦蒂诺（可能）、理查德·格斯特尔、马克·格特勒、文森特·凡·高、阿希尔·高尔基、本杰明·海顿、威廉·莫里斯·亨特、恩斯特·路德维希·基什内尔、威廉·莱姆布鲁克、弗朗索瓦·勒莫恩、阿尔弗雷德·毛雷尔、朱尔斯·帕斯辛、埃里克·鲍尔森（波尔森）、马克·罗斯科、让·路易斯·索斯、约赫姆·塞德尔、尼古拉斯·德·斯塔尔、彼得罗·泰斯塔、亨利苏尔森、威廉·沃尔顿、布雷特·怀特利、约翰内斯·维德维尔特、埃兹拉·温special、伊曼纽尔·德·维特和雅各布·德·沃尔夫。(鲁道夫［Rudolf］·玛戈·威特科尔［Margot Wittkower］在其著作　　（转下页）

表当成注脚：

> 在池中搅动水的手
> 搅动流沙；牵引急风的手
> 牵引我裹尸布的帆[1]。

（接上页）*Born Under Saturn*［New York：W. W. Norton, 1963］中讨论了早期几位画家自杀的事情。）还有很多人并非死于自杀，但有过自杀未遂的经历，其中作家有安娜·阿赫玛托娃、A. 阿尔瓦雷斯、詹姆斯·鲍德温、康斯坦宁·巴图什科夫、查尔斯·波德莱尔、海登·卡鲁斯、约瑟夫·康拉德、威廉·考珀、伊萨克·迪内森、阿凡西·费特、F. 斯科特·菲茨杰拉德、古斯塔夫·弗拉丁、刘易斯·格拉斯西克、吉本、马克西姆·高尔基、格雷厄姆·格林、尼古拉·古米廖夫、伊沃·格尼、赫尔曼·黑塞、雅各布·伦茨、奥西普·曼德尔施塔姆、尤金·奥尼尔、多萝西·帕克、埃德加·爱伦·坡、劳拉·瑞丁、珀西·比希·雪莱、弗朗西斯·汤普森、伊夫林·沃和玛丽·沃斯通克拉夫特，艺术家则有保罗·高更、乔治·英内斯、弗里达·卡罗和但丁·加布里埃尔·罗塞蒂。大量杰出的科学家、数学家和发明家也是死于自杀，比如统计力学之父路德维希·玻尔兹曼，理论物理学家保罗·欧内斯特，数学家、计算机理论先驱艾伦·图灵，诺贝尔化学奖获得者埃米尔·费歇尔（对糖和嘌呤的研究很有开创性，还合成了咖啡因和巴比妥类药物），实验生物学家保罗·卡默勒（著有《物种变化》一书），英国皇家海军"小猎犬"号船长、水文学家、气象学家罗伯特·菲茨罗伊，发明了尼龙和合成橡胶的美国化学家华莱士·卡罗瑟斯，探险家梅里韦瑟·刘易斯，以及数学家谷山丰。数学家戈弗雷·哈罗德·哈代和斯里尼瓦瑟·拉马努金曾自杀未遂。

[1] D. Thomas, "The Force That Through the Green Fuse Drives the Flower," ll. 11–13, in *The Collected Poems of Dylan Thomas*（New York：New Directions, 1957）.

第七章
死亡之血

——神经生物学与神经病理学——

> 我身体里有一股像死亡之血一样炽热的暴力。我可能会杀死自己,甚至——现在我知道了——杀死另一个人。我可以杀死一个女人,或杀伤一个男人。我觉得我可以。我咬紧牙关控制住自己的双手,但是在盯着那个年少轻狂的女孩子时,我脑子里闪过一道血色,以及冲向她、把她撕成血淋淋的碎片的渴望①。
>
> ——西尔维娅·普拉斯

在大脑这个乱蓬蓬的组织中,到处都是化学物质在驱动纤维,把细胞之间的分隔一个个撕开,然后继续在这一团乱麻中忙这忙那。1000亿个神经细胞——每一个都会连接到多达20万个别的细胞——分岔、反射又汇聚,形成了一个极其复杂的网络。这团3磅重的灰色乱麻,里面有好几千种各式各样的细胞,估计还有100万亿个神经突触,不知道是用什么办法从混沌中产生了秩序,为记忆写下颤颤巍巍的轨迹,产生欲望或恐惧,让人能够安眠,能够运动,能想象出一曲交响乐,还能制订出毁灭自己的计划。

从在单个细胞里扭来扭去的DNA结构开始,大脑就一直在不断变化发展。这个过程不但要归功于它继承的成千上万个基因,还要归因于不断变化的环境,而大脑也会发现自己正处在这样的环境中。在子宫里的时候,大脑的演化取决于母亲的行为和经历:如果妈妈烟不离手酒不离口，吃得很差或是吸毒，如果妈妈感染了有害的病毒或细菌，或者是如果妈妈压力很大，胎儿的大脑都会记下这些影响。

如果易受影响的基因暴露在这些来自产前环境的额外压力（也可以称之为"二次打击"）之一面前，可能会产生伴随终生的代价——某些形式的弱智或癫痫，甚至还可能出现自闭症或精神分裂症。孩子出生后，还会由是否受到来自环境的刺激（声音、光线、形状、运动、营养、触摸和气味）来决定大脑里哪些细胞被修剪，哪些神经细胞网络要安置在什么位置。大脑回路的塑造，神经通路和连接的形成，将终其一生都由遗传和与世界互动的经验这两个因素共同决定。

大脑里发生的事情，实质上就是神经细胞（也就是神经元）通过叫作轴突的纤维发送信息，以电化学方式相互通信。轴突会分叉形成很多小纤维，最后在末梢消失，而末梢之间是叫作突触的细小间隙，信息就是经过突触发送出去的。神经细胞的电刺激会让神经元末端囊泡中的储存区域释放出神经递质，比如去甲肾上腺素、谷氨酸、乙酰胆碱、多巴胺和血清素等。这些神经递质释放到神经细胞之间的空隙里以后，细胞之间就可以传递信息了。

神经递质是大脑的命脉，决定着不同细胞之间、不同大脑区域之间以及大脑与身体之间的相互作用。没有人知道神经递质一共有多少种，也没有人完全清楚目前已经确认的100多种神经递质都是怎么发挥作用的。我们才刚刚知道神经递质的种类非常多，对于不同神经递质相互之间错综复杂的关系，我们的了解也还非常粗浅。科学家如果只关注一两种物质而忽略掉已经知道或尚未发现的其他物质，或是最大限度地简化

---

① 西尔维娅·普拉斯日记，1958年6月11日。美国诗人西尔维娅·普拉斯（1932—1963）在书信、日记、诗歌和自传体小说《钟形罩》中广泛书写了自己的黑色、暴力情绪。二十岁时，普拉斯有过一次差点就成功了的自杀未遂。十年后，她用一氧化碳自杀了。罗伯特·洛厄尔说，她在去世前写下的诗，是《热病的自传》。

大脑中或突触那里发生的极其复杂的化学作用,那就犯了天大的错误,相当于早年间认为精神错乱是由撒旦的咒语或过量的磷和蒸汽造成的原始看法。

很多神经递质和激素对于调节情绪和激活多种与自杀有关的行为来说都至关重要。在这里我们不可能把所有相关神经递质和激素都讨论一遍,甚至都不可能全写下来,但我们会重点关注目前已经知道的参与了大脑里复杂活动的数十种神经递质里的一种,就是血清素,这是一种核心递质,也能反映出大脑里的化学物质在自杀和自杀行为中起到的作用。

血清素在植物中和古代无脊椎动物的神经系统中都有发现,包括人类在内的哺乳动物的身体和大脑里也全都有。这种化学物质以各种各样的方式发挥着作用:控制血管直径,影响疼痛感知,影响肠道,在人体炎症反应中有其身影,还能让血小板凝结。但是,从精神病学和心理学的角度来看更重要的是,血清素与抑郁、睡眠调节、攻击性和自杀等等问题的根源都密切相关。

有几条证据链能把血清素水平异常与自杀行为联系起来。首先,我们很久以前就已经知道,血清素、去甲肾上腺素和多巴胺这几种神经递质与情绪障碍的产生有密切关系,也知道能影响这些神经递质的药物可以引发也可以改善抑郁或躁狂。利血平是从叫作蛇根木的植物里提取的一种药物,就是这个现象的早期例证[1]。印度人早在几百年前就已经在用这种药物治疗失眠和神经错乱,到了 20 世纪也在拿这种药治疗精神病和高血压。但是,这种药物在部分服药的人身上产生了令人不安的效果。相当多的人变得非常沮丧,而后来的研究表明,他们的抑郁是由于

---

[1] J. M. Davis, "Central Biogenic Amines and Theories of Depression and Mania," 见 W. F. Fann, I. Karacan, A. D. Pokorny, and R. L. Williams, eds., *Phenomenology and Treatment of Depression* (New York: Spectrum, 1977)。

大脑里的血清素、多巴胺和去甲肾上腺素骤减导致的。

1950年代中期，有一项临床观察表现出完全相反的结果。一些正在用一种叫作异烟酰异丙肼的药物治疗肺结核的病人变得异常开朗和活泼①。尽管他们的现状和预后都很严峻，他们都还是显得非常乐观，仿佛没把病情放在眼里。有几个人甚至称得上欣喜若狂。没过多久，研究异烟酰异丙肼的临床医生和科学家明确指出这种药物就是情绪高涨的原因，这种药物也就作为抗抑郁药品投入了广泛使用。很快人们就发现了异烟酰异丙肼的作用机制：这种药物能起作用，是因为它抑制了单胺氧化酶的作用，而单胺氧化酶可以在去甲肾上腺素、血清素和多巴胺被释放到神经突触那里后使这些神经递质失活。这样一来，对单胺氧化酶加以抑制，实际上就让这几种神经递质更能发挥作用了。研究人员越来越清楚地看到，神经递质是否可用、如何分布，对于情绪的表达和调节来说至关重要。诺贝尔奖获得者、美国生物化学家朱利叶斯·阿克塞尔罗德还发现了另一种抗抑郁药物丙咪嗪（一种三环类抗抑郁药，也叫托弗尼尔），是通过抑制从突触间隙重新摄取神经递质到最早释放这些神经递质的突触中的过程来发挥作用的，因此能让这些神经递质更能发挥作用。这一发现也加强了上面的结论。

最近，对个别神经递质的作用更有特异性的"第三代抗抑郁药"非常受欢迎，得到了广泛使用，这不但彻底改变了临床实践，也为神经递质在抑郁症的发生或持续中的作用提供了进一步证据。这些药物被归类为选择性血清素再摄取抑制剂，主要通过阻止突触那里的血清素被去除来发挥作用，这样当然会让大脑里可用的血清素更多。

除了神经递质与抑郁症之间的联系，还有一组证据表明血清素与自

---

① N. S. Kline, "Clinical Experience with Iproniazid (Marsilid)," *Journal of Clinical Experimental Psychopathology* 19 (Suppl. 1) (1962).

杀行为有关，就是血清素与冲动行为、攻击性和暴力的爱恨纠缠。从对啮齿动物和灵长类动物的研究中我们得知，如果血清素供应量减少，或是其传播受阻，这些动物会变得更有攻击性，也更容易冲动。血清素水平低的大鼠会攻击并杀死其他啮齿动物[1]，而"基因敲除"的小鼠——让血清素正常发挥功能必需的基因被去掉了的小鼠——攻击起来速度更快，更容易成瘾，按杠杆的频率也更快、更不规则[2]。而为了更容易驯服而选择性饲养的大鼠和其他动物，身上的血清素浓度更高[3]。

血清素的分解产物5-羟基吲哚乙酸（5-HIAA，有人认为这种代谢物能反映中枢神经系统中的血清素浓度）浓度较低的猴子，跟浓度较高的猴子比起来，攻击其他猴子、增加酒精摄入并从事高风险行为（比如在危险的高度远距离跳跃）的可能性都要高得多[4]。如果用药物或是通过在猴子或其他动物的饮食中添加色氨酸（血清素的一种前体），人为提高这些动物的血清素浓度，它们的攻击行为和冲动行为就会急剧减少[5]。

---

[1] L. Valzelli, S. Bernasconi, and M. Dalessandro, "Effect of Tryptophan Administration on Spontaneous and P-CPA-Induced Muricidal Aggression in Laboratory Rats," *Pharmacological Research Communications*, 13（1981）: 891-897.

[2] D. Brunner and R. Hen, "Insights into the Neurobiology of Impulsive Behavior from Serotonin Receptor Knockout Mice," *Annals of the New York Academy of Sciences*, 836（1997）: 81-105.

[3] N. K. Popova, A. V. Kulikov, E. M. Nikulina, E. Y. Kozlachkova, and G. B. Maslova, "Serotonin Metabolism and Serotonergic Receptors in Norway Rats Selected for Low Aggressiveness Towards Man," *Aggressive Behavior*, 17（1991）: 207-213.

[4] P. T. Mehlman, J. D. Higley, I. Faucher, A. A. Lilly, D. M. Taub, J. Vickers, S. J. Suomi, and M. Linnoila, "Low CSF 5-HIAA Concentrations and Severe Aggression and Impaired Impulse Control in Nonhuman Primates," *American Journal of Psychiatry*, 151（1994）: 1485-1491.

[5] B. Chamberlain, F. R. Ervin, R. O. Pihl, and S. N. Young, "The Effect of Raising or Lowering Tryptophan Levels on Aggression in Vervet Monkeys," *Pharmacology, Biochemistry and Behavior*, 28（1987）: 503-510; K. A. Miczek and P. Donat, "Brain 5-HT System and Inhibition of Aggressive Behavior," in T. Archer, P. Bevan, and A. Cools, eds., *Behavioral Pharmacology of 5-HT* (Hillsdale, N. J.: Lawrence Erlbaum Associates, 1990), pp. 117-144; P. T. Mehlman, J. D. Higley, I. Faucher, A. A. Lilly, D. M. Taub, S. Suomi, and M. Linnoila, "Low CSF 5-HIAA Concentrations and Severe Aggression and Impaired Impulse Control in Nonhuman Primates," *American Journal of Psychiatry*, 151（1994）: 1485-1491.

美国酒精滥用与酒精中毒研究所心理学家希格利和同事们一起跟踪观察了南卡罗来纳州一个海岛上49只自由放养的恒河猴的生活①。这些猴子两岁的时候，科学家们抽取它们的脑脊液（CSF）样本测量了它们身上的5-HIAA水平，并把这些猴子按照攻击性水平从高到低排序，还记录了它们身上当时所有的疤痕和伤口。四年后，科学家们抓回这些猴子，又做了一次评估。其中有11只已经死了，或是推测已经失踪；而这些灵长类动物的存活率跟它们的5-HIAA水平之间的相关性很让人震惊。在这些猴子两岁时的原始评估中，那些脑脊液中5-HIAA浓度较低的猴子里，差不多有一半都已经死于暴力。5-HIAA浓度较高的猴子没有一只死亡或不知所终。血清素浓度低，不但可能预示着会早夭，也可以据此预见攻击性特别强，而且会非常喜欢冒险。

对血清素浓度和暴力的研究跟人类有直接关系，因为人类跟其他群居灵长类动物，跟暴力行为、攻击性行为和冲动行为有关的基因大部分都一样②。希格利和另一些灵长类动物学家都指出，灵长类动物和人类有很多地方都是一样的：至关重要的婴儿抚养模式，相对稳定的性格特征，相似的血清素通路和化学成分③。通过脑脊液5-HIAA浓度测得的血清素在中枢神经系统中的作用水平，似乎是动物和人类个体的持久特征，并且跟冲动行为和攻击性行为密切相关。不过有趣的是，希格利和

---

① J. D. Higley, P. T. Mehlman, S. B. Higley, B. Fernald, J. Vickers, S. G. Lindell, D. M. Taub, S. J. Suomi, and M. Linnoila, "Excessive Mortality in Young Free-Ranging Male Nonhuman Primates with Low Cerebrospinal Fluid 5-Hydroxyindoleacetic Acid Concentrations," *Archives of General Psychiatry*, 53 (1996): 537-543.

② B. Eichelman, "Aggressive Behavior: From Laboratory to Clinic," *Archives of General Psychiatry*, 49 (1992): 488-492; M. Åsberg, "Monoamine Neurotransmitters in Human Aggressiveness and Violence: A Selective Review," *Criminal Behavior and Mental Health*, 4 (1994): 303-327.

③ 关于这个问题的优秀综述见 J. D. Higley and M. Linnoila, "Low Central Nervous System Serotonergic Activity Is Traitlike and Correlates with Impulsive Behavior: A Nonhuman Primate Model Investigating Genetic and Environmental Influences on Neurotransmission," *Annals of the New York Academy of Sciences*, 836 (1997): 39-56。

合作者们根据他们的灵长类动物研究得出结论，脑脊液中 5-HIAA 浓度低，跟攻击性行为发生率的关系并没有那么简单①。跟低浓度相关的只是冲动型、不受控制的攻击行为。这些科学家认为，与冲动行为发生率高有关系的是"严重、不受控制的攻击行为，而非用于维持社会地位的竞争性、有节制的攻击行为，更非很少升级到失控程度的攻击行为"。

脑脊液中 5-HIAA 浓度低的灵长类动物不只是更有可能攻击性特别强，而且也很难被同伴好好接纳，得到繁殖的机会也很少②。它们往往被迫离群索居，只能离开它们的自然社会群体，最终孤独终老。血清素浓度对攻击性和社会行为的影响非常强大，有时候还会危及生命。一个动物的生物特征、行为，以及物理和社会环境全都彼此关联，并以复杂而微妙的方式相互影响，而我们对这些方式的了解才刚刚开始。

有很多证据表明，大脑里的血清素浓度是由遗传和环境因素共同决定的。基因当然很重要③。与亲生父母分开，并由没有血缘关系的"奶妈"抚养长大的恒河猴，脑脊液中 5-HIAA 浓度与其亲生父母更接近。冲动和攻击性在人类和其他动物中都有很强的遗传性。有些特定基因

---

① 关于这个问题的优秀综述见 J. D. Higley and M. Linnoila, "Low Central Nervous System Serotonergic Activity Is Traitlike and Correlates with Impulsive Behavior: A Nonhuman Primate Model Investigating Genetic and Environmental Influences on Neurotransmission," *Annals of the New York Academy of Sciences*, 836 (1997): 39-56。

② P. T. Mehlman, J. D. Higley, I. Faucher, A. A. Lilly, D. M. Taub, J. Vickers, S. J. Suomi, and M. Linnoila, "Correlation of CSF 5-HIAA Concentration with Sociality and the Timing of Emigration in Free-Ranging Primates," *American Journal of Psychiatry*, 152 (1995): 907-913; J. D. Higley, S. T. King, M. F. Hasert, M. Champoux, S. J. Suomi, and M. Linnoila, "Stability of Interindividual Differences in Serotonin Function and Its Relationship to Aggressive Wounding and Competent Social Behavior in Rhesus Macaque Females," *Neuropsychopharmacology*, 14 (1996): 67-76; P. T. Mehlman, J. D. Highley, B. J. Fernald, F. R. Sallee, S. J. Suomi, and M. Linnoila, "CSF 5-HIAA, Testosterone, and Sociosexual Behaviors in Free-Ranging Male Rhesus Macaques in the Mating Season," *Psychiatry Research*, 72 (1997): 89-102.

③ D. Nielsen, D. Goldman, M. Virkkunen, R. Tukola, R. Rawlings, and M. Linnoila, "Suicidality and 5-Hydroxindoleacetic Acid Concentration Associated with a Tryptophan Hydroxylase Polymorphism," *Archives of General Psychiatry*, 51 (1994): （转下页）

（比如色氨酸羟化酶，即 TPH 基因）已经分离出来，似乎跟脑脊液 5-HIAA 浓度有关，也跟冲动行为和自杀未遂事件关系密切。

但是，抚养方式和社会环境同样会产生巨大影响。成年雄性黑长尾猴只要生活在稳定的群体环境中，血液里的血清素浓度似乎就会一直保持稳定[1]。但是，如果群体里的权力架构发生了变化，从较低层级上升到较高层级的猴子，身上的血清素浓度会升高。占据主导地位的雄性黑长尾猴如果被单独关押在笼子里，也无法看到、接触到所在群体的其他成员的话，其血清素浓度就会下降 50%。如果把它们放回原来的社会群体，它们的血清素浓度也会回升到原来的水平。

对恒河猴的研究表明，母亲对血清素浓度和社会行为的影响也极为重要[2]。如果小猴子从出生起就跟母亲分开，跟其他同龄幼崽一起长大，

（接上页）34-38；E. F. Coccaro, C. S. Bergeman, R. J. Kavoussi, and A. D. Seroczynski, "Heritability of Aggression and Irritability: A Twin Study of the Buss-Durkee Aggression Scales in Adult Male Subjects," *Biological Psychiatry*, 41 (1997): 273-284; J. J. Mann, K. M. Malone, D. A. Nielsen, D. Goldman, J. Erdos, and J. Gelernter, "Possible Association of a Polymorphism of the Tryptophan Hydroxylase Gene with Suicidal Behavior in Depressed Patients," *American Journal of Psychiatry*, 154 (1997): 1451-1453; F. Bellivier, M. Leboyer, P. Courtet, C. Buresi, B. Beaufils, D. Samolyk, J.-F. Allilaire, J. Feingold, J. Mallet, and A. Malafosse, "Association Between the Tryptophan Hydroxylase Gene and Manic-Depressive Illness," *Archives of General Psychiatry*, 55 (1998): 33-37; P. Courtet, C. Buresi, M. Abbar, J. P. Boulenger, D. Castelnau, and A. Malafosse, "Association Between the Tryptophan Hydroxylase Gene and Suicidal Behavior," poster presented at the American College of Neuropsychopharmacology Annual Meeting, San Juan, Puerto Rico, December 1998; D. A. Nielsen, M. Virkkunen, J. Lappalainen, M. Eggert, G. L. Brown, J. C. Long, D. Goldman, and M. Linnoila, "A Tryptophan Hydroxylase Gene Marker for Suicidality and Alcoholism," *Archives of General Psychiatry*, 55 (1998): 593-602.

① M. J. Raleigh, M. T. McGuire, G. L. Brammer, and A. Yuwiler, "Social and Environmental Influences on Blood Serotonin Concentrations in Monkeys," *Archives of General Psychiatry*, 41 (1984): 405-410.

② 这些研究的摘要见 J. D. Higley and M. Linnoila, "Low Central Nervous System Serotonergic Activity Is Traitlike and Correlates with Impulsive Behavior: A Nonhuman Primate Model Investigating Genetic and Environmental Influences on Neurotransmission," *Annals of the New York Academy of Sciences*, 836 (1997): 39-56。

也就是说在成长过程中，它们的行为没有受到任何成年猴子的影响，那么就会出现一些情况。首先，它们无法像由妈妈抚养长大的猴子一样控制自己的冲动；它们的攻击行为会更快升级到失控的地步；它们更有可能饮酒过量，也更有可能攻击幼猴。它们跟同伴相处更困难，也更有可能受伤，最后不得不把它们从所在社会群体移出去。

对于幼崽正在发育的血清素系统来说，母亲显然起着重要的调节作用。在调查和同龄猴子一起长大的猴子脑脊液里的 5-HIAA 浓度时，发现它们的浓度明显低于由母亲抚养长大的猴子，这个结果极为重要。如果让与同龄猴子一起长大的猴子服用血清素再摄取抑制剂（增加大脑中血清素浓度的抗抑郁药物），它们的攻击性水平和酒精摄入量都会下降。大脑里发生的高度复杂的化学事件和相互作用的神经递质系统尽管不太可能用任何单一因素（比如血清素浓度的升降）来解释，但灵长类动物实验提供了一种特别有意思也特别有价值的方式，让我们得以好好研究一下攻击性行为和自毁行为[1]。

有充分证据表明，血清素可以抑制暴力、攻击性和冲动行为，但是说到这些行为与自杀之间的联系，我们又了解多少？观察得来的几条线索汇聚在一起，共同指向一个很有说服力的关联。首先，我们知道自杀行为往往都出于一时冲动，也就是说他们自杀的时候并没有经过深思熟虑，也没怎么考虑过后果。自杀未遂一多半都只有不到五分钟的临时起意[2]，很多研究人员和临床医生，以及经历了从医学角度看情形很严

---

[1] 反对过度简化的精彩论证见 G. W. Kraemer, D. E. Schmidt, and M. H. Ebert, "The Behavioral Neurobiology of Self-Injurious Behavior in Rhesus Monkeys: Current Concepts and Relations to Impulsive Behavior in Humans," *Annals of the New York Academy of Sciences*, 836 (1997): 12–38。

[2] 对八项研究的回顾表明，自杀行为有三分之一到五分之四在发生前几乎没有任何预先谋划。典型数据为三分之二。见 C. L. Williams, J. A. Davidson, and I. Montgomery, "Impulsive Suicidal Behavior," *Journal of Clinical Psychology*, 36 (1980): 90–94。

重的自杀未遂事件存活下来的患者，都特别强调冲动在自杀决定中的作用①。(尽管很多自杀患者都有周密的自杀计划，但最后选择在什么时候自杀，以及最终决定实施自杀，往往都是由一时冲动决定的。)专业的笔迹鉴定人员在被要求区分真正的自杀者写下的遗书和由并没有自杀的人照抄的相同内容时，总是很轻松就能把两者区分开来，而且不会出错②。在他们看来，那些自杀者的笔迹非常"冲动""有攻击性"和"激动"。

有自杀倾向的病人除了更容易冲动，也比没有自杀倾向的病人更有可能做出暴力或攻击行为③。在英国的一项研究中，那些自杀身亡的人有过暴力行为的可能性，是与他们年龄、性别和社会阶层相当的人的3倍④。很多不同国家的调查都表明，杀人之后往往会接着发生自杀，这

---

① A. Apter, R. Plutchik, and H. M. van Praag, "Anxiety, Impulsivity and Depressed Mood in Relation to Suicidal and Violent Behavior," *Acta Psychiatrica Scandinavica*, 87 (1993): 1–5; P. Nordström, P. Gustavsson, G. Edman, and M. Åsberg, "Temperamental Vulnerability and Suicide Risk After Attempted Suicide," *Suicide and Life-Threatening Behavior*, 26 (1996): 380–394.

② C. J. Frederick, "An Investigation of Handwriting of Suicide Persons Through Suicide Notes," *Journal of Abnormal Psychology*, 73 (1968): 263–267.

③ M. Weissman, K. Fox, and G. L. Klerman, "Hostility and Depression Associated with Suicide Attempts," *American Journal of Psychiatry*, 130 (1973): 450–455; J. A. Yesavage, "Direct and Indirect Hostility and Self-Destructive Behavior by Hospitalized Depressives," *Acta Psychiatrica Scandinavica*, 68 (1983): 345–350; J. Angst and P. Clayton, "Premorbid Personality of Depressive, Bipolar, and Schizophrenic Patients with Special Reference to Suicidal Issues," *Comprehensive Psychiatry*, 27 (1986): 511–532; A. J. Botsis, C. R. Soldatos, A. Liossi, A. Kokkevi, and C. N. Stephanis, "Suicide and Violence Risk: I. Relationship to Coping Styles," *Acta Psychiatrica Scandinavica*, 89 (1994): 92–96; M. Åsberg, "Neurotransmitters and Suicidal Behavior: The Evidence from Cerebrospinal Fluid Studies," *Annals of the New York Academy of Sciences*, 836 (1998): 158–181; J. J. Mann, C. Waternaux, G. L. Haas, and K. M. Malone, "Toward a Clinical Model of Suicidal Behavior in Psychiatric Patients," *American Journal of Psychiatry*, 156 (1999): 181–189.

④ B. M. Barraclough, J. Bunch, B. Nelson, and P. Sainsbury, "A Hundred Cases of Suicide: Clinical Aspects," *British Journal of Psychiatry*, 125 (1974): 355–372.

进一步夯实了暴力与自杀之间的关系①。例如在英格兰和威尔士,在杀人之后,凶手自杀的情形占 33%。其他国家的数据也大都显示出,杀人后自杀的情形很普遍:丹麦有 42%,澳大利亚 22%,冰岛 9%。(但是,在凶杀案发生率非常高,且很容易获得枪支的国家,比如美国,杀人后自杀的情形就要少得多,比如说北卡罗来纳州和洛杉矶只有 1%~2%,费城也只有 4%。)

除了暴力和自杀之间存在关联的证据以外,还有证据表明,跟自杀关系最为密切的几种重大精神疾病,患者更容易烦躁,暴力行为也会升级。尽管患有抑郁症、躁郁症、精神分裂症或人格障碍的人,绝大部分都不会比其他人更暴力,但疾病的某些阶段常常伴随着肢体暴力,精神分裂症的严重偏执和激越期,跟躁郁症有关的混合状态期,还有躁狂症本身发作时尤其如此。将近 50% 的躁狂发作都以至少一项肢体暴力为特征②;这种暴力倾向还会因为经常跟躁狂症如影随形的狂饮烂醉而进一步加剧。极度烦躁也是情绪障碍的标志性特征,会出现在 80% 的躁狂症和抑郁症发作期间,而病人处于混合状态时几乎总

---

① D. J. West, *Murder Followed by Suicide* (London: Heinemann, 1966); J. Hansen and O. Bjarneson, "Homicide in Iceland," *Forensic Sciences*, 4 (1974): 107–117; S. Dalmer and J. A. Humphrey, "Offender-Victim Relationships in Criminal Homicide Followed by Offenders' Suicide: North Carolina 1972–1977," *Suicide and Life-Threatening Behavior*, 10 (1980): 106–118; H. Petursson and G. H. Gudjonsson, "Psychiatric Aspects of Homicide," *Acta Psychiatrica Scandinavica*, 64 (1981): 363–372; N. H. Allen, "Homicide Followed by Suicide: Los Angeles, 1970–1979," *Suicide and Life-Threatening Behavior*, 13 (1983): 155–165; J. Coid, "The Epidemiology of Abnormal Homicide and Murder Followed by Suicide," *Psychological Medicine*, 13 (1983): 855–860; D. C. Blanchard and R. J. Blanchard, "Affect and Aggression: An Animal Model Applied to Human Behavior," in R. J. Blanchard and D. C. Blanchard, eds., *Advances in the Study of Aggression*, vol. 1 (New York: Academic Press, 1984)。

② 对相关问题的研究综述见 F. K. Goodwin and K. R. Jamison, *Manic-Depressive Illness* (New York: Oxford University Press, 1990), pp. 35–37; 亦可参见 G. Winokur, P. J. Clayton, and T. Reich, *Manic Depressive Illness* (St. Louis: C. V. Mosby, 1969)。

会出现。

考虑到神经递质作用水平与抑郁症之间的关联，加上还有一系列令人印象深刻的研究表明血清素作用水平与冲动、攻击行为有关①，对于临床研究人员接下来比较起有自杀倾向的精神病患者和其他精神病患者的血清素浓度来也就不会觉得奇怪了。他们的研究结果出乎意料的一致。实际上，有很多项精神病学研究一再发现，自杀风险与脑脊液中 5-HIAA（血清素代谢物）浓度低存在关联②。尽管有些科学家对研究方法和发现提出了质疑③，还是有二十多项来自不同诊断组（情绪障碍，酗酒，人格障碍和精神分裂症）的研究记录称，低浓度的脑脊液

① 除了前面引用过的动物研究，亦可参见 M. Åsberg, D. Schalling, L. Träskman-Bendz, and A. Wagner, "Psychobiology of Suicide, Impulsivity, and Related Phenomena," in H. Y. Meltzer, ed., *Psychopharmacology: The Third Generation of Progress* (New York: Raven Press, 1987), pp. 655-668; E. F. Coccaro, "Central Serotonin and Impulsive Aggression," *British Journal of Psychiatry*, 155 (1989): 52-62; M. Virkkunen, J. De Jong, J. Bartko, and M. Linnoila, "Psychobiological Concomitants of History of Suicide Attempts Among Violent Offenders and Impulsive Fire Setters," *Archives of General Psychiatry*, 46 (1989): 604-606; G. L. Brown and M. I. Linnoila, "CSF Serotonin Metabolite (5-HIAA) Studies in Depression, Impulsivity, and Violence," *Journal of Clinical Psychiatry*, 51 (1990): 31-41。

② G. L. Brown, F. K. Goodwin, J. C. Ballenger, P. F. Goyer, and L. F. Major, "Aggression in Humans Correlates with Cerebrospinal Fluid Amine Metabolites," *Psychiatry Research*, 1 (1979): 131-139; G. L. Brown, F. K. Goodwin, and W. E. Bunney, "Human Aggression and Suicide: Their Relationship to Neuropsychiatric Diagnoses and Serotonin Metabolism," *Advances in Biochemistry and Psychopharmacology*, 34 (1982): 287-307; H. van Praag, "Depression, Suicide, and Metabolism of Serotonin in the Brain," *Journal of Affective Disorders*, 4 (1982): 275-290; C. M. Banki and M. Arató, "Relationship Between Cerebrospinal Fluid Amine Metabolites, Neuroendocrine Findings and Personality Dimensions (Marke-Nyman Scale Factors) in Psychiatric Patients," *Acta Psychiatrica Scandinavica*, 67 (1983): 272-280; P. T. Ninan, D. P. van Kammen, M. Scheinin, M. Linnoila, W. E. Bunney, Jr., and F. K. Goodwin, "CSF 5-Hydroxyindoleacetic Acid Levels in Suicidal Schizophrenic Patients," *American Journal of Psychiatry*, 141 (1984): 566-569; R. Limson, D. Goldman, A. Roy, et al., "Personality and Cerebrospinal Fluid Monoamine Metabolites in Alcoholics and Controls," *Archives of General Psychiatry*, 48 (1991): 437-441。

③ W. Annitto and B. Shopsin, "Neuropharmacology of Mania," 见 B. Shopsin, ed., *Manic Illness* (New York: Academic Press, 1979), pp. 105-164; D. Healy, "The Fluoxetine and Suicide Controversy: A Review of the Evidence," *CNS Drugs*, 1 (1994): 223-231。

5-HIAA 与自杀风险明显上升有关①。长达一生的严重攻击行为,以及严重的自杀未遂事件,都跟脑脊液 5-HIAA 浓度有关。

瑞典卡罗林斯卡学院的玛丽·奥斯贝格和同事们跟其他国家的一些科学家都已经证明,如果在情绪障碍患者自杀未遂后测量其脑脊液 5-HIAA 浓度,这种血清素代谢物浓度较低的患者在一年内死于自杀的可能性会比浓度较高的要高得多②。有可能脑脊液 5-HIAA 浓度低的人,在情绪出现剧烈波动或严重精神疾病发作的时候,更有可能表现出冲动和暴力倾向。

除了会增强自杀倾向,脑脊液 5-HIAA 浓度低在很多精神病和行为综合征里也都有发现③,但这里面大部分(比如自杀)都跟冲动控制问

---

① M. Åsberg, "Neurotransmitters and Suicidal Behavior: The Evidence from Cerebrospinal Fluid Studies," *Annals of the New York Academy of Sciences*, 836 (1997): 158-181.

② L. Träskman, M. Åsberg, L. Bertilsson, and L. Sjöstrand, "Monoamine Metabolities in CSF and Suicidal Behavior," *Archives of General Psychiatry*, 38 (1981): 631-636; A. Roy, H. Ågren, D. Pickar, M. Linnoila, A. R. Doran, N. R. Cutler, and S. M. Paul, "Reduced CSF Concentrations of Homovanillic Acid and Homovanillic Acid to 5-Hydroxyindoleacetic Acid Ratios in Depressed Patients: Relationship to Suicidal Behavior and Dexamethasone Non-Suppression," *American Journal of Psychiatry*, 143 (1986): 1539-1545; P. Nordström, M. Samuelsson, M. Åberg-Wistedt, C. Nordin, and L. Bertilsson, "CSF 5-HIAA Predicts Suicide Risk After Attempted Suicide," *Suicide and Life-Threatening Behavior*, 24 (1994): 1-9.

③ D. J. Cohen, B. A. Shaywitz, B. Caparulo, J. G. Young, and M. B. Bowers, "Chronic, Multiple Tics of Gilles de la Tourette's Disease: CSF Acid Monoamine Metabolites After Probenecid Administration," *Archives of General Psychiatry*, 35 (1978): 245-250; M. Åsberg, P. Thorén, and L. Bertilsson, "Clomipramine Treatment of Obsessive-Compulsive Disorder — Biochemical and Clinical Aspects," *Psychopharmacology Bulletin*, 18 (1982): 13-21; G. L. Brown, M. H. Ebert, P. F. Goyer, D. C. Jimerson, W. J. Klein, W. E. Bunney, and F. K. Goodwin, "Aggression, Suicide, and Serotonin: Relationships to CSF Amine Metabolites," *American Journal of Psychiatry*, 139 (1982): 741-746; M. Linnoila, M. Virkkunen, M. Scheinin, A. Nuutila, R. Rimon, and F. K. Goodwin, "Low Cerebrospinal Fluid 5-Hydroxyindoleacetic Acid Concentration Differentiates Impulsive from Nonimpulsive Violent Behavior," *Life Sciences*, 33 (1983): 2609-2614; W. H. Kaye, M. H. Ebert, H. E. Gwirtsman, and S. R. Weiss, "Differences in Brain Serotonergic Metabolism Between Nonbulimic and Bulimic Patients with Anorexia Nervosa," (转下页)

题有关，例如莽撞、有攻击性或是喜欢虐待动物的小孩，就算在清醒时也特别喜欢攻击别人的酒葫芦，老爱跟人争个输赢、经常跟同事或雇主起冲突或偶尔会去接触警察的抑郁症患者，患有贪食症或抽动秽语综合征的人，以及一时冲动的纵火犯或其他有冲动犯罪行为的人。但是，对一件事情极为痴迷且受到抑制的人，比如神经性厌食症或强迫症患者，脑脊液 5-HIAA 浓度往往相对较高。(有趣的是，强迫症除非伴有严重抑郁，其他时候都是似乎不会令患者自杀风险增加的少数几种重大精神疾

（接上页）*American Journal of Psychiatry*, 141（1984）: 1598-1601; T. R. Insel, E. A. Mueller, I. Alterman, M. Linnoila, and D. L. Murphy, "Obsessive-Compulsive Disorder and Serotonin: Is There a Connection?" *Biological Psychiatry*, 20（1985）: 1174-1188; H. M. Van Praag, "Affective Disorders and Aggression Disorders: Evidence for a Common Biological Mechanism," *Suicide and Life-Threatening Behavior*, 16（1986）: 103-132; M. J. Kruesi, "Cruelty to Animals and CSF 5-HIAA," *Psychiatry Research*, 28（1989）: 115-116; D. C. Jimerson, M. D. Lessem, W. H. Kaye, A. P. Hegg, and T. D. Brewerton, "Eating Disorders and Depression: Is There a Serotonin Connection?" *Biological Psychiatry*, 28（1990）: 443-454; M. J. P. Kruesi, J. L. Rapoport, E. Hibbs, W. Z. Potter, M. Lenane, and G. L. Brown, "Cerebrospinal Monoamine Metabolites, Aggression, and Impulsivity in Disruptive Disorders of Children and Adolescents," *Archives of General Psychiatry*, 47（1990）: 419-426; W. H. Kaye, H. E. Gwirtsman, D. T. George, and M. H. Ebert, "Altered Serotonin Activity in Anorexia Nervosa After Long-Term Weight Restoration: Does Elevated Cerebrospinal Fluid 5-Hydroxyindoleacetic Acid Level Correlate with Rigid and Obsessive Behavior?" *Archives of General Psychiatry*, 48（1991）: 556-562; R. Limson, D. Goldman, A. Roy, D. Lamparski, B. Ravitz, B. Adinoff, and M. Linnoila, "Personality and Cerebrospinal Fluid Monoamine Metabolites in Alcoholics and Controls," *Archives of General Psychiatry*, 48（1991）: 437-441; D. C. Jimerson, M. D. Lesem, W. H. Kaye, and T. D. Brewerton, "Low Serotonin and Dopamine Metabolite Concentrations in Cerebrospinal Fluid from Bulimic Patients with Frequent Binge Episodes," *Archives of General Psychiatry*, 49（1992）: 132-138; S. E. Swedo, H. L. Leonard, M. J. Kruesi, D. C. Rettew, S. J. Listwak, W. Berettini, M. Stipetic, S. Hamburger, P. W. Gold, W. Z. Potter, and J. L. Rapoport, "Cerebrospinal Fluid Neurochemistry in Children and Adolescents with Obsessive-Compulsive Disorder," *Archives of General Psychiatry*, 49（1992）: 29-36; M. Virkkunen, E. Kallio, R. Rawlings, R. Tokola, R. E. Poland, A. Guidotti, C. Nemeroff, G. Bissette, K. Kalogeras, S. L. Karonen, and M. Linnoila, "Personality Profiles and State Aggressiveness in Finnish Alcoholics, Violent Offenders, Fire Setters, and Healthy Volunteers," *Archives of General Psychiatry*, 51（1994）: 28-33.

病之一。）抽烟在自杀者中比在没有自杀的人里更常见，在精神分裂症、抑郁症和反社会型人格障碍患者以及酗酒的人里面也更为常见，似乎也跟脑脊液 5－HIAA 浓度低有关①。只是目前还不清楚是抽烟导致了 5-HIAA 浓度下降，还是血清素浓度低增加了个体开始或继续抽烟的可能性。

血清素与自杀之间的关联在对自杀者大脑的尸检研究中得到了进一步证实②。相关证据充分表明，大脑的前额叶皮质存在血清素异常，而

---

① R. S. Paffenbarger Jr. and D. P. Asnes, "Chronic Disease in Former College Students: III. Precursors of Suicide in Early and Middle Life," *American Journal of Public Health*, 56 (1966): 1026-1036; P. S. Paffenbarger Jr., S. H. King, and A. L. Wing, "Chronic Disease in Former College Students: IX. Characteristics in Youth That Predispose to Suicide and Accidental Death in Later Life," *American Journal of Public Health*, 59 (1969): 900-908; C. B. Thomas, "Suicide Among Us: II. Habits of Nervous Tension as Potential Predictors," *Hopkins Medical Journal*, 129 (1971): 190-201; C. B. Thomas, "Precursors of Premature Disease and Death: The Predictive Potential of Habits and Family Attitudes," *Annals of Internal Medicine*, 85 (1976): 653-658; K. M. Malone, C. Waternaux, G. L. Haas, and J. J. Mann, "Alcohol Abuse, Cigarette Smoking, Suicidal Behavior and Serotonin Function," *Biological Psychiatry*, 41 (Suppl.) (1997): 9; J. Angst and P. J. Clayton, "Personality, Smoking and Suicide," *Journal of Affective Disorders*, 51 (1998): 55-62; P. Clayton, "Smoking and Suicide," *Journal of Affective Disorders*, 50 (1998): 1-2; J. J. Mann, C. Waternaux, G. L. Haas, and K. M. Malone, "Toward a Clinical Model of Suicidal Behavior in Psychiatric Patients," *American Journal of Psychiatry*, 156 (1999): 181-189.

② M. Stanley and B. Stanley, "Biochemical Studies in Suicide Victims: Current Findings and Future Implications," *Suicide and Life-Threatening Behavior*, 19 (1989): 30-42; J. E. Kleinman, T. M. Hyde, and M. M. Herman, "Methodological Issues in the Neuropathology of Mental Illness," in F. E. Bloom and D. J. Kupfer, eds., *Psychopharmacology: The Fourth Generation of Progress* (New York: Raven Press, 1995), pp. 859-864; V. Arango, M. D. Underwood, and J. J. Mann, "Fewer Pigmented Locus Ceruleus Neurons in Suicide Victims: Preliminary Results," *Biological Psychiatry*, 39 (1996): 112-120; V. Arango, M. D. Underwood, and J. J. Mann, "Postmortem Findings in Suicide Victims: Implications for In Vivo Imaging Studies," *Annals of the New York Academy of Sciences*, 836 (1997): 269-287; S. E. Bachus, T. M. Hyde, M. Akil, C. Shannon Weickert, M. P. Vawter, and J. E. Kleinman, "Neuropathology of Suicide: A Review and an Approach," *Annals of the New York Academy of Sciences*, 836 (1997): 201-219; J. F. López, D. M. Vázquez, D. T. Chalmers, and S. J. Watson, "Regulation （转下页）

大脑里的这个区域跟行为抑制密切相关。大脑里这个地方的血清素水平降低可能会导致抑制解除，并进一步导致自杀意念和感受突然产生。

自杀者大脑里产生去甲肾上腺素的神经元数量似乎也明显减少了，表明他们的去甲肾上腺素回路存在病变，而这种神经递质与睡眠调节、抑郁、注意力和睡眠-清醒周期有很大关系。去甲肾上腺素系统里发生的这些变化，可能是由于大脑发育异常引起，也可能是急性或慢性压力影响所致。急性或慢性压力，比如抑郁症、酗酒或精神崩溃，可能会让血清素减少，从而在大脑里引发一系列致命生物事件。

以下丘脑、垂体和肾上腺为主，这些腺体产生的化学物质能调节身体对压力的反应。在正常情况下，释放皮质醇和肾上腺素等压力激素会让心跳加快，饥饿感降低，并向肌肉输送更多血液，总之就是能调动动物对压力的适应性反应。但是，如果由于什么原因——早期创伤、遗传因素、精神疾病之类——让这个应激反应无法关闭，结果可能就会持续很长时间，变得很危险。大鼠如果在出生时经历过压力刺激，或是过早与母亲分离，就可能会表现出无法逆转的社交和认知损伤[1]。但是，如

(接上页) of 5-HT Receptors and the Hypothalamic-Pituitary-Adrenal Axis," *Annals of the New York Academy of Sciences*, 836（1997）: 106-134; G. A. Ordway, "Pathophysiology of the Locus Coeruleus in Suicide," *Annals of the New York Academy of Sciences*, 836（1997）: 233-252; J. J. Mann and V. Arango, "The Neurobiology of Suicidal Behavior," in D. G. Jacobs, *The Harvard Medical School Guide to Suicide Assessment and Intervention*（San Francisco: Jossey-Bass, 1999）: 98-114.

[1] P. Rosenfeld, Y. R. Gutierrez, A. M. Martin, H. A. Mallet, E. Alleva, and S. Levine, "Maternal Regulation of the Adrenocortical Response in Preweanling Rats," *Physiology and Behavior*, 50（1991）: 661-671; D. M. Vázquez and H. Akil, "Pituitary-Adrenal Response to Ether Vapor in the Weanling Animal: Characterization of the Inhibitory Effect of Glucocorticoids on Adrenocorticotropin Secretion," *Pediatric Research*, 34（1993）: 646-653; S. Levine, "The Ontogeny of the Hypothalamic-Pituitary-Adrenal Axis: The Influence of Maternal Factors," *Annals of the New York Academy of Sciences*, 746（1994）: 275-288; C. O. Ladd, M. J. Owens, and C. B. Nemeroff, "Persistent Changes in Corticotropin-Releasing Factor Neuronal Systems Induced by Maternal Deprivation," *Endocrinology*, 137（1996）: 1212-1218.

果让幼鼠接受母亲更频繁地梳毛和舔舐，它们以后学习、探索以及跟其他老鼠互动的能力就会增强。

在人类身上，由生物学因素和经历共同引发的过度活跃的应激反应，可能会对情绪、免疫活动和血清素水平产生不利影响。病态水平的焦虑和激越都跟自杀有关，两者也都并不少见。对自杀者的尸检研究带来了下丘脑-垂体-肾上腺皮质轴过度活跃的证据，也进一步证明了压力对自杀的影响①。

在对抑郁症、精神分裂症和躁郁症患者大脑的解剖结构和功能进行成像研究（给大脑拍照片，比如正电子发射断层扫描，即 PET 扫描）时，多次发现显著的大脑病变，比如能看到双相情感障碍患者的扁桃腺增大②，而这个地方会参与产生和调节情绪；脑白质病变增加，叫作高信号，跟大脑组织的水含量有关③；还有神经胶质细胞数量剧

---

① K. Dorovini-Zis and A. P. Zis, "Increased Adrenal Weight in Victims of Violent Suicide," *Endocrinology*, 144 (1987): 1214-1215; C. B. Nemeroff, M. J. Owens, G. Bissette, A. C. Andorn, and M. Stanley, "Reduced Corticotropin Releasing Factor Binding Sites in the Frontal Cortex of Suicide Victims," *Archives of General Psychiatry*, 45 (1988): 577-579; M. Arato, C. M. Banki, G. Bissette, and C. B. Nemeroff, "Elevated CSF CRF in Suicide Victims," *Biological Psychiatry*, 25 (1989): 355-359; J. F. López, M. Palkovits, M. Arato, A. Mansour, H. Akil, and S. J. Watson, "Localization and Quantification of Pro-Opiomelanocortin mRNA and Glucocorticoid Receptor mRNA in Pituitaries of Suicide Victims," *Neuroendocrinology*, 56 (1992): 491-501; E. Szigethy, Y. Conwell, N. T. Forbes, C. Cox, and E. D. Caine, "Adrenal Weight and Morphology in Victims of Completed Suicide," *Biological Psychiatry*, 36 (1994): 374-380.

② L. L. Altshuler, G. Bartzokis, T. Grieder, J. Curran, and J. Mintz, "Amygdala Enlargement in Bipolar Disorder and Hippocampal Reduction in Schizophrenia: An MRI Study Demonstrating Neuroanatomic Specificity," *Archives of General Psychiatry*, 55 (1998): 663-664; S. M. Strakowski, M. P. Del Bello, K. W. Sax, M. E. Zimmerman, P. K. Shear, J. M. Hawkins, and E. R. Larson, "Brain Magnetic Resonance Imaging of Structural Abnormalities in Bipolar Disorder," *Archives of General Psychiatry*, 56 (1999): 254-260.

③ R. M. Dupont, T. L. Jernigan, and N. Butters, "Subcortical Abnormalities Detected in Bipolar Affective Disorder Using Magnetic Resonance Imaging," *Archives of General Psychiatry*, 47 (1990): 55-59; V. W. Swayze, N. C. Andreasen, R. J. （转下页）

烈减少①，而这种细胞不但要参与大脑的发育，还会为神经细胞提供生长因子和营养物质。因此也很有可能，反复发作的精神病或抑郁症也许会让容易损坏的化学物质更经不起打击，让本就脆弱的大脑雪上加霜。也有一些证据表明，慢性精神分裂症患者大脑里的结构性变化也许跟自杀未遂有关②，而老年痴呆症患者的脑白质病变也有可能跟自杀念头脱不了干系③。杜克大学的艾琳·埃亨和同事们最近就在研究大脑室周区域的高信号与自杀未遂之间的关系，这个地方跟应激反应和生物节律等都有关系④。这些都还只是初步研究，而且由于精神病药物可能给大脑带来的变化而变得复杂，但还是指出了自杀研究的一个重要领域在什么方向。

科学家同样也正在研究血脂（比如胆固醇和多不饱和必需脂肪酸）

（接上页）Alliger, J. C. Ehrhardt, and W. T. Yuh, "Structural Brain Abnormalities in Bipolar Affective Disorder: Ventricular Enlargement and Focal Signal Hyperintensities," *Archives of General Psychiatry*, 47 (1990): 1054–1059; G. S. Figiel, K. R. R. Krishnan, V. P. Rao, M. Doraiswamy, E. H. Ellinwood, C. B. Nemeroff, D. Evans, and O. Boyko, " Subcortical Hyperintensities on Brain Magnetic Resonance Imaging: A Comparison of Normal and Bipolar Subjects," *Journal of Neuropsychiatry and Clinical Neuroscience*, 3 (1991): 18–22; S. M. Strakowski, B. T. Woods, M. Tohen, D. R. Wilson, A. W. Douglass, and A. L. Stoll, "MRI Subcortical Hyperintensities in Mania at First Hospitalization," *Biological Psychiatry*, 33 (1993): 204–206; E. P. Ahearn, D. C. Steffens, F. Cassidy, S. A. Van Meter, J. M. Provenzale, M. F. Seldin, R. H. Weisler, and K. R. R. Krishnan, "Family Leukoencephalopathy in Bipolar Disorder," *American Journal of Psychiatry*, 155 (1998): 1605–1607.

① D. Öngür, W. C. Drevets, and J. L. Price, "Glial Reduction in the Subgenual Prefrontal Cortex in Mood Disorders," *Proceedings of the National Academy of Sciences USA*, 95 (1998): 13290–13295.

② A. B. Levy, N. Kurtz, and A. S. Kling, "Association Between Cerebral Ventricular Enlargement and Suicide Attempts in Chronic Schizophrenia," *American Journal of Psychiatry*, 141 (1984): 438–439.

③ O. L. Lopez, J. T. Becker, C. F. Reynolds, C. A. Jungreis, S. Weinman, and S. T. De Kosky, "Psychiatric Correlates of MR Deep White Matter Lesions in Probable Alzheimer's Disease," *Journal of Neuropsychiatry and Clinical Neurosciences*, 9 (1997): 246–250.

④ 与艾琳·埃亨医生的私下交流，1999年3月8日。

对抑郁症和自杀可能有什么影响。有报道称，胆固醇水平较低的人（可能天生如此，也可能是因为改变饮食、增加锻炼或服用了降胆固醇药物）更有可能因自杀而英年早逝，研究人员对这个问题很关心，也正试图厘清其中的关联①。并非所有研究都一致表明自杀和胆固醇水平低有关，但能证明这一点的研究已经够多②，说明我们还是需要认真对待这个问题。

研究人员提出了几种解释。有些人认为，说胆固醇水平低是自杀的原因其实是抑郁症造成的③，很多人在感到抑郁的时候体重都会下降，他们的胆固醇水平也就相应下降了。因此，看起来像是起因的事情，实际上也许只是附带发生的。但是，也有几项考察节食与体重下降关系的研究发现了一些关联④。

包括北卡罗来纳州鲍曼·格雷医学院的杰伊·卡普兰在内的另一些

---

① D. Jacobs, H. Blackburn, M. Higgins, D. Reed, H. Iso, G. McMillan, J. Neaton, J. Nelson, J. Potter, B. Rifkind, J. Rossouw, R. Shekelle, and S. Yusuf, "Report of the Conference on Low Blood Cholesterol: Mortality Associations," *Circulation*, 86 (1992): 1046–1060; M. F. Muldoon and S. B. Manuck, "Health Through Cholesterol Reduction: Are There Unforeseen Risks?" *Annals of Behavioral Medicine*, 14 (1992): 101–108; J. D. Neaton, H. Blackburn, D. Jacobs, L. Kuller, D. J. Lee, R. Sherwin, J. Shih, J. Stamler, and D. Wentworth, "Serum Cholesterol Level and Mortality Findings for Men Screened in the Multiple Risk Factor Intervention Trial," *Archives of Internal Medicine*, 152 (1992): 1490–1500; M. F. Muldoon, J. Rossouw, S. B. Manuck, C. J. Glueck, J. R. Kaplan and P. Kaufmann, "Low or Lowered Cholesterol and Risk of Death from Suicide and Trauma," *Metabolism*, 42 (Suppl. 1) (1993): 45–56.
② 关于胆固醇与自杀有何关系的研究综述，见 P. F. Boston, S. M. Durson, and M. A. Reveley, "Cholesterol and Mental Disorder," *British Journal of Psychiatry*, 169 (1996): 682–689; and M. Hillbrand and R. T. Spitz, eds., *Lipids, Health, and Behavior* (Washington, D. C.: American Psychological Association, 1997)。
③ K. Hawton, P. Cowen, D. Owens, et al., "Low Serum Cholesterol and Suicide," *British Journal of Psychiatry*, 162 (1993): 818–825.
④ N. Takei, H. Kunugi, S. Nanko, H. Aoki, R. Iyo, and H. Kazamatsuri, "Low Serum Cholesterol and Suicide Attempts," *British Journal of Psychiatry*, 164 (1994): 702–703; J. Fawcett, K. A. Busch, D. Jacobs, H. M. Kravitz, and L. Fogg, "Suicide: A Four-Pathway Clinical-Biochemical Model," *Annals of the New York Academy of Sciences*, 836 (1997): 288–301.

科学家认为，胆固醇摄入会以至关重要的方式影响血清素浓度和行为①。在对猕猴进行的一系列引人入胜的研究中，他和同事们考察了猕猴的社会行为和血浆脂质。猕猴分成两组，有两年时间，分别喂给它们饱和脂肪和胆固醇含量高和含量低的饮食。它们需要评定的行为包括逃跑、攻击、梳毛和社交孤立。跟另一组比起来，低脂饮食的猕猴表现出更极端的肢体暴力。还是这些科学家开展的其他研究也证实，低胆固醇饮食会让攻击或反社会行为加剧。还有一些研究则表明，低胆固醇也跟低血清素浓度有关。

卡普兰和同事们共同指出，胆固醇、攻击性和血清素浓度之间的关联可能对生物进化有重要作用。动物脂肪含量高的食物相当充足时，大脑中血清素活动就会相对较高，而血清素活动水平高，就可能会产生"行为自满"。而到了食物匮乏的时候，尤其是动物脂肪含量高的食物供不应求的话，血浆胆固醇水平就会降低，从而可能引发冲动、冒险行为，比如带有攻击性的狩猎和觅食。

胆固醇、血清素浓度和自杀之间的关联是一个重要的理论假设，也可能具有重要的临床意义。但到现在为止得到的证据都是好坏参半，在得出任何结论之前，我们还需要进行更多研究。

也有一些科学家对胆固醇对抑郁症和自杀的核心影响提出了质疑，其中就有美国国立卫生研究院膜生物物理学和生物化学实验室研究员约瑟夫·希本。他坚持认为，起作用的重要脂质其实是 ω-3 脂肪酸，而不

---

① J. R. Kaplan, S. B. Manuck, M. Fontenot, M. F. Muldoon, C. A. Shively, and J. J. Mann, "The Cholesterol-Serotonin Hypothesis: Interrelationships Among Dietary Lipids, Central Serotonergic Activity, and Social Behavior in Monkeys," in M. Hillbrand and R. T. Spitz, eds., *Lipids, Health, and Behavior* (Washington, D.C.: American Psychological Association, 1997), pp. 139-165; J. R. Kaplan, M. F. Muldoon, S. B. Manuck, and J. J. Mann, "Assessing the Observed Relationship Between Low Cholesterol and Violence-Related Mortality," *Annals of the New York Academy of Sciences*, 836 (1997): 57-80.

是胆固醇，并推测最近几十年抑郁症和自杀发生率增加的原因之一可能是人们消耗的饱和脂肪酸增加了，再加上鱼类中的 ω-3 必需脂肪酸的摄入减少造成的①。这些脂肪酸会选择性地富集到神经组织里，而现在这些脂肪酸在血浆里的浓度下降，会让脑脊液 5-HIAA 的浓度降低。吃鱼多的地方，比如日本和中国台湾地区，抑郁症的发病率看起来就比吃鱼少的地方（比如德国和新西兰）要低，虽然自杀发生率并不一定也是这样②。

希本等人认为，跟现代人的饮食比起来，旧石器时代的人和现代狩猎-采集人群的饮食中饱和脂肪酸含量要低得多，而多不饱和脂肪酸含量则要高得多③。随着农业越来越专门化，人类种植的植物种类越来越少，用作我们食品供应基础的动物所包含的必需脂肪酸的比例也相应地逐渐降低了。希本等人估计，在人类进化史早期，饱和脂肪酸和多不饱和脂肪酸在人类饮食中的比例可能为 1∶1，而到了现在，这个比例已经

---

① M. E. Virkkunen, D. F. Horrobin, D. K. Jenkins, and M. S. Manku, "Plasma Phospholipids, Essential Fatty Acids and Prostaglandins in Alcoholic, Habitually Violent and Impulsive Offenders," *Biological Psychiatry*, 22 (1987): 1087-1096; T. Hirayama, *Life-Style and Mortality* (Basel: Karger, 1990); J. R. Hibbeln and N. Salem, "Dietary Polyunsaturated Fatty Acids and Depression: When Cholesterol Does Not Satisfy," *American Journal of Clinical Nutrition*, 62 (1995): 1-9; J. R. Hibbeln, M. Linnoila, J. C. Umhau, R. Rawlings, D. T. George, and N. Salem, "Essential Fatty Acids Predict Metabolites of Serotonin and Dopamine in Cerebrospinal Fluid Among Healthy Control Subjects and Early- and Late-Onset Alcoholics," *Biological Psychiatry*, 44 (1998): 235-242; J. R. Hibbeln, J. C. Umhau, M. Linnoila, D. T. George, P. R. Ragan, S. E. Shoaf, M. R. Vaughan, R. Rawlings, and N. Salem, "A Replication Study of Violent and Nonviolent Subjects: Cerebrospinal Fluid Metabolites of Serotonin and Dopamine Are Predicted by Plasma Essential Fatty Acids," *Biological Psychiatry*, 44 (1998): 243-249; D. Horrobin and C. N. Bennett, "New Gene Targets Related to Schizophrenia and Other Psychiatric Disorders: Enzymes, Binding Proteins and Transport Proteins Involved in Phospholipid and Fatty Acid Metabolism," *Prostaglandins, Leukotrienes and Essential Fatty Acids*, 60 (1999): 141-167.
② J. R. Hibbeln, "Fish Consumption and Major Depression," *Lancet*, 351 (1998): 1213.
③ B. S. Eaton and M. Konner, "Paleolithic Nutrition: A Consideration of Its Nature and Current Implications," *New England Journal of Medicine*, 312 (1985): 283-289.

高达25∶1。最近五十年，婴儿配方奶粉广泛投入使用，而配方奶跟母乳不一样，里面几乎没有多不饱和脂肪酸，也许就造成了轻微的神经系统缺陷，从而不但影响了情绪和行为，可能也影响了自杀率。对ω-3必需脂肪酸的研究得出的结论还很初步，在确立其重要性之前，还需要更多研究加以佐证。

对胆固醇和必需脂肪酸的研究提出了一些核心问题，跟神经系统发育，饮食对抑郁、攻击性和自杀的可能影响，以及临床评估和治疗可能有哪些关键问题都有关系。（苏格兰科学家戴维·霍罗宾指出，脂肪酸代谢受损跟精神分裂症之间也有可能存在关联①。）迄今为止的发现绝对算不上是一锤定音，但无论怎么说都已经相当值得关注。

当然，很多事情都是由我们的生物特征决定的。最主要的就是基因，决定了我们的秉性，而秉性又影响了我们会选择寻找或避开什么样的环境。我们的秉性还会深刻影响我们如何响应周围环境，以及如何被环境塑造。对那些低调、稳重的人来说，一次失望、一次拒绝、失业、婚姻破裂、一段长期的抑郁都会让他们很痛苦、很难受，但不会危及生命。但对于那些心胸狭窄、脾气暴躁、喜欢冲动的人，生活中的挫折和疾病就要危险得多。对他们来说，就仿佛神经系统浸透了煤油：跟爱人大吵一架、赌输了钱、触犯法律、精神疾病小小发作了一回，都可能会引燃自杀反应。

在生活中遇到一般的压力和损失的人，就算这些压力和损失很可怕，大多数人也都还是能应对得很好。实际上，就算是遭受着最可怕、最持久的身体或精神痛苦，也很少有人会自杀。但是还有一些人，会因

---

① D. F. Horrobin, "The Membrane Phospholipid Hypothesis as a Biochemical Basis for the Neurodevelopmental Concept of Schizophrenia," *Schizophrenia Research*, 30 (1998): 193-208.

为一些看起来微不足道的原因就伸手去摸枪，或是把一根绳子扔过房梁。那些从生物学角度讲更脆弱的人，自杀阈值非常低；他们的爆发点，可能一点无足轻重的事情就能引爆。而在另一些人那里，阈值可能也很低，但没有到危险的程度；但是如果存在抑郁症、精神分裂症、酗酒或极度焦虑等问题，阈值可能还会急剧降低。

自杀有遗传因素，但绝不是说自杀必定会发生。有遗传因素只不过意味着，如果压力累积到足够大，或是有毁灭性的压力突然出现，自杀有可能会成为他们更容易采取的选项。从这个角度来讲，这个问题跟很多其他疾病都有的"二次打击"模型并无不同。例如，心脏病、癌症、哮喘、糖尿病或镰状细胞病（地中海贫血）也都有遗传因素，但带有致病基因并不等于一定会得这种病，但确实意味着疾病更容易被行为或环境触发，比如因为吸烟、久坐的生活方式、饮食、衰老或压力等。对不同疾病来说，遗传因素起作用的力度各有不同，致病基因也许会被触发，也有可能永远都不会有动静。如果某种疾病几乎完全由遗传因素决定（比如亨廷顿舞蹈病），拥有相关基因的人，基本上早晚会得这个病。但是，如果遗传因素更加复杂，或是倾向性没有那么强（再或者是还受到其他基因保护），那么环境和个人行为对这个人是否会得这种病的影响就会更大。

对有些人来说，自杀是突然之间做出的；而对另一些人来说，自杀是因为他们的绝望日积月累，或是情形过于糟糕而经过长时间思考做出的决定。很多人则是上面两种情形兼而有之：在有自杀倾向的绝望感一成不变的一段时间里突然采取的轻率行动。对那些因为家族史或大脑里的化学物质而很容易一时冲动走上绝路的人来说，突然死亡就在旁边等着他们；他们就像干燥得嘎嘣脆的柴堆，对于生活中必然会出现的火星毫无招架之功。如果他们的秉性就是急躁冲动、一点就着，那么他们投身冒险活动也会让他们变成制造并扔出火星的人：他们会挑起斗殴，去掺和一片混乱的事情并使之延续下去,变成玩家和赌徒,走起钢丝,在纷争中扮演起发牌人的角色。他们就像斯蒂芬·派恩在其著作《世界上的火》里写到的澳大利亚原住民那样,"在这片植被最热、最干燥的大陆上……习惯于举着熊熊燃烧的火把到处游走,火星也蹦得到处都是"。① 他们是很可能会出于一时冲动而自杀的人:那些天生反复无常、暴躁易怒的人,那些被不稳定的躁狂症绑在死亡轮上的人,还有那些因为人格障碍或酗酒等问题过着颠沛流离的生活的人。

另一些人则是在经过了深思熟虑,承受了长期的痛苦、精神疾病或慢性压力后才选择自杀。约瑟夫·康拉德年轻的时候对着自己胸膛开了一枪,但他很幸运没有因此毙命。他写道:"我猜,自杀往往只是精神上很疲惫的结果——不是凶残的能量带来的行为,而是彻底崩溃的最终症状。"② 对很多人来说,就是因为绝望日积月累,到了无法承受的地步;精神系统里的制动阀,原本可以提供阻力阻止自杀的,慢慢被侵蚀了。虽然很容易把自杀设想成写悼词的笔下那种样子(是面对生活问题时"可以理解"的反应,比如一夜赤贫、失恋或蒙羞忍耻什么的),但很明显,这些或类似的挫折每个人这辈子都会在某个时候遇到。除非有人过着一潭死水一样、无法想象有多无聊的生活,对未来不抱任何希望(也就不会有希望破灭),没有爱人也就不会失恋,或是从生到死都在地球上面的一个气泡里度过,要不然他一定会遭遇跟在少数人那里成为死亡"原因"一样的悲伤或压力。看起来诱发了自杀的任何悲伤或压力,都会有成千上万人也都经历过同样的或更糟糕的情形,但是他们都没有自杀。正常的头脑,就算遭遇损失或什么极具破坏性的事情,受到那些

---

① S. J. Pyne, *World Fire: The Culture of Fire on Earth* (Seattle: University of Washington Press, 1995), p. 31.

② J. Conrad, *Chance: A Tale in Two Parts* (Garden City, N. Y.: Doubleday, Page & Company, 1926), p. 183.

挫折的强烈影响，都还是会很好地把自杀的选项排除在外。

纽约州精神病研究所的约翰·曼和同事们提出了一个"压力素质"理论，来解释自杀潜在的生物学倾向与引发自杀的诱因之间的关系[1]。有些因素会影响自杀倾向，而这些因素的共同作用决定了自杀行为的阈值。这些因素包括遗传缺陷，比如家族史，以及大脑里的血清素功能受损；秉性中的可变因素，比如攻击性和冲动；长期酗酒和吸毒；慢性病；还有某些社会因素，比如父母早逝，社交孤立，或童年时遭受过身体或性虐待的历史。宗教信仰，家里有孩子，经济有保障，社会支持很有力度，或是婚姻美满，这些因素能在一定程度上提高自杀行为的阈值（也就是能在一定限度内防止自杀）。但是，如果存在强烈的自杀倾向，这些因素的保护作用恐怕也会比较有限。

自杀的刺激因素，被奇怪地称为"触发因素"，包括会带来压力的一些事物，比如精神疾病、药物或酒精引起的急性中毒、个人或经济危机，或是因为接触到了别的自杀事件等。当然，决定阈值的因素和触发因素之间的相互作用很复杂。生来就有躁郁症的遗传倾向，血清素功能受损，家里还有人是自杀死的，这样的人自杀风险就会非常高。但是，如果他在抑郁或躁狂时喝酒，他的自杀风险可能还会进一步升高，因为喝酒可能会让他在人际关系和工作方面更有可能出问题，也会让他的病情更有可能进一步恶化，让他的治疗更有可能不起作用，并有可能进一步损害他的血清素功能。

单独来看，任何一个风险因素——无论是自杀倾向还是某个触发因素——都只会让一个人自杀的可能性略微增加。但有些因素，比如遗传因素或其他生物倾向性因素，尤其是还有严重的精神疾病的话，就会特

---

[1] J. J. Mann, C. Waternaux, G. L. Haas, and K. M. Malone, "Toward a Clinical Model of Suicidal Behavior in Psychiatric Patients," *American Journal of Psychiatry*, 156 (1999): 181-189.

别凶险。如果自杀阈值从生下来的时候就很低，然后触发因素又开始起作用，自杀的可能性也许就会变得高不可攀。稍微冒犯一下或有什么轻微损失，兴许就能很快在各种元素的致命组合中创造出引爆点。这跟失火的道理是一样的：干草和狂风本身可以一直只是有出现危险的可能，只是会烧起来的因素。但如果闪电击中了干草堆，起火的可能性就会火速增加，突然之间从一点点变成确定一定以及肯定。

急性精神疾病是自杀最常见也最危险的触发因素。患有抑郁症、躁郁症、酗酒或精神分裂症的人大部分都不会自杀，但其中会自杀的人还是大大超出一般人群中的比例。对有些人来说，自杀阈值因为疾病本身的特征（比如跟混合状态有关的极度烦躁和冲动，或严重抑郁开始消失或恶化时精神和身体的激越状态）而降低了，但是对另一些人来说，脑脊液 5-HIAA 浓度低到了危险的程度，天生就很有攻击性、行事轻率鲁莽，这样的人就算身体健康，精神疾病也可能会引发潜在的慢性倾向，使之自杀。环境中的很多因素，或是个人行为也都有可能引发精神疾病或让精神疾病恶化，比如之前我们就已经看到，心理压力对脆弱的个人会产生极为关键的影响。

睡眠不足很可能是最重要的会引发躁狂发作的因素，躁狂又会让患者产生抑郁、处于混合状态并随后自杀的风险大为提高。睡眠急剧减少——因为压力、悲伤、生孩子、倒时差、让睡眠模式突然改变的工作（比如军事训练、轮班、战争或医疗实习）、光线在不同季节里的鲜明变化、酗酒或吸毒等等——会引发大脑里强有力的生物变化。像是抗抑郁药和类固醇这样的药物，也可能会让情绪发生巨大变化，或是在脆弱的人身上唤起焦躁不安的状态；很多疾病也会如此，比如甲状腺疾病、库欣病、心肌梗死、术后状态、血液透析、艾滋病、头部创伤、中风和感染。会让胆固醇水平降低或缺乏 ω-3 必需脂肪酸的饮食也可能会对自杀阈值产生影响，尽管还不清楚这种影响究竟有多重要。即便就像埃米尔·克雷珀林在将近一百年前描述的那样，"躁郁症的发作可能在相当大的程度上跟外界影响没有关系"①，我们还是可以百分之百肯定，重大精神疾病、行为和物理环境之间存在复杂的因果关系。而这些因素又会对自杀潜在的生物学因素和倾向于自杀的秉性产生强烈影响。

还有另外一些重要因素影响着自杀。年龄就是特别重要的一个。我们知道，十二岁以前自杀的情况非常少见②。所有自杀事件中，只有1%发生在人生的前十五年，但发生在接下来十五年里的有25%。是什么原因导致发生率上升了这么多？

---

① E. Kraepelin, *Manic-Depressive Insanity and Paranoia*, trans. R. M. Barclay, ed. G. M. Robertson (New York: Arno Press, 1976; first published, 1921), p. 181.

② D. Shaffer, "Suicide in Childhood and Early Adolescence," *Journal of Child Psychology and Psychiatry*, 15 (1974): 275-291; D. Shaffer and P. Fisher, "The Epidemiology of Suicide in Children and Young Adolescents," *Journal of the American Academy of Child Psychiatry*, 20 (1981): 545-565; C. R. Pfeffer, R. Plutchik, M. S. Mizruchi, and R. Lipkins, "Suicidal Behavior in Child Psychiatric Inpatients and Outpatients and in Nonpatients," *American Journal of Psychiatry*, 143 (1986): 733-738; H. M. Hoberman and B. D. Garfinkel, "Completed Suicide in Youth," *Canadian Journal of Psychiatry*, 33 (1988): 494-504; R. Harrington, H. Rudge, M. Rutter, A. Pickles, and J. Hill, "Adult Outcomes of Childhood and Adolescent Depression," *Archives of General Psychiatry*, 47 (1990): 465-473; M. Kovacs, D. Goldston, and C. Gatsonis, "Suicidal Behaviors and Childhood-Onset Depressive Disorders: A Longitudinal Investigation," *Journal of the American Academy of Child and Adolescent Psychiatry*, 32 (1993): 8-20; U. Rao, M. M. Weissman, J. A. Martin, and R. W. Hammond, "Childhood Depression and Risk of Suicide: A Preliminary Report of a Longitudinal Study," *Journal of the American Academy of Child and Adolescent Psychiatry*, 32 (1993): 21-27; C. R. Pfeffer, S. W. Hurt, T. Kakuma, J. R. Peskin, C. A. Siefker, and S. Nagabhairava, "Suicidal Children Grow Up: Suicidal Episodes and Effects of Treatment During Follow-up," *Journal of the American Academy of Child and Adolescent Psychiatry*, 33 (1994): 225-230; D. N. Klein, P. M. Lewinsohn, and J. R. Seeley, "Hypomanic Personality Traits in a Community Sample of Adolescents," *Journal of Affective Disorders*, 38 (1996): 135-143. There were, however, disturbingly high rates of suicide in young children during the fifteenth through eighteenth centuries in England; see M. MacDonald and T. R. Murphy, *Sleepless Souls: Suicide in Early Modern England* (Oxford: Clarendon Press, 1990), pp. 248-252.

有些研究人员提出，小孩子不会自杀，是因为他们对死亡会有非常虚幻的看法——比如六岁到十一岁的孩子一多半都相信人死可以复生①——但是这种信念为什么会让小孩子不去自杀却并非显而易见（按理说对死亡有这种看法的话，倒是应该会增加自杀的可能性才对）。也许更重要的原因是，自杀的计划和实施在认知上相当复杂，而小孩子通常不具备完成这些的能力。最重要的是，主要的精神病理学问题（情绪障碍、酗酒、吸毒以及精神病）在小孩子中间并不多见。严重的精神疾病首次出现在青春期以后而非以前的可能性要高得多。

青春期通常在十二岁到十四岁之间开始，自杀率第一次显著上升刚好也是在这个年龄段。青春期不但带来了纷纷扰扰的激素，重大精神疾病的发病率也随着青春期到来而稳步上升。躁郁症的平均发病年龄是十八岁②，酗酒、吸毒和精神分裂症是二十一岁，而重度抑郁症是二十六岁。严重精神疾病的患病率与自杀的发生率如影随形，让年龄增长成了一个重要的风险因素。

和年龄一样，性别在自杀事件中也会起到决定性作用③。早先我们

---

① M. S. McIntyre and C. A. Angle, "The Child's Concept of Death," paper presented at the *Workshop in Methodology*, Ambulatory Pediatric Society, Atlantic City, N.J., April 1970; M. W. Speece and S. B. Brent, "Children's Understanding of Death: A Review of Three Components of a Death Concept," *Child Development*, 55 (1984): 1671–1686; C. R. Pfeffer, *The Suicidal Child* (New York: Guilford, 1986); D. Gothelf, A. Apter, A. Brand-Gothelf, N. Offer, H. Ofek, S. Tyano, and C. R. Pfeffer, "Death Concepts in Suicidal Adolescents," *Journal of the American Academy of Child and Adolescent Psychiatry*, 37 (1998): 1279–1286.

② F. K. Goodwin and K. R. Jamison, *Manic-Depressive Illness* (New York: Oxford University Press, 1990); L. N. Robins and D. A. Regier, *Psychiatric Disorders in America: The Epidemiologic Catchment Area Study* (New York: Free Press, 1991).

③ 关于自杀率的性别差异和程度的讨论见第二章，自杀方法选择上的性别差异见第五章；亦可参见 C. L. Rich, J. E. Ricketts, R. C. Fowler, and D. Young, "Some Differences Between Men and Women Who Commit Suicide," *American Journal of Psychiatry*, 145 (1988): 718–722; S. S. Canetto and D. Lester, eds., *Women and Suicidal Behavior* (New York: Springer, 1995); S. S. Canetto, "Gender and Suicidal Behavior: Theories and Evidence," in R. W. Maris, M. M. Silverman, and S. S. Canetto, *Review of Suicidology*, 1997 (New York: Guilford Press, 1997), pp. 138–167。

已经讨论过男性和女性在自杀方面的一些差异：女性尽管比男性更容易得抑郁症也更有可能尝试自杀，但真正自杀身亡的却没有那么多。在某种程度上，这是因为男性承认自己得了抑郁症并寻求治疗的可能性要低一些，但同样也是因为他们患上精神疾病的时候更有可能大量饮酒，也更有可能采用枪支或其他高度致命的方法来杀死自己。冲动和暴力很容易导致自杀，而这两者似乎更多属于男性的先天特征，尽管血清素浓度在两性之间的差异还没有得到充分研究①。

有一些证据可以证明，孕期血液中的血清素浓度会升高②，这可能是这段时间女性自杀率较低的原因③。（测量脑脊液里的血清素浓度能得

---

① M. R. Fryer, A. J. Frances, T. Sullivan, S. W. Hurt, and J. Clarkin, "Suicide Attempts in Patients with Borderline Personality Disorder," *American Journal of Psychiatry*, 145 (1988): 737–739; B. -A. Armelius and G. Kullgren, "Pc-Modelling as an Instrument to Identify Patterns of Traits and Behaviors Associated with Completed Suicide in Borderline Personality Disorder," in G. Kullgren, ed., *Clinical Studies on the Borderline Concept with Special Reference to Suicidal Behavior* (Umeå, Sweden: Umeå University Medical Dissertations, 1987), p. 204, 引自 B. Runeson and J. Beskow, "Borderline Personality Disorder in Young Swedish Suicides," *Journal of Nervous and Mental Disease*, 179 (1991): 153–156; D. A. Brent, B. Johnson, S. Bartle, et al., "Personality Disorder, Tendency to Impulsive Violence, and Suicidal Behavior in Adolescents," *Journal of the American Academy of Child and Adolescent Psychiatry*, 32 (1993): 69–75; B. S. Brodsky, K. M. Malone, S. P. Ellis, R. A. Dulit, and J. J. Mann, "Characteristics of Borderline Personality Disorder Associated with Suicidal Behavior," *American Journal of Psychiatry*, 154 (1997): 1715–1719; A. T. A. Cheng, A. H. Mann, and K. A. Chan, "Personality Disorder and Suicide: A Case-Control Study," *British Journal of Psychiatry*, 170 (1997): 441–446。

② S. O'Reilly and M. Loncin, "Ceruloplasmin and 5-Hydroxindole Metabolism in Pregnancy," *American Journal of Obstetrics and Gynecology*, 98 (1967): 8–14; M. Uluitu, L. Dusleag, D. Constantinescu, G. Petcu, G. Catrinescu, and S. Pana, "Serotonin Through Pregnancy: Comparative Researches in Different Species and in Mankind," *Physiologie*, 12 (1975): 275–280.

③ G. J. Kleiner and W. M. Greston, eds., *Suicide in Pregnancy* (London: John Wright, 1984); A. L. Dannenberg, D. M. Carter, H. W. Lawson, D. M. Ashton, S. F. Dorfman, and E. H. Graham, "Homicide and Other Injuries as Causes of Maternal Death in New York City, 1987 through 1991," *American Journal of Obstetrics and Gynecology*, 172 (1995): 1557–1564; P. M. Marzuk, K. Tardiff, A. C. Leon, C. S. Hirsch, L. Portera, N. Hartwell, and M. Irfan Iqbal, "Lower Risk of Suicide During Pregnancy," *American Journal of Psychiatry*, 154 (1997): 122–123.

到大脑里的血清素浓度,而血液中的血清素浓度不同,会受到饮食和其他因素的强烈影响。)女性在产后一年的自杀风险通常都非常低,只有那些有严重精神疾病史的人是例外[1]。(那些女性产后自杀的风险要高得多。)关于女性月经周期不同阶段自杀率的变化,现有证据有些相互矛盾之处,但大部分研究都发现,月经来潮前一周或月经来潮的时候,自杀的、自杀未遂的和给自杀干预中心打电话的都会增加[2]。伦敦进行的一项尸检研究检查了 23 名自杀女性的子宫内膜,发现她们几乎全都处于月经周期的黄体期(也就是月经来潮前十四天),只有一个人例外[3]。还有一项研究给用煤油自焚的印度妇女做了尸检,发现 22 名女性中有 19 名在自杀时正处于经期[4]。有证据表明,月经周期第一周的自杀尝试可能跟雌激素水平低有关[5]。

在全世界范围内,自杀身亡的人里男性占绝大多数,但还是有几个国家和地区情况并非如此,比如马耳他、埃及、巴布亚新几内亚、埃塞俄比亚西部以及中国大陆。1990 年,中国自杀的女性超过 18 万(同年

---

[1] L. Appleby, "Suicide During Pregnancy and in the First Postnatal Year," *British Medical Journal*, 302 (1991): 137–140; L. Appleby, P. B. Mortensen, and E. B. Faragher, "Suicide and Other Causes of Mortality After Post-Partum Psychiatric Admission," *British Journal of Psychiatry*, 173 (1998): 209–211; L. Appleby and G. Turnbull, "Parasuicide in the First Postnatal Year," *Psychological Medicine*, 173 (1998): 209–211.

[2] A. J. Mandell and M. P. Mandell, "Suicide and the Menstrual Cycle," *Journal of the American Medical Association*, 200 (1967): 792–793; R. D. Wetzel, T. Reich, and J. N. McClure, "Phase of the Menstrual Cycle and Self-Referrals to a Suicide Prevention Service," *British Journal of Psychiatry*, 119 (1971): 523–524; E. Baca-García, A. Sánchez González, P. González Diaz-Corralero, I. González Garcia, and J. de Leon, "Menstrual Cycle and Profiles of Suicidal Behaviour," *Acta Psychiatrica Scandinavica*, 97 (1998): 32–35.

[3] P. C. B. MacKinnon and I. L. MacKinnon, "Hazards of the Menstrual Cycle," *British Medical Journal*, (1956): 555.

[4] A. L. Ribeiro, "Menstruation and Crime," *British Medical Journal*, 1 (1962): 640.

[5] V. Fourestié, B. de Lignières, F. Roudot-Thoraval, I. Fulli-Lemaire, D. Cremniter, K. Nahoul, S. Fournier, and I.-L. Lejone, "Suicide Attempts in Hypo-Estrogenic Phases of the Menstrual Cycle," *Lancet*, 2 (1986): 1357–1360.

自杀的中国男性为15.9万），是全世界自杀女性的一半还多①。每天500个自杀的中国女性大部分都很年轻，可能才二十出头，生活在农村地区。

中国年轻女性的自杀率为什么会这么高，研究人员提出了很多种解释，但也有很多争议。其中最言之有理（但绝非能完全解释）的说法是，中国农村妇女太容易接触到致命的农药了。如果她们喝下去的是一般的药物而非农药，或是更容易得到紧急医疗护理，她们的一时冲动对生命的威胁就会小得多，但在当时那样的条件下，一时冲动要了她们的命，出于冲动的自杀尝试很快就变成了自杀身亡。

有些人认为，向市场经济快速转变可能是自杀率高企的部分原因，尽管这种转变并非中国独有，也说不清楚为什么这对女性的影响比男性更大。另一些人推测，中国对自杀行为并没有出于宗教或法律的禁制，可能会让年轻女性在心理上更容易做出自杀决定。社会科学家则强调，中国社会对女性没那么重视，这种认为女性地位低下的看法虽然有可能说对了，但中国的这些问题跟其他很多国家并没有什么不同，但那些国家的女性自杀率要低得多。家庭纠纷、包办婚姻和其他家庭问题也是重要因素，但这些或类似的压力和冲突在所有社会中都存在，这些因素也许起到了促进作用，但不太可能是自杀的主要原因。

精神疾病在中国的自杀案例中在多大程度上是核心因素，目前围绕

---

① C. Pritchard, "A Comparison of Youth Suicide in Hong Kong, the Developed World, and the People's Republic of China," *Hong Kong Journal of Mental Health*, 22 (1993): 6–16; World Bank, *World Development Report 1993: Investing in Health* (New York: Oxford University Press for the World Bank, 1993); C. J. L. Murray and A. D. Lopez, *The Global Burden of Disease* (Cambridge, Mass.: Harvard University Press, 1996); C. Pritchard, "Suicide in the People's Republic of China Categorized by Age and Gender: Evidence of the Influence of Culture on Suicide," *Acta Psychiatrica Scandinavica*, 93 (1996): 362–367; P. Brown, "No Way Out," *New Scientist*, March 22, 1997, pp. 34–37; E. Rosenthal, "Women's Suicides Reveal Rural China's Bitter Roots," *New York Times*, January 24, 1999.

这个问题有一场相当激烈的争论。常驻北京的加拿大精神病学家迈克尔·菲利普斯（中文名费立鹏）认为，中国只有50%的自杀事件与精神疾病有关，而这个比例在其他地方据报道至少为90%。他认为，其他自杀事件本质上大都是出于一时冲动。中国台湾地区的医生郑安德研究得出的结论是，中国台湾地区的自杀事件95%以上都跟精神疾病密切相关，而他的研究结果跟世界上其他地方报出来的结果更一致，因此他强烈反对菲利普斯的看法。这些意见分歧肯定需要一段时间才能解决，但与此同时，大家都认为需要采取一些行动。最近中国医生已经开始关注抑郁症的识别和治疗，中国农村获得农药的途径在减少，自杀预防方案已经启动，而女孩子们也正在学习用更好的方法来应对她们遇到的压力。

我们和其他生命一样，都是周期性生物，我们的节律，是由地球绕着太阳转和月亮绕着地球转的周期决定的。我们大脑和身体里的化学物质，随着地球上光和热的变化，可能也随着地球电磁场的变化而振动。跟其他哺乳动物一样，我们饮食、睡眠和其他身体活动的模式都会随着季节变化而变化，也会随着白昼长度和气温的变化而变化。由基因决定的一台掌控一切的生物钟，控制着我们大脑里的化学成分的循环，也影响着我们对物理环境的反应。

对于地球每日节律和每年季节变化的影响，自杀当然也不可能置身事外。大部分自杀都发生在早上7点到下午4点之间[①]，19世纪有位科学家（他在欧洲很多国家都发现了类似的规律）对此解释道："冲击和

[①] E. Morselli, *Suicide: An Essay on Comparative Moral Statistics* (London: Kegan Paul, 1881); C. P. Seager and R. A. Flood, "Suicide in Bristol," *British Journal of Psychiatry*, 111 (1965): 919–932; D. R. Nalin, "Epidemic of Suicide by Malathion Poisoning in Guyana: Report of 264 Cases," *Tropical Geographical Medicine*, 25 (1973): 8–14; （转下页）

挫折最容易在最忙碌的时候遇到，在那些已经对生活的辛劳和忧虑感到厌倦的人看来，新的一天并不比前一天更光明，而迎接这样的一天到来，往往超出了他们的承受能力。"[1]医院里的自杀往往发生在一天当中很早的时候，最常见的是早上5点到7点之间[2]。其中有些可能是因为病房活动和医护人手等人为因素，但更有可能的解释是，这个规律反映了早已证明情绪中存在的昼夜变化，尤其是那些患有重度抑郁症和躁狂

（接上页）J. R. Aston and S. Donnan, "Suicide by Burning as an Epidemic Phenomenon: An Analysis of 82 Deaths and Inquests in England and Wales in 1978–1979," *Psychological Medicine*, 11 (1981): 735-739; D. De Maio, F. Carpenter, and C. Riva, "Evaluation of Circadian, Circsepten and Cirannual Periodicity of Attempted Suicides," *Chronobiologia*, 9 (1982): 185-193; D. W. Johnston and J. P. Waddell, "Death and Injury Patterns: Toronto Subway System," *Journal of Trauma*, 24 (1984): 619-622; P. Williams and M. Tansella, "The Time for Suicide," *Acta Psychiatrica Scandinavica*, 75 (1987): 532-535; R. Hanzlick, K. Masterson, and B. Walker, "Suicide by Jumping from High-Rise Hotels: Fulton County, Georgia, 1967-1986," *American Journal of Forensic Medicine and Pathology*, 11 (1990): 294-297; Y. Motohashi, "Circadian Variation in Suicide Attempts in Tokyo from 1978 to 1985," *Suicide and Life-Threatening Behavior*, 20 (1990): 352-361; G. Maldonado and J. F. Kraus, "Variation in Suicide Occurrence by Time of Day, Day of the Week, Month, and Lunar Phase," *Suicide and Life-Threatening Behavior*, 21 (1991): 174-187; I. O'Donnell and R. D. T. Farmer, "Suicidal Acts on Metro Systems: An International Perspective," *Acta Psychiatrica Scandinavica*, 86 (1992): 60-63; M. Gallerani, F. M. Avato, D. Dal Monte, S. Caracciolo, C. Fersini, and R. Manfredi, "The Time for Suicide," *Psychological Medicine*, 26 (1996): 867-870; L. B. Lerer and R. G. Matzopoulos, "Fatal Railway Injuries in Cape Town, South Africa," *American Journal of Forensic Medicine and Pathology*, 18 (1997): 144-147; C. Altamura, A. VanGastel, R. Pioli, P. Mannu, and M. Maes, "Seasonal and Circadian Rhythms in Suicide in Cagliari, Italy," *Journal of Affective Disorders*, 53 (1999): 77-85.

[1] S. A. K. Strahan, *Suicide and Insanity: A Physiological and Sociological Study* (London: Swan Sonnenschein & Co., 1893), p. 158.

[2] G. R. Jameison and J. H. Wall, "Some Psychiatric Aspects of Suicide," *Psychiatric Quarterly*, 7 (1933): 211-229; L. S. Lipschutz, "Some Administrative Aspects of Suicide in the Mental Hospital," *American Journal of Psychiatry*, 99 (1942): 181-187; A. D. Pokorny, "Characteristics of Forty-Four Patients Who Subsequently Committed Suicide," *Archives of General Psychiatry*, 2 (1960): 314-323; A. R. Beisser and J. E. Blanchette, "A Study of Suicides in a Mental Hospital," *Diseases of the Nervous System*, 22 (1961): 365-369; P. H. Salmons, "Suicide in High Buildings," *British Journal of Psychiatry*, 145 (1984): 469-472.

症的人①。特别是躁狂症患者，早上的情绪往往糟糕得多，但是会在白天逐渐好转。认知障碍，包括注意力、记忆力、专注力、反应时间和体力，在情绪障碍患者身上也都表现出明显的昼夜变化②。这些情绪和认知变化，以及这些变化与自杀行为的昼夜模式的关系，在我们了解了大脑中化学物质的昼夜节律后会得到更充分的讨论。没有证据表明自杀和月亮周期之间存在联系③，尽管在现代照明出现以前，月亮对情绪和行为的影响可能更强烈④。也没有证据表明，自杀与生日，与感恩节、圣诞节等国家法定节假日有关系⑤。（英国倒是有一项研究发现，情人节这

---

① G. Winokur, P. J. Clayton, and T. Reich, *Manic Depressive Illness* (St. Louis: C. V. Mosby, 1969); T. A. Wehr and F. K. Goodwin, eds., *Circadian Rhythms in Psychiatry* (Pacific Grove, Calif.: Boxwood Press, 1983); F. K. Goodwin and K. R. Jamison, *Manic-Depressive Illness* (New York: Oxford University Press, 1990); A. P. R. Moffott, R. E. O'Carroll, J. Bennie, S. Carroll, H. Dick, K. P. Ebmeier, and G. M. Goodwin, "Diurnal Variation of Mood and Neuropsychological Function in Major Depression with Melancholia," *Journal of Affective Disorders*, 32 (1994): 257-269.

② R. C. Casper, E. Redmond, M. M. Katz, C. B. Shaffer, J. M. Davis, and S. H. Koslow, "Somatic Symptoms in Primary Affective Disorder: Presence and Relationship to the Classification of Depression," *Archives of General Psychiatry*, 42 (1985): 1098-1104.

③ P. K. Jones and S. L. Jones, "Lunar Association with Suicide," *Suicide and Life-Threatening Behavior*, 7 (1977): 31-39; D. Lester, "Temporal Variation in Suicide and Homicide," *American Journal of Epidemiology*, 109 (1979): 517-520; K. MacMahon, "Short-Term Temporal Cycles in the Frequency of Suicide, United States, 1972-1978," *American Journal of Epidemiology*, 117 (1983): 744-750; G. Maldonado and J. F. Kraus, "Variation in Suicide Occurrence by Time of Day, Day of the Week, Month, and Lunar Phase," *Suicide and Life-Threatening Behavior*, 21 (1991): 174-187.

④ C. L. Raison, H. M. Klein, and M. Steckler, "The Moon and Madness Reconsidered," *Journal of Affective Disorders*, 53 (1999): 99-106.

⑤ D. Lester and A. T. Beck, "Suicide and National Holidays," *Psychological Reports*, 36 (1975): 52; D. P. Phillips and J. Liu, "The Frequency of Suicides Around Major Public Holidays: Some Surprising Findings," *Suicide and Life-Threatening Behavior*, 10 (1980): 41-50; D. P. Phillips and J. S. Wills, "A Drop in Suicides Around Major National Holidays," *Suicide and Life-Threatening Behavior*, 17 (1987): 1-12; S. M. Davenport and J. Birtle, "Association Between Parasuicide and Saint Valentine's Day," *British Medical Journal*, 300 (1990): 783-784; L. A. Panser, D. E. McAlpine, S. L. Wallrichs, D. W. Swanson, W. M. O'Fallon, and L. J. Melton, "Timing of Completed Suicides Among Residents of Olmsted County, Minnesota, 1951-1985," *Acta Psychiatrica Scandinavica*, 92 (1995): 214-219.

天自杀未遂的情形会增多。）不过，周一自杀的人会增加，这倒是个相当一致的发现①。有些人把这个现象归因于一种"失信"效应②，这是一种绝望或背叛的感觉，新的一周开始了，理应也是心理上重启的时刻，但事实证明接下来跟之前的日子没有任何不同，这时候自杀者就会产生这样的感觉。对另一些人来说，如果他们严重抑郁或心烦意乱，新一周的工作任务摆在桌子上或写在任务分配表上，也许会被证明难以承受。

自杀的季节性变化是研究文献中最有力也最一致的一个发现。19世纪末，恩里科·莫尔塞利研究了欧洲18个国家的自杀事件，发现在17个国家中，自杀发生率最高的时候都是春天和夏天的月份③。（而几乎在所有国家，自杀率最低的时候都在冬天。）几年前我回顾了60多项关于自杀的季节性规律的研究，也发现了类似的结论④。自杀率出现高峰的月份都在春末和夏季，鲜有例外。同样，自杀率最低的时候总是在冬

---

① W. W. K. Zung and R. L. Green, "Seasonal Variation of Suicide and Depression," *Archives of General Psychiatry*, 30（1974）: 89–91; D. Lester, "Temporal Variation in Suicide and Homicide," *American Journal of Epidemiology*, 109（1979）: 517–520; K. Bollen, "Temporal Variations in Mortality," *Demography*, 20（1983）: 45–49; K. MacMahon, "Short-Term Temporal Cycles in the Frequency of Suicide: United States, 1972–1978," *American Journal of Epidemiology*, 117（1983）: 744–750; J. M. Rothberg and F. D. Jones, "Suicide in the U. S. Army," *Suicide and Life-Threatening Behavior*, 17（1987）: 119–132; G. Maldonado and J. F. Kraus, "Variation in Suicide Occurrence by Time of Day, Day of Week, Month, and Lunar Phase," *Suicide and Life-Threatening Behavior*, 21（1991）: 174–187.

② H. Gabennesch, "When Promises Fail: A Theory of Temporal Fluctuations in Suicide," *Social Forces*, 67（1988）: 129–145.

③ E. Morselli, *Suicide: An Essay on Comparative Moral Statistics*（London: Kegan Paul, 1881），pp. 56–57.

④ F. K. Goodwin and K. R. Jamison, *Manic-Depressive Illness*（New York: Oxford University Press, 1990）; J. Zhang, "Suicides in Beijing, China, 1992–1993," *Suicide and Life-Threatening Behavior*, 26（1996）: 175–180; A. J. Flisher, C. D. H. Parry, D. Bradshaw, and J. M. Juritz, "Seasonal Variation of Suicide in South Africa," *Psychiatry Research*, 66（1997）: 13–22.

天。从那次回顾之后到现在,比利时、芬兰、美国和中国完成的一系列研究也同样发现了这个春末到夏季的自杀率高峰。自杀的季节性变化似乎跟黯淡、阴沉的月份无关,反倒是跟白天越来越长也越来越明亮的春天和夏天有关。在南半球国家(澳大利亚、智利、乌拉圭和南非)进行的研究也得出了与此一致的结论,表明自杀高峰出现在他们那里的春天和夏天①。在北半球,男性的自杀高峰出现在4月、5月和夏天的月份,

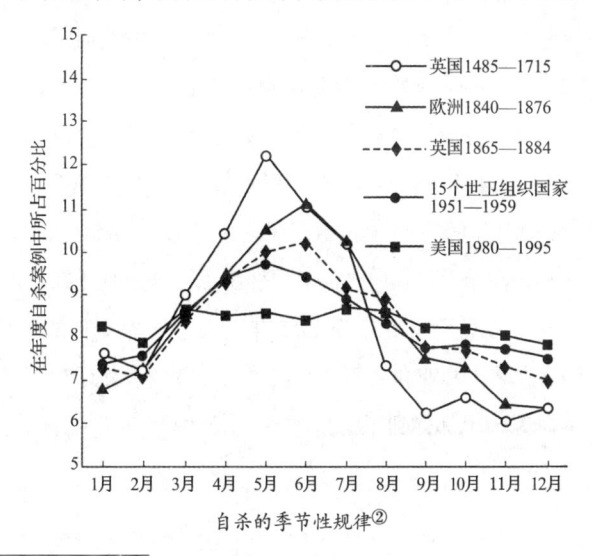

自杀的季节性规律②

① M. B. Trucco, "Suicídios en el Gran Sanriago: II. Variación Estacional," *Revista Clínica Española*, 105 (1977): 47-49; G. Parker and S. Walter, "Seasonal Variation in Depressive Disorders and Suicidal Deaths in New South Wales," *British Journal of Psychiatry*, 140 (1982): 626-632; K. S. Y. Chew and R. McCleary, "The Spring Peak in Suicides: A Cross-National Analysis," *Social Science and Medicine*, 40 (1995): 223-230; A. J. Flisher, C. D. H. Parry, D. Bradshaw, and J. M. Juritz, "Seasonal Variation of Suicide in South Africa," *Psychiatry Research*, 66 (1979): 13-22.
② 图中数据来自 Morselli, *Suicide*; Strahan, *Suicide and Insanity*; E. Takahaski, "Seasonal Variation of Conception and Suicide," *Tohoku Journal of Experimental Medicine*, 84 (1964): 215-227; M. MacDonald and T. R. Murphy, *Sleepless Souls: Suicide in Early Modern England* (Oxford: Clarendon Press, 1990); the data for U. S. suicides 1980-1995 were provided by Dr. Alex Crosby of the Centers for Disease Control and Prevention in Atlanta and Ken Kochanek, M. A., Vital Statistics Mortality Branch, National Center for Health Statistics, Hyattsville, Md。

而女性看起来除了这个高峰,在 10 月和 11 月还有另一个低一些的峰值①。

有大量数据可以证明自杀高峰出现在春天和夏天,这些数据最早收集于 15 世纪,最近的则收集于近几年。插图给出了一些国家和人群发生自杀事件的月度规律:英国,1485—1715 年;欧洲(法国、意大利和比利时),1840—1876 年;英国,1865—1884 年;15 个世卫组织国家,1951—1959 年;以及美国,1980—1995 年。无论在哪个时间段,无论哪个国家,都发现了春季到夏季的高峰和冬季的低谷。

从上图中还可以清楚地看到,季节性效应在早年间(比如 1485 年到 1715 年间的英国和 1840 年到 1876 年间的欧洲)比更晚近的时候(比如 1951 年到 1959 年间的 15 个世卫组织国家和 1980 年到 1995 年间的美国)更加明显。季节差异在时光流逝中变小了,这个现象在丹麦进行的一项大型研究(考察了 1835 年到 1955 年间丹麦自杀事件的季节规律)中,以及随后在澳大利亚和新西兰、加拿大、芬兰、匈牙利、瑞典以及美国进行的研究中也都得到了明显体现②。德国马克斯·普朗克研究所

---

① S. M. Kevan, "Perspectives on Season of Suicide: A Review," *Social Science and Medicine*, 14 (1980): 369-378; R. Meares, F. O. Mendelsohn, and J. Milgrom-Friedman, "A Sex Difference in the Seasonal Variation of Suicide Rate: A Single Cycle for Men, Two Cycles for Women," *British Journal of Psychiatry*, 138 (1981): 321-325; S. Näyhä, "The Biseasonal Incidence of Some Suicides," *Acta Psychiatrica Scandinavica*, 67 (1983): 32-42; R. Micciolo, C. Zimmerman-Tansella, P. Williams, and M. Tansella, "Seasonal Variation in Suicide: Is There a Sex Difference?" *Psychological Medicine*, 19 (1989): 199-203; H. Hakko, P. Räsänen, and J. Tiihonen, "Seasonal Variation in Suicide Occurrence in Finland," *Acta Psychiatrica Scandinavica*, 98 (1998): 92-97.

② K. Dreyer, "Comparative Suicide Statistics: II. Death Rates from Suicide in Denmark Since 1921, and Seasonal Variations Since 1835," *Danish Medical Bulletin*, 6 (1959): 75-81; W. R. Lyster, "Seasonal Variation in Suicide Rates," *Lancet*, 1 (1973): 725; S. M. Kevan, "Perspectives on Season of Suicide: A Review," *Social Science and Medicine*, 14 (1980): 369-378; R. Meares, F. A. D. Mendelsohn, and J. Milgrom-Friedman, "A Sex Difference in the Seasonal Variation of Suicide Rate: A Single Cycle for Men, Two Cycles for(转下页)

的于尔根·阿朔夫管这个现象叫"去季节化",而对这个现象的解释集中在这样一个观点上:我们对自然环境的生物反应下降了,而造成这一下降的原因,有人工照明、集中供暖和空调、工业化以及城镇化[①]。近年来的去季节化现象也可能有一部分原因在于,抗抑郁药物对于防止跟季节性因素强烈相关的自杀事件比没有什么季节性因素的自杀事件更有效。

埃米尔·涂尔干在19世纪曾经发现,农村地区自杀事件的季节性比城市地区的更强[②]。20世纪初在美国和过去几年在南非进行的研究同样得出了这个结论。城镇化让我们跟自然界的光和热的节律越来越遥远,电力、人工照明、睡眠模式被扰乱(包括总睡眠时间减少),再加上集中供暖,全都降低了自然季节对我们大脑和身体的影响。然而季节性影响仍然很强烈。

为什么自杀率会随季节变化而涨落?自杀又是为什么更容易发生在

(接上页) Women," *British Journal of Psychiatry*, 138 (1981): 321-325; H. Hakko, P. Rasanen, and J. Tiihonen, "Secular Trends in the Rates and Seasonality of Violent and Nonviolent Suicide Occurences in Finland During 1980-1995," *Journal of Affective Disorders*, 50 (1998): 49-54; Z. Rihmer, W. Rutz, H. Pihlgren, and P. Pestality, "Decreasing Tendency of Seasonality in Suicide May Indicate Lowering Rate of Depressive Suicides in the Population," *Psychiatry Research*, 81 (1998): 233-240, P. S. F. Yip, A. Chao, and T. P. Ho, "A Re-Examination of Seasonal Variation in Suicide in Australia and New Zealand," *Journal of Affective Disorders*, 47 (1998): 141-150; Z. Rihmer, "Education of Primary Care Providers in the Reduction of Suicide Risk: Does the Gotland Model Work in Hungary Too?" paper presented at Treatment Research with Suicidal Patients Meeting, jointly sponsored by the National Institute of Mental Health and the American Foundation for Suicide Prevention, Washington, D. C., March 1999.

① J. Aschoff, "Annual Rhythms in Man," in J. Aschoff, ed., *Handbook of Behavioral Neurobiology*, vol. 4: *Biological Rhythms* (New York: Plenum, 1981), pp. 475-487.

② Emile Durkheim, *Suicide: A Study in Sociology* (New York: Free Press, 1951; first published 1897); L. I. Dublin and B. Bunzel, *To Be or Not to Be: A Study of Suicide* (New York: Smith and Hass, 1933); A. J. Flisher, C. D. H. Parry, D. Bradshaw, and J. M. Juritz, "Seasonal Variation of Suicide in South Africa," *Psychiatry Research*, 66 (1997): 13-22.

阳光明媚的月份,而不是寒冷刺骨、细雨蒙蒙的冬天? 当然我们知道,我们每天的休息-活动周期深受日光和气温变化的影响。动物冬眠就是这层关系最容易看到的例子。因应着光线的季节变化而出现的行为、内分泌和其他生理方面的重大变化都很常见。在人类身上,情绪、精力、睡眠和行为的变化也受到季节的强烈影响,不过在情绪障碍患者身上,这种影响表现得尤为明显①。实际上,很多跟情绪障碍有关,可能也跟自杀有关的神经生物学系统,都表现出明显的季节性规律,其中包括神经递质、褪黑素、睾酮、雌激素、甲状腺激素等等以及负责睡眠和体温调节的激素的浓度。比如说在自杀率最低的冬季,血浆中的 L-色氨酸(血清素的一种前体)的浓度会达到峰值,褪黑素和甲状腺激素,可能还有胆固醇的浓度也在这时候最高②。而研究人员认为,所有这些化学物质都跟情绪、活动或睡眠-清醒周期的调节密切相关。不过,现在还

---

① M. R. Eastwood, J. L. Whitton, P. M. Kramer, and A. M. Peter, "Infradian Rhythm: A Comparison of Affective Disorders and Normal Persons," *Archives of General Psychiatry*, 42 (1985): 295–299; F. K. Goodwin and K. R. Jamison, *Manic-Depressive Illness* (New York: Oxford, 1990).

② L. Wetterberg, D. Eriksson, Y. Friberg, and B. Vango, "Melatonin in Humans: Physiological and Clinical Studies," *Clinica Chimica Acta*, 86 (1978): 169–177; T. H. Oddie, A. H. Klein, T. P. Foley, and D. A. Fisher, "Variation in Values for Iodothyronine Hormones, Thyrotropin, and Thyroxine-Binding Globulin in Normal Umbilical Cord Serum with Season and Duration of Storage," *Clinical Chemistry*, 25 (1979): 1251–1253; P. R. Perez, J. G. Lopez, I. P. Makeos, A. D. Escribano, and M. L. S. Sanchez, "Seasonal Variations in Thyroid Hormones in Plasma," *Revista Clínica Española*, 156 (1980): 245–247; K. M. Behall, D. J. Scholfield, J. G. Hallfrisch, J. L. Kelsay, and S. Reiser, "Seasonal Variation in Plasma Glucose and Hormone Levels in Adult Men and Women," *American Journal of Clinical Nutrition*, 40 (1984): 1352–1356; D. J. Gordon, D. C. Trost, J. Hyde, F. S. Whaley, P. J. Hannan, D. R. Jacobs, and L.-G. Ekelund, "Seasonal Cholesterol Cycles: The Lipid Research Clinics Coronary Primary Prevention Trial Placebo Group," *Circulation*, 76 (1987): 1224–1231; M. Maes, S. Scharpé, R. Verkerk, P. D'Hondt, D. Peeters, P. Cosyns, P. Thompson, F. De Meyer, A. Wauters, and H. Neels, "Seasonal Variation in Plasma l-Tryptophan Availability in Healthy Volunteers: Relationship to Violent Suicide Occurrence," *Archives of General Psychiatry*, 52 (1995): 937–946.

不清楚季节性变化对血清素和其他神经递质的影响①。

然而在讨论自杀的季节性规律时有一点特别重要，就是重大精神疾病、抑郁症、躁狂症和精神分裂症的发生也都有很强的季节性变化。两千多年以前，希波克拉底就已经观察到，忧郁症更有可能出现在春天和秋天，还有一些古人则指出，躁狂症发作更有可能出现在夏季。近年来一些科学家进行的更系统的研究工作也同样得到了这些发现。很多研究人员都证明，因躁狂症入院治疗的情况在春末和夏季要常见得多②。同样地，精

---

① A. Carlsson, L. Svennerholm, and B. Winblad, "Seasonal and Circadian Monoamine Variations in Human Brains Examined Post Mortem," *Acta Psychiatrica Scandinavica*, 280 (1979): 75–83; J. Aschoff, "Annual Rhythms in Man," in J. Aschoff, ed., *Handbook of Behavioral Neurobiology*; vol. 4: Biological Rhythms (New York: Plenum, 1981), pp. 475–487; M. F. Losonczy, R. C. Mohs, and K. L. Davis, "Seasonal Variations of Human Lumbar CSF Neurotransmitter Metabolite Concentrations," *Psychiatry Research*, 12 (1984): 79–87; E. Souêtre, E. Salvati, J. L. Belugou, P. Douillet, T. Braccini, and G. Darcourt, "Seasonal Variation of Serotonin Function in Humans: Research and Clinical Implications," *Annals of Clinical Psychiatry*, 1 (1989): 153–164; V. Lacoste and A. Wirz-Justice, "Seasonal Variation in Normal Subjects: An Update of Variables Current in Depression Research," in N. Rosenthal and M. Blehar, eds., *Seasonal Affective Disorders and Phototherapy* (New York: Guilford Press, 1989), pp. 167–229; M. J. Sarrias, F. Artigas, E. Martínez, and E. Gelpí, "Seasonal Changes of Plasma Serotonin and Related Parameters: Correlation with Environmental Measures," *Biological Psychiatry*, 26 (1989): 695–706; I. Modai, R. Malmgren, L. Wetterberg, P. Eneroth, A. Valevski, and M. Åsberg, "Blood Levels of Melatonin, Serotonin, Cortisol, and Prolactin in Relation to the Circadian Rhythm of Platelet Serotonin Uptake," *Psychiatry Research*, 43 (1992): 161–166; D. S. Pine, P. D. Trautman, D. Shaffer, L. Cohen, M. Davies, M. Stanley, and B. Parsons, "Seasonal Rhythm of Platelet [3H] Imipramine Binding in Adolescents Who Attempted Suicide," *American Journal of Psychiatry*, 152 (1995): 923–925; R. J. Verkes, G. A. Kerkhof, E. Beld, M. W. Hengeveld, and G. M. J. van Kempen, "Suicidality, Circadian Activity Rhythms and Platelet Serotonergic Measures in Patients with Recurrent Suicidal Behaviour," *Acta Psychiatrica Scandinavica*, 93 (1996): 27–34; K. B. Zajicek, C. S. Price, S. E. Shoaf, P. T. Mehlman, S. J. Suomi, M. Linnoila, and J. Dee Higley, "Seasonal Variation in CSF 5-HIAA Concentrations in Male Rhesus Macaques," *Neuropsychopharmacology*, in press.

② P. Pinel, *A Treatise on Insanity*, trans. D. D. Davis (New York: Hafner, 1806; first published, 1801); E. Esquirol, *A Treatise on Insanity*, trans. E. K. Hunt (Philadelphia: Lea and Blanchard, 1845; first published 1838); D. H. Myers and P. Davies, （转下页）

神分裂症也是更有可能在夏季发生或复发[1]。

抑郁发作表现出的季节性规律花样更多一些[2]。抑郁症入院治疗一

(接上页)"The Seasonal Incidence of Mania and Its Relationship to Climate Variables," *Psychological Medicine*, 8 (1978): 433-440; A. C. Pande, "Light-Induced Hypomania," *American Journal of Psychiatry*, 142 (1985): 1146; T. A. Wehr, D. A. Sack, and N. E. Rosenthal, "Sleep Reduction as a Final Common Pathway in the Genesis of Mania," *American Journal of Psychiatry*, 144 (1987): 201-204; P. A. Carney, C. T. Fitzgerald, and C. Monaghan, "Seasonal Variations in Mania," in C. Thompson and T. Silverstone, eds., *Seasonal Affective Disorder* (London: CNS, 1989), pp. 19-27; F. K. Goodwin and K. R. Jamison, *Manic-Depressive Illness* (New York: Oxford University Press, 1990); R. T. Mulder, J. P. Cosgriff, A. M. Smith, and P. R. Joyce, "Seasonality of Mania in New Zealand," *Australian and New Zealand Journal of Psychiatry*, 24 (1990): 187-190; H. K. Sayer, S. Marshall, and G. W. Mellsop, "Mania and Seasonality in the Southern Hemisphere," *Journal of Affective Disorders*, 23 (1991): 151-156; N. Takei, E. O'Callaghan, P. Sham, G. Glover, A. Tamura, and R. Murray, "Seasonality of Admissions in the Psychoses: Effect of Diagnosis, Sex, and Age at Onset," *British Journal of Psychiatry*, 161 (1992): 506-511; K. Kamo, S. Tomitaka, S. Nakadaira, T. Kno, and K. Sakamoto, "Season and Mania," *Japanese Journal of Psychiatry and Neurology*, 47 (1993): 473-474; J. L. Pio-Abreu, "Seasonal Variation in Bipolar Disorder," *British Journal of Psychiatry*, 170 (1997): 483-484.

[1] E. Meier, "Die periodischen Jahresschwankungen der internierung Geistes kranker in der Heilanstatt Bürghölzli-Zürich 1900 bis 1920," *Zeitschrift für die Gesamte Neurologie und Psychiatrie*, 76 (1922): 479-507; K. Abe, "Seasonal Fluctuation of Psychiatric Admissions, Based on the Data for Seven Prefectures of Japan for a Seven-Year Period 1955-1961, with a Review of the Literature," *Folia Psychiatrica et Neurologica Japonica*, 17 (1963): 101-112; E. H. Hare and S. D. Walter, "Seasonal Variation in Admissions of Psychiatric Patients and Its Relation to Seasonal Variation in Their Birth," *Journal of Epidemiology and Community Health*, 32 (1978): 47-52; M. R. Eastwood and A. M. Peter, "Epidemiology and Seasonal Affective Disorder," *Psychological Medicine*, 18 (1988): 799-806; N. Takei, E. O'Callaghan, P. Sham, G. Glover, A. Tamura, and R. Murray, "Seasonality of Admissions in the Psychoses: Effect of Diagnosis, Sex, and Age at Onset," *British Journal of Psychiatry*, 161 (1992): 506-511; M. Clarke, P. Moran, F. Keogh, M. Morris, A. Kinsella, D. Walsh, C. Larkin, and E. O'Callaghan, "Seasonal Influences on Admissions in Schizophrenia and Affective Disorder in Ireland," *Schizophrenia Research*, 34 (1998): 143-149.

[2] E. H. Hare and S. D. Walter, "Seasonal Variation in Admissions of Psychiatric Patients and Its Relation to Seasonal Variation in Their Births," *Journal of Epidemiology and Community Health*, 32 (1978): 47-52; E. Frangos, G. Athanassenas, S. Tsitourides, P. Psilolignos, A. Robos, N. Katsanou, and C. Bulgaris, "Seasonality of the Episodes of Recurrent Affective Psychoses: Possible Prophylactic Interventions," *Journal of Affective Disorders*, (转下页)

般有两个高峰，分别在春季和秋季。抑郁症入院更有可能反映的是抑郁症达到很严重的时候，也包括自杀倾向很严重的时候，而不是刚开始发作的时候。实际上，很多抑郁发作都始于冬天，但会在早春达到最严重或者说最危险的阶段。而躁狂症的入院日期就跟躁狂症真正开始发作的时间联系更紧密，因为躁狂的特性就是发作很快。

有几个因素可能对严重精神疾病和自杀的季节性规律都有重要作用。气温和日照长度的变化带来的生物变化，有可能是这两种现象的共同原因。大脑里化学物质的季节性波动，尤其是血清素，不但可能对潜在的自杀倾向有强烈影响，对躁狂、暴力、抑郁和精神病等精神病理状态的影响可能也不小。这些波动对自杀也会有强烈影响。暴力自杀表现出的季节性规律比非暴力自杀要强得多[1]。跟凶杀和其他暴力行为一

（接上页）2（1980）：239-247；Z. Rihmer, "Season of Birth and Season of Hospital Admission in Bipolar Depressed Female Patients," *Psychiatry Research*, 3（1980）：247-251；G. Parker and S. Walter, "Seasonal Variation in Depressive Disorders and Suicidal Deaths in New South Wales," *British Journal of Psychiatry*, 140（1982）：626–632；T. D. Brewerton and D. Mclaughlin, "Circannual Cyclicity of Affective Illnesses in Hawaii," paper presented at the Conference on Recent Advances in Affective Disorders, 1986；M. R. Eastwood and A. M. Peter, "Epidemiology and Seasonal Affective Disorder," *Psychological Medicine*, 18（1988）：799-806；F. K. Goodwin and K. R. Jamison, *Manic-Depressive Illness*（New York：Oxford University Press, 1990）；M. Maes, P. Cosyns, H. Y. Meltzer, F. DeMeyer, and D. Peeters, "Seasonality in Violent Suicide but Not Nonviolent Suicide or Homicide," *American Journal of Psychiatry*, 150（1993）：1380-1385；T. Silverstone, S. Romans, N. Hunt, and H. McPherson, "Is There a Seasonal Pattern of Relapse in Bipolar Affective Disorders? A Dual Northern and Southern Hemisphere Cohort Study," *British Journal of Psychiatry*, 167（1995）：58–60；C. P. Szabo and M. J. Terre-Blanche, "Seasonal Variation in Mood Disorder Presentation：Further Evidence of This Phenomenon in South African Sample," *Journal of Affective Disorders*, 33（1995）：209-214；K. Suhail and R. Cochrane, "Seasonal Variations in Hospital Admissions for Affective Disorders by Gender and Ethnicity," *Psychiatry and Psychiatric Epidemiology*, 33（1998）：211-217.

[1] R. P. Michael and D. Zumpe, "Sexual Violence in the United States and the Role of the Season," *American Journal of Psychiatry*, 140（1983）：883–886；R. A. Goodman, J. L. Herndon, G. R. Istre, F. B. Jordan, and J. Kelaghan, "Fatal Injuries in Oklahoma：Descriptive Epidemiology Using Medical Examiner Data," *Southern Medical Journal*, （转下页）

样，暴力自杀更有可能发生在春末和夏季。科学家约瑟夫·希本提出，对于可能会改变ω-3必需脂肪酸水平的因素，比如食物和蔬菜供应量的波动，以及冬季假期富含脂肪的食物摄入量增加，季节变化也都会产生影响。

夏季发作的躁狂症和精神分裂症会促成极为暴躁、激动和偏执的状态，而这样的状态又会进一步导致冲动和暴力行为，其中就包括自杀。而由于大部分经历躁狂症的人在躁狂症发作前后也都要经历一段抑郁期，他们在这段时间里的自杀风险也会增加。混合状态，也就是抑郁和躁狂并存的状态，在此期间出现的可能性也会增加，而且是最致命的精神病理学问题之一。这种状态可能会独立出现，作为抑郁期和躁狂期之间过渡期的一部分，或是从躁狂过渡到正常心理功能的时候。抑郁症和躁狂症的高峰在春季和秋季重叠在一起，这跟自杀的峰值也有关系。

抑郁症会让自杀风险大为增加不只是在抑郁症很严重的时候，在缓慢而且往往很狂暴的恢复期也会如此。在抑郁症最严重的时期结束时，在情绪看起来有所改善，精力也正在恢复时，自杀的情况都相当常见。抑郁症还常常跟一些让人焦虑不安的躁狂症状混在一起难以区分，而很

（接上页）82（1989）：1128-1134；G. Roitman, E. Orev, and G. Schreiber, "Annual Rhythms of Violence in Hospitalized Affective Patients: Correlation with Changes in the Duration of the Daily Photoperiod," *Acta Psychiatrica Scandinavica*, 82（1990）：73-76；P. Linkowski, F. Martin, and V. De Maertelaer, "Effect of Some Climatic Factors on Violent and Non-Violent Suicides in Belgium," *Journal of Affective Disorders*, 25（1992）：161-166；M. Maes, P. Cosyns, H. Y. Meltzer, F. De Meyer, and D. Peeters, "Seasonality in Violent Suicide but Not in Nonviolent Suicide or Homicide," *American Journal of Psychiatry*, 150（1993）：1380-1385；J. Tiihonen, P. Räsänen, and H. Hakko, "Seasonal Varation in the Occurrence of Homicide in Finland," *American Journal of Psychiatry*, 154（1997）：1711-1714；H. Hakko, P. Räsänen, and J. Tiihone, "Seasonal Variation in Suicide Occurrence in Finland," *Acta Psychiatrica Scandinavica*, 98（1998）：92-97；A. Preti and P. Miotto, "Seasonality in Suicides: The Influence of Suicide Method, Gender and Age on Suicide Distribution in Italy," *Psychiatry Research*, 81（1988）：219-231.

多刚开始诊断为抑郁症的病人,后来在经过更严密的临床评估后发现,他们同时也处于混合状态。

对于那些从遗传角度看就很容易自杀的人来说,严重抑郁症、躁郁症和精神分裂症可能也会成为他们的"二次打击";也就是说,精神疾病的痛苦和躁动,由精神疾病引发的生物事件,或是因为再次患病而产生的痛苦和沮丧,都可能会跟本来就很脆弱的身心发生致命的相互作用。春天和夏天也是容易让人上当的概念,而且对想自杀的人来说有着冬天少有的能力。也可能就像诗人爱德华·托马斯认为的那样,冬天逗留的时间远远超过了这个季节本身:

但这些东西同样属于春天——
在路边的河岸上,早已
死去的草,如今比
整个冬天呈现的样子更加灰白;

一只小蜗牛的壳在
草丛中泛白;一片燧石,一截
粉笔;还有小鸟的粪便
泼洒成最纯净的白点:

有个人在冬天的废墟中寻找
想找补回冬天的亏欠;
他把所有白色的东西
都误认为最早的紫罗兰。

北风吹来,受惊的鸟群

用叽叽喳喳的声音

在雾里抖擞着精神,

春天已经来了,冬天却没有过去①。

---

① Edward Thomas, "But These Things Also," in R. George Thomas, ed., The Collected Poems of Edward Thomas (Oxford: Oxford University Press, 1978), p. 127.

特 写

给事情上色：梅里韦瑟·刘易斯之死

> "现在我们即将进入一片纵深至少 2 000 英里的国土，还没有任何文明人的足迹曾印在这片土地上；那里等着我们的是好事还是坏事，只有真正碰到了才能确定……无论如何，我们所持的心态，通常都会给事情上色……我只能把这个出发的时刻看成我一生当中最幸福的一刻。"
>
> ——梅里韦瑟·刘易斯，1805 年 4 月 7 日

这个红头发的弗吉尼亚年轻人认真、周到地考虑了手下人应该携带哪些物资，但制订计划并不是多么容易的事。他们数十人即将踏上 8 000 英里的旅程，穿过还没有人绘制过地图的美国荒野。几乎没有任何资料让他们可以预先知道这片土地有多变化无常，也没办法知道这片土地究竟有多广袤。这次远征会跟通常的计算和经验相去甚远，但也正因为如此，最终这次远征对这片国土以及这片国土上的居民和资源的发现，对这个国家的意义前无古人，后无来者。

这趟旅程会很危险、很艰苦，而且要两年多才能完成，但远征队的这位领导人丝毫没有退缩，也没有害怕。选择他担此重任的总统对他充满信心，而他也坚信自己有能力指挥这支队伍，并开展作为远征任务核心的科学考察工作。他绞尽脑汁，为这趟旅程做了精心准备，也因为有机会探索并记录这片未知的土地而激动万分。

一夜之间,他的国家国土面积增加了一倍。1803年7月4日,美国国会从拿破仑手里买下路易斯安那领地。以3美分1英亩的价格,美国政府得到了从密西西比河一直延伸到落基山脉的广阔土地,而这片土地的边界还很模糊。有些人很清楚,美国继续推进,跨过西部山脉,把美国不断扩大的边疆延伸到太平洋,只是时间问题。与此同时,这个国家需要了解新的疆域。

制订西征计划的弗吉尼亚年轻人梅里韦瑟·刘易斯上尉是美国陆军军官,在荒野边疆生活过,也对印第安文化非常熟悉。他是个永远闲不住的人,身高一米八三,英勇无畏,而且对什么都充满了强烈的好奇心。他不但对边疆生活颇多了解,最近也开始了解起总统府里的生活。托马斯·杰斐逊于1801年2月走马上任美国总统,此前两周他写信给刘易斯,请他帮忙解决"家庭里的私人问题",而更激起刘易斯兴趣的是,还要"提供政府想要获得的大量信息"。刘易斯"对西部地区、军队以及对政府兴趣和关系的了解,使他值得大干一场"①,于是,他以总统私人秘书的身份加入了杰斐逊的队伍。

梅里韦瑟·刘易斯满心欢喜,迅速接受了这个职位。在两年时间里,这两位年纪差了将近三十岁的弗吉尼亚老乡一起吃饭,分享秘密,在一起的大部分时间里每天都会一块待上几个小时。两人都天性极为好奇,也全都热衷于探索这个国家广袤的土地——年轻军官热衷的是探索本身,而总统热衷的则是能从探索中了解到什么。1802年,杰斐逊决定让刘易斯指挥一支太平洋远征队,随后为这位年轻军官开设了一系列精彩的辅导课程,内容上至天文下至地理,还包括自然史、医学和植物学。

杰斐逊对这趟西征期望很高,他也有无数个问题和要求。1803年6

---

① 托马斯·杰斐逊致梅里韦瑟·刘易斯,1801年2月23日,见D. Jackson, ed., *Letters of the Lewis and Clark Expedition, with Related Documents: 1783–1854*, 2d ed. (Urbana: University of Illinois Press, 1978), vol. 1, p. 2。

月,总统在给刘易斯的信里写道:"你的任务目标是探索密苏里河干流,因为其流经路线与太平洋水域的联系,也许能为我们带来横跨这片大陆的最直接、最有可行性的水路,便利商业往来。"刘易斯需要"尽最大可能精确地……观测纬度和经度",他所有笔记和观察记录也都需要多做几个备份——其中一份要写在"桦树纸上,因为跟普通的纸相比,这种纸更不容易受潮"——以免损坏或丢失。刘易斯需要确定印第安民族的名称,"及其数量;他们财产的范围和界限……他们的语言、传统习俗和纪念物;他们在农业、渔业、狩猎、战争和艺术方面通常都做些什么……他们当中流行的疾病,以及他们使用的治疗方法……他们的法律、习俗和性情有什么特殊之处"[1]。

刘易斯和手下人还需要记录"这个国家的土壤和面貌,物产和植物……普遍记录这个国家的动物……任何种类的矿产……火山地貌"。气候也需要详细记录,包括"雨天、阴天和晴天的比例,闪电、冰雹、冰雪,霜的起始和结束,不同季节的盛行风向,特定植物开花、花落或叶落的日期,特定鸟类、爬行动物或昆虫出现的时间"。

杰斐逊给刘易斯的指示,换了任何人都写不出来。唐纳德·杰克逊是刘易斯克拉克远征队信件和文件的编辑,他说:"这里面包含了多年的研究和好奇,杰斐逊政府同僚和费城伙伴们的集体智慧;字里行间很容易就能读出他的兴奋之情,因为他意识到,关于那些满是石头的山脉,那些河流,那些荒莽中的印第安部落,那些在还没有人踏足过的地方生长着的动植物群,最终他会拥有切实的了解,而非只是模糊的猜测。"[2]

---

[1] 托马斯·杰斐逊给梅里韦瑟·刘易斯的指示,1803年6月20日,见 D. Jackson, ed., *Letters of the Lewis and Clark Expedition, with Related Documents: 1783–1854*, 2d ed。(Urbana: University of Illinois Press, 1978), vol.1, pp.61–66。

[2] D. Jackson, *Thomas Jefferson and the Stony Mountains: Exploring the West from Monticello* (Urbana: University of Illinois Pess, 1981), p.139, 引自 Stephen Ambrose, *Undaunted Courage: Meriwether Lewis, Thomas Jefferson, and the Opening of the American West* (New York: Simon & Schuster, 1996), p.96。

总统毫不怀疑，如果有人值得他信任，能完成他的这些请求，那么这个人只能是梅里韦瑟·刘易斯。本杰明·拉什是费城名医，刘易斯曾向他学习医术，以便在远征中照顾自己的队员。杰斐逊在写给本杰明·拉什的信里说："刘易斯上尉勇敢、谨慎、熟悉丛林，对印第安人的习俗和性格也了如指掌。……刘易斯没受过正规教育，但是对于这里出现的所有自然课题，他都有大量准确的观察结果，因此在他的新路线中，他很容易就能把真正的新东西挑选出来。"① 刘易斯去世后，杰斐逊又进一步阐述了他这位朋友的气质和性格："任何季节，任何情况，都无法阻碍他完成自己的目标。"他对"令人眼花缭乱的追求"充满激情；有"进取心和勇气，也很审慎"，有"无所畏惧的勇气"，"目标坚定，有毅力，除了不可能的事情以外，没有任何事情能让他改变方向"。他对真理极为忠诚，"一丝不苟"②。

在总统发给刘易斯的这份巨细靡遗的特别指示中，杰斐逊在最后一段请求刘易斯指派一名副手，这样万一刘易斯在远征途中不幸身亡，这个人可以接替刘易斯。刘易斯没有这么做，而是决定任命一位联合领导人，并选择了威廉·克拉克来担此大任。威廉·克拉克也是军官，刘易斯非常钦佩也非常喜欢他，以前还曾在他手下任职。

1803年夏末，远征队上路了。两名领队和队员们踏上征程，带着鱼钩和帐篷、蚊帐、威士忌和咸肉，宾夕法尼亚步枪和斧头，六分仪和望远镜，提灯、水壶和锯子。他们带上了应对最能想到的突发事件的物资，也准备了可以跟会在路上碰到的印第安人交换的物品，包括一箱箱

---

① 托马斯·杰斐逊致本杰明·拉什，1803年2月28日，见 Jackson, *Letters of the Lewis and Clark Expedition*, vol. 1, pp. 18-19。

② Thomas Jefferson, "Life of Captain Lewis," August 18, 1813, in M. Lewis, *The Lewis and Clark Expedition, the 1814 Edition* (Philadelphia: J. B. Lippincott, 1961), vol. 1, pp. xvi, xviii-xix.

织物和亮闪闪的东西：500 枚胸针，72 个戒指，12 打镜子，3 磅珠子；还有印第安战斧和刀具，条纹丝带和印花衬衫，以及 130 卷烟草。路上肯定会有人发烧或受伤，所以还带了止血带、手术刀和药用茶。鸦片酊几乎包治百病，所以也装箱了，还有丁香和肉豆蔻，用来掩盖自酿啤酒和汤力水难闻的味道。金鸡纳树皮含有奎宁，可以对抗疟疾，所以也打在了行装里。

带着这些东西，凭着他们的了解，这些人可以穿过河流和平原，建造船只，安然穿过山间。他们可以以物易物，也可以保卫自己。但其中两个人，刘易斯和克拉克，还可以测量、描述并写下他们的所见所闻，以及他们的旅程把他们带到了哪里。他们有记录历史的工具——100 支羽毛笔，1 磅封蜡，6 张墨粉纸，6 个黄铜墨水台。他们用这些笔墨，在红色摩洛哥皮装订的日记本里和驼鹿皮的野外工作记录本里写满了他们穿越美洲大陆的二十八个月旅程精确而迷人的科学记录。

这支"探索部队"——刘易斯、克拉克和他们带领下的士兵、猎人、樵夫、铁匠、厨师和木匠组成的分遣队——走进这个国家还没有绘制过地图的领地，为各个区域一一绘制地图；探索这个国家的河流和山脉；把三角叶杨树干挖空做成独木舟；跟印第安人做生意，有时候还会跟他们一起生活一段时间。他们捕鱼，打猎。他们一直不停地走啊走，测量着他们穿过的土地和河流。从星星那里得到他们需要的方位信息后，远征队两位领队就会开始奋笔疾书。他们巨细靡遗，在日记本里写下一路走来发现的植物和树木，遇到的新动物，写下河水怎么流动，山势怎么蜿蜒，还有给他们的人发放了哪些药物，宣示了哪些纪律。

刘易斯和克拉克的日志描写生动，把读者带进这片混沌未凿的大陆，在他们笔下，美国的荒野和野生动物都跃然纸上。比如下面这两篇写于 1805 年 5 月，远征队正在密苏里河逆流而上，在这篇日志里，刘易斯写到了天气、河狸尾巴的味道和豪猪的步态：

1805年5月2日，星期四。

狂风持续了一整夜，一直到今天早上都没有减弱多少，天亮以后又下起了雪，一直下到上午10点左右，积了有1英寸深，跟相当茂盛的植被形成了鲜明对比。平原上有些花已经开了，三角叶杨的树叶跟1美元差不多大。派了几个猎人出去，打了两头鹿，三头驼鹿，几头水牛；今晚我们还在路上打了三只河狸，就在河岸上打的；这些动物从来没被猎杀过，所以极其温顺，而在它们被猎杀的地方，白天它们从不离开自己的窝。我们觉得河狸肉堪称美味佳肴，而我觉得河狸尾巴更是最美味的珍馐，煮好后跟鳕鱼舌头一样美味，煮的时候也会发出跟鳕鱼一样的声音，而且通常都非常大，足够两个人饱餐一顿。

1805年5月3日，星期五。

我们看到好多好多水牛、驼鹿、鹿（主要是长尾鹿）、羚羊或山羊、河狸、鹅、鸭子和黑雁，还有些天鹅。离今天第十个方位点提到过的那条河的河口不远，我们看到好多豪猪，很少会见到这么多豪猪，因此我们决定用这种动物来给这条河命名，于是将其记为"豪猪河"……

我走出一小段距离，碰到了两只豪猪，正在吃所有沙洲上都长得非常茂盛的那种嫩柳。这种动物特别笨拙，也不大警觉，有一只在发现我的时候我已经走得特别近了，我还用短矛碰了碰它。在一些漂在河上的木头中间发现了一个大雁做的窝，我们从里面拿了三个蛋。这是我们在漂流木中间发现的唯一一个大雁窝，它们一般都会把窝做在一棵断了的树的顶上，有时候也会做在一棵大树分权的地方,但基本上都会有五六米高甚至更高①。

刘易斯和克拉克都不是专业的博物学家或地理学家,但他们对去过的地方和见过的野生动物的测量和描述都相当一丝不苟。在路上,他们给杰斐逊和费城的科学家们送回了将近两百种树木和植物标本,就等于那个年代的月球岩石:平原上的草,醋栗,野花,蒿,亚麻,美丽大百合,云杉和枫树——在那个时候,就算是最顶尖的植物学家也对其中大部分都一无所知。他们也满箱满箱地运回了好多树根、种子和球茎,以及鼬、郊狼、松鼠、獾、鸟类、羚羊、公山羊和数十种其他动物的毛皮和骨架。有位作家评论道:"执行过更大的任务,或是在任务中取得了更大成功的探险家,几乎绝无仅有。他们的调查笔记记录得非常精细,他们给探索过的地区绘制的地图,在五十年内都无出其右。"②

1806年9月,探索部队完成了探索。杰斐逊原本希望找到一条连接大西洋和太平洋的西北航道,这个愿望没能实现,但这次远征仍然极为成功,就算是最有想象力的人都无法想象。刘易斯、克拉克和远征队其他成员抵达圣路易斯离船登岸时,迎接他们的是山呼海啸一样的欢呼

---

① 摘自梅里韦瑟·刘易斯和威廉·克拉克日记,梅里韦瑟·刘易斯所写1805年5月2日和3日的日记,见 G. E. Moulton and T. W. Dunlay, eds., *The Journals of the Lewis and Clark Expedition*, vol. 4 (Lincoln: University of Nebraska Press, 1987), pp. 100-104。

② R. D. Burroughs, "The Lewis and Clark Expedition's Botanical Discoveries," *Natural History*, 75 (1966): 57-62, p. 58. 亦可参见 J. H. Beard, "The Medical Observations and Practice of Lewis and Clark," *The Scientific Monthly*, 20 (1925): 506-526; H. W. Setzer, "Zoological Contributions of the Lewis and Clark Expedition," *Journal of the Washington Academy of Sciences*, 44 (1954): 356-357; D. W. Will, "The Medical and Surgical Practice of the Lewis and Clark Expedition," *Journal of the History of Medicine*, 14 (1959): 273-297; P. R. Cutright, *Lewis and Clark: Pioneering Naturalists* (Urbana: University of Illinois Press, 1969); P. R. Cutright, "Contributions of Philadelphia to Lewis and Clark History," *We Proceeded On*, 6 (1982): 1-43。

声,数不清的社交舞会和举国上下的庆祝活动。托马斯·杰斐逊宣布:"还从来没有这样的事情在美国激起过这么多欢乐。"① 然而,年仅三十二岁的梅里韦瑟·刘易斯,也就此开始步入他人生最后极为动乱不安的三年。

梅里韦瑟·刘易斯在距离纳什维尔约110公里的一间小屋里因枪伤离开人世,已经是将近两百年前的事情了。围绕着他的死,仍然处处都是争议和积怨,尽管就算到现在,他的死因看起来最有可能的仍然是自杀。但是,就一个国家对英雄的定义来说,自杀看上去太奇怪了。托马斯·杰斐逊跟刘易斯几乎形影不离地一起生活了两年,甚至把他当亲儿子一样对待;威廉·克拉克也跟他一起当了两年的领队,一起经历了逆境,也一起迎来了胜利;还有那些在刘易斯生命的最后几天、最后几个小时都陪在他身边的人,他们全都毫不怀疑,刘易斯的枪伤是他自己造成的。然而刘易斯或许会自杀,对很多甚至都没见过刘易斯的人来说,这种可能性无法想象。正如在他生命最后一段时间注意过他的精神状态的一些人描述,精神错乱在有些人看来跟世界上最高的勇气、荣誉和成就似乎怎么都不搭界。为了"保护"这位探险家被抹黑的名声,阴谋论和凶杀的猜测应运而生。但是,自杀有什么证据?谁能想象刘易斯的名声需要捍卫?而自杀为什么应该被看成是不光彩的行为,不能只是个可怕的悲剧?

刘易斯去世前几周留下的记录,令人信服地证明了这个人已经深感心烦意乱,陷入了困境。他酗酒,花钱如流水还疯狂地投资,行事举止让大家开始担心他的安全和健康。西征回来后,他当上了路易斯安那领

---

① Jefferson, "Life of Captain Lewis," August 18, 1813, in Lewis, *The Lewis and Clark Expedition*, vol. 1, p. xxvi.

地总督,但因为冲突和可疑的判断饱受诟病,而整理远征队日志的工作也一再拖后,简直无可救药。杰斐逊明显恼火得很,他写信给刘易斯说:"经常有人问我,我们的工作什么时候能拿出成果。我答应给我在法国的文学通信人几份副本都已经好久了,现在在他们眼里,我就是个言而无信的人。如果能从你那里收到你对这项工作有何期望的信息,我会非常高兴。"① 跟他旅程有关的信息备受期待,他交出这些信息的工作却一再拖延到了有些过分的地步,但这并不是刘易斯的写作第一次出现空白。而且很有意思,这些空白大部分都表现出类似的季节性规律,大都发生在8月和9月,有些时候还会延伸到秋末甚至初冬(刘易斯死于1809年10月初)。这一年的同一时间,即1805年8月,刘易斯还在日志里写下了唯一一篇内省的文字,读来颇为忧郁:

> 今天我过完了年满三十岁以后的第一年,并认识到我在尘世的日子很可能已经过完一半了。我好好想了想,为了增进人类的幸福,或是给下一代留下一些信息,我做得还是太少了,确实很少。我带着悔恨回想起我在游手好闲中度过的那么多时间,现在我强烈感到想要知道那些信息,如果那些时间我都没有虚度的话,那些信息我肯定早就到手了。但是既然时光一去不复返,我只能让自己放下悲观的想法,决心未来加倍努力,至少致力于促进人类生存的这两个主要目标,用大自然和命运赋予我的能力,为这两个目标贡献出我自己的力量;或是在未来为人类而活,就像我到现在都一直在为我自己而活一样②。

---

① 托马斯·杰斐逊致梅里韦瑟·刘易斯,1809年8月16日,见Jackson, *Letters of the Lewis and Clark Expedition*, vol. 2, p. 459。
② 梅里韦瑟·刘易斯日记,1805年8月18日,见Moulton and Dunlay, *The Journals of the Lewis and Clark Expedition*, vol. 5, p. 118。

1809年9月初，也就是刘易斯去世的一个月前，他动身前往华盛顿和费城，准备去清理一下他的财务问题，并为远征队日志的出版做一些工作。威廉·克拉克曾帮助刘易斯整理开销账目，对刘易斯的精神状态，他明显很担心："他［提交给政府］的几份账单被拒付，在他出发前，他的债主也蜂拥而来，让他非常苦恼，而他向我表露这些心境的措辞，让人心里不能不泛起同情……我不信在路易斯安那还有比刘易斯总督更诚实、动机更单纯的人。如果他心里没有挂虑，这次分别我也会很开心。"①

离开圣路易斯一周后，刘易斯起草了一份遗嘱，几天后，他抵达皮克林堡（孟菲斯）。皮克林堡指挥官吉尔伯特·拉塞尔上尉从刘易斯船上的船员那里听说，刘易斯有两次自杀未遂。拉塞尔也亲眼看到，刘易斯经常喝得烂醉，抵达皮克林堡时，刘易斯"精神错乱"。指挥官担心刘易斯会自杀，于是给刘易斯卸了船，让他没法离开，并连续几天都一直派人盯着他②：

> 这种情况下他差不多连续五天都没有任何实质性变化，尽管在此期间他们采用了各种各样最适合、最有效的办法想要让他恢复状态。到第六天第七天的样子，所有精神错乱的症状都消失了，他的神志完全正常，又这样持续了十一二天……三四天后，他又患上了同样的精神疾病。他身边没有人能管住或控制住他的倾向，他的情

---

① 威廉·克拉克致乔纳森·克拉克，1809年9月，见 J. J. Holmberg, "'I Wish You to See & Know All': The Recently Discovered Letters of William Clark to Jonathan Clark," *We Proceeded On*, 18 (1992): 10。

② 詹姆斯·豪致弗雷德里克·贝茨，1809年9月28日，*Missouri Historical Society Collections*, 4 (1923): 474。

形一天天恶化，就这样来到格林德先生家……在那里，他害怕自己会被敌人毁灭（尽管这敌人只存在于他疯狂的想象里），便在自己一个人待在房子里的时候，以最冷静、最绝望也最野蛮的方式，亲手毁灭了自己①。

奇克索族印第安人、美国特工詹姆斯·尼利在刘易斯生命最后三周一直陪在他身边。刘易斯去世后不久，尼利写信给杰斐逊总统说："我不得不怀着极度痛苦的心情向您报告，上路易斯安那领地总督梅里韦瑟·刘易斯阁下于11日早晨很快去世了的消息，并很遗憾地说他是死于自杀。"② 他和拉塞尔一样报告称，刘易斯在这段时间里时不时地就会"精神错乱"。

后来，刘易斯的朋友、著名的鸟类学家亚历山大·威尔逊采访了刘易斯最后死去的那家旅馆的女主人，详细写下了刘易斯自杀的细节：

> 她说，刘易斯总督在日落时分孤身一人来到这里，问她能不能让自己在这里过夜；他下了马，把马鞍拿进屋里。他穿着一件白色带蓝条纹的宽松长袍。她问他是不是一个人来的，他回答说还有两个仆人在后面，随后就到。他要了一些烈酒，但只喝了一点点。两名仆人赶到以后……他找他们要火药……［他］在门前走来走去，自言自语。
>
> 她说，有时候他看起来就像在向她走来，又会突然转身，以最快速度往回走。晚饭好了，他坐下来，但只吃了几口就站了起来，

---

① 吉尔伯特·拉塞尔上尉致托马斯·杰斐逊，1811年11月26日，见Jackson, *Letters of the Lewis and Clark Expedition*, vol. 2, pp. 573–574。
② 詹姆斯·尼利致托马斯·杰斐逊，1809年10月18日，见Jackson, *Letters of the Lewis and Clark Expedition*, vol. 2, pp. 467–468。

粗声大气地自说自话……他抽了一阵烟,但又突然离开座位,像之前一样穿过院子。他又坐下来,拿起烟斗,看上去又恢复了平静,若有所思地把目光转向西边,注视着这个美丽的夜晚。格林德夫人在给他铺床,但他说他想睡在地上,并要仆人把熊皮和水牛袍子拿来,拿来以后很快就给他在地上铺好了。现在已经是黄昏了,那个女人去了厨房,两个男人去了不到两百米开外的谷仓。

厨房离刘易斯歇息的房间只有几步路。那个女人对客人的行为举止深感不安,无法入睡。她一直听着客人在房间里来回踱步,她感觉有好几个小时,而且还(用她的话说)"像律师一样"大声说话。随后她听到手枪的一声枪响,然后是什么东西重重摔倒在地上,然后是一声:"哦主啊!"紧接着她又听到一声枪响,过了几分钟,她听到刘易斯在她门口喊道:"太太,给我点水,给我清理下伤口!"

圆木之间有缝隙,没有抹灰,女人看到刘易斯跟跟跄跄向后退去,摔倒在厨房和他房间之间的一个树桩上。他爬了一段距离,在一棵树旁边坐起来,就在那里坐了一分钟的样子。他回到自己房间,后来又来到厨房门口,但没有说话;随后女人听到他用葫芦瓢在水桶里刮水的声音,但这个垂死的人似乎没能让自己冷却下来。

那个女人很害怕,不敢出门,刘易斯得以在这种最糟糕的情形下待了两个小时。女人的丈夫不在家,天一亮(但绝非天亮之前),女人就派两个孩子去谷仓叫两个仆人。进到房里,他们看到刘易斯躺在床上。他揭开身体侧面,给他们看子弹打进去的地方。他前额崩掉了一块,露出了脑子,但没流多少血。

他恳求他们拿起他的步枪给他脑袋来一枪,照办的话他就把他行李里所有的钱都给他们。他说了好些遍:"我不是胆小鬼,但我太强壮了,想死太难了。"他恳求仆人不要害怕他,因为他不会伤害他。大概两小时后,也就是太阳差不多刚从林子里冒出来的时候,他咽气了①。

拉塞尔上尉对刘易斯最后几小时的描述更加可怕。他报告说,两次用手枪开枪自杀未果后,刘易斯"从一个文件夹里拿出自己的剃须刀,剃须刀刚好装在那里面;天亮时,一个仆人发现他坐在床上,急急忙忙地浑身上下乱割"。

威廉·克拉克对朋友的死讯感到震惊,但刘易斯死于自杀的说法,对他来说倒也并非完全是意料之外。刘易斯去世两个星期后,在给哥哥的信里,威廉·克拉克写道:"我恐怕,哦!我恐怕他沉重的心灵已经压垮了他。"② 托马斯·杰斐逊也在回忆梅里韦瑟·刘易斯的一封信里写道:

> 刘易斯总督从早年开始就患有忧郁[抑郁]症。他们家族所有比较近的旁系亲属都有这个遗传倾向,而他的病更是直接从父亲那里继承下来的。不过,之前病情都没有严重到会让家人感到不安的地步。他跟我一起住在华盛顿的时候,有时我会感觉到他的精神明显很抑郁,但是我也知道他们家有这个遗传倾向,我也凭借我在他们家看到的情况来估计病的进程。西征期间的工作需要他持续不断地全身心投入,也就暂时消除了这些令人痛苦的病征;但是他在圣路易斯定居下来以后,病情以双倍的强度回到他身上,也让他的朋友们警觉起来,严阵以待。他的事务让他必须去一趟华盛顿时,他

---

① 亚历山大·威尔逊致亚历山大·劳森,1811 年 5 月 28 日,见 E. Coues, ed., *History of the Expedition Under the Command of Lewis and Clark* (New York: Dover Reprint, 1965; first published 1893), vol. 1, pp. xliv-xlvi。

② 威廉·克拉克致乔纳森·克拉克,1809 年 10 月 28 日,见 Jackson, *Letters of the Lewis and Clark Expedition*, vol. 2, p. 727。

正处于一次病情发作的状态……

夜里3点左右,他做出了让朋友们痛苦万分的行为,也夺走了这个国家最有价值的国民……他努力为国民拓展科学疆域,为他们展现这片广袤而丰饶的土地,他们的子子孙孙必定会在这片土地上创造无数的艺术、科学、自由和幸福。在这么做的过程中,他经历了那么多苦痛,也迎来了那么多成功……他本可以亲笔叙述这些,但现在,这个国家也失去了从他手里得到这些叙述的机会①。

在包括我在内的很多人看来,杰弗逊对朋友之死的描述,经过了深思熟虑,也饱含着同情,描述了一个勇敢的人如何赴死。但另一些人的看法则有所不同②。有些人根本无法接受刘易斯生活的外在现实和他想要离开这个世界的愿望之间的矛盾。身为历史学家兼编辑的奥林·邓巴·惠勒就是其中之一。他写道:"一个三十五岁的年轻人,那么广大的路易斯安那领地的总督,正从他的首府前往他国家的首都,并且知道因为自己的身份和声誉,他在那里会得到所有人的尊重和欢迎。像这样一个人竟然会结束自己的生命,似乎不大可能。"③ 传记作家弗洛拉·西摩也认为自杀完全不符合刘易斯的性格,她在1937年写道:"很多人

---

① Thomas Jefferson, "Life of Captain Lewis," August 18, 1813, in Lewis, *The Lewis and Clark Expedition*, vol. 1, pp. xxvii–xxviii.

② 除了奥林·邓巴·惠勒、弗洛拉·西摩、理查德·狄龙、C. Skinner 和 A. Furtwangler 以外,还有很多人都参与了是他杀还是自杀的争论,包括 D. A. Phelps, "The Tragic Death of Meriwether Lewis," *William and Mary Quarterly*, 13 (1956): 305-318; V. Fisher, *Suicide or Murder: The Strange Death of Governor Meriwether Lewis* (Chicago: Sage Books, 1962); P. R. Cutright, "Rest, Rest, Perturbed Spirit," *We Proceeded On*, 12 (1986): 7-16; E. G. Chuinard, "How Did Meriwether Lewis Die? It Was Murder" (pt. 1), *We Proceeded On*, 17 (1991): 4-11; E. G. Chuinard, "How Did Meriwether Lewis Die? It Was Murder" (pt. 2), *We Proceeded On*, 18 (1991): 4-10。

③ O. D. Wheeler, *The Trial of Lewis and Clark, 1804-1904* (New York: G. P. Putnam's Sons, 1904), p. 193.

认为，身患重病、情绪低落、对正义感到绝望的刘易斯总督是自杀身亡……但那些曾跟这个勇敢的年轻人一起踏上漫漫西征路的人都觉得，不可能是这样的结论。他们认识的梅里韦瑟·刘易斯，在面对考验时从未失去勇气和理智。"①

最近还有一位传记作家理查德·狄龙进一步阐述了西摩的看法，决心为刘易斯洗清自杀"罪名"：

> 刘易斯的死因有可能是自杀吗？完全不可能。要是说有那么一个人属于会反对自杀的，那就是梅里韦瑟·刘易斯了。从天性上讲，他是个斗士，而不是一个会转身逃跑的人……他很敏感，但绝不神经质。刘易斯是美国历史上最乐观自信的人物之一。
>
> 让他不会结果自己性命的因素阐述得还不够充分。他的勇气，他的热情，他的青春（才三十五岁），他的计划——在华盛顿看望过妈妈、料理好各项事务后，他打算回圣路易斯，还准备跟弟弟鲁本和他最好的朋友威廉·克拉克一起做皮毛生意……
>
> 在像我们这样的民主国家——梅里韦瑟·刘易斯把全副身心都奉献给了这个国家——法院认为对于一项罪名，一个人除非被证明有罪，那就都是无罪的。没有足够证据证明梅里韦瑟·刘易斯在1809年10月11日早晨在格林德旅馆犯下了自我毁伤的罪名，因此对于自杀罪名，请判他无罪②。

但还有一些人声称，刘易斯之死不知怎么地被"遮蔽"③ 了，或是

---

① F. W. Seymour, *Meriwether Lewis* (New York: D. Appleton - Century, 1937), pp. 237-238.
② R. Dillon, *Meriwether Lewis: A Biography* (New York: Coward-McCann, 1965), pp. 344, 350.
③ C. Skinner 写道："但至少，自杀的说法不再遮蔽他的名字。"见 *Adventures in Oregon* (New Haven, 1920), p. 70。

"被耻辱玷污"① 了；有些人相信刘易斯是被谋杀的，并对杰斐逊是否正直诚实表示怀疑，因为杰斐逊得出的结论是，刘易斯之死是自杀。身兼医生和历史学家的丘伊纳德就在几年前写道："在我看来，杰斐逊那么容易就接受了刘易斯是死于自杀，这样对待一个人实在是太可耻了。"② 而获得过普利策奖的新闻记者戴维·利昂·钱德勒把杰斐逊放到了一场错综复杂的阴谋的中心（他写的书就以《杰斐逊阴谋：总统在梅里韦瑟·刘易斯遇刺案中的角色》为题）。他声称："托马斯·杰斐逊串通他人，这是个重大阴谋，而他对自杀这个说法的认可自然也是题中应有之义……他接受了自杀的耻辱，因为他害怕曝出更大的丑闻。"③ 威廉·克拉克的儿子梅里韦瑟·刘易斯·克拉克的看法就没有这么阴暗，他只是说，希望"我有幸被冠以的这个大名"不会被污名化。

是自杀还是谋杀的争议背后还有好几个思想流派：死于自杀是一种耻辱；刘易斯还那么年轻，或者是那么成功，不可能自杀的（当然，实际上这两个因素都不足以防止自杀）；再不就是，自杀从本质上讲是懦夫所为，因此，一个伟大、勇敢的人不可能做出这种事情。还有人提出如果杰斐逊真的知道刘易斯或他的家族有任何精神疾病的隐患，他肯定不会任命刘易斯领导西征队伍。这个观点得到了很多人的支持，他们反复声称，杰斐逊无论如何都不可能知道刘易斯家里有任何人有精神疾病，尽管杰斐逊和刘易斯一起生活了两年，而且可以推测，两人肯定有很多谁都没有记录下来的私下的谈话。实际上，压根就没办法知道他们分享过哪些跟家庭或自己有关的秘密。要是无法精心编造出一个阴谋论的网，还真

---

① A. Furtwangler, *Acts of Discovery: Visions of America in the Lewis and Clark Journals* (Urbana: University of Illinois Press, 1993).
② E. G. Chuinard, "How Did Meriwether Lewis Die? It Was Murder" (pt. 3), *We Proceeded On*, 18 (1992): 4-10, p. 4.
③ D. L. Chandler, *The Jefferson Conspiracies: A President's Role in the Assassination of Meriwether Lewis* (New York: Morrow, 1994), pp. 325-326.

很难想象杰斐逊要不是真的相信那些,怎么会写下他对刘易斯和他父亲的家庭做的事情。(有意思的是,刘易斯的父系母系两边可能都有精神疾病的遗传因素①。刘易斯同母异父的弟弟约翰·马克斯医生是他妈妈再嫁后生的儿子,曾经因为"精神问题",身体活动受到限制;梅里韦瑟家族和刘易斯家族之间还有十几起近亲结婚案例,也可以说是相当多了。)

杰斐逊猜测,只要刘易斯积极参与各类事项、身体上闲不下来,他的忧郁倾向就会冰封起来;但后来到了日子更缓慢、更安居乐业的时候就又出现了。他这个看法很有见地也很有说服力,而且跟今天我们知道的完全吻合:躁动不安、精力旺盛、秉性冲动的人,会有完全相反的绝望倾向。斯蒂芬·安布罗斯在为梅里韦瑟·刘易斯撰写的精彩传记《美国边疆的开拓》(*Undaunted Courage*)中,详细描写了梅里韦瑟·刘易斯偶尔会爆发的急脾气:"但是,他曾经四次大发脾气,两次威胁要杀人。他的行为反复无常,威胁到了远征队的未来……他脾气暴躁,动不动就发作……[他]没法控制住自己'活蹦乱跳'的激情。"②

因此,刘易斯有抑郁症的家族史和个人史,脾气暴躁,性情焦躁,喜欢狂饮烂醉,在生命行将结束的时候还在经济方面不计后果,对本职工作也相当靠不住。他两次自杀未遂,只能置于同僚严密监视之下,防止他自杀。他最亲密的两位朋友,威廉·克拉克和托马斯·杰斐逊,很相信他生命最后几天、几小时身边人的目击证词,而所有这些最后都只能得出他死于自杀的结论。

---

① S. M. Drumm, *Luttig's Journal of the Fur Trading Expedition on the Upper Missouri, 1812–1813* (St. Louis: Missouri Historical Society, 1920), pp. 150-151。梅里韦瑟·刘易斯的母亲露西·梅里韦瑟·刘易斯在刘易斯的父亲去世后再婚。约翰·马克斯医生身上的精神疾病倾向不知道是来自母亲梅里韦瑟这边还是父亲马克斯那边,抑或兼而有之。如果是来自梅里韦瑟这边,而刘易斯家族也有精神疾病的遗传倾向的话,梅里韦瑟·刘易斯会患上严重的精神疾病也就一点儿都不足为奇了。

② S. E. Ambrose, *Undaunted Courage: Meriwether Lewis, Thomas Jefferson, and the Opening of the American West* (New York: Simon & Schuster, 1996), pp. 358, 481-482。

那么，为什么死于阴谋、疟疾或梅毒等等错综复杂的说法都能大行其道，好像为他的死提供了一些"解释"呢？"杰斐逊阴谋"经得起推敲的证据几乎没有；死于谋杀的说法也只有不可能成立的推测（目击者的证词必然会有些出入，而谋杀论的支持者基本上就是抓住这些出入大做文章）；梅毒说也几乎没有任何证据，尽管他可能是得了这种病。他也很有可能患有疟疾，毕竟这种病在边疆很流行，还有人认为这就是他"精神错乱"的原因①。脑型疟疾极为罕见，偶尔会导致冲动行为和自残行为。(19世纪报告的疟疾案例中，以及在一战、二战和越南战争期间报告的数万个细节翔实的疟疾案例中，脑型疟疾占比不到2%；而脑型疟疾患者也鲜有自杀身亡的。) 非理性行为的医学原因对某些历史学家来说也许更容易接受，但并不是一定就更可信。

俄勒冈州历史学会的道格拉斯·阿代尔和道森·费尔普斯提出了一个在我看来最关键的问题②。他们写道："看起来，跟刘易斯同一个时

---

① A. T. W. Forrester, "Malaria and Insanity," *Lancet*, 1 (1920): 16-17; W. K. Anderson, *Malarial Psychoses and Neuroses* (London: Oxford University Press, 1927); C. C. Turner, "The Neurologic and Psychiatric Manifestations of Malaria," *Southern Medical Journal*, 29 (1936): 578-586; D. H. Funkenstein, "Tertian Malaria and Anxiety," *Psychosomatic Medicine*, 11 (1949): 158-159; R. B. Daroff, J. J. Deller, A. J. Kastl, and W. W. Blocker, "Cerebral Malaria," *Journal of the American Medical Association*, 202 (1967): 119-122; D. W. Mulder and A. J. Dale, "Brain Syndromes Associated with Infection," in A. M. Freedman and H. I. Kaplan, eds., *Comprehensive Textbook of Psychiatry* (Baltimore: Williams & Wilkins, 1967), pp. 775-786; W. W. Blocker, A. J. Kastl, and R. B. Daroff, "The Psychiatric Manifestations of Cerebral Malaria," *American Journal of Psychiatry*, 125 (1968): 192-196; A. J. Kastl, R. B. Daroff, and W. W. Blocker, "Psychological Testing of Cerebral Malaria Patients," *Journal of Nervous and Mental Disease*, 147 (1968): 553-561; R. M. Wintrob, "Malaria and the Acute Psychotic Episode," *Journal of Nervous and Mental Disease*, 156 (1973): 306-317; P. D. Marsden and L. J. Bruce-Chwatt, "Cerebral Malaria," in R. W. Hornabrook, ed., *Topics on Tropical Neurology* (Philadelphia: F. A. Davis, 1975); D. A. Warrell, "Cerebral Malaria," in R. A. Shakir, P. K. Newman, and C. M. Poser, eds., *Tropical Neurology* (London: W. B. Saunders, 1996), pp. 213-245.

② 引自 V. Fisher, *Suicide or Murder: The Strange Death of Governor Meriwether Lewis* (Chicago: Sage Books, 1962), p. 231。

代、对他非常了解的人大都……要么对他自杀的消息并没有感到惊讶，要么有相当有说服力的证据可以证明他的死是自杀。谋杀论是不是反映了美国学者（尤其是研究边疆问题的专家）不愿意承认，一个像刘易斯一样证明了自己有多伟大的人……会在精神上变得那么孤独凄凉，或者说他的精神疾病会那么严重，以至于他会自杀？"

我想答案是肯定的，无论是学者还是门外汉，脑子里都很难坚持认为一个伟大的人还能精神错乱，或一个勇敢的人能举枪自杀。但确实有这样的人这么做。同样是杰斐逊在年轻的梅里韦瑟·刘易斯身上看到的英勇无畏、永不安宁的秉性，翻到另一面就成了焦躁不安、深深绝望。杰斐逊值得赞扬的地方在于他能理解人的天性有多复杂，而刘易斯值得赞扬的地方在于，他选择了探险家威廉·克拉克和自己一起担任领队，这个人跟他刚好互补，性情也更加平稳。

近年来一直有传言要挖出梅里韦瑟·刘易斯的遗骸。有人说这么一来就能一劳永逸地揭开他死亡的真相，也有可能确实可以。比如《华盛顿邮报》的一名读者就写信说，如果能证明梅里韦瑟·刘易斯是被谋杀的，"就能去除这位探险家名字上的一个污点"①。作为回应，我也给《邮报》写了封信。我认为，自杀会被视为"污点"，这种想法非常奇怪。有令人信服的证据证明刘易斯患有躁郁症并死于自杀，而无论刘易斯是怎么死的，他这一生都充满了非凡的勇气、成就和远见。自杀不会给任何人带来污点；自杀只是一场悲剧。我跟很多人一样，我们都相信，不应该去打扰他的亡灵，打扰他本该享有的宁静。他已经争得了休息的权利。而且说到底，对我们所有人来说，留下来的是他的人生。就像安布罗斯写的那样，刘易斯首先是，最后是，也永远是一位探险家：

---

① E. Foxwell, letter to the editor, *Washington Post*, June 29, 1996; K. R. Jamison, letter to the editor, *Washington Post*, July 6, 1996.

他这个人精力相当充沛，有时候也会很冲动，但因为他高度自律，这个问题也就没那么严重了。他可以把自己逼到精疲力竭的地步，然后花一小时记下当天发生的事情，再花一小时做天文观测。

他的天赋和技能非常广博，但不够精深。很多事情他都知道该怎么做，从设计、建造船只，到野外生存必需的所有技能。对自然科学的各个分支他都略有了解，他能描述一种动物，给一种植物归类，给星星命名，操作六分仪和其他仪器，梦想一个帝国。但这些事情他全都称不上专家，也没有独一无二的天赋。

他真正独一无二、天赋异禀、也真正在行的事情，就是当探险家，这时他所有才干都成了必要的，全都可以派上用场。最重要的是他担任领导的能力。他为领导才能而生、而成长，在军旅生涯中学习如何领导，又在远征中得到历练①。

梅里韦瑟·刘易斯是一位伟人，他的死因带给我们的悲伤，让人无法承受。莎士比亚在写到马克·安东尼自杀时，这几句话说得特别好："宣布这样一个重大的消息，应发出／如天崩地裂般的巨响。大地受到震动，／直震得雄狮逃窜到市井的街道上，城市里的居民／反倒藏躲进它们的巢穴中。安东尼的死／可不是一个人的没落：半个世界都／随着他的名字倾覆了。"②

---

① Ambrose, *Undaunted Courage*, p. 482.
② William Shakespeare, *Antony and Cleopatra*, Act V, sc. i, ll. 13-16 (London: J. M. Dent, The Temple Shakespeare, 1896), p. 146.

第四部　对抗死亡

——预防自杀——

但是自杀有一套专门用语
就像木匠会问要什么工具，
而绝不会问要造什么东西。

——安妮·塞克斯顿

安妮·塞克斯顿（1928—1974）因诗集《生还是死》(*Live or Die*) 获得了 1967 年的普利策奖，上文就选自这部诗集。她曾数次自杀未遂，最后于 1974 年死于一氧化碳中毒。她有一个姐姐和一个阿姨也是死于自杀。

第八章
有些法力
—— 治疗与预防 ——

对于忧郁症，取一个从未与母羊交配的公羊的头……连皮带毛一起煮熟……取出脑子，加入肉桂、生姜、肉豆蔻、丁香等香料……

可与放在鸡蛋或肉汤里的面包一起食用[1]。

—— 罗伯特·伯顿

锂是最轻的固体元素，因此要是说这种物质有些法力，可能也不是那么奇怪。

—— 哈蒂根

罗伯特·伯顿于 1621 年写道，金盏花被"普遍认为可以治疗忧郁"[2]。蒲公英、白蜡树、柳树、柽柳、玫瑰、紫罗兰、甜苹果、葡萄酒、烟草、罂粟汁、小白菊和黄樟也都会有疗效。把驴的前蹄做成指环，也"不是完全没用"，而"采集于星期五的木星时刻[3]的贯叶连翘……会有很大帮助"。

从柽柳和小白菊的时代到现在，治疗忧郁症和预防自杀的方法都取得了不少进展，但仍然都是来自自然界。我们提取锂——一种轻金属，元素周期表里的第三种元素——做成锂盐，这是对自杀效果最显著的治疗方法。我们也发现了另外一些能稳定情绪、治疗精神病、抑制焦虑、激越和冲动的药物。我们还有抗抑郁药物，对经常导致自杀的抑郁症有很积极的治疗效果。我们建造了医院，把疯子和会自残的人看护起来，还发明了心理疗法来减轻痛苦，帮助有自杀倾向的人迷途知返，度过生命中最黑暗的时候。对于如何预防自杀，我们已经有了很多了解，但仍然不够。而我们已经知道的，我们也没有尽可能充分、广泛地加以利用。

自杀的原因很大程度上在于：个人的秉性倾向和遗传因素；患有严重精神疾病；以及承受着巨大的心理压力。只解决其中一个问题而忽略其他，很可能并不足以阻止自杀。误诊或无力治疗可能致命的精神疾病，或是低估了自杀风险的严重程度，都可能会（而且是经常会）产生悲惨的结果。医生、病人和家人同心协力，也许可以让自杀风险最小化，但这个过程很艰难、很难把握，也是一场很难看到希望的冒险。这

---

① Robert Burton, *The Anatomy of Melancholy*, vol. 2. 罗伯特·伯顿（1577—1640）的《忧郁的解剖》初版于 1621 年，至今仍是这个主题最重要的著作之一。作者在书中承认自己就有忧郁症，而根据另一些人的说法，他的舅舅就是"因忧郁而死"。伯顿于 1640 年去世后，牛津大学有些学生私下议论称，他是"给自己脖子套上绳子，送自己的灵魂上了天堂"。牛津大学当时还有另一个人表示赞同，说伯顿"在那间房子里把自己吊起来，结束了自己的日子"。这些传言的真实性如何姑且不论——那些不认为他是自杀身亡的人则指出，如果有充分证据证明他是自杀，就不可能按基督教的方式给他办葬礼——他写在自己墓碑上的墓志铭倒是更能引起争议："此处安眠之人，忧郁定其生死。" Michael O'Connell, *Robert Burton* (Boston: Twayne Publishers, 1986), pp. 31-33; 亦可参见 Lawrence Babb, *Sanity in Bedlam: A Study of Robert Burton's Anatomy of Melancholy* (East Lansing: Michigan State University Press, 1959); Bergen Evans, in consultation with George J. Mohr, *The Psychiatry of Robert Burton* (New York: Octagon Books, 1972); Ruth A. Fox, *The Tangled Chain: The Structure of Disorder in The Anatomy of Melancholy* (Berkeley: University of California Press, 1976)。

② Robert Burton, *The Anatomy of Melancholy*, vol. 2, Pt. 2, Sec. 5 (London: J. M. Dent, 1961; first published 1621), pp. 248-251.

③ 木星时刻（the hour of Jupiter）：星相学中的说法。将一天的时间从日出到日落 12 等分，日落到次日日出同样 12 等分，每一等分定义为 1 小时，则周五日出后和日落后的第五、第十二小时为木星时刻，这里相当于说周五的日出时、近正午时、日落时和近午夜时这四个时间。——译者

么做的价值不言自明,但怎么才能做到,并没有那么显而易见。那些声称从想要自杀的绝望中恢复到正常状态就像回头是岸一样是一条直路的人,全都从来没有亲身走过这样一段旅程。

大多数自杀的人在真正自杀以前,都会明确告诉别人自己想要自杀,而且经常会讲好多次——跟他们的医生、家人或朋友①。但也有很多人从来不说:他们一时冲动就走上了绝路,或是把他们的自杀计划藏得严严实实;他们既没有给自己机会,也没有给别人机会。但是那些明确表示想死的人,他们这么做至少提供了治疗和预防的可能性。圣路易斯华盛顿大学医学院的伊莱·罗宾斯和同事们做了一项足以彪炳史册的研究,其中总结了134起自杀案例:

> 如果我们发现的自杀是出于冲动、没有预谋的行为,也没有明

---

① E. S. Shneidman and N. L. Farberow, "The Logic of Suicide," in E. S. Shneidman and N. L. Farberow, eds., *Clues to Suicide* (New York: McGraw-Hill, 1957); E. Robins, S. Gassner, J. Kayes, R. H. Wilkinson, and G. E. Murphy, "The Communication of Suicidal Intent: A Study of 134 Consecutive Cases of Successful (Completed) Suicide," *American Journal of Psychiatry*, 115 (1959): 724–733; T. L. Dorpat and H. S. Ripley, "A Study of Suicide in the Seattle Area," *Comprehensive Psychiatry*, 1 (1960): 349–359; P. G. Yessler, J. J. Gibbs, and H. A. Becker, "On the Communication of Suicidal Ideas: I. Some Sociological and Behavioral Considerations," *Archives of General Psychiatry*, 3 (1960): 612–631; K. E. Rudestam, "Stockholm and Los Angeles: A Cross-Cultural Study of the Communication of Suicidal Intent," *Journal of Consulting and Clinical Psychology*, 36 (1971): 82–90; B. M. Barraclough, J. Bunch, B. Nelson, and P. Sainsbury, "A Hundred Cases of Suicide: Clinical Aspects," *British Journal of Psychiatry*, 125 (1974): 355–373; J. Beskow, "Suicide and Mental Disorder in Swedish Men," *Acta Psychiatrica Scandinavica*, 277 (Suppl.) (1979): 1–138; C. L. Rich, R. C. Fowler, L. A. Fogarty, and D. Young, "San Diego Suicide Study: III. Relationships Between Diagnoses and Stressors," *Archives of General Psychiatry*, 45 (1988): 589–594; E. T. Isometsä, M. M. Henriksson, H. M. Aro, M. E. Heikkinen, K. I. Kuoppasalmi, and J. K. Lönnqvist, "Suicide in Major Depression," *American Journal of Psychiatry*, 151 (1994): 530–536; E. T. Isometsä, M. M. Henriksson, H. M. Aro, and J. K. Lönnqvist, "Suicide in Bipolar Disorder in Finland," *American Journal of Psychiatry*, 151 (1994): 1020–1024.

确定义的临床界限，那么运用目前可用的临床标准，自杀预防的问题会面临无法克服的困难。但实际上，自杀者就自杀想法与他人沟通的比例很高，表明大部分情况下自杀是有预谋的行为，这么做的人事先给出了大量警示和提醒①。

在临床环境中，在进行任何治疗精神疾病或预防自杀的尝试之前，都必须先进行自杀风险评估。直接询问病人有没有自杀的想法或计划，显然是了解病史不可或缺的一步。除了病人自行陈述的自杀计划以外，还有另外一些重要风险因素需要纳入评估：是否存在严重焦虑、激越或不安；精神病理学问题的普遍性、类型和严重程度；绝望的程度；是否存在严重睡眠障碍或混合状态；目前酗酒或吸毒的情况；容易实施致命的自杀方式，尤其是枪支是否容易获得；难以得到良好的医疗救治和心理治疗；近期经历了会导致重大压力的生活事件，例如离婚、失业、家人去世；有自杀或暴力行为的家族史；社交孤立，没有亲人和朋友在身边；非常接近抑郁症、躁狂症或精神分裂症的首次发作；最近刚从精神病院出院②。

从可能有自杀倾向的患者那里了解准确而全面的暴力和冲动行为史很困难，然而也极为必要，因为如果跟精神疾病结合起来，这样的行为也许就成了自杀的导火索。很多病人，尤其是女性，不愿承认有过这样的行为；也有一些人，暴力情绪和暴力关系是他们生活中不可或缺的一

---

① E. Robins, G. E. Murphy, R. H. Wilkinson, S. Gassner, and J. Kayes, "Some Clinical Considerations in the Prevention of Suicide Based on a Study of 134 Successful Suicides," *American Journal of Public Health*, 49 (1959): 888–899, p.897.
② E. S. Shneidman and N. L. Farberow, eds., *Clues to Suicide* (New York: McGraw-Hill, 1957); J. Fawcett, K. A. Busch, D. Jacobs, H. M. Kravitz, and L. Fogg, "Suicide: A Four-Pathway Clinical-Biochemical Model," *Annals of the New York Academy of Sciences*, 836 (1997): 288–301.

部分,他们可能并没有意识到自己的暴力行为有多非比寻常,也不知道有必要向医生或治疗师报告。需要询问患者脾气是否暴躁;发现自己处于狂暴的关系中,或是反复尖刻地谩骂他人的情形有多频繁;以及是否经常深感烦躁不安或做出冲动行为,比如逃离社交场合或试图从高速行驶的汽车里跳出来。

治疗决策要根据对自杀风险的临床评估和精神病学诊断做出。临床医生的首要职责,是评估患者会立即自杀的风险有多大,并在必要时安排入院治疗。这样的评估有时候很简单,但通常并非如此。急性自杀倾向患者的风险很高,往往需要收治入院,这既是保护措施,也是为了诊断和治疗所患严重精神疾病,并评估患者的心理条件和社会资源。

入住精神科病房接受治疗对有自杀倾向的患者来说往往既让人害怕又让人放心。这种情形仍然会让很多人觉得羞耻,并给他们带来个人、经济和职业方面的困难。而且我们也已经看到,住院治疗并不能阻止所有自杀。但是,医院确实拯救了很多生命,不但能缓解患者的问题,也减轻了患者家人和朋友原本非常可怕的负担,让他们不用继续觉得要对自己或别人的生命负责。无论患者还是医生,都往往认为入院治疗象征着失败或已经到了最后关头,而不是偶尔用来解决严重问题所必需的手段。这样的看法很普遍也很危险,因为往往会让他们做出不让患有其他疾病的病人入院治疗的决定,也会妨碍患者得到良好的临床护理。

威廉·斯泰伦把自己因有自杀倾向的抑郁症住院治疗的经历描述为"中转站、炼狱",并对医生不愿意让他住进精神科病房深表遗憾:

> 很多精神科医生好像根本没办法理解他们的病人正在遭受的痛苦是何性质、有多深重,一味顽固地相信药物,认为到最后药品肯定会起作用,病人身上会产生反应,不用非得住到阴沉沉的医院里

去……我相信我几周前就应该住进医院了。因为实际上,医院是我的大救星,尽管说来有些矛盾,在这个什么也不能做的地方,门锁着,门上都有监视器,绿色走廊里一片凄凉景象,救护车在楼底下日夜呼啸,隔着十层楼都清晰可闻;在这样一个地方,我却得到了平静,脑子里的风暴也平息了。在我安静的农舍里,这些我全都无法得到①。

自杀倾向很严重的患者无论是否入院治疗,都需要接受严密照护:临床医生需要投入更多时间和情感;积极使用有针对性的药物;强化心理治疗或其他临床接触;他们的医生和家人、朋友也需要更多投入。后面我们会详细讨论心理治疗及家庭教育和参与。在这里,我们先来了解一下用来预防自杀的不同药物效果如何。

自杀通常需要多重"打击"——生物学倾向、重大精神疾病以及严重的生活压力等等——但这些"打击"里面只有一部分可以改变。比如说,对患者生活中会造成重大压力的很多问题,医生能做的相对有限:这种事情发生得太随机,因此很难预知,要想控制就更难了。尽管如此,医生还是可以采取一些措施来影响或治疗病人潜在的生物学倾向,以及与自杀行为密切相关的精神疾病。

锂盐是目前可用的抗自杀药物中最有效的,也是研究最广泛、记录最齐全的。从1949年开始,人们就在用锂盐稳定跟躁郁症有关的危险的情绪波动以及摸不着规律的行为,尤其是在欧洲还被用来防止抑郁症复发。锂盐能起到预防自杀的效果,可能是因为这种药物对自杀的两个最有力的危险因素都能产生影响:人们普遍认为锂盐能加快血清素在大

---

① W. Styron, *Darkness Visible: A Memoir of Madness* (New York: Random House, 1990), pp. 68–69.

脑里的周转（对其他神经递质也有类似影响）①，因此能让人没那么有攻击性、烦躁和冲动②；还能减轻甚至消除大部分躁郁症患者的躁狂和

---

① M. H. Sheard, J. L. Marini, and C. I. Bridges, "The Effect of Lithium on Impulsive Aggressive Behavior in Man," *American Journal of Psychiatry*, 133（1976）：1409-1416; E. A. Wickam and F. V. Reed, "Lithium for the Control of Aggressive and Self-Mutilating Behavior," *International Clinical Psychopharmacology*, 2（1977）：181-190; A. J. Mandell and S. Knapp, "Asymmetry and Mood, Emergent Properties of Serotonin Regulation," *Archives of General Psychiatry*, 36（1979）：909 – 916; S. L. Treiser, C. S. Cascio, T. L. O'Donohue, et al. , "Lithium Increases Serotonin Release and Decreases Serotonin Receptors in the Hippocampus," *Science*, 213（1981）：1529 – 1531; F. N. Johnson, ed. , *The Psychopharmacology of Lithium*（London：Macmillan, 1984）; M. H. Sheard, "Clinical Pharmacology of Aggressive Behavior," *Clinical Neuropharmacology*, 11（1988）：483-492; L. H. D. S. Price, P. L. Charney, P. L. Delgado, and G. R. Heninger, "Lithium and Serotonin Function：Implications for the Serotonin Hypothesis of Depression," *Psychopharmacology*, 100（1990）：3-12; H. K. Lee, T. B. Reddy, S. Travin, and H. Bluestone, "A Trial of Lithium Citrate for the Management of Acute Agitation of Psychiatric Inpatients：A Pilot Study," *Journal of Clinical Psychopharmacology*, 12（1992）：361-362; J. F. Dixon and L. E. Hokin, "Lithium Acutely Inhibits and Chronically Up-Regulates and Stabilizes Glutamate Uptake by Presynaptic Nerve Endings in Mouse Cerebral Cortex," *Proceedings of the National Academy of Sciences USA*, 95（1998）：8363-8368; P. E. Harrison-Read, "Lithium Withdrawal Mania Supports Lithium's Antimanic Action and Suggests an Animal Model Involving Serotonin," *British Journal of Psychiatry*, 172（1998）：96-97.

② R. W. Cowdry and D. L. Gardner, "Pharmacotherapy of Borderline Personality Disorder," *Archives of General Psychiatry*, 45（1988）：111-119; T. Kastner, R. Finesmith, and K. Walsh, "Long-Term Administration of Valproic Acid in the Treatment of Affective Symptoms in People with Mental Retardation," *Journal of Clinical Psychopharmacology*, 13（1993）：448-451; C. L. Bowden, A. M. Brugger, A. C. Swann, J. R. Calabrese, P. G. Janicak, F. Petty, S. D. Dilsaver, J. M. Davis, A. J. Rush, J. G. Small, E. S. Garza-Trevino, S. C. Risch, P. J. Goodnick, and D. D. Morris, "Efficacy of Divalproex vs. Lithium and Placebo in the Treatment of Mania," *Journal of the American Medical Association*, 271（1994）：918-924; M. Horne and S. E. Lindley, "Divalproex Sodium in the Treatment of Aggressive Behavior and Dysphoria in Patients with Organic Brain Syndromes," *Journal of Clinical Psychiatry*, 56（1995）：430-431; E. M. Zayas and G. T. Grossberg, "Treating the Agitated Alzheimer Patient," *Journal of Clinical Psychiatry*, 57（Suppl. 7）（1996）：46-51; D. L. Fogelson and H. Sternbach, "Lamotrigine Treatment of Refractory Biploar Disorder," *Journal of Clinical Psychiatry*, 58（1997）：271-273; S. L. McElroy, C. A. Soutullo, P. E. Keck, and G. F. Kmetz, "A Pilot Trial of Adjunctive Gabapentin in the Treatment of Bipolar Disorder," *Annals of Clinical Psychiatry*, 9（1997）：99-103; R. S. Ryback, L. Brodsky, and F. Munasifi, "Gabapentin in Bipolar Disorder," *Journal of Neuropsychiatry and Clinical Neuroscience*, 9（1997）：301; C. B. Schaffer and L. C. Schaffer, "Gabapentin in the Treatment of Bipolar Disorder," *American Journal of Psychiatry*, 154（1997）：291-292; J. Sporn and G. Sachs, "The Anticonvulsant Lamotrigine in Treatment-Resistant Manic-Depressive Illness," *Journal of Clinical Psychopharmacology*, 17（1997）：185-189.

抑郁。

最近，我跟哈佛医学院的两名研究人员，莱昂纳多·通多和罗斯·巴尔达萨里尼，一起回顾了28项已发表的治疗研究，这些研究关注的重度抑郁症或躁郁症患者一共有17 000多人。未接受锂盐治疗的患者，自杀或自杀未遂的可能性是接受锂盐治疗的患者的将近9倍[1]。（在另一项调查中，通多和同事们发现，在中断锂盐治疗后一年内，自杀行为的发生率增加了16倍[2]。）1999年瑞典的一项研究得出的结论则是，锂盐治疗可以把自杀风险降低77%[3]。该研究的作者们一边提醒称，持续服用锂盐多年的患者形成了自我选择人群，一边指出患者未服用锂盐时的自杀风险是他们服用锂盐时的将近5倍。

既然锂盐对于防止躁狂症和抑郁症复发这么有效，对于减少自杀行为也有这么好的效果，那为什么并不是所有患有重大情绪障碍的人都在服用锂盐？确实，为什么不是所有有自杀倾向的人都在服用锂盐？这个问题的答案反映了精神科药物面临的问题和前景。首先，并非所有人都对锂盐反应良好，有些人服用锂盐只能起到部分效果，而没有任何效果

---

[1] L. Tondo, K. R. Jamison, and R. J. Baldessarini, "Effect of Lithium Maintenance on Suicidal Behavior in Major Mood Disorders," *Annals of the New York Academy of Sciences*, 836 (1997): 339–351.

[2] L. Tondo, R. J. Baldessarini, G. Floris, F. Silvetti, and N. Rudas, "Lithium Maintenance Treatment Reduces Risk of Suicidal Behavior in Bipolar Disorder Patients," in V. S. Gallicchio and N. J. Birch, eds., *Lithium Biochemical and Clinical Advances* (Cheshire, Conn.: Weidner Publishing Group, 1996), pp. 161–171. See also R. J. Baldessarini, L. Tondo, G. Floris, and N. Rudas, "Reduced Morbidity After Gradually Discontinuing Lithium in Bipolar I and II Disorders: A Replication Study," *American Journal of Psychiatry*, 154 (1997): 548–550; R. J. Baldessarini, L. Tondo, and J. Hennen, "Effects of Lithium Treatment and Its Discontinuation on Suicidal Behavior in Bipolar Manic-Depressive Disorders," *Journal of Clinical Psychiatry*, 60 (Suppl. 2) (1999): 77–84.

[3] A. Nilsson, "Lithium Therapy and Suicide Risk," *Journal of Clinical Psychiatry*, 60 (Suppl. 2) (1999): 85–88; B. Ahrens, B. Müller-Oerlinghausen, and P. Grof, "Length of Lithium Treatment Needed to Eliminate the High Mortality of Affective Disorders," *British Journal of Psychiatry*, 163 (Suppl. 21) (1993): 27–29.

的人甚至更多。有一些人出于医学原因不能服用锂盐，或者是副作用对他们来说无法忍受。后面我们也会看到，还有很多人属于依从性差，也就是不肯按照医嘱服药。出于各种各样的原因，很多病人都把服用锂盐看成一种耻辱的治疗方式，或是认为锂盐有毒，而医学界很多人的态度和做法对这种态度也毫无助益。写给《柳叶刀》杂志编辑的一封信就很好地描述了这种困难。一位关心这些问题的从业者写道："精神科医生和其他从业者都认为，锂盐用起来很神秘、很困难，对除了专家以外的所有人来说也很危险。"[1] 他同时指出，"官方来源给出的跟锂盐有关的信息，质量和可靠性都很差"，并且很多医生推荐的血浆锂含量都太高了，反映出临床实践已经落后了十五到二十年。这种看法在临床实践中普遍存在又不易察觉，尤其是在美国，而究其原因有多个因素：需要检测血液里的锂含量防止中毒，另外副作用（比如情绪会变迟钝，脑子会变慢，还有身体协调方面的问题）也影响了很多病人。

　　锂盐靠边站的部分原因也在于医学研究取得的其他重要进展。很多用于治疗情绪障碍的新药——抗惊厥药物（最早用于治疗癫痫，但现在也用来治疗躁郁症）和新型抗抑郁药物，比如选择性血清素再摄取抑制剂，像是西酞普兰、氟伏沙明、帕罗西汀、氟西汀和舍曲林什么的，跟锂盐比起来，全科医生、内科医生和精神科医生都更喜欢开前面那些。他们这么做很大程度上也是好的，尽管会让效果好得多、相对也没那么贵的药物比如锂盐就此被打入冷宫（而实际上，开锂盐给病人服用并好好监测也没那么难），上位的则是其他广告打得更好的药物。对有些病人来说，像是锂盐这样的稳定情绪的药物对他们更有好处，抗抑郁药物反倒有可能让他们病情加重（病情发作可能会更频繁也更严重，还可能

---

[1] N. J. Birch and D. P. Srinivasan, "Prevention of Suicide," *Lancet*, 340 (1992): 1233; R. Colgate, "Ranking of Therapeutic and Toxic Side-Effects of Lithium Carbonate," *Psychiatric Bulletin*, 16 (1992): 473–475.

会经历重度激越或混合状态），业界这种风气也增加了把更流行、更容易开出来的抗抑郁药开给这种病人的可能性。抗抑郁药物和情绪稳定药物通常需要同时服用，才能取得最好的治疗效果。

近年来，精神病学研究的进步让利润丰厚的情绪改变药物市场的竞争变得更加激烈了。服用锂盐没有反应或不愿意服用锂盐的患者，现在有了很好的替代品，其中商业上最成功的抗惊厥药丙戊酸目前已经取代了锂盐，成为在治疗双相情感障碍即躁郁症时用得最多的处方药，而且往往是首选处方药。就开药模式来说，这个转变相当惊人。过去五年，针对抑郁症和双相情感障碍开出的药方总数也显著增加了（抗抑郁药物的药方增加得更厉害），反映了媒体和公众对情感障碍的有效药物治疗方式有了更多认识，对患者援助团体的教育工作有很大进展，大型制药公司资助的医生和公共营销活动也相当有效。

然而，抗惊厥药物（丙戊酸、卡马西平、加巴喷丁、拉莫三嗪和托吡酯）对自杀的抑制作用尚未得到证实①。从理论上讲，这些药物能稳定情绪，对激越状态和攻击性状态都有影响，因此理应对自杀率也能产生影响。然而在直接比较锂盐和一种抗惊厥药物（卡马西平）时，结果证明并非如此。一些德国医生研究了378名急性重度抑郁症的住院患者（其中一半患有双相情感障碍），在这些病人出院时，给他们随机分配了锂盐、卡马西平和阿米替林（一种抗抑郁药）这三种药物中的一种。随后两年半，有5名病人自杀，还有4人自杀未遂，但情形也相当严重。所有自杀或自杀未遂的病人，全都来自卡马西平或阿米替林治疗组。服用锂盐的那组人尽管在开始治疗前有过自杀未遂的更多，但治疗期间发生的自杀事件和自杀未遂没有一起来自锂盐组。因此研究人员得出结

---

① F. K. Goodwin, "Anticonvulsant Therapy and Suicide Risk in Affective Disorders," Journal of Clinical Psychiatry, 60 (Suppl. 2) (1999): 89–93.

论，这项研究表明锂盐"对抗自杀的效果可能是特异性的，明显超出其预防功效，也超过了卡马西平和抗抑郁药物对自杀行为的影响"[1]。

这些研究人员还认为，就算是那些对锂盐没有表现出良好的情绪稳定反应的患者，锂盐似乎也能保护他们，防止自杀。最近的一项研究中，至少有过一次自杀未遂经历的患者服用了锂盐防止重度抑郁发作，根据他们对锂盐的反应，他们被分为极好、可疑和不足三组。各组尽管复发率各有不同，但自杀未遂的次数都明显下降了。柏林自由大学的布鲁诺·米勒·厄灵豪森总结了他们的发现："对锂盐似乎没有反应的患者，使之停用锂盐或换用其他药物，这么做也许会被看成是优化药物治疗的合理步骤，但可能会导致该患者死亡。"[2]

未来的研究很可能会表明，抗惊厥药物也有对抗自杀的作用。当然，这些药物为很多不能或不愿服用锂盐的患者提供了真正有效且相当重要的替代品。但是，考虑到已经有很多研究可以证明锂盐能防止高风险患者自杀，而抗惊厥药在这方面的研究记录还相当匮乏，我们还是应该小心从事。不过，临床问题很复杂。并非所有患有抑郁症或躁郁症的人都有自杀倾向，如果病人拒绝服用锂盐，或是对锂盐没有反应，抗惊厥药仍然是极为重要的替代选择，也往往是更对症的治疗手段。只有病人愿意服用锂盐、也对锂盐有反应的时候，用锂盐防止自杀才有效果。不是人人都愿意服用，也不是人人吃下去都会有反应。

到最后，对很多患者来说，最佳治疗方案可能还是锂盐（用来防止

---

[1] K. Thies-Flechtner, B. Müller-Oerlinghausen, W. Seibert, A. Walther, and W. Greil, "Effect of Prophylactic Treatment on Suicide Risk in Patients with Major Affective Disorders: Data from a Randomized Prospective Trial," *Pharmacopsychiatry 29* (1996): 103–107, p. 106; B. Müller-Oerlinghausen, B. Ahrens, and A. Berghoefer, "Arguments for a Specific Antisuicidal Effect of Lithium," paper presented at the International Society for Lithium Research, Lexington, Ky., May 1999.

[2] B. Müller-Oerlinghausen, 引自 M. J. Friedrich, "Lithium: Proving Its Mettle for 50 Years," *Journal of the American Medical Association*, 281 (1999): 2271–2273.

自杀)加上另一种情绪稳定剂(或是某种抗精神病药、抗抑郁药或抗焦虑药)形成组合。因为锂盐的成本比丙戊酸低得多,经济因素也是进一步的问题,尽管新型抗抑郁药、抗惊厥药和抗精神病药的额外费用通常都有成本效益,并且由于病人更愿意服用,安全性和效用也更高,所以临床上也更能保证功效。

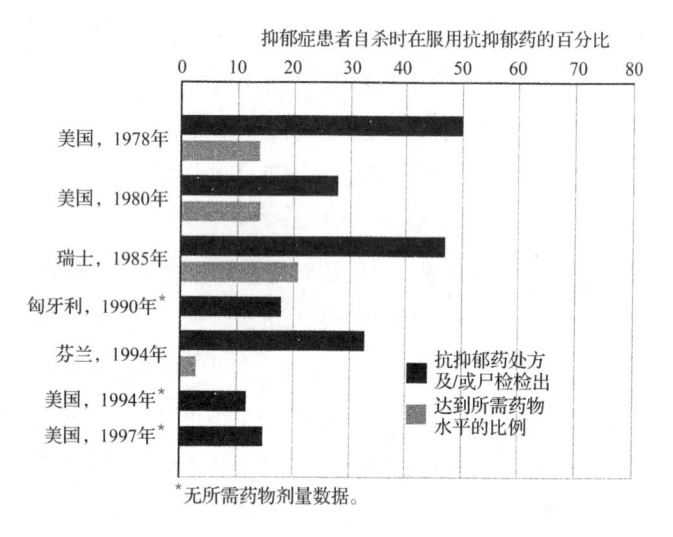

抑郁症患者自杀时在服用抗抑郁药的百分比

图例:
- 美国,1978年
- 美国,1980年
- 瑞士,1985年
- 匈牙利,1990年*
- 芬兰,1994年
- 美国,1994年*
- 美国,1997年*

抗抑郁药处方及/或尸检检出
达到所需药物水平的比例

*无所需药物剂量数据。

自杀时的抗抑郁药服用情况①

① D. H. Myers and C. D. Neal, "Suicide in Psychiatric Patients," *British Journal of Psychiatry*, 133 (1978): 38-44; S. W. Gale, A. Mesnikoff, J. Fine, and J. A. Talbot, "A Study of Suicide in State Mental Hospitals in New York City," *Psychiatric Quarterly*, 52 (1980): 201-213; J. Modestin, "Antidepressive Therapy in Depressed Clinical Studies," *Acta Psychiatrica Scandinavica*, 71 (1985): 111-116; Z. Rihmer, J. Barsi, M. Arató, and E. Demeter, "Suicide in Subtypes of Primary Major Depression," *Journal of Affective Disorders*, 18 (1990): 221-225; G. Isacsson, U. Bergman, and C. L. Rich, "Antidepressants, Depression and Suicide: An Analysis of the San Diego Study," *Journal of Affective Disorders*, 32 (1994): 277-286; E. T. Isometsä, M. M. Henriksson, H. M. Aro, M. E. Heikkinen, K. I. Kuoppasalmi, and J. K. Lönnqvist, "Suicide in Major Depression," *American Journal of Psychiatry*, 151 (1994): 530-536; C. L. Rich and G. Isacsson, "Suicide and Antidepressants in South Alabama: Evidence for Improved Treatment of Depression," *Journal of Affective Disorders*, 45 (1997): 135-142.

抗抑郁药就降低自杀率来说效果没有锂盐明显，尽管要厘清抗抑郁药对自杀率的明确影响也还存在很多实际问题。(有个原因很简单：有自杀倾向的患者几乎总是会被临床药物试验排除在外①。) 但还是有令人信服的证据表明，新型抗抑郁药选择性血清素再摄取抑制剂（SSRI）不但能缓解和预防抑郁症，还可以减少愤怒、攻击性和冲动性行为②。这些风险因素对自杀来说极其危险，而抗抑郁药对这些因素的影响又极其重要。有些流行病学研究和临床研究表明，服用抗抑郁药的病人自杀身亡和做出情形严重的自杀尝试的数量都减少了③，但这在多大程度上是抗抑郁药的功劳还无法确定。

但是有一点可以确定，就是对自杀者的无论哪次调查，研究人员都能证明对抑郁症诊断不足，处方上抗抑郁药开得也不够。就算处方上开了抗抑郁药，给的剂量也不够，或是要求服用的时间太短，不够让药物

---

① C. M. Beasley, B. E. Dornsief, J. C. Bottomsworth, M. E. Sayler, A. H. Rampey, J. H. Heiligenstein, V. L. Thompson, D. J. Murphy, and D. N. Masica, "Fluoxetine and Suicide: A Meta-Analysis of Controlled Trials of Treatment for Depression," *British Medical Journal*, 303 (1991): 685–692.

② C. Salzman, A. N. Wolfson, A. Schatzberg, J. Looper, R. Henke, M. Albanese, J. Swartz, and E. Miyawaki, "Effect of Fluoxetine on Anger in Symptomatic Volunteers with Borderline Personality Disorder," *Journal of Clinical Psychopharmacology*, 15 (1995): 23–29; E. F. Coccaro and R. J. Kavoussi, "Fluoxetine and Impulsive Aggressive Behavior in Personality-Disordered Subjects," *Archives of General Psychiatry*, 54 (1997): 1081–1088.

③ S. A. Montgomery, D. L. Dunner, and G. C. Dunbar, "Reduction of Suicidal Thoughts with Paroxetine and Comparison with Reference Antidepressants and Placebo," *European Neuropsychopharmacology*, 5 (1995): 5–13; G. Isacsson, U. Bergman, and C. L. Rich, "Epidemiological Data Suggest Antidepressants Reduce Suicide Risk Among Depressives," *Journal of Affective Disorders*, 41 (1996): 1–8; A. Ohberg, E. Vuori, T. Klaukka, and J. Lonnqvist, "Antidepressants and Suicide Mortality," *Journal of Affective Disorders*, 50 (1998): 225–233; R. J. Verkes, R. C. Van der Mast, M. W. Hengeveld, J. P. Tuyl, A. H. Zwinderman, and G. M. J. Van Kempen, "Reduction by Paroxetine of Suicidal Behavior in Patients with Repeated Suicide Attempts but Not Major Depression," *American Journal of Psychiatry*, 155 (1998): 543–547; B. Müller-Oerlinghausen and A. Berghöfer, "Antidepressants and Suicidal Risk," *Journal of Clinical Psychiatry*, 60 (Suppl. 2) (1999): 94–99.

起效。前文插图显示了抑郁症治疗严重不足的现象，是汇总了在美国和欧洲开展的七项毒理学和尸检研究，计算了自杀时真正在服用抗抑郁药物的抑郁症患者的百分比。从图中可以看出，大部分患者没有服用任何抗抑郁药物，而服用剂量能达到治疗效果的患者更是少得多。也有研究表明，对于那些能受益于抗抑郁药和锂盐的患者，医生开出的抗抑郁药和锂盐一般都严重不足①，上图的结论跟这项研究倒是很符合。

---

① B. M. Barraclough, J. Bunch, B. Nelson, and P. Sainsbury, "A Hundred Cases of Suicide: Clinical Aspects," *British Journal of Psychiatry*, 125（1974）: 355–373; P. Tyrer, "Drug Treatment of Psychiatric Patients in General Practice," *British Medical Journal*, 2（1978）: 1008-1010; M. G. Keller, G. L. Klerman, P. W. Lavori, J. Fawcett, W. Coryell, and J. Endicott, "Treatment Received by Depressed Patients," *Journal of the American Medical Association*, 248（1982）: 1848-1855; P. K. Bridges, "And a Small Dose of an Antidepressant Might Help," *British Journal of Psychiatry*, 142（1983）: 626-628; L. F. Prescott and M. S. Highley, "Drugs Prescribed for Self Poisoners" *British Medical Journal*, 290（1985）: 1633–1636; G. Isacsson, G. Boëthius, and U. Bergman, "Low Level of Antidepressant Prescription for People Who Later Commit Suicide: 15 Years of Experience from a Population-Based Drug Database in Sweden," *Acta Psychiatrica Scandinavica*, 85（1992）: 444–448; E. Isometsä, M. Henriksson, and J. Lönnqvist, "Completed Suicide and Recent Lithium Treatment," *Journal of Affective Disorders*, 26（1992）: 101-104; J. Modestin and F. Schwarzenbach, "Effect of Psychopharmacotherapy on Suicide Risk in Discharged Psychiatric Inpatients," *Acta Psychiatrica Scandinavica*, 85（1992）: 173–175; E. T. Isometsä, M. M. Henriksson, H. M. Aro, and J. K. Lönnqvist, "Suicide in Bipolar Disorder in Finland," *American Journal of Psychiatry*, 15（1994）: 1020-1024; P. M. Marzuk, K. Tardiff, A. C. Leon, C. S. Hirsch, M. Stajic, N. Hartwell, and L. Portera, "Use of Prescription Psychotropic Drugs Among Suicide Victims in New York City," *American Journal of Psychiatry*, 152（1995）: 1520-1522; S. Henriksson, G. Boëthius, and G. Isacsson, "The Prescription of Drugs to Suicide Cases in a Swedish County, Jämtland, from 1985 Through 1995," data presented to the Annual Meeting of the American Association of Suicidology, Bethesda, Md., April 1998; K. Rost, M. Zhang, J. Fortney, J. Smith, J. Coyne, and G. R. Smith, "Persistently Poor Outcomes of Undetected Major Depression in Primary Care," *General Hospital Psychiatry*, 20（1998）: 12-20; K. H. Suominen, E. T. Isometsä, M. M. Henriksson, A. I. Ostamo, and J. K. Lönnqvist, "Inadequate Treatment for Major Depression Both Before and After Attempted Suicide," *American Journal of Psychiatry*, 155（1998）: 1778–1780; G. Isacsson, P. Holmgren, H. Druid, and U. Bergman, "Psychotropics and Suicide Prevention: Implications from Toxicological Screening of 5281 Suicides in Sweden 1992-1994," *British Journal of Psychiatry*, 174（1999）: 259-265; M. A. Oquendo, K. M. Malone, S. P. Ellis, H. A. Sackeim, and J. J. Mann, "Inadequacy of Antidepressant Treatment for Patients with Major Depression Who Are at Risk for Suicidal Behavior," *American Journal of Psychiatry*, 156（1999）: 190-194.

还有几种额外解释也有可能成立。在早期研究中，抑郁症患者自杀时在服用抗抑郁药物的比近些年更多，这可能反映了早年的抗抑郁药物作用效果更差，也可能反映的是，由于三环类抗抑郁药物比现在用的 SSRI 的毒性要高得多，因而非常想自杀的患者有机会采取这种更致命的方式自杀。

要展现出抗抑郁药物对自杀行为模式究竟有哪些影响还存在其他困难。我们知道，双相情感障碍Ⅱ型患者的自杀率很高[1]，这是躁郁症的一种类型，主要特征是抑郁发作的时间很长，而躁狂发作的时间较短也比较轻微。这类病人经常被误诊为只是得了抑郁症，部分原因是患者并没有把轻微躁狂当成病态，也有部分原因是医生没有受到足够的培训，没有能力进行鉴别诊断。很多临床医生都不知道，情绪波动和烦躁不安往往是双相情感障碍的征兆；对于睡眠、情绪和行为等其他方面的症状，医生的询问也不够具体、详细，而这些方面的问题是做出诊断的重要依据。医生会诊断错误还有一个原因，就是抑郁症推动病人前去求医问诊的推动力，比轻微躁狂大得多。双相情感障碍诊断不足的情形十分普遍——可能有三分之一的患者被误诊为抑郁症而非双相情感障碍[2]——而据此给出的治疗方案可能会让病情更加严重。如果只开抗抑郁药物给病人，而不是跟锂盐之类的情绪稳定药物一起服用，就可能会引发躁狂症，有时还会促使高度激越和可能产生自杀倾向的混合状态出现。

准确诊断出患有精神疾病的儿童和青少年并对症下药，是我们现在

---

[1] 关于这个问题的综述见 F. K. Goodwin and K. R. Jamison, *Manic-Depressive Illness* (New York: Oxford University Press, 1990); 亦可参见 Z. Rihmer, J. Barsi, M. Arató, and E. Demeter, "Suicide in Subtypes of Primary Major Depression," *Journal of Affective Disorders*, 18 (1990): 221–225。

[2] S. N. Ghaemi, E. E. Boiman, and F. K. Goodwin, "Bipolar Disorder and Antidepressants: A Diagnostic and Treatment Study," paper presented at the American Psychiatric Association Meeting, Toronto, May 1998.

面临的实质性问题。1999年有一项面向儿科医生和家庭医生的调查发现，那些给儿童开列抗抑郁药物的医生中，只有8%认为自己接受过合格的治疗儿童抑郁症的培训①。很多患有早发性躁郁症即双相情感障碍的孩子会被误诊为注意力缺陷多动障碍，究其原因，要么是因为医生不知道儿童躁狂症的症状，要么是因为家长和老师觉得注意力缺陷障碍没有重大精神疾病那么丢人，而医生对于他们施加的不易察觉的压力过于敏感，在压力之下作出了与事实不符的诊断。尽管有些症状确实很像②——例如多动、注意力分散和易怒——鉴别诊断可能确实挺难，但还是有很多容易区分的显著特征：患双相情感障碍的孩子更有可能有双相疾病或抑郁症的家族史，情绪不稳定，情绪高涨，爱夸张做作，性欲亢进，睡眠需求少，思维极度活跃，以及有自杀倾向。他们患病前的社交和学业表现通常相当优秀，而生病往往让他们急转直下，成为他们正常状态的分水岭③。准确诊断极为重要，因为注意力缺陷障碍的首选治

---

① 这是由北卡罗来纳大学教堂山分校的儿科医生 Jerry Rushton 主导的面向儿科医生的一项问卷调查，结果于1999年5月在于旧金山举行的美国儿科学会年会上发表，摘要见 the *Journal of the American Medical Association*, 281（1999）：1882。

② J. Biederman, S. V. Faraone, E. Mick, J. Wozniack, L. Chen, C. Ouellette, A. Marrs, P. Moore, J. Garcia, D. Mennin, and E. Lelon, "Attention Deficit Hyperactivity Disorder and Juvenile Mania: An Overlooked Comorbidity?" *Journal of the American Academy of Child and Adolescent Psychiatry*, 35（1996）：997–1008; J. Biederman, R. Russell, J. Soriano, J. Wozniak, and S. V. Faraone, "Clinical Features of Children with Both ADHD and Mania: Does Ascertainment Source Make a Difference?" *Journal of Affective Disorders*, 51（1998）：101–112; G. A. Carlson, "Mania and ADHD: Comorbidity or Confusion," *Journal of Affective Disorders*, 51（1998）：177–187; B. Geller, M. Williams, B. Zimerman, J. Frazier, L. Beringer, and K. L. Warner, "Prepubertal and Early Adolescent Bipolarity Differentiate from ADHD by Manic Symptoms, Grandiose Delusions, Ultra-Rapid or Ultradian Cycling," *Journal of Affective Disorders*, 51（1998）：81–91.

③ D. Quackenbush, S. Kutcher, H. Robertson, C. Boulos, and P. Chaban, "Premorbid and Postmorbid School Functioning in Bipolar Adolescents: Description and Suggested Academic Interventions," *Canadian Journal of Psychiatry*, 41（1996）：16–22; S. Kutcher, H. A. Robertson, and D. Bird, "Premorbid Functioning in Adolescent Onset Bipolar I Disorder: A Preliminary Report from an Ongoing Study," *Journal of Affective Disorders*, 51（1998）：137–144.

疗方法用的是会引起兴奋的药物，可能会让双相情感障碍患儿的病情加重（后者通常需要用锂盐等情绪稳定剂或抗惊厥药物来治疗）。让患有双相情感障碍的儿童或青少年服用抗抑郁药和兴奋剂的长期影响现在还不清楚，但肯定是有问题的。

抗抑郁药对于真正促进自杀行为发生究竟起到了什么作用，现在仍存在争议，也还是个悬而未决的问题[1]。从宽泛的临床和公共卫生视角来看，有充分证据表明抗抑郁药不会增加自杀未遂和真正自杀身亡的情形，而是相反[2]。但也几乎可以肯定，有一群很容易受影响的人，会因

---

[1] F. Rouillon, R. Phillips, E. Serrurier, E. Ansart, and M. J. Gerard, "Prophylactic Efficacy of Maprotiline on Relapses of Unipolar Depression." *L'Encéphale*, 15 (1989): 527-534; M. H. Teicher, C. Glod, and J. O. Cole, "Emergence of Intense Suicidal Preoccupation During Fluoxetine Treatment," *American Journal of Psychiatry*, 147 (1990): 207-210; A. C. Power and P. J. Cowen, "Fluoxetine and Suicidal Behaviour: Some Clinical and Theoretical Aspects of a Controversy," *British Journal of Psychiatry*, 161 (1992): 735-741; M. H. Teicher, C. A. Glod, and J. O. Cole, "Antidepressant Drugs and the Emergence of Suicidal Tendencies," *Drug Safety*, 8 (1993): 186-212; D. Healy, "The Fluoxetine and Suicide Controversy: A Review of the Evidence," *CNS Drugs*, 1 (1994): 223-231.

[2] S. A. Montgomery and R. M. Pinder, "Do Some Antidepressants Promote Suicide?" *Psychopharmacology*, 92 (1987): 265-266; C. M. Beasley, B. E. Dornseif, J. C. Bosomworth, M. E. Sayler, A. H. Rampey, J. H. Heiligenstein, V. L. Thompson, D. J. Murphy, and D. N. Masica, "Fluoxetine and Suicide: A Meta-Analysis of Controlled Trials of Treatment for Depression," *British Medical Journal*, 303 (1991): 685-692; P. N. Jenner, "Paroxetine: An Overview of Dosage, Tolerability, and Safety," *International Clinical Psychopharmacology*, 6 (Suppl. 4) (1992): 69-80; G. D. Tollefson, J. Fawcett, G. Winokur, C. M. Beasley, J. H. Potvin, D. E. Faries, A. H. Rampey, and M. E. Sayler, "Evaluation of Suicidality During Pharmacologic Treatment of Mood and Nonmood Disorders," *Annals of Clinical Psychiatry*, 5 (1993): 209-224; S. Kasper, S. Schindler, and A. Neumeister, "Risk of Suicide in Depression and Its Implication for Psychopharmacological Treatment," *International Clinical Psychopharmacology*, 11 (1996): 71-79; J. F. Wernicke, M. E. Sayler, S. C. Koke, D. K. Pearson, and G. D. Tollefson, "Fluoxetine and Concomitant Centrally Acting Medication Use During Clinical Trials of Depression: The Absence of an Effect Related to Agitation and Suicidal Behavior," *Depression and Anxiety*, 6 (1997): 31-39; A. C. Leon, M. B. Keller, M. G. Warshaw, T. I. Mueller, D. A. Solomon, W. Coryell, and J. Endicott, "Prospective Study of Fluoxetine Treatment and Suicidal Behavior in Affectively Ill Subjects," *American Journal of Psychiatry*, 156 (1999): 195-201.

为服用抗抑郁药物而变得激动、焦躁、几乎睡不着觉,尽管这种反应不常见,但还是具有潜在危险,而所有病人在服用抗抑郁药物前都应该事先被告知,可能会发生这样的副作用,以及一旦发生,应立即向医生报告。(抗抑郁药制造商一般都会在处方药信息汇编《美国医师用药手册》的产品信息里提醒医生注意这一副作用:"抑郁症患者有一定可能产生企图自杀的想法,并一直持续到病情显著缓解为止。从开始使用药物治疗起,就应当对高风险病人严密监护。处方……应以尽可能少的数量开列此类药物,并加以良好的病人管理,从而降低用药过量的风险。"[1]在不良反应列表中,制造商还列出了焦虑、紧张、失眠、激越、静坐不能和中枢神经系统刺激。)

新型抗抑郁药 SSRI 尽管对抑郁症的效果并不比以前的三环类抗抑郁药更好,但患者往往更容易接受,因为这些新药的副作用(偶尔失眠、烦躁、恶心,或出现性方面的问题)比三环类药物引起的副作用(口干、血压变化、便秘或头晕)在生活中更容易忍受一些[2]。SSRI 用于酒精依赖、有自杀倾向的患者也能产生良好效果[3]。不过,这类药物

---

[1] *Physicians' Desk Reference* (Montvale, N. J.: Medical Economics Company, 1996), p. 921.

[2] H.-J. Möller and E. M. Steinmeyer, "Are Serotonergic Reuptake Inhibitors More Potent in Reducing Suicidality?: An Empircal Study on Paroxetine," *European Neuropsychopharmacology*, 4 (1994): 55-59; D. C. Steffens, K. R. R. Krishnan, and M. J. Helms, "Are SSRIs Better than TCAs? Comparison of SSRIs and TCAs: A Meta-Analysis," *Depression and Anxiety*, 6 (1997): 10-18; O. Benkert, M. Burkart, and H. Wetzel, "Existing Therapies with Newer Antidepressants — Their Strengths and Weaknesses," in M. Briley and S. A. Montgomery, eds., *Antidepressant Therapy at the Dawn of the Third Millennium* (St. Louis: Mosby, 1998), pp. 213-230; B. Müller-Oerlinghausen and A. Berghöfer, "Antidepressants and Suicidal Risk," *Journal of Clinical Psychiatry*, 60 (Suppl. 2) (1999): 94-99; Treatment of Depression — Newer Pharmacotherapies, *HCPR Publication* No. 99-E014 (Rockville, Md.: Agency for Health Care Policy and Research, 1999).

[3] J. R. Cornelius, I. M. Salloum, M. D. Cornelius, J. M. Perel, M. E. Thase, J. G. Ehler, and J. J. Mann, "Fluoxetine Trial in Suicidal Depressed Alcoholics," *Psychopharmacology Bulletin*, 29 (1993): 195-199; J. R. Cornelius, I. M. Salloum, J. G. Ehler, P. J. Jarrett, M. D. Cornelius, J. M. Perel, M. E. Thase, and A. Black, "Fluoxetine in Depressed Alcoholics: A Double-Blind, Placebo-Controlled Trial," *Archives of General Psychiatry*, 54 (1997): 700-705; I. M. Salloum, J. R. Cornelius, M. E. Thase, D. C. Daley, L. Kirisci, and C. Spotts, "Naltrexone Utility in Depressed Alcoholics," *Psychopharmacology Bulletin*, 34 (1998): 111-115.

临床上的最大优势还是在于毒性更低，因此因有意服药过量而死的可能性要小很多。比如说，英国女性因致命药物服药过量而死的情形在过去二十年里下降了三分之一①（尽管在此期间，非致命的服药过量情形有所增加），主要原因便是毒性更低的新型抗抑郁药得到了广泛使用。

抑郁症还有其他治疗手段。一些现有药物对去甲肾上腺素和血清素再摄取都有影响，还有一些药物则主要对由血清素激活的神经传递施加影响。很多新型抗抑郁药物正在研发中。(美国药品研究与制造商协会报告称，截至1998年底，处于研发过程中的精神病药物有85种：23种用于老年痴呆症，19种用于药物滥用，18种用于抑郁症，15种用于精神分裂症，还有10种则是针对其他疾病。) 这些药物中，有的是用来影响大脑里的血清素通路的，比如现有的SSRI；有的研发出来不但要作用于血清素，还会兼顾多种其他神经递质；还有的则是针对不同的神经化学系统，包括去甲肾上腺素。例如有一种正在研发的药物能降低"P物质"水平②，这是高度集中在杏仁核和下丘脑的一种化学物质，大脑里的这两个区域与精神状态和情绪调节都密切相关。

可能最终会对自杀行为产生影响的其他药物也在研发中。其中有的重点关注神经递质谷氨酸，并希望能让依赖于酒精和药物的人不再那么渴求这些东西。有一类药物叫作促肾上腺皮质激素释放激素（CRH）受体拮抗剂，研发出来是为了减少应激反应，因为应激反应如果很激烈，并且是发生在很脆弱的人身上，就有可能导致自杀。

---

① D. Gunnell, H. Wehner, and S. Frankel, "Sex Differences in Suicide Trends in England and Wales," *Lancet*, 353 (1999): 556-557.

② M. S. Kramer, N. Cutler, J. Feighner, R. Shrivastava, J. Carman, J. J. Sramek, S. A. Reines, G. Liu, D. Snavely, E. Wyatt-Knowles, J. J. Hale, S. G. Mills, M. MacCoss, C. J. Swain, T. Harrison, R. G. Hill, F. Hefti, E. M. Scolnick, M. A. Cascieri, G. G. Chicchi, S. Sadowski, A. R. Williams, L. Hewson, D. Smith, E. J. Carlson, R. J. Hargreaves, and N. M. J. Rupniak, "Distinct Mechanism for Antidepressant Activity by Blockade of Central Substance P Receptors," *Science*, 281 (1998): 1640-1644.

有些研究人员（但绝非全部）认为，ω-3 脂肪酸跟抑郁症和自杀都有关系[1]，而哈佛大学最近进行的一些临床研究对此进行了测试。研究人员让双相情感障碍患者在从精神病院出院后，不但服用常规剂量的丙戊酸或锂盐，还分别服用 ω-3 脂肪酸或安慰剂。四个月后，服用脂肪酸的患者有 64% 病情减轻，而服用安慰剂的患者只有 19% 保持良好。这个对比过于显著，以至于研究人员不得不"打破盲态"的实验条件，让安慰剂组患者也能接受 ω-3 脂肪酸治疗。但现在这项研究还相当初级，脂肪酸在研究中涉及的患者身上尚未出现严重的不良反应。有一项为期十七年的流行病学研究调查了 26.5 万名日本成年人的鱼类消费量，结果发现消费大量富含 ω-3 脂肪酸的鱼类的人，自杀率下降了 19%，为脂肪酸可作用于抑郁症的理论提供了进一步的有力证据[2]。不过，在研究结果得到重复之前，还是不能说这个理论已经得到了证实。

贯叶连翘，也叫圣约翰草，是一种从黄花植物金丝桃里提取的轻度到中度抗抑郁药，目前杜克大学医学中心协调的一项大型临床试验正在研究这种药品。这种药品作为抗抑郁药在欧洲得到了广泛使用，近年也开始在美国应用起来，但这种药品在预防自杀方面的功效目前还不清楚。由于不被视为药物，其纯度和效力也没有受到美国食品药品监督管理局监管。毫无疑问，这种药品对部分抑郁症患者很有帮助，但因为通常都是在没有临床监督的情形下服用，还是存在一些困难。很多人仅仅因为贯叶连翘和其他草药是"天然"药物就认为这些药物是安全的（倒

---

[1] A. L. Stoll, E. Severus, M. P. Freeman, S. Rueter, H. A. Zboyan, E. Diamond, K. K. Cress, and L. B. Marangell, "Omega-3 Fatty Acids in Bipolar Disorder: A Double-Blind Placebo-Controlled Trial," *Archives of General Psychiatry*, 56 (1999): 407-412.

[2] T. Hirayama, Life-Style and Mortality: A Large Census-Based Cohort Study in Japan (Basel: Karger, 1990).

是应该补充说，锂盐和砷也是），尽管罕见也还是有报告称，这种草药会引发快速情绪波动、躁狂症和自杀意念①。(这些不良反应在另一种无监管的抑郁症疗法——光疗法——中也偶尔会观察到。)更有可能造成的问题是，购买非处方药来治疗可能致死的疾病，比如严重抑郁症，可能会给人一种已经在治疗了的错觉，即便抑郁症或自杀意念并没有因此减轻，患者也可能会因为这种错觉而不去寻找更有效的药物。

用来治疗精神分裂症（偶尔也用于躁郁症）的抗精神病药物，在预防自杀方面跟抗抑郁药有着同样的问题和前景。如果用得不对，或是没有合格的临床监督，这些药物可能会导致静坐不能②，也就是一种极不舒服的激越状态，肌肉会很不舒服，也很难安静坐着（经常有患者形容自己感觉就像要"从身体里跳出来"）。但以适度剂量谨慎使用的话，这些抗精神病药物——尤其是最近研发出来的、副作用较少的那些，比如氯氮平、利培酮和奥氮平——可能会降低精神分裂症患者的

---

① N. Praschak-Rieder, A. Neumeister, B. Hesselmann, M. Willeit, C. Barnas, and S. Kasper, "Suicidal Tendencies as a Complication of Light Therapy for Seasonal Affective Disorder: A Report of Three Cases," *Journal of Clinical Psychiatry*, 58 (1997): 389–392; Y. Meesters and C. A. J. van Houwelinger, "Rapid Mood Swings After Unmonitored Light Exposure," *American Journal of Psychiatry*, 155 (1998): 306; A. M. O'Breasail and S. Argouarch, "Hypomania and St. John's Wort," *Canadian Journal of Psychiatry*, 43 (1998): 746–747. For an excellent overview of St. John's wort, see N. Rosenthal, *St. John's Wort* (New York: HarperCollins, 1998).

② R. DeAlarcon and M. W. P. Carney, "Severe Depressive Mood Changes Following Slow-Release Intramuscular Fluphenazine Injection," *British Medical Journal*, 3 (1969): 564–567; D. E. Raskin, "Akathisia: A Side-Effect to Be Remembered," *American Journal of Psychiatry*, 129 (1972): 121–123; K. Shear, A. Frances, and P. Weiden, "Suicide Associated with Akathisia and Depot Fluphenazine Treatment," *Journal of Clinical Psychopharmacology*, 3 (1983): 235–236; R. E. Drake and J. Ehrlich, "Suicide Attempts Associated with Akathisia," *American Journal of Psychiatry*, 142 (1985): 499–501; R. E. Drake, S. J. Bartels, and W. C. Torrey, "Suicide in Schizophrenia: Clinical Approaches," in R. Williams and J. T. Dalby, eds., *Depression in Schizophrenics* (New York: Plenum Press, 1989), pp. 171–183; P. Sachdev, *Akathisia and Restless Legs* (Cambridge, England: Cambridge University Press, 1995).

自杀率①。

电休克疗法（ECT），有时候也叫"休克疗法"，用在有严重自杀倾向的患者身上已经有数十年②。尽管没有什么证据表明这种疗法对自杀有长期影响，但在深度抑郁的患者身上，电休克疗法经常能迅速让患者的自杀情绪至少在短期内大为改善。让患者度过急性自杀危机，是临床中的重中之重；电休克疗法不但能救命，还能为找到最好的长期治疗方案争取时间。

电休克疗法是重度抑郁最有效、最快速的治疗方法，但这种疗法仍

---

① H. Warnes, "Suicide in Schizophrenics," *Diseases of the Nervous System*, 29（Suppl. 5）（1968）：35-40; D. A. W. Johnson, G. Pasterski, J. M. Ludlow, K. Street, and R. D. W. Taylor, "The Discontinuance of Maintenance Neuroleptic Therapy in Chronic Schizophrenic Patients: Drug and Social Consequences," *Acta Psychiatrica Scandinavica*, 67（1983）：339-352; T. J. Taiminen, "Effect of Psychopharmacotherapy on Suicide Risk in Psychiatric Inpatients," *Acta Psychiatrica Scandinavica*, 87（1993）：45-47; H. Y. Meltzer and G. Okayli, "Reduction of Suicidality During Clozapine Treatment of Neuroleptic-Resistant Schizophrenia: Impact on Risk-Benefit Assessment," *American Journal of Psychiatry*, 152（1995）：183-190; T. P. Hogan and A. G. Awad, "Pharmacotherapy and Suicide Risk in Schizophrenia," *Canadian Journal of Psychiatry*, 28（1983）：277-281; A. M. Walker, L. L. Lanza, F. Arellano, and K. J. Rothman, "Mortality in Current and Former Users of Clozapine," *Epidemiology*, 8（1997）：671-677; D. D. Palmer, I. D. Henter, and R. J. Wyatt, "Do Antipsychotic Medications Decrease the Risk of Suicide in Patients with Schizophrenia?" *Journal of Clinical Psychiatry*, 60（suppl. 2）（1999）：100-103.

② M. T. Tsuang, G. M. Dempsey, and J. A. Fleming, "Can ECT Prevent Premature Death and Suicide in 'Schizoaffective' Patients?" *Journal of Affective Disorders*, 1（1979）：167-171; B. L. Tanney, "Electroconvulsive Therapy and Suicide," *Suicide and Life-Threatening Behavior*, 16（1986）：199-222; D. W. Black, G. Winokur, E. Mohandoss, R. F. Woolson, and A. Nasrallah, "Does Treatment Influence Mortality in Depressives? A Follow-up of 1076 Patients with Major Affective Disorders," *Annals of Clinical Psychiatry*, 1（1989）：165-173; American Psychiatric Association Task Force on ECT, *The Practice of ECT: Recommendations for Treatment, Training and Privileging*（Washington, D. C.：American Psychiatric Press, 1990）; E. T. Isometsä, M. M. Henriksson, M. E. Heikkinen, et al., "Completed Suicide and Recent Electroconvulsive Therapy in Finland," *Convulsive Therapy*, 12（1996）：152-155; J. Prudic and H. A. Sackeim, "Electroconvulsive Therapy and Suicide Risk," *Journal of Clinical Psychiatry*, 60（Suppl. 2）（1999）：104-110.

然存在争议，尤其是在美国，并没有得到充分使用。这里面的部分原因是媒体对电休克疗法有过相当负面的报道（其中一些报道放在几十年前当然还是很合理的，那时候滥用休克疗法的现象非常普遍），而更大的原因是抑郁症还有很多其他治疗方法都很容易施行。对很多医生来说，就算是在自杀倾向极为严重的患者那里，电休克疗法都是到了最后关头才会采取的办法。匹兹堡大学精神病学家乔纳森·希默尔霍赫写道："把政治考量看得比自己的临床经验还要重的精神科医生自我陶醉的思考，绝对无法让深受最严重的病痛折磨的患者病情得到缓解。"① 这句话有说对了的地方，尽管关于电休克疗法的争议恐怕会一直存在下去。

有一种新的非侵入性治疗技术目前正在抑郁症患者身上试用，叫作"经颅磁刺激"（TMS），是把一个很小、很有力道的电磁线圈放在头皮上，然后向大脑反复发送高强度电流脉冲②。经颅磁刺激能对抗抑郁症，但临床疗效和安全性研究还处于非常早期的阶段。跟电休克疗法不一样，这种疗法不需要麻醉，也不会诱发癫痫；至少到目前为止，还没有记忆

---

① J. M. Himmelhoch, "Lest Treatment Abet Suicide," *Journal of Clinical Psychiatry*, 48 (1987): 44-54.

② M. S. George, E. M. Wassermann, W. A. Williams, A. Callahan, T. A. Ketter, P. Basser, M. Hallett, and R. M. Post, "Daily Repetitive Transcranial Magnetic Stimulation (rTMS) Improves Mood in Depression," *Neuroreport*, 6 (1995): 1853-1856; A. Pascual-Leone, B. Rubio, F. Pallardo, and M. D. Catala, "Beneficial Effect of Rapid-Rate Transcranial Magnetic Stimulation of the Left Dorsolateral Prefrontal Cortex in Drug-Resistant Depression," *Lancet*, 348 (1996): 233-237; R. H. Belmaker, N. Grisaru, D. Ben-Sharar, and E. Klein, "The Effects of TMS on Animal Modes of Depression, Beta-Adrenergic Receptors and Brain Monoamines," *CNS Spectrums: International Journal of Neuropsychiatric Medicine*, 2 (1997): 26-30; M. S. George, E. M. Wassermann, T. A. Kimbrell, J. J. Little, W. E. Williams, A. L. Danielson, B. D. Greenberg, M. Hallett, and R. M. Post, "Mood Improvement Following Daily Left Prefrontal Repetitive Transcranial Magnetic Stimulation in Patients with Depression: A Placebo-Controlled Crossover Trial," *American Journal of Psychiatry*, 154 (1997): 1752-1756; M. S. George, S. H. Lisanby, and H. A. Sackiem, "Transcranial Magnetic Stimulation: Applications in Neuropsychiatry," *Archives of General Psychiatry*, 56 (1999): 300-311.

受损作为重大不良反应在报告中出现。这种疗法对自杀意念和行为可能有效,也可能无效。

药物和其他医学治疗方法,对于预防或缓解与自杀关系最为密切的重大精神疾病的痛苦来说很有效果,而且通常都效果非常好。但是,除了锂盐,可能也可以除抗抑郁药和新型抗精神病药物,这些治疗方法对于减轻有自杀倾向的患者杀死自己的机会是否有效,就没有那么清楚了。药品、住院治疗和电休克疗法救下了很多人,但绝不是所有人。心理治疗,或是与医生建立牢固的治疗关系,到最后可能会决定某些患者的生死。精神病药物在治疗严重精神疾病方面取得了很大的成功,但是也带来了不幸的影响,就是最大限度地降低了心理治疗对于治愈患者、让患者活下去的重要性。有个例子就是大部分管理有方的医疗保健公司都会承担患者就医的费用(就算就医过程通常都很短),但是对心理治疗的费用却基本上不闻不问。默纳·韦斯曼和杰拉尔德·克勒曼在耶鲁大学进行的简明而广泛的系列研究表明,就治疗抑郁症来说,把心理治疗与抗抑郁治疗结合起来,比单独施行任何一种都更有效①。美国和英

---

① G. L. Klerman, A. De Mascio, M. M. Weissman, B. A. Prusoff, and E. S. Paykel, "Treatment of Depression by Drugs and Psychotherapy," *American Journal of Psychiatry*, 131 (1974): 186-191; A. S. Friedman, "Interaction of Drug Therapy with Marital Therapy in Depressed Patients," *Archives of General Psychiatry*, 32 (1975): 619-637; M. M. Weissman, "The Psychological Treatment of Depression: Evidence for the Efficacy of Psychotherapy Alone, in Comparison with, and in Combination with Pharmacotherapy," *Archives of General Psychiatry*, 36 (1979): 1261-1269; M. M. Weissman, B. A. Prusoff, A. De Mascio, C. Neu, M. Goklaney, and G. L. Klerman, "The Efficacy of Drugs and Psychotherapy in the Treatment of Acute Depressive Episodes," *American Journal of Psychiatry*, 136 (1979): 555-558; D. S. Janowsky and R. J. Neborsky, "Hypothesized Common Mechanism in the Psychotherapy and Psychopharmacology of Depression," *Psychiatric Annals*, 10 (1980): 356-361; I. M. Blackburn, S. Bishop, A. I. M. Glen, L. J. Whalley, and J. E. Christie, "The Efficacy of Cognitive Therapy and Pharmacotherapy, Each Alone and in Combination," *British Journal of Psychiatry*, 139 (1981): 181-189; G. E. Murphy, A. D. Simons, R. D. Wetzel, and P. J. Lustman, "Cognitive Therapy and (转下页)

国近年来也有很多团队的研究结果令人信服地表明，药物和心理治疗双管齐下，在双相情感障碍患者和精神分裂症患者身上也取得了比只服用药物更好的结果[1]。尽管如此，还是有很多精神病学领域和研究领域的专家普遍相信，光靠药品就足以治愈严重精神疾病。

有些人不愿意积极鼓励抑郁症、躁郁症、严重人格障碍和精神分裂

(接上页)Pharmacotherapy: Singly and Together in the Treatment of Depression," *Archives of General Psychiatry*, 41（1984）: 33-41; E. Frank and D. J. Kupfer, "Maintenance Treatment of Recurrent Unipolar Depression: Pharmacology and Psychotherapy," in D. Demali and G. Racagni, eds., *Chronic Treatments in Neuropsychiatry*（New York: Raven Press, 1985）, pp. 139-151.

[1] S. Cochran, "Preventing Medical Noncompliance in the Outpatient Treatment of Bipolar Affective Disorders," *Journal of Consulting and Clinical Psychology*, 52（1984）: 873-878; K. Jamison, "Manic-Depressive Illness: The Overlooked Need for Psychotherapy," in B. Beitman and G. Klerman, eds., *Integrating Pharmacotherapy and Psychotherapy*（Washington, D. C.: American Psychiatric Association, 1991）, pp. 409-420; E. Frank, D. Kupfer, C. Ehlers, T. Monk, C. Cornes, S. Carter, and D. Frankel, "Interpersonal and Social Rhythm Therapy for Bipolar Disorder: Integrating Interpersonal and Behavioral Approaches," *Behavior Therapist*, 17（1994）: 143-149; A. F. Lehman, "Vocational Rehabilitation for Schizophrenia," *Schizophrenia Bulletin*, 21（1995）: 645-656; J. Scott, "Psychotherapy for Bipolar Disorder," *British Journal of Psychiatry*, 167（1995）: 581-588; M. Basco and A. J. Rush, *Cognitive-Behavioral Therapy for Bipolar Disorder*（New York: Guilford, 1996）; I. R. H. Falloon, J. H. Coverdale, and C. Brooker, "Psychosocial Interventions in Schizophrenia: A Review," *International Journal of Mental Health*, 25（1996）: 3-23; D. Miklowitz, "Psychotherapy in Combination with Drug Treatment for Bipolar Disorder," *Journal of Clinical Psychopharmacology*, 16（Suppl.）（1996）: 56-66; D. Miklowitz, E. Frank, and E. George, "New Psychosocial Treatments for the Outpatient Management of Bipolar Disorder," *Psychopharmacology Bulletin*, 32（1996）: 613-621; D. L. Penn and K. T. Mueser, "Research Update on the Psychosocial Treatment of Schizophrenia," *American Journal of Psychiatry*, 153（1996）: 607-617; E. Frank, S. Hlastala, P. Houck, X. M. Tu, T. Monk, A. Mallinger, and D. Kupfer, "Inducing Lifestyle Regularity in Recovering Bipolar Disorder Patients: Results from the Maintenance Therapies in Bipolar Disorder Protocol," *Biological Psychiatry*, 41（1997）: 1165-1173; J. M. Harkavy-Friedman and E. A. Nelson, "Assessment and Intervention for the Suicidal Patient with Schizophrenia," *Psychiatric Quarterly*, 68（1997）: 361-375; I. R. H. Falloon, R. Roncone, U. Malm, and J. H. Coverdale, "Effective and Efficient Treatment Strategies to Enhance Recovery from Schizophrenia: How Much Longer Will People Have to Wait Before We Provide Them?" *Psychiatric Rehabilitation Skills*, 2（1998）: 107-127.

症患者去做心理治疗，部分原因也可以理解。心理治疗实施起来和研究起来都所费不赀，难以进行且耗时耗力，而对于哪些治疗方法对哪些病人和疾病最有效，临床培训属于什么性质，以及心理治疗应该持续多长时间，心理治疗领域也众说纷纭，争论激烈。精神科医生和临床心理医生之间的地盘之争和经济纠纷漫天飞扬，而且往往充斥着怀疑和怨恨。在精神疾病的心理学因素和生物学因素之间随随便便画一条线也太容易了，而其间最有杀伤力的地方，就是把自杀行为的原因和治疗方法概念化。

自杀的想法以及大脑都极为复杂，照护这样的病人，需要的临床考量和治疗方式也会相当复杂。如果只进行心理治疗，没有去解决或治疗潜在的精神病理学问题或生物学缺陷，通常都不太可能阻止有严重自杀倾向的个人走上绝路。准确诊断精神病理学问题的能力，以及在需要时把患者移交给同事去进行药物治疗的能力，是合格的临床护理工作必须要有的基本要求，不这么做就是失职。

对于有自杀倾向的病人，怎么治疗才是对的，这个问题的答案有多两极分化，在1994年的一份法院裁决里体现得淋漓尽致。这份裁决针对的是托马斯·萨斯，他是一名很有影响力的精神病学家，经常强烈批评精神疾病的概念，并坚决反对用"强制"手段阻止个人自杀。萨斯反对"强制"干预自杀的部分原因是，他强烈相信自杀与精神疾病之间毫无关联，尽管无论是临床和科学文献还是他自己发表过的任何数据都不支持这个观点。他的观点在20世纪六七十年代有大量专业人士和大众追捧，现在也仍被广泛引用，而这些观点用他自己的话来说最好不过了：

> 现在我们为什么要赋予精神病学家对有自杀倾向的病人进行干预的特权？就像我曾经说过的那样，是因为从精神病学的角度来看，扬言要自杀或真的自杀了的人不理性，或者是患有精神疾病，

因此精神病学家可以扮演起医生的角色，并像其他医生一样救死扶伤。然而无论是在形而上的角度还是在实践中，都没有证据能够说应当把自杀从根本上看得跟人类其他行为，比如结婚离婚、在安息日工作、吃虾或抽烟有所不同。这些和人类会做的其他无数件事，都不过是个人决定的结果罢了……精神科医生和患者都迷失在因为把自杀看成一个精神问题而产生的错综复杂的处境里，这个问题既关系到生死存亡，也关系到合法与否，也确实是精神病的紧急情形。然而，如果我们拒绝在强制干预自杀的戏剧中扮演什么角色，就会很容易得出结论：精神科医生及其有自杀倾向的患者真可谓天作之合，因为双方都准备好了而且是急于折磨对方①。

那些对萨斯的观点不敢苟同的人（我显然是其中之一；很高兴我的精神科医生也是这样的人），并认为自杀和吃虾或者在安息日工作毕竟不是一回事的人，读到1994年萨斯同意向他一个病人的遗孀支付65万美元用于和解的消息肯定会觉得很有意思。这个病人也是医生，患有躁狂症，结果自杀了。针对萨斯的诉讼指控他于1990年6月建议、指示这个病人停止服用锂盐②。就在这年12月，这个病人拿锤子砸伤自己脑袋，割伤脖子，然后用电缆上吊自杀了。起诉书还进一步指控萨斯未能提供"合乎通行、公认的医学护理标准的精神病医疗护理和治疗"，"未能正确诊断和治疗"，"未能提供对症治疗躁郁症的疗法"，且"未能正确保存充足的医疗记录"。尽管萨斯的辩护律师坚称病人是自愿停止服

---

① T. S. Szasz, "A Moral View on Suicide," 见 D. Jacobs and H. N. Brown, eds., *Suicide: Understanding and Responding* (Madison, Conn.: International Universities Press, 1989), pp. 437–447, pp. 442, 446。

② State of New York, County of Onondaga, Hilde Klein v. Thomas Szasz, M. D., August 2, 1994; justice presiding: Hon. Parker J. Stone, J. S. C., Index No. 92-660, RJI No. 33-92-640.

用锂盐的，萨斯本人也并不承认自己有任何失职行为，但法院还是判决其遗孀应获得65万美元和解金。虽然萨斯很讨厌精神病学机构，但他也是美国精神病学协会的成员，而最终支付和解金的，也是这个组织的医疗事故保险公司。

关于自杀原因的哲学观点和假设尽管得到了强烈支持，当然也经历了必要且重要的辩论，但也并不足以让我们无视关于自杀的大量文献：这些文献涉及医学、心理学和科研领域，相当可信，数量也汗牛充栋。对自杀行为的生物学、心理病理学原因及治疗方法视而不见，无论是在临床上还是在伦理上都不可原谅。但是，同样也不能无视自杀的心理学和社会根源，更不能无视也许会有帮助的心理学和社会治疗方法。处于想要自杀的状态时，那种精神痛苦无从逃避，也难以忍受。哈佛大学精神病学家内德·卡塞姆指出，治疗专家必须有"认真倾听并忍受有自杀倾向的病人表达出来的绝望、抑郁、痛苦、愤怒、孤独、空虚、毫无意义等感觉的能力。病人需要知道，治疗专家真把他当回事，而且理解他的想法"①。在就治疗方法、对进程的期望、跟康复有关的问题，以及出现紧急情况时怎么才能联系上治疗专家等问题与病人清楚明白地沟通时，临床医生直来直去很重要。

患有严重精神病且反复发作的英国作家莫拉格·科特讲述了医生在挽救她的生命时起到的作用：

> 因为医生们很上心，也因为连我自己都什么也不信了的时候他们当中还有一个人仍然相信我，我活了下来，这才能把这个故事讲给你听。不是只有要去做那些凶险的手术、在显而易见的危急关头

---

① N. H. Cassem, "Treating the Person Confronting Death," in A. M. Nicholi, ed., *Harvard Guide to Modern Psychiatry* (Cambridge, Mass.: Belknap Press of Harvard University Press, 1978), pp. 579–606, p. 595.

送来救命药的医生,手里才握着生杀予夺的大权。在普罗大众看来,安安静静地坐在咨询室里跟人聊天,可不像什么有英雄气概的事情,也不是什么值得一做的很夸张的事。医学有很多各不相同的方法治病救人。这就是其中之一①。

关于心理治疗的大部分研究,或者说关于心理治疗与药物治疗相结合的大部分研究,都主要关注精神疾病的治疗,很少有人专门研究如何计量自杀意念和行为的变化。华盛顿大学心理学家玛莎·莱恩汉最近回顾了20项运用了不同形式的心理治疗的对照临床试验,被试者都是自杀风险很高的患者②。大部分试验里,入选的患者都至少有一次自杀未遂

---

① M. Coate, *Beyond All Reason* (London: Constable, 1964), p. 214.
② P. M. Salkovskis, C. Atha, and D. Storer, "Cognitive-Behavioral Problem Solving in the Treatment of Patients Who Repeatedly Attempt Suicide: A Controlled Trial," *British Journal of Psychiatry*, 157 (1990): 871-876; M. M. Linehan, H. E. Armstrong, A. Suarez, D. Allmon, and H. L. Heard, "Cognitive Behavioral Treatment of Chronically Parasuicidal Borderline Patients," *Archives of General Psychiatry*, 48 (1991): 1060-1064; M. M. Linehan, H. L. Heard, and H. E. Armstrong, "Naturalistic Follow-up of a Behavioral Treatment for Chronically Parasuicidal Borderline Patients," *Archives of General Psychiatry*, 50 (1993): 971-974; C. Van Heeringen, S. Jannes, W. Buylaert, H. Henderick, D. De Bacquer, and J. van Remoortel, "The Management of Non-Compliance with Referral to Outpatient After-Care Among Attempted Suicide Patients: A Controlled Intervention Study," *Psychological Medicine*, 25 (1995): 963-970; M. M. Linehan, "Behavioral Treatments of Suicidal Behaviors: Definitional Obfuscation and Treatment Outcomes," *Annals of the New York Academy of Sciences*, 836 (1997): 302-328; R. van der Sande, E. Buskens, E. Allart, Y. van der Graaf, and H. van Engeland, "Psychosocial Intervention Following Suicide Attempt: A Systematic Review of Treatment Interventions," *Acta Psychiatrica Scandinavica*, 96 (1997): 43-50; K. Hawton, E. Arensman, E. Townsend, S. Bremner, E. Feldman, R. Goldney, D. Gunnell, P. Hazell, K. van Heeringen, A. House, D. Owens, I. Sakinofsky, and L. Träskman-Bendz, "Deliberate Self-Harm: Systematic Review of Efficacy of Psychosocial and Pharmacological Treatments in Preventing Repetition," *British Medical Journal*, 317 (1998): 441-447. 匹兹堡大学的初步数据表明,结构化心理治疗与睡眠和其他形式的生物调节相结合可能会减少双相情感障碍患者的主动自杀意念 (Ellen Frank, Ph. D., personal communication, April 15, 1999)。

的经历。心理治疗干预看起来最有效的地方,尤其是在边缘型人格障碍患者身上,最集中体现在改变特定的自杀行为和意念。这些治疗,尤其是以识别和改变适应不良行为和思维为基础的治疗,似乎在减少蓄意自残上效果相当好。牛津大学自杀研究中心主任基思·霍顿在一项既包括心理治疗也包括药物疗效两方面研究的全面回顾中同样发现这些疗法能改变自杀行为,带来了更多希望。有几项调查特别强调,要教会病人更有效地处理人际冲突的情形①,因为很多冲突都发生在他们尝试自杀之前。但现在还不清楚,这些疗法是真的阻止了自杀,还是说只能阻止他们尝试自杀。

心理治疗不但可以极大帮助患者度过心理上极为痛苦的时期,鼓励他们学习更好的办法来应对自杀冲动,同样也能极大帮助他们解决依从性低这样一个关键而棘手的问题。不肯按处方服药,不肯接受心理治疗,或是不肯按时就医,是很普遍的问题,而且恐怕会危及生命。

很多病人尽管医生开了药方,但就连第一次取药都没去取过,要么是因为他们不想吃药,要么是因为他们出不起钱;还有很多人开始治疗几天、几个星期或几个月后就自己停药了,可能是因为他们碰上了讨厌的乃至让他们失去行动能力的副作用,也可能是因为感觉已经好了没必要继续吃药,或是觉得他们服药的剂量和时间要求太让人凌乱,再不就是压根不相信自己得了精神疾病。有病情并保持长期服药的病人中,可

---

① J. Birtchnell, "Some Familial and Clinical Characteristics of Female Suicidal Psychiatric Patients," *British Journal of Psychiatry*, 138 (1981): 381-390; K. Hawton, D. Cole, J. O'Grady, and M. Osborn, "Motivational Aspects of Deliberate Self-Poisoning in Adolescents," *British Journal of Psychiatry*, 141 (1982): 286-291; K. Hawton and J. Catalan, *Attempted Suicide: A Practical Guide to Its Nature and Management* (Oxford: Oxford University Press, 1982); D. James and K. Hawton, "Explanations and Attitudes in Self-Poisoners and Significant Others," *British Journal of Psychiatry*, 146 (1985): 481-485; B. C. McLeavey, R. J. Daly, J. W. Ludgate, and C. M. Murray, "Interpersonal Problem-Solving Skills Training in the Treatment of Self-Poisoning Patients," *Suicide and Life-Threatening Behavior*, 24 (1994): 382-394.

能有20%会自己给自己"放假"(就是停药一段时间)①；这么做也许会带来灾难性的后果，尤其是服用锂盐等药物的人，因为锂盐很快就会从身体里代谢掉。

慢性疾病患者，无论是什么慢性疾病，依从性大都不理想。(通过比较得知，在癫痫、慢性肺病、高血压和青光眼等疾病患者中，总体依从率大致在50%到75%之间②。)服用抗抑郁药物的患者，依从率在65%到80%之间；服用抗精神病药物的患者，依从率约为55%；而服用锂盐的患者约为60%③。(有一项研究直接比较了服用锂盐和服用抗惊厥药丙戊酸的一年依从率，结果分别是59%和48%④。)有自杀未遂经历的患

---

① J. A. Urquhart, "A Call for a New Discipline," *Pharmacology Technology*, 11 (1987): 16-17.

② D. L. Sacket, "The Magnitude of Compliance and Noncompliance," in D. L. Sacket and R. B. Haynes, eds., *Compliance with Therapeutic Regimens* (Baltimore: Johns Hopkins University Press, 1976), pp. 9-25; J. A. Cramer and R. Rosenbeck, "Compliance with Medication Regimens for Mental and Physical Disorders," *Psychiatric Services*, 49 (1988): 196-201.

③ J. L. Young, H. V. Zonana, and L. Shepler, "Medication Noncompliance in Schizophrenia: Codification and Update," *Bulletin of the American Academy of Psychiatry and the Law*, 14 (1986): 105-122; F. K. Goodwin and K. R. Jamison, *Manic-Depressive Illness* (New York: Oxford University Press, 1990); W. S. Fenton and T. H. McGlashan, "Schizophrenia: Individual Psychotherapy," in H. I. Kaplan and B. J. Sadock, eds., *Comprehensive Textbook of Psychiatry*, 6th ed., vol. 1, (Baltimore: William & Wilkins, 1995), pp. 1007-1018; S. A. Montgomery and S. Kasper, "Comparison of Compliance Between Serotonin Reuptake Inhibitors and Tricyclic Antidepressants: A Meta-Analysis," *International Clinical Psychopharmacology*, 9 (Suppl. 4) (1995): 33-40; W. S. Fenton, C. R. Blyler, and R. K. Heinssen, "Determinants of Medication Compliance in Schizophrenia: Empirical and Clinical Findings," *Schizophrenia Bulletin*, 23 (1997): 637-651; J. Garavan, S. Browne, M. Gervin, A. Lane, C. Larkin, and E. O'Callaghan, "Compliance with Neuroleptic Medication in Outpatients with Schizophrenia," *Comprehensive Psychiatry*, 39 (1998): 215-219; E. Frank, R. F. Prien, D. J. Kupfer, and L. Alberts, "Implications of Noncompliance on Research in Affective Disorders," *Psychopharmacology Bulletin*, 21 (1985): 37-42.

④ P. E. Keck, S. L. McElroy, S. M. Strakowski, M. L. Bourne, and S. A. West, "Compliance with Maintenance Treatment in Bipolar Disorder," *Psychopharmacology Bulletin*, 33 (1997): 87-91. An earlier short-term study found essentially no differences in compliance between lithium and valproate; see C. L. Bowden, A. M. Brugger, A. C. Swann, J. R. Calabrese, P. G. Janicak, F. Petty, S. C. Dilsaver, J. M. Davis, A. J. Rush, J. G. Small, E. S. Garza-Treviño, S. C. Risch, P. J. Goodnick, and D. D. Morris, "Efficacy of Divalproex vs. Lithium and Placebo in the Treatment of Mania," *Journal of the American Medical Association*, 271 (1994): 918-924.

者依从率甚至更低,由急诊室工作人员、在精神病院病房工作的护士、医生或社会工作者给出过后续就诊安排的患者也是如此①。

　　心理治疗提高了很多患有精神疾病的病人在服药方面的依从性②,而一部分（但并非所有）旨在促进后续治疗的计划——积极参与并教育患者及其家属,乃至急诊室医生和护士,让他们了解自杀未遂的严重性,以及继续进行治疗的必要性；促进通过家访进行或通过信件和电话保持沟通的后续护理——增加了未来有可能做出自杀行为的青少年和成年人接受治疗并继续治疗下去的可能性③。

---

① H. M. Bogard, "Follow-up Study of Suicidal Patients Seen in Emergency Room Consultation," *American Journal of Psychiatry*, 126 (1970): 141–144; N. Kreitman, "Reflections on the Management of Parasuicide," British Journal of Psychiatry, 125 (1979): 275; H. G. Morgan, C. J. Burns-Cox, H. Pocock, and S. Pottle, "Deliberate Self-Harm: Clinical and Socio-Economic Characteristics of 368 Patients," *British Journal of Psychiatry*, 134 (1979): 335–342; I. F. Litt, W. R. Cuskey, and S. Rudd, "Emergency Room Evaluation of the Adolescent Who Attempts Suicide: Compliance with Follow-up," *Journal of Adolescent Health Care*, 4 (1983): 106–108; E. Taylor and A. Stansfeld, "Children Who Poison Themselves: I. A Clinical Comparison with Psychiatric Controls. II. Prediction of Attendance for Treatment," *British Journal of Psychiatry*, 122 (1984): 1248–1257; G. O'Brien, A. R. Holton, K. Hurren, L. Watt, and F. Hassanyeh, "Deliberate Self-Harm and Predictors of Outpatient Attendance," *British Journal of Psychiatry*, 150 (1987): 246–247; R. B. Vukmir, R. Kremen, D. A. Dehart, and J. Menegazzi, "Compliance with Emergency Department Patient Referral," *American Journal of Emergency Medicine*, 10 (1992): 413–417; P. D. Trautman, N. Stewart, and A. Morishima, "Are Adolescent Suicide Attempters Noncompliant with Outpatient Care?" *Journal of the American Academy of Child and Adolescent Psychiatry*, 32 (1993): 89–94.

② S. D. Cochran, "Preventing Medical Noncompliance in the Outpatient Treatment of Bipolar Affective Disorders," *Journal of Consulting and Clinical Psychology*, 52 (1984): 873–878; F. K. Goodwin and K. R. Jamison, *Manic-Depressive Illness* (New York: Oxford University Press, 1990); D. J. Miklowitz and M. J. Goldstein, "Behavioral Family Treatment for Patients with Bipolar Affective Disorder," *Behavior Modification*, 14 (1990): 457–489; D. J. Miklowitz and M. J. Goldstein, *Bipolar Disorder: A Family-Focused Treatment Approach* (New York: Guilford, 1997).

③ R. Allard, M. Marshall, and M. C. Plante, "Intensive Follow-up Does Not Decrease the Risk of Repeat Suicide Attempts," *Suicide and Life-Threatening Behavior*, 22 (1992): 303–314; C. Van Heeringen, S. Jannes, W. Buylaert, H. Henderick, D. De　　　（转下页）

过去有过自杀未遂的经历或是有过严重的自杀倾向，因此自杀风险很高的人，以及患有与自杀密切相关的精神疾病，或家族史上有多人自杀的人，可以通过一些事情让他们自杀的可能性降低。让他们充分了解精神疾病，积极参与他们自身的临床护理，并对自己正在接受的药物和心理治疗充满信心，是一个良好的开端[①]。病人及其家属可以通过积极寻找相关图书、讲座和支持团体来受益，从这些相关资源中，他们能得到关于自杀预防、抑郁症和精神疾病、酗酒和药物滥用等有关的重要信息。他们理应质询他们的临床医生跟他们的诊断、治疗和预后有关的情

（接上页）Bacquer, and J. Van Remoortel, "The Management of Non-Compliance with Referral to Outpatient Aftercare Among Attempted Suicide Patients: A Controlled Intervention Study," *Psychological Medicine*, 25 (1995): 963-970; M. J. Rotheram-Borus, J. Piacentini, R. Roosem Can, F. Grace, C. Cantwell, D. Castro-Blanco, S. Miller, and J. Feldman, "Enhancing Treatment Adherence with a Specialized Emergency Room Program for Adolescent Suicide Attempters," *Journal of the American Academy of Child and Adolescent Psychiatry*, 35 (1996): 654-663; A. Spirito, "Improving Treatment Compliance Among Adolescent Suicide Attempters," *Crisis*, 17 (1996): 152-154; R. van der Sande, L. Van Rooijen, E. Buskens, E. Allart, K. Hawton, Y. van der Graaf, and H. van Engeland, "Intensive Inpatient and Community Intervention Versus Routine Care After Attempted Suicide: A Randomised Controlled Intervention Study," *British Journal of Psychiatry*, 171 (1997): 35-41; D. C. Daley, I. M. Salloum, A. Zuckoff, L. Kirisci, and M. E. Thase, "Increasing Treatment Adherence Among Outpatients with Depression and Cocaine Dependence: Results of a Pilot Study," *American Journal of Psychiatry*, 155 (1998): 1611-1613; R. Kemp, G. Kirov, B. Everitt, P. Hayward, and A. David, "Randomised Controlled Trial of Compliance Therapy: 18-Month Follow-up," *British Journal of Psychiatry*, 172 (1998): 413-419; D. Spooren, C. Van Heeringen, and C. Jannes, "Strategies to Increase Compliance with Outpatient Aftercare Among Patients Referred to a Psychiatric Emergency Department: A Multi-Centre Controlled Intervention Study," *Psychological Medicine*, 28 (1998): 949-956.

[①] 关于这个问题的进一步讨论见 K. R. Jamison, "Psychotherapeutic Issues and Suicide Prevention in the Treatment of Bipolar Disorders," in R. E. Hales and A. J. Frances, eds., *American Psychiatric Association Annual Review*, vol. 6 (Washington, D. C.: American Psychiatric Press, 1987), pp. 108-124; K. R. Jamison, "Suicide Prevention in Depressed Women," *Journal of Clinical Psychiatry*, 49 (1988): 42-45; F. K. Goodwin and K. R. Jamison, *Manic-Depressive Illness* (New York: Oxford University Press, 1990)。

况，如果担心缺乏共同协作，或是临床治疗没有取得进展，就应当去征询更多专业意见。

正在服用药物的人应尽可能要求医生提供书面信息，告知所服用药物的情况，可能会出现哪些副作用，以及哪些副作用需要立即报告医生。对于有自杀倾向的病人，某些药物副作用，或是潜在精神疾病突然暴发出来的某些症状需要引起特别注意，而这些症状和副作用——激越、重度焦虑、严重失眠、焦躁不安、妄想、暴力的感觉、冲动——需要马上开诚布公地告诉临床医生。近期有几项临床研究表明，让病人学会识别自身疾病的早期症状并制订书面计划，明确病情万一复发时应采取的紧急步骤，有助于避免病情升级，并进而避免住院治疗、失业、破坏亲密关系乃至自杀①。

如果有人有急性或潜在的自杀倾向，枪支、刀片、酒精、刀具、以前服用过的药物和毒药就都应该从家里清除出去。可用于自杀的药物应限量开具或加以严密监测，还应劝阻病人饮酒，因为酒精可能会让睡眠变差、损害判断力、引发混合状态或激越状态，并让精神病药物效力降低甚至失效。

从重度抑郁症或精神病中恢复过来的那段时间艰难而危险，而且很有欺骗性。近年来尤其如此，因为精神病住院治疗时间从几年、几个月

---

① D. Miklowitz and M. Goldstein, "Behavioral Family Therapy Treatment for Patients with Bipolar Affective Disorder," *Behavioral Modification*, 14 (1990): 457–489; E. Van Gent and F. Zwart, "Psychoeducation of Partners of Bipolar Manic Patients," *Journal of Affective Disorders*, 21 (1991): 15–18; H. J. Moller, "Attempted Suicide: Efficacy of Different Aftercare Strategies," *International Clinical Psychopharmacology*, 6 (Suppl. 6) (1992): 58–59; C. A. King, J. D. Hovey, E. Brand, R. Wilson, and N. Ghaziuddin, "Suicidal Adolescents After Hospitalization: Parent and Family Impacts on Treatment Follow-through," *Journal of the American Academy of Child and Adolescent Psychiatry*, 36 (1997): 85–93; A. Perry, N. Tarrier, R. Morriss, E. McCarthy, and K. Limb, "Randomised Controlled Trial of Efficacy of Teaching Patients with Bipolar Disorder to Identify Early Symptoms of Relapse and Obtain Treatment," *British Medical Journal*, 318 (1999): 149–153.

缩短到了只需要几天，患者离开相对安全的医院时往往病情仍然很重，却就这样回到他们一地鸡毛的生活和情绪里。

四十多年前，西尔维娅·普拉斯在日记里写下："而如果我们的生活破碎了，我们最可爱的镜子破碎了，难道不是应该休息一下，应该退到场外去好好疗伤吗？"① 但如今很少有人有这个时间或经济能力让自己好好疗愈。药物治疗需要很长一段时间才能见效，康复过程也很曲折，不时让人灰心丧气，也从来不是容易的事。终于感觉好点了又突然发作那么一下，就算不会要了你的命，也可能会造成毁灭性的打击。这段时间的挫败感和曲折反复是可以预见的，而临床医生做好这些可以消除一些刺痛。

患者的家人和朋友几乎肯定会深陷挚爱可能自杀的痛苦世界。但是，让他们去了解临床情况，了解所患疾病及其治疗方法，询问对康复的合理预期以及可能需要的时间进程，并向患者援助团体寻求信息和帮助，这些事情既能给他们最大帮助，也能让他们成为帮助的力量。如果家人或朋友有严重自杀倾向，可能有必要拿走他们的信用卡、车钥匙和支票本，对他们表示支持，但也要坚决送他们去急诊室或不用预约的诊所。如果这个人有暴力倾向，可能还需要报警。这些事情做起来很艰难，但往往都是必须去做的。

美国抑郁症与躁郁症协会总部位于芝加哥，是由患者运营的一个全国性患者援助组织。对于认为自己的家人或朋友有自杀风险的人，该组织提出了下列具体建议②：

---

① Sylvia Plath, March 6, 1956, 见 T. Hughes and F. McCullough, eds., *The Journals of Sylvia Plath* (New York: Ballantine Books, 1983), p. 125。

② National Depressive and Manic-Depressive Association, *Suicide and Depressive Illness* (Chicago: NDMDA, 1996)。给医生、患者和家属的关于精神疾病、药物治疗和自杀等问题的更多详细信息，可参阅 R. J. Wyatt, *Practical Psychiatric Practice*, 2d ed. (Washington, D.C.: American Psychiatric Association Press, 1998)。

- 认真对待你的朋友和家人。
- 保持平静,但不要没什么反应。
- 让其他人也参与进来。不要尝试独自处理危机,更不要危及自己的健康或安全。如有需要,请拨打急救或报警电话。
- 联系此人的精神科医生、治疗师、危机干预团队或其他接受过专业培训可以提供帮助的人。
- 把关心表达出来。举出具体事例说明,是什么事情让你认为朋友(或家人)很可能会自杀。
- 专心倾听。保持目光接触。合适的话,还可以运用肢体语言,比如靠近他/她身边,握住他/她的手。
- 直截了当地提问。弄清楚朋友(或家人)是否制订了自杀的具体计划。如果有可能,确认一下他/她在考虑用什么方法自杀。
- 承认他/她的内心感受。要有同理心,不要评判。不要认为他/她对自己的行为没有责任。
- 让他/她安心。强调对于暂时出现的问题,自杀不是一了百了的解决方案。提供希望。提醒这个朋友或家人,有人可以提供帮助,事情会好起来的。
- 不要答应保密。为了保护你的挚爱,你可能需要跟他/她的医生谈话。不要做出会危及他/她的生命的承诺。
- 尽可能不要让他/她独处,除非你确定已经有能够胜任的专业人员着手照管他们。

  有一些做得很好的援助和研究组织,其中很多都拥有患者和家庭援助团体,也全都在积极参与跟预防自杀和精神疾病有关的问题。

有自杀倾向的人病情好转或康复时，召开一次由医生或治疗师、家庭成员和朋友一起参加的应急计划会议往往会很有帮助。这个有自杀风险的人不只是被守护、被搞糊涂的可能性下降了，而且现在能更好地表达治疗方面清晰且高度具体的愿望：要跟谁联系、如何联系，其他人还能做哪些有帮助的事情，而大家做的哪些事情可能并没有帮助。病人在理智的时候决定，如果他们再次出现自杀倾向，他们希望自己能入院治疗或服用抗精神病药物，再不就是采用电休克疗法，但他们也知道自己病情发作的时候不太可能同意这么做。像这样的病人在美国某些地区可以签署所谓的"奥德修斯协议"。神话故事里的奥德修斯要求船员把自己绑在桅杆上，这样他就能避开塞壬女妖令人无法抗拒的召唤，而"奥德修斯协议"（或超前指令）让病人可以预先同意对自己采取某些治疗措施。

如果家族中有患上精神疾病或自杀的历史，父母也可以帮助可能有自杀风险的孩子。通过了解家族精神病史，了解精神疾病的症状和可用的治疗方法，并跟孩子开诚布公、实事求是地讨论这些问题，父母可以让孩子在变得抑郁、开始酗酒或吸毒时更有可能寻求帮助。上大学的年轻人患上精神疾病和自杀的风险尤其高，因为抑郁症和精神分裂症首次发作就最有可能发生在这个年龄，而这些孩子们头一回远离家人，又面临着新的压力，酒和毒品可能会接触得更多，还有可能完全改变他们的睡眠习惯，并进而导致精神病发作。

很多家长在孩子进入大学时会去查看学校的社交和体育设施，参观图书馆和学生宿舍，并询问学生本科毕业后升入法学院、医学院或博士项目的比例，但对于学校的学生健康设施的水平和可用性如何却不闻不问，这总是让我倍感惊讶。不同学校的心理咨询和精神疾病服务质量天差地别，问一下学生健康中心对患有精神疾病的学生都是怎么处理的，会有很大帮助。从离学校最近的教学医院或医学院获取一份临床医生的列表，列出所有专门治疗精神障碍且足以胜任的医生，也不失为好主意。美国精神疾病联盟和美国抑郁症和躁郁症协会这样的心理健康援助组织，也能帮助提供当地临床医生和援助团体的信息。尽管希望这份列表永远不会用到，但提前弄到这样一张表，总归是有备无患。父母会确保孩子接受了有关艾滋病、性传播疾病和药物滥用等方面的教育，却往往不会跟孩子们谈及抑郁症的症状，然而抑郁症那么常见，可能会夺走孩子的生命，又很大程度上可以治好。但是在这个很容易被左右的年龄段，只有意外事故造成的死亡比自杀更多。

好在学生们已经行动起来，开始主动在同学之间进行有关精神疾病的教育。（大学和学院的管理部门现在也有些认识到本科生和研究生中精神疾病有多盛行，也因为年轻人自杀的实在是太多了而开始采取一些行动，但他们的认识和行动还远远不够。）我曾有幸与全国各地数百名大学生面谈，他们很多人都是多年来一直在跟重度抑郁症、躁郁症和酗酒作斗争，差点死于自杀的人也多得让人揪心。然而，他们的家长和老师几乎没有人知道他们遭受的痛苦有多大，也不知道他们仅仅是去上课、去参加考试、完成作业就需要付出多大努力。

最近我见到了一群哈佛大学的学生，他们为哈佛校园里的同学打造了一个精神疾病意识项目。他们会举办讲座，请了精神病研究中心的一位教授担任顾问，还维护着一个网站，并为患有精神疾病的学生建了个援助团体。该团体的发起人名叫艾莉森·肯特，是个勇敢、活泼、热情的女孩子，她把自己因躁郁症而遭受的痛苦转化成了给他人带来希望和支持的重要源泉。她描述了自己作为学生的经历：

> 我有精神障碍。我还记得大一那年我生病了，翻遍了《哈佛大学非官方生活指南》和其他出版物，只想找到一个能应对精神疾病的同龄人团体。我本以为在哈佛，无论什么学生团体都能找到。我

的意思是，这里有自由思想协会，有得克萨斯俱乐部，还有动漫协会，那肯定也会有能解决精神卫生这么基本的问题的组织。结果我错了。我只能发现，精神疾病在社会上蒙受的污名，在哈佛也同样普遍存在①……

我希望有那么一天，你能四下看看，看看你的同学们。意识到我并没有什么不正常的地方。我们这些得了精神疾病的人通常都只能隐藏起来，不只是隐藏在给无家可归的人开的收容所里，也隐藏在哈佛。让自己和朋友们好好了解一下精神疾病有多普遍，以及精神疾病的治疗能有多成功吧，这样就能帮助我们减轻负担。承认我们自己有多脆弱，也接受他人有其脆弱之处，就能让这个世界对我们所有人来说都变得更容易生存，而不只是对精神疾病患者来说。不应该有人在哭泣中独自入眠②。

---

① A. Kent, "Perspectives," *Diversity & Distinction*, 2（1996）：23.
② A. Kent, "Balancing Act: A Battle with Manic Depression Inspires One Student to Lead a Crusade for Mental Health Awareness," *Harvard Independent*, March 25, 1999.

第九章
我们这个社会
—— 公共卫生 ——

> 我们这个社会不喜欢谈论自杀①。
>
> ——戴维·萨彻,美国卫生部部长

1993年5月这天前来参加约翰·威尔逊葬礼的有3 000多人,还有成千上万人聚在华盛顿大街上,目送他的灵柩离开。威尔逊之死震惊了美国首都华盛顿特区,在这里,他以热切的智慧担任特区议会议长多年。我们这些住在华盛顿并希望他有一天能当选市长的人,在听到这个为人率直、魅力四射的人竟然会在四十九岁的年纪上吊自杀时,就别提有多惊骇了。几个月以来,坊间都流传着他这个人脾气暴躁、行为古怪的风言风语,但他自杀的消息还是令人瞠目结舌。这条消息让这座匆匆忙忙、川流不息的城市一反常态,停下脚步陷入沉思。几个小时里人们就提了好多问题:这么一个备受钦佩和爱戴的人 —— 有风度,有活力,又有尖刻的机智 —— 怎么会做出这种无法挽回的事情?他代表着一些人的生活和希望,他知不知道自己的自杀会对那些人造成毁灭性的打击?还是说他已经不在乎了?他的自杀,尤其是在和他一样生活在这座城市里的非裔美国人中间,会引发连锁效应,让人竞相模仿吗?他有没有接受治疗?在吃药吗,吃的什么药?最重要的问题则是,我们这个社会,或者说我们的医疗体系,有没有可能阻止他自杀?

约翰·威尔逊跟抑郁症是老熟人了。他的家族里就有这个疾病,之前他自己也有过至少四次自杀未遂——他割开自己的手腕，玩俄罗斯轮盘赌，服用过量的抗抑郁药物，还试过上吊自杀。在最后一次发病期间，他的精神科医生、家人和最亲近的朋友都劝他去住院，但他都拒绝了。也许是因为他觉得没有什么能帮到他；但也还有个原因是，他希望自己有一天能当上市长，而他从内心深处相信，住院治疗就等于政治自杀。也许他是对的，但也有可能不对。无论如何，在这座城市展现出难以觉察的真面目以前，他自己走上了绝路。

威尔逊生命最后几周的记录，展现出一个内心深感绝望、在公众面前慢慢崩溃的人。《华盛顿邮报》记者彼得·珀尔描述了他最后的日子：

> 他的朋友们讲，一直没变的是，有一种无法消除的灰色情绪渗进来，占据了他的全部身心。"到最后约翰所面临的……不仅仅是竞选市长［或追求其他职业选择］的问题。""他变得越来越抑郁……越来越晦暗，也越来越无法摆脱抑郁的束缚。"
>
> 威尔逊只有一次当众讨论过他的抑郁症带来的痛苦。5月7日［就在他自杀前不到两周］，在华盛顿心理健康协会的一次会议上，面对一群精神病学家和其他专业人士，他丢开事先准备的关于儿童和暴力的讲话稿，转而透露起自己的病情。他说："我们可以谈论作为一名政治家的我，也可以谈论一个正在应对抑郁症的我。得了这种病，会非常痛苦，也非常艰难……会让你有强烈的迷失感，感觉就像身体被掏空。"他告诉在座各位，这种疾病对黑人群体尤其

---

① D. Satcher, "Bringing the Public Health Approach to the Problem of Suicide," *Suicide and Life-Threatening Behavior*, 28 (1998): 325–327, p. 326. 戴维·萨彻于1998年由克林顿总统任命为美国卫生部助理部长。萨彻博士既是医生，也是科学家，还担任过位于亚特兰大的美国疾病控制与预防中心主任。

致命，因为他们会用自己的命来玩"俄罗斯轮盘赌"。他说："我相信，死于抑郁症的人，比死于艾滋病、心脏病、高血压等等任何疾病的人都多，因为我认为抑郁症会导致所有这些疾病。"听众大为震惊，但据协会负责人安妮塔·谢尔登说，会后没有任何人去跟威尔逊谈论他的病情。

在公开露面时，威尔逊变得越来越奇怪，也越来越阴郁，但大部分人都觉得这不过是他惯有的喜怒无常罢了。他在特区电视台主持一档电视节目，在最后一期节目中，他时而哈哈大笑，时而结结巴巴，时而又语无伦次……在这档每月一期的节目最后，他说："我想，下周我们会再见。"

5月12日，在国会山举行的关于华盛顿特区预算的听证会上，他又一次扔掉事先准备的讲稿——"要是我没有宣读这份讲稿，写稿子的人会死，那他们就去死吧。"——开始在众议院哥伦比亚特区拨款委员会面前即兴东拉西扯起来："主席先生，我正处于政治生涯的终点，我的政治生涯即将结束，我已经为这个国家服务了，我觉得有整整十八年……所以，主席先生，今天来到这里的是一个疲惫不堪、风烛残年的老人，这个人已经开始秃顶，还对哥伦比亚特区的财政状况感到极度害怕，简直害怕得要死……我被吓到了。我不知道还能怎么办。"①

就在威尔逊自杀前一天，他还主持了一场人头攒动的市级听证会。在会上，他有时候头脑很清晰，有时候又是喜怒无常的样子。有那么一下子，当着满屋子的人和摄像机，他勃然大怒，大步走出听证室。过了一会儿他回到会上，但是开始东拉西扯，语无伦次。尽管如此，还是有

---

① P. Perl, "A Bridge He Could Not Cross," *Washington Post Magazine*, November 14, 1993.

至少一个很亲近的朋友说，他看起来很乐观，很快乐，"就像他在这世上无所牵挂一样"。第二天他没去上班，他的司机和妻子驱车前往他的住处，发现他在地下室悬梁自尽了。

这位一流的政治家，杰出的民权领袖，这个雄心勃勃也极为成功的人，巴尔的摩和俄亥俄铁路公司搬运工的儿子，死在了自己手里。他死于抑郁症，死于担心公众如果知道了他身患精神疾病，或是知道了他甚至因此住院会作何反应。他也是死于这个病让其他人很难知道该怎么向他伸出援手：没有人知道怎么跟一个焦躁不安、无法预测的公众人物打交道。他死于精神病相关法律能保护公民自由，却未必能保护公民的生命。死于我们这个社会没能以宽容大度、知根知底的方式对待严重的精神疾病、成瘾和自杀。

社会应该做些什么来让签字住院变得可以接受，又应该做些什么来让往横梁上挂绳子变得既没有必要，又无法想象？

医生理应处于能帮助公众的最佳位置，但无论是自助还是助人，他们的能力都并没有多么突出。首先，他们自杀的可能性，是其他人的两倍[1]。精神科医生和麻醉师尤其脆弱[2]，而女医生更甚；实际上，女医

---

[1] K. D. Rose and I. Rosow, "Physicians Who Kill Themselves," *Archives of General Psychiatry*, 29 (1973): 800-805; C. L. Rich and F. N. Pitts, "Suicide by Male Physicians During a Five-Year Period," *American Journal of Psychiatry*, 136 (1979): 1089-1090; A. H. Rimpelä, M. M. Nurminen, P. O. Pulkkinen, M. K. Rimpelä, and T. Valkonen, "Mortality of Doctors: Do Doctors Benefit from their Medical Knowledge?" *Lancet*, 1 (1987): 84-86; S. Lindeman, E. Läärä, H. Hakko, and J. Lönnqvist, "A Systematic Review on Gender-Specific Suicide Mortality in Medical Doctors," *British Journal of Psychiatry*, 168 (1996): 274-279; K. Juel, J. Mosbech, and E. S. Hansen, "Mortality and Cause of Death Among Danish Physicians, 1973-1992." *Ugeskrift for Læger*, 159 (1997): 6512-6518.

[2] D. L. Bruce, "Causes of Death Among Anesthesiologists: A 20-Year Survey," *Anesthesiology*, 29 (1968): 565-569; A. G. Craig and F. N. Pitts, "Suicide by Physicians," *Diseases of the Nervous System*, 29 (1968): 763-772; D. E. DeSole, P. Singer, and S. Aronson, （转下页）

生自杀的可能性,是一般公众的三到五倍①。(女心理学家和化学家,自杀率也有那么高②,但教师除外。这些职业的男性则不然。这些领域竞争激烈且由男性主导,女性要想进入这样的领域并取得成功,可能需要拥有这样的筛选因素——精力充沛但也高度不稳定,还有相关的情绪障

(接上页)"Suicide and Role Strain Among Physicians," *International Journal of Social Psychiatry*, 15 (1969): 294-301; C. L. Rich and F. N. Pitts, "Suicide by Psychiatrists: A Study of Medical Specialists Among 18, 730 Consecutive Physician Deaths During a Five-Year Period, 1967-1972," *Journal of Clinical Psychiatry*, 41 (1980): 261-263; B. B. Arnetz, L. G. Hörte, A. Hedberg, T. Theorell, E. Allander, and H. Malker, "Suicide Patterns Among Physicians Related to Other Academics as Well as to the General Population," *Acta Psychiatrica Scandinavica*, 75 (1987): 139-143; L. M. Carpenter and A. J. Swerdlow, "Mortality of Doctors in Different Specialties: Findings from a Cohort of 20,000 NHS Hospital Consultants," *Occupational and Environmental Medicine*, 54 (1997): 388-395; S. Lindeman, E. Läärä, J. Hirvonen, and J. Lönnqvist, "Suicide Mortality Among Medical Doctors in Finland: Are Females More Prone to Suicide Than Their Male Colleagues?" *Psychological Medicine*, 27 (1997): 1219-1222.

① R. C. Steppacher and J. S. Mausner, "Suicide in Male and Female Physicians," *Journal of the American Medical Association*, 228 (1974): 323-328; F. N. Pitts, A. B. Schuller, C. L. Rich, and A. F. Pitts, "Suicide Among U. S. Women Physicians, 1967-1972," *American Journal of Psychiatry*, 136 (1979): 694-696; F. Pepitone-Arreola-Rockwell, D. Rockwell, and N. Core, "Fifty-Two Medical Student Suicides," *American Journal of Psychiatry*, 138 (1981): 198-201; W. Simon, "Suicide Among Physicians: Prevention and Postvention," *Crisis*, 7 (1986): 1-13; S. M. Schlicht, I. R. Gordon, J. R. B. Ball, and D. G. S. Christie, "Suicide and Related Deaths in Victorian Doctors," *Medical Journal of Australia*, 153 (1990): 518-521; C. -G. Stefansson and S. Wicks, "Health Care Occupations and Suicide in Sweden 1961-1985," *Social Psychiatry and Psychiatric Epidemiology*, 26 (1991): 259-264; S. Lindeman, E. Läärä, H. Hakko, and J. Lönnqvist, "A Systematic Review on Gender-Specific Suicide Mortality in Medical Doctors," *British Journal of Psychiatry*, 168 (1996): 274-279; L. M. Carpenter and A. J. Swerdlow, "Mortality of Doctors in Different Specialities: Findings from a Cohort of 20,000 NHS Hospital Consultants," *Occupational and Environmental Medicine*, 54 (1997): 388-395; S. Lindeman, E. Läärä, J. Hirvonen, and J. Lönnqvist, "Suicide Mortality Among Medical Doctors in Finland: Are Females More Prone to Suicide Than Their Male Colleagues?" *Psychological Medicine*, 27 (1997): 1219-1222.

② P. H. Blachly, H. T. Osterud, and R. Josslin, "Suicide in Professional Groups," *New England Journal of Medicine*, 268 (1963): 1278-1282; F. P. Li, "Suicide Among Chemists," *Archives of Environmental Health*, 19 (1969): 518-520; H. King, "Health in the Medical and Other Learned Professions," *Journal of Chronic Disease*, 23 (1970): 257-281; J. S. Mausner and R. C. Steppacher, "Suicide in Professionals: A Study of Male and Female Psychologists," *American Journal of Epidemiology*, 98 (1973): 436-445; J. Walrath, F. P. Li, S. K. Hoar, M. W. Mead, and J. F. Fraumeni, "Causes of Death Among Female Chemists," *American Journal of Public Health*, 75 (1985): 883-885.

碍。由于还有养育孩子的需要，还要面对同事和病人的偏见，以及个人生活和职业生命之间的撕扯，女性承受的压力水平恐怕也比男性要大①。而身在医药和科学领域的人，也更熟悉、更容易接触到极为致命的自杀方法。）

医生往往只能独自跟自己的痛苦作斗争。很多人发现自己很难开口求助，就连承认自己需要帮助都很难做到：他们受训的目标就是要独立，要能对事关生死的决定负责，并以超出他们理所应当的比例分担别人的痛苦。他们在一个封闭的体系里运作，这个体系几乎总是会妨碍他们寻求治疗，还有权拒绝或吊销他们的医师执业资格和医院特权，而且有能力对患者转诊流程施加影响。很容易成瘾和致命的药物他们搞到手易如反掌，压力大、抑郁是他们的家常便饭②，而睡眠不足——疲劳、做出错误判断的根源，也是精神疾病的潜在诱因——司空见惯③。用酒精、毒品或情绪改变药物自行治疗可能会并且是经常会带来灾难性的后果。

除了治疗的患者，医生还必须认识并解决自己和同事们身上的问题。对于精神疾病和自杀的根深蒂固的偏见和态度，他们也必须好好面对。他们在治疗其他疾病时会展现出的恻隐之心、会用到的科学知识，并非总能在治疗精神疾病时派上用场。遇到自杀事件或自杀行为的医生，常常会觉得自己面对的情形很难理解，或是很有威胁性。比如耶鲁大学医生舍温·尼兰就曾发现，对于自杀者的家人或朋友来说，"自杀事件似乎没法解释……但是对第一次看到这具尸体、跟自杀者并没有瓜

---

① J. Firth-Cozens, "Sources of Stress in Women Junior House Officers," *British Medical Journal*, 301 (1990): 89-91.

② K. Hsu and V. Marshall, "Prevalence of Depression and Distress in a Large Sample of Canadian Residents, Interns, and Fellows," *American Journal of Psychiatry*, 144 (1987): 1561-1566.

③ T. A. Wehr, D. A. Sack, and N. E. Rosenthal, "Sleep Reduction as a Final Common Pathway in the Genesis of Mania," *American Journal of Psychiatry*, 144 (1987): 201-204; D. E. Duncan, *Residents: The Perils and Promise of Educating Young Doctors* (New York: Scribner, 1996).

葛的医务人员来说，还有另一个因素要考虑，这也让他们的同情心没那么容易表现出来。对于充满活力、致力于跟病魔作斗争的男男女女来说，严重自残里有些东西特别让人困惑，甚至往往会让他们的同情心削弱乃至消失。来自医学界、作为旁观者的人，无论是因为这种事情而糊涂、困惑，还是因为这么做毫无用处而恼怒，似乎都在面对自杀者的尸体时没感觉有多悲伤。我自己倒是见过一些例外，但例外的情形非常少。也许会给情感带来强烈冲击，甚至可以说是怜悯，但很少会有跟意外身故总是相伴而来的痛苦。"[1]

然而，自杀者将近三分之一都会在死前一周去看医生，而自杀前一个月之内去看过医生的更是超过一半[2]。大部分人都不会说自己有自杀

---

[1] S. B. Nuland, *How We Die: Reflections on Life's Final Chapter* (New York: Alfred A. Knopf, 1994), p. 151.

[2] B. Barraclough, J. Bunch, B. Nelson, and P. Sainsbury, "A Hundred Cases of Suicide: Clinical Aspects," *British Journal of Psychiatry*, 125 (1974): 355-373; K. Hawton and E. Blackstock, "General Practice Aspects of Self-Poisoning and Self-Injury," *Psychological Medicine*, 6 (1976): 571-575; J. Bancroft, A. Skrimshire, J. Casson, O. Harvard-Watts, and F. Reynolds, "People Who Deliberately Poison or Injure Themselves: Their Problems and Their Contacts With Helping Agencies," *Psychological Medicine*, 7 (1977): 289-303; D. H. Myers and C. D. Neal, "Suicide in Psychiatric Patients," *British Journal of Psychiatry*, 133 (1978): 38-44; J. Beskow, "Suicide and Mental Disorder in Swedish Men," *Acta Psychiatrica Scandinavica*, 277 (Suppl.) (1979); S. E. Borg and M. Stahl, "Prediction of Suicide: A Prospective Study of Suicides and Control Among Psychiatric Patients," *Acta Psychiatrica Scandinavica*, 65 (1982): 221-232; R. M. Turner, "Parasuicide in an Urban General Practice, 1970-1979," *Journal of the Royal College of General Practice*, 32 (1982): 273-281; K. Petrie, "Recent General Practice Contacts of Hospitalized Suicide Attempters," *New Zealand Medical Journal*, 102 (1989): 130-131; E. T. Isometsä, M. E. Heikkinen, M. J. Marttunen, M. M. Henriksson, H. M. Aro, and J. K. Lönnqvist, "The Last Appointment Before Suicide: Is Suicide Intent Communicated?" *American Journal of Psychiatry*, 152 (1995): 919-922; L. Appleby, T. Amos, U. Doyle, B. Tomenson, and M. Woodman, "General Practitioners and Young Suicides: A Preventive Role for Primary Care," *British Journal of Psychiatry*, 168 (1996): 330-333; A. L. Beautrais, P. R. Joyce, and R. T. Mulder, "Psychiatric Contacts Among Youths Aged 13 Through 24 Years Who Have Made Serious Suicide Attempts," *Journal of the American Academy of Child and Adolescent Psychiatry*, 37 (1998): 504-511; J. Pirkis and P. Burgess, "Suicide and Recency of Health Care Contacts: A Systematic Review," *British Journal of Psychiatry*, 173 (1998): 462-474.

倾向，大部分人也压根儿没被问到。我们看到，就算是对心理健康领域的专业人士来说，识别并对症治疗有自杀倾向的患者也并非总是那么容易。有些医生仍然怀疑，筛查或治疗有自杀倾向的病人，这事儿是否可以或应该由全科医生来负责[1]。还有一些人则还在坚守错误信念，认为如果向患者问起自杀的事情，也许就相当于在以某种方式鼓励自杀。然而还是有越来越多的证据表明，对医生进行有关识别和治疗抑郁症的教育，可能会影响自杀率。

1980年代初，瑞典预防和治疗抑郁症委员会为瑞典哥得兰岛所有全科医生推出了一个教育项目，让岛上的医生参加了关于抑郁症的病因、分类和治疗的综合讲座，还深入了解了更具体的临床问题，例如儿童、青少年和老年人抑郁症的诊断和治疗[2]。后续研究表明，参加了这个强化教育项目的医生更有能力识别抑郁症患者，并开具更对症的治疗方

---

[1] R. F. W. Diekstra and M. van Egmond, "Suicide and Attempted Suicide in General Practice, 1979–1986," *Acta Psychiatrica Scandinavica*, 79 (1989): 268–275; A. Macdonald, "The Myth of Suicide Prevention by General Practitioners," *British Journal of Psychiatry*, 163 (1993): 260; H. G. Morgan and M. O. Evans, "How Negative Are We to the Idea of Suicide Prevention?" *Journal of the Royal Society of Medicine*, 87 (1994): 622–625; K. Power, C. Davies, V. Swanson, D. Gordon, and H. Carter, "Case-Control Study of GP Attendance Rates by Suicide Cases with or Without a Psychiatric History," *British Journal of General Practice*, 47 (1997): 211–215.

[2] W. Rutz, L. von Knorring, and J. Wålinder, "Frequency of Suicide on Gotland After Systematic Postgraduate Education of General Practitioners," *Acta Psychiatrica Scandinavica*, 80 (1989): 151–154; W. Rutz, J. Wålinder, G. Eberhard, G. Holmberg, A.-L. von Knorring, L. von Knorring, B. Wistedt, and A. Åberg-Wistedt, "An Educational Program on Depressive Disorders for General Practitioners on Gotland: Background and Evaluation," *Acta Psychiatrica Scandinavica*, 79 (1989): 19–26; A. Macdonald, "The Myth of Suicide Prevention by General Practitioners," *British Journal of Psychiatry*, 163 (1993): 260; H. G. Morgan and K. Hawton, "Suicide Prevention," *British Journal of Psychiatry*, 164 (1994): 126–127; J. M. G. Williams and R. D. Goldney, "Suicide Prevention in Gotland," *British Journal of Psychiatry*, 165 (1994): 692–698; Z. Rihmer, W. Rutz, and H. Pihlgren, "Depression and Suicide on Gotland: An Intensive Study of All Suicides Before and After a Depression-Training Program for General Practitioners," *Journal of Affective Disorders*, 35 (1995): 147–152.

今天的自杀未遂者，也许就是明天的自杀者

自杀风险最高的自杀未遂者

自杀历史	仍然想着自杀
精神状况	抑郁，躁狂，轻度躁狂，重度焦虑，或上述状态的混合状态
	药物滥用，或伴随有情绪障碍
	暴躁，激动，对他人有威胁性的暴力倾向，有妄想症，或有幻觉
人口统计数据	男性，独居

在进行精神病评估前，切勿让这样的患者出院

注意观察 临床抑郁症症状：	注意观察与抑郁症 结合的躁狂症或轻度躁狂：
多数时候都处于抑郁情绪 对常见活动失去兴趣或感觉不到乐趣 体重降低或增加 无法入睡或睡得太多 坐立不安或慢吞吞的 疲劳，没有精力 觉得自己毫无用处，或感到羞愧 缺乏自信，对自己很失望 对未来感到绝望 无法集中精力，没有决断能力 老是想到死亡 暴躁，很小的事情都会心烦意乱	兴奋、开朗或急躁的情绪 自信心爆棚，浮夸 睡眠需求减少 比平常更爱说话，话语让人有压力 想法很多、很乱 说话时话题很跳跃 很容易分心 极为热衷参与多种活动 暴躁易怒或焦虑不安 性欲亢奋，无脑花钱，出言不逊

在让患者出院前，请确保：

- 枪支和致命**药物**已得到妥善保管或清除
- 随时有人能提供帮助和支持
- 已安排好随后去心理健康专家处就诊
- 患者有在出现紧急情况时可以呼叫的临床医生的**姓名和电话**

急诊室海报（来自美国自杀预防基金会）

黑夜突如其来

案。岛上整体自杀率的下降幅度,也超过了整个瑞典自杀率的降幅,具体来讲,就是因抑郁症自杀的人所占比例下降了。尽管有些研究人员对于用来确定自杀率变化的方法还有些争议,这个变化能有多持久也还存在疑问,但这个结果已经让很多公共卫生专家大感震惊。这个问题一直比其他任何主要的死亡原因都更难以改变,但这样一个教育项目就能对该问题产生这么大的影响,他们都感到备受鼓舞。

跟全科医生比起来,经常直接接触有严重自杀倾向的病人的医生处于更能预防自杀的位置。比如急诊室的医务人员会经常收治自杀未遂的人,这些人最终自杀身亡的风险很高。美国自杀预防基金会制作了一张海报张贴在全美各地的急诊室,为非专业人士和精神科医生着重指出了自杀的主要临床指征,以及临床医生为减少自杀发生应采取的最低限度的措施。人们希望,去帮助这些医生向患者伸出援手,就算无法救下很多人,也至少能挽救一部分生命。

然而,在更一般的医学实践中广泛筛查患者,这种做法尚未证明特别有效。无论是美国疾病控制与预防中心还是加拿大为研究这种筛查过程的可行性而设立的预防保健工作组都不建议这么做①。但是在未来,很可能会是通过计算机进行自动访谈成为常规操作,这样不会给全科医生有限的工作时间带来沉重负担,而研究也表明,跟临床医生获得的结果相比,这么做得到的自杀意念报告和饮酒报告更为准确②。

---

① Canadian Task Force on the Periodic Health Examination, *Canadian Guide to Clinical Preventive Health Care* (Ottawa: Canada Communication Group, 1994), pp. 450–455; United States Preventive Services Task Force, "Screening for Depression," *Guide to Clinical Preventive Services*, 1996; C. P. Schade, E. R. Jones, and B. J. Wittlin, "A Ten-Year Review of the Validity and Clinical Utility of Depression Screening," *Psychiatric Services*, 49 (1998): 55–61.

② J. H. Greist, D. H. Gustafson, and F. A. Strauss, "A Computer Interview for Suicide-Risk Prediction," *American Journal of Psychiatry*, 130 (1973): 1327–1332; H. P. Erdman, J. H. Greist, D. H. Gustafson, J. E. Taves, and M. H. Klein, "Suicide Risk Prediction by Computer Interview: A Prospective Study," *Journal of Clinical Psychiatry*, (转下页)

当然，识别和治疗自杀风险极高的病人不但需要医生的努力，也同样需要其他的个人、组织和预防策略共同参与。美国抑郁症筛查日刚开始只是马萨诸塞州一家当地医院进行的试点项目，自1991年开展以来，已经扩展为全国公众广泛参与的自我选择团体[①]。每年10月，人们可以到美国各地成千上万家诊所、医院、图书馆、企业和购物中心填写一份简短的抑郁症检查表。如果他们要求转诊治疗，或是他们的抑郁评分表明他们需要由临床医生进行更全面的评估，也都会得到相应处理。（参与筛查的人里有20%重度抑郁，但其中只有十分之一正在接受治疗。）这个筛查项目自启动以来，已经吸引了40多万人参与，其中很多自杀风险都很高。最近，全国发行的杂志《大观》（Parade）上刊登了一份类似的抑郁症状检查表，并附有联系电话，结果两周内就有10万多通电话打进来，其中只有很小很小的一部分正在接受治疗。

几乎可以肯定，未来会出现用于评估自杀风险的生物学测试[②]。这样的测试——无论是针对特定遗传标记、血清素测量还是用来检测跟自杀风险增加有关的神经化学和解剖学变化的神经影像学研究——最多也只能得出部分结论，而所有测试可能都要面对大量临床问题和伦理问

（接上页）48 (1987): 464–467; S. Levine, R. J. Ancill, and A. P. Roberts, "Assessment of Suicide Risk by Computer-Delivered Self-Rating Questionnaire: Preliminary Findings," *Acta Psychiatrica Scandinavica*, 80 (1989): 216–220; K. A. Kobak, L. v. H. Taylor, S. L. Dottl, J. H. Greist, J. W. Jefferson, D. Burroughs, J. M. Mantle, D. J. Katzelnick, R. Norton, H. J. Henk, and R. C. Serlin, "A Computer-Administered Telephone Interview to Identify Mental Disorders," *Journal of the American Medical Association*, 278 (1997): 905–910.

① D. G. Jacobs, "Depression Screening as an Intervention Against Suicide," *Journal of Clinical Psychiatry*, 60 (Suppl. 2) (1999): 42–45.

② V. Arango, M. D. Underwood, and J. J. Mann, "Postmortem Findings in Suicide Victims: Implications for in Vivo Imaging Studies," *Annals of the New York Academy of Sciences*, 836 (1997): 269–287; J. J. Mann, M. Oquendo, M. D. Underwood, and V. Arango, "The Neurobiology of Suicide Risk," *Journal of Clinical Psychiatry*, 60 (Suppl. 2) (1999): 7–11; A. Roy, D. Nielsen, G. Rylander, M. Sarchiapone, and N. Segal, "Genetics of Suicide in Depression," *Journal of Clinical Psychiatry*, 60 (Suppl. 2) (1999): 12–17.

题。在解释测试结果时，也必然会有模棱两可、不够准确的问题，其特异性和预测能力也会有不确定的地方。对于接受测试的个人及其家人，还会有心理影响（对他们的就业和保险也有可能造成影响），也必然会出现有关测试成本是否过高、测试机会是否公平等问题。但无论如何，如果这样的生物学测试有一天能够实现，并提高了我们预测自杀、确定自杀高风险人群的能力，那么跟今天我们能做到的相比无疑是极大飞跃。

目前我们知道，某些群体跟其他群体相比更有可能自杀：那些之前认真尝试过自杀的人；患有抑郁症、躁郁症、酗酒、精神分裂症或人格障碍的人；刚刚从精神病院出院的人；在监狱里服刑的年轻人[①]，尤其是那些患有精神疾病、被孤立或是所在牢房极为拥挤的人；警察[②]；

[①] 监狱里的自杀率是预期自杀率的三到五倍：J. E. Smialek and W. U. Spitz, "Death Behind Bars," *Journal of the American Medical Association*, 240 (1978): 2563–2564; D. O. Topp, "Suicide in Prison," *British Journal of Psychiatry*, 134 (1979): 24–27, R. L. Bonner, "Isolation, Seclusion, and Psychosocial Vulnerability as Risk Factors for Suicide Behind Bars," in R. W. Maris, A. L. Berman, J. T. Maltsberger, and R. I Yufit, eds., *Assessment and Prediction of Suicide* (New York: Guilford, 1992), pp. 398–419; A. R. Felthous, "Preventing Jailhouse Suicides," *Bulletin of the American Academy of Psychiatry and Law*, 22 (1994): 477–488; E. Blaauw, A. Kerkhof, and R. Vermunt, "Suicides and Other Deaths in Police Custody," *Suicide and Life-Threatening Behavior*, 27 (1997): 153–163; J. F. Cox and P. C. Morschauser, "A Solution to the Problem of Jail Suicide," *Crisis*, 18 (1977): 178–184; L. M. Hayes and E. Blaauw, "Prison Suicide: A Special Issue," *Crisis*, 18 (1997): 145–192; M. Joukamaa, "Prison Suicide in Finland, 1969–1992," *Forensic Science International*, 89 (1997): 167–174; N. H. Polvi, "Assessing Risk of Suicide in Correctional Settings," in C. D. Webster and M. A. Jackson, eds., *Impulsivity: Theory, Assessment, and Treatment* (New York: Guilford, 1997), pp. 278–301; F. Butterfield, "Prisons Replace Hospitals for the Nation's Mentally Ill," *New York Times*, March 5, 1998。

[②] P. Friedman, "Suicide Among Police: A Study of Ninety-Three Suicides Among New York Policemen, 1934–1940," in E. Shneidman, ed., *Essays in Self-Destruction* (New York: Science House, 1968), pp. 414–449; C. H. Cantor, R. Tyman, and P. J. Slater, "A Historical Survey of Police Suicide in Queensland, Australia, 1843–1992," *Suicide and Life-Threatening Behavior*, 25 (1995): 499–507; J. M. Violanti, *Police Suicide: Epidemic in Blue* (Springfield, Ill.: Charles C. Thomas, 1996).

赌徒①；失业者；同性恋和双性恋的男性（自杀未遂的风险要高一些，然而自杀身亡的风险甚至更显著）②；美洲原住民③；阿拉斯加青少年④；非裔美国青年男子也越来越多⑤。在全世界来看，中国的年轻女性和大洋洲密克罗尼西亚联邦的青春期男孩，自杀风险也都特别高⑥。

学校、社群和各国政府也都在以截然不同的方式应对这些高危群体及一般人群的自杀预防问题。结果好的坏的都有。以学校为基础、教育

---

① D. P. Phillips, W. R. Welty, and M. M. Smith, "Elevated Suicide Levels Associated with Legalized Gambling," *Suicide and Life-Threatening Behavior*, 27 (1997)：373-377.

② C. L. Rich, R. C. Fowler, D. Young, and M. Blenkush, "The San Diego Suicide Study：Comparison of Gay to Straight Males," *Suicide and Life-Threatening Behavior*, 16 (1986)：448-457; D. Shaffer, P. Fisher, R. Hicks, M. Parides, and M. Gould, "Sexual Orientation in Adolescents Who Commit Suicide," *Suicide and Life-Threatening Behavior*, 25 (Suppl.) (1995)：64-70; C. Bagley and P. Tremblay, "Suicidal Behaviors in Homosexual and Bisexual Males," *Crisis*, 18 (1997)：24-34; G. Remafedi, S. French, M. Story, M. D. Resnick, and R. Blum, "The Relationship Between Suicide Risk and Sexual Orientation：Results of a Population-Based Study," *Americal Journal of Public Health*, 88 (1998)：57-60.

③ J. Fox, D. Manitowabi, and J. A. Ward, "An Indian Community with a High Suicide Rate — 5 Years After," *Canadian Journal of Psychiatry*, 29 (1984)：425-427; L. J. D. Wallace, A. D. Calhoun, K. E. Powell, J. O'Neil, and S. P. James, *Homicide and Suicide Among Native Americans, 1979-1992* (Atlanta, Ga.：Centers for Disease Control and Prevention), 1996; M. EchoHawk, "Suicide：The Scourge of Native American People," *Suicide and Life-Threatening Behavior*, 27 (1997)：60-67.

④ B. D. Gessner, "Temporal Trends and Geographic Patterns of Teen Suicide in Alaska, 1979-1993," *Suicide and Life-Threatening Behavior*, 27 (1997)：264-273.

⑤ J. T. Gibbs, ed., *Young, Black, and Male in America: An Endangered Species* (Westport, Conn.：Greenwood Press, 1988); D. Shaffer, M. Gould, and R. C. Hicks, "Worsening Suicide Rate in Black Teenagers," *American Journal of Psychiatry*, 151 (1994)：1810-1812; R. L. Taylor, ed., *African-American Youth: Their Social and Economic Status in the United States* (Westport, Conn.：Praeger, 1995); "Suicide Among Black Youths — United States, 1980-1995," *Morbidity and Mortality Weekly Report*, 47 (1998)：193-196.

⑥ D. H. Rubinstein, "Epidemic Suicide Among Micronesian Adolescents," *Social Science and Medicine*, 17 (1983)：657-665; D. H. Rubinstein, "Suicide in Micronesia and Samoa：A Critique of Explanations," *Pacific Studies*, 15 (1992)：51-75; D. H. Rubinstein, "Suicidal Behaviour in Micronesia," in K. L. Peng and W.-S. Tseng, eds., *Suicidal Behaviour in the Asia-Pacific Region* (Kent Ridge, Singapore：University of Singapore Press, 1992), pp. 199-230.

人们去认识自杀的项目尽管意图明显是良好的，但大都没有产生预期结果，有时候也不够精准，存在误导性甚至破坏性的问题[1]。有研究人员报告称，儿童对自杀的认识和观念有所改善，还有一些研究人员则指出，自杀行为有所减少[2]。然而，澳大利亚、加拿大和美国政府委托进行的研究，对于目前旨在提高对自杀的认识并预防自杀的项目的效用提出了质疑。比如澳大利亚经审查得出的结论是，数据"并不支持推广旨在预防自杀的课程，当然也不能支持在我国中学强制实施此类项目"[3]。加拿大人同样发现，"支持为青少年开设自杀预防课程的证据不足"[4]，而美国针对年轻人自杀干预项目的一项全面调查也发现，"没有理由"强制实施这类项目[5]。

---

[1] J. C. Overholser, A. H. Hemstreet, A. Spirito, and S. Vyse, "Suicide Awareness Programs in the Schools: Effects of Gender and Personal Experience," *Journal of the American Academy of Child and Adolescent Psychiatry*, 28 (1989): 925–930; V. Vieland, B. Whittle, A. Garland, R. Hicks, and D. Shaffer, "The Impact of Curriculum-Based Suicide Prevention Programs for Teenagers: An 18–Month Follow-up," *Journal of the American Academy of Child and Adolescent Psychiatry*, 30 (1991): 811–815; A. F. Garland and E. Zigler, "Adolescent Suicide Prevention: Current Research and Social Policy Implications," *American Psychologist*, 48 (1993): 169–182; J. J. Mazza, "School-Based Suicide Prevention Programs: Are They Effective?" *School Psychology Review*, 26 (1997): 382–396.

[2] J. Ciffone, "Suicide Prevention: A Classroom Presentation to Adolescents," *Social Work*, 38 (1993): 197–203; J. Kalafat and M. Elias, "An Evaluation of School-Based Suicide Awareness Intervention," *Suicide and Life-Threatening Behavior*, 24 (1994): 224–233; L. L. Eggert, E. A. Thompson, J. R. Herting, and L. J. Nicholas, "Reducing Suicide Potential Among High-Risk Youth: Tests of a School-Based Prevention Program," *Suicide and Life-Threatening Behavior*, 25 (1995): 276–296; F. J. Zenere and P. J. Lazarus, "The Decline of Youth Suicidal Behavior in an Urban, Multicultural Public School System Following the Introduction of a Suicide Prevention and Intervention Program," *Suicide and Life-Threatening Behavior*, 27 (1997): 387–403.

[3] P. Hazell and R. King, "Arguments for and Against Teaching Suicide Prevention in Schools," *Australian and New Zealand Journal of Psychiatry*, 30 (1996): 633–642, p.640.

[4] J. Ploeg, D. Ciliska, M. Dobbins, S. Hayward, H. Thomas, and J. Underwood, "A Systematic Overview of Adolescent Suicide Prevention Programs," *Canadian Journal of Public Health*, 87 (1996): 319–324.

[5] A. Metha, B. Weber, and L. Dean Webb, "Youth Suicide Prevention: A Survey and Analysis of Policies and Efforts in the 50 States," *Suicide and Life-Threatening Behavior*, 28 (1998): 150–164.

为什么这些发现都这么打击人？是现在这些项目的问题，还是针对这个年龄层的教育工作本身就肯定会有这样的问题？现有规划的问题这么明显，但也还是有成功的例子，这表明以学校为基础的自杀预防工作还大有可为。

几年前，《美国心理学家》杂志上刊发了一篇针对学校教育项目的全面分析，重点阐述了几条具体的批评意见，结论很让人难堪：

> 很多基于课程的项目并不能看出来是以对青少年自杀风险因素的经验认识为基础设计的。这些项目并不承认很多自杀的青少年都患有精神疾病，或是有意淡化这一事实，实际上歪曲了真实情况。他们尝试以这种方式消除自杀身上的污名，实际上却有可能让自杀行为正常化，并降低了也许能提供保护作用的禁忌感……青少年自杀的发生率有时候在自杀预防项目中会被夸大，因为这些项目的目标之一就是提高对这个问题的认识和关注……夸大的危险在于，学生可能会把自杀看成更常见因此也更容易接受的行为……放大这个问题的发生率，表明基于课程的项目的设计者并没有注意到论述青少年自杀现象的模仿或传染效应的海量文献。还有一个问题是大量使用印刷品或多媒体材料来呈现过去青少年自杀未遂和自杀身亡的个例。这么做的目的是让同学们知道怎么识别可能有自杀风险的朋友，但这种做法也许会刚好适得其反，因为学生们可能会对案例里描述的问题深有同感，甚至把自杀看成解决自身问题的合乎逻辑的方案……最后一个问题是，从最实际的层面来讲，自杀预防工作也许永远无法触及目标人群，也就是自杀风险最高的青少年：被监禁关押或是离家出走的年轻人，以及中途辍学的人，自杀风险都非常高[1]。

---

[1] A. F. Garland and E. Zigler, "Adolescent Suicide Prevention: Current Research and Social Policy Implications," *American Psychologist*, 48 (1993): 169–182, pp. 174–175.

还有一些研究人员和临床医生则批评道,以学校为基础开展的项目,目标受众过于宽泛(是面向所有学生而非高危人群),提供的有关自杀的信息也不够准确。有人深入研究了115项以学校为基础开展的青少年自杀预防项目,发现其中大部分项目都只持续了两小时甚至不到两小时,而且大都几乎只关注自杀的"压力模型",也就是认为自杀是对极端压力的反应,从根本上讲只要压力足够大,任何人都可能会自杀。在他们回顾的项目中,只有4%认为自杀通常是精神疾病的结果。尤其让人坐立难安的是,这些研究人员还发现,"承认以前有过自杀未遂经历的学生(在样本中约占11%)对自杀预防课程的反响普遍更加消极。还有更多人觉得该项目没什么意思也不会有帮助,甚至因为这个项目而觉得困扰……跟曾自杀未遂且没有参与自杀预防项目的学生比起来,自杀未遂并参与该项目的学生中,声称自己不相信心理健康专家能帮助自己,且认为自杀是自身问题合乎情理的解决方式的,所占比例更高"。[1]

这些项目的结果尽管很打击人,但也指出了需要解决的部分困难。很显然,"首先,不要造成伤害"的医学箴言应当成为旨在预防自杀的所有学校项目的中心思想。还有一件事情也同样重要,就是校方要避免把自杀浪漫化,并把教育和筛查工作的重点放在精神疾病和药物滥用的识别和治疗上。

纽约哥伦比亚大学儿童精神病学家戴维·谢弗和同事们设计了一个很有前景的项目,可以用已知的自杀预测因素系统筛查高中生[2]。(没有

---

[1] A. Garland, D. Shaffer, and B. Whittle, "A National Survey of School-Based, Adolescent Suicide Prevention Programs," *Journal of the American Academy of Child and Adolescent Psychiatry*, 28 (1989): 931-934, p. 933.

[2] R. Beamish, "Computers Now Helping to Screen for Troubled Teen-Agers," *New York Times*, December 17, 1998; D. Shaffer and L. Craft, "Methods of Adolescent Suicide Prevention," *Journal of Clinical Psychiatry*, 60 (Suppl. 2) (1999): 70-74.

举办关于自杀的讲座,老师和学生也没有"像心理健康专家一样行事"的责任。)这个项目要求学生填写一份简短的自我报告问卷,如果结果表明这名学生有自杀风险,就需要继续完成一份计算机化的诊断访谈。计算机会生成诊断印象,并提交给临床医生。在该项目的第三个也是最后一个阶段,由临床医生跟该生谈话。以这次谈话为基础,临床医生决定这名学生是否需要去接受治疗。如果有必要治疗,会有一名个案管理人员联系该生家长,并帮助他们实施后续护理。

哥伦比亚大学的这个项目,用来找出有自杀风险的学生并让他们接受治疗非常有效。(在筛查过程中确认的患有重度抑郁的学生里面,只有三分之一正接受治疗,而有自杀未遂经历的学生只有一半在接受治疗。)现在,有70多个世界各地的团体正在使用这个筛查系统,包括南非、澳大利亚和美国的一些学校。

以社群为基础开展的自杀预防项目,比如英国的"撒玛利亚人"组织和美国的自杀预防中心,对自杀率没有产生显著影响。早年间有一项研究表明,拥有自杀预防中心的社群自杀率看起来降低了[1],但从那以后进行的几乎所有研究都没有发现影响或发现影响甚微[2]。这个结果怎

---

[1] C. R. Bagley, "The Evaluation of a Suicide Prevention Scheme by an Ecological Method," *Social Science and Medicine*, 2 (1968): 1-14.

[2] I. Weiner, "The Effectiveness of a Suicide Prevention Program," *Mental Hygiene*, 53 (1969): 357-363; D. Lester, "The Myth of Suicide Prevention," *Comprehensive Psychiatry*, 13 (1972): 555-560; B. Bleach and W. L. Clairborn, "Initial Evaluation of Hot-Line Telephone Crisis Centers," *Community Mental Health Journal*, 10 (1974): 387-394; D. Lester, "Effect of Suicide Prevention Centers on Suicide Rates in the United States (Health Services Report, No. 89), 1974, pp. 37-39; R. Apster and M. Hodas, "Evaluating Hotlines with Simulated Calls," *Crisis Intervention*, 6 (1976): 14-21; T. P. Bridge, S. G. Potkin, W. W. K. Zung, and B. J. Soldo, "Suicide Prevention Centres — Ecological Study of Effectiveness," *Journal of Nervous and Mental Diseases*, 164 (1977): 18-24; C. Jennings, B. M. Barraclough, and J. R. Moss, "Have the Samaritans Lowered the Suicide Rate? — A Controlled Study," *Psychological Medicine*, 8 (1978): 413-422; H. Hendin, *Suicide in America* (new and expanded edition) (New York: W. W. Norton, 1995). 277 "the body of every young woman": F. B. Winslow, *The Anatomy of Suicide* (Boston: Longwood Press, 1978; first published 1840), p. 179.

么看怎么违反直觉，但好像也没那么出人意料：自杀预防中心和危机热线虽然对很多人都很有帮助，但抑郁症或自杀倾向最严重的人往往并不会去找他们。而且很多自杀都是一时冲动做出来的，通常也就阻止了自杀者去联系任何人。有人分析了联系自杀预防中心的患者和打电话的人的类型，结果表明大部分人确实需要帮助，但他们并没有自杀倾向。

预防自杀并非只是个临床问题。整个社会也必须好好处理自杀可能具有的传染性，尤其是在年轻人中间，也必须想办法让悲剧局限于个案，而不要蔓延开来让其他人也相继赴死。多少个世纪以来，一直能观察到自杀事件有传染性，或者说自杀往往会接连发生，这也至少在一定程度上让古人制订了针对自杀行为的禁制和惩罚。比如说，希腊和罗马时期在士兵和市民中间就经常流行自杀，维京人当中奥丁的崇拜者也是如此。有时候，领导人果断行动，可以阻止灾难进一步扩大。

例如在基督诞生的六百年前，罗马国王宣布，所有自杀的人，尸体都会被钉上十字架示众，从而终结了军队里流行的自杀风气。公元前4世纪，为了制止希腊青年女子当中极为广泛的自杀行为，有个地方官颁布法令，宣布"所有上吊自杀的青年女子，尸体都会被扒光，由她用来上吊的绳子拖着游街示众"，流行风潮很快停息。过了几百年，马赛也通过了一项类似的法律来制止青年女子的自杀风潮。看起来，又是示众和裸体的威胁为自残而死的浪潮画上了休止符。

拿破仑军队里有个掷弹兵自杀了，接着又有一名掷弹兵紧随其后。拿破仑迅速采取行动，发布了下面的命令，制止了自杀现象在军中蔓延：

> 掷弹兵格罗布林因失恋而自杀了。从其他方面来说，他是个很有价值的人。这已经是本军团一个月内发生的第二起此类事件了。

第一执政官①指示，理应在卫兵规程中告知他们，士兵应当清楚如何克服自己的激情带来的悲伤和忧郁；勇敢地承受精神上的痛苦，就跟在密集的炮火下我自岿然不动一样，是真正有勇气的表现。沉溺于悲伤不去反抗，为了逃避悲伤就杀死自己，就跟在战场上还没有被打败就先逃跑了没什么区别②。

命令奏效了。随后很长时间，都没有再出现自杀事件。

一直以来自杀都可能会引起效仿，尤其是如果自杀事件被大范围公开报道或是成了浪漫的象征。1774年，歌德出版了《少年维特的烦恼》，描写了一个年轻人因爱上一个女人而开枪自杀的故事，一时洛阳纸贵，也引发了一连串自杀事件：众多年轻人饮弹自尽，他们自杀时穿着蓝色礼服和黄色背心，身边还放着一本歌德的小说。为了阻止这股自杀风潮，意大利、德国和丹麦都把这本书给禁了。1974年，社会学家戴维·菲利普斯发明了"维特效应"一词来描述自杀蔓延的现象。

自杀会在家庭成员之间蔓延，在陌生人和熟人中间也是。英国历史学家奥利芙·安德森在其著作《维多利亚时代和爱德华时代英格兰的自杀现象》中就描述了这个现象：

> 某种自杀方式在一个家族里世代相传的例子有很多。经验丰富的验尸官知道，有了一次自杀，就很可能会以同样方式出现第二次，还有人规定绝对不要把自杀用到的剃刀、杯子、枪支什么的归还给亲属，就算他们要求把这些东西拿回去当纪念品也不行，因为自杀用过的工具有一种危险的魔力。他们还试图阻止当地媒体对周边地区采用不寻常的方法或在不寻常的地点自杀的事情大肆宣传。

---

① 指拿破仑。——译者
② Napoleon Bonaparte, 引自 F. B. Winslow, *The Anatomy of Suicide*, p.178。

至于说自杀行为本身有没有可能是"情绪传染"的结果,人们见仁见智,但所有人都一致同意,用来自杀的具体方法或地点往往是出于模仿。传染的范围也未必局限于当地。全国性媒体大肆渲染无论发生在哪里的耸人听闻或"人类感兴趣"的故事,结果一再表明害人匪浅,令人遗憾①。

近年来自杀事件接连发生的例子屡见不鲜:发生在精神病院和诊所里;在美国郊区——得克萨斯州普莱诺、马萨诸塞州莱明斯特、得克萨斯州克利尔湖、明尼苏达州曼凯托、宾夕法尼亚州巴克托县、弗吉尼亚州费尔法克斯县、南波士顿、新泽西州、南达科他州——和大学校园(比如说,密歇根州立大学三个月内就发生了6起自杀事件)②。阿拉斯加州因纽特人的村庄里,加拿大印第安人的保留地里,还有日本、英国和几乎所有会记录这种死亡模式的国家,也都有过自杀事件集中出现的

---

① O. Anderson, *Suicide in Victorian and Edwardian England* (Oxford: Clarendon Press, 1987), pp. 372-373.

② A. L. Kobler and E. Stotland, *The End of Hope: A Social-Clinical Study of Suicide* (New York: Free Press of Glencoe, 1964); J. A. Ward and J. Fox, "A Suicide Epidemic on an Indian Reserve," *Canadian Psychiatric Association Journal*, 22 (1977): 423-426; D. H. Rubinstein, "Epidemic Suicide Among Micronesian Adolescents," *Social Science and Medicine*, 17 (1983): 657-665; S. Fried, "Over the Edge," *Philadelphia Magazine*, October 1984; L. Coleman, *Suicide Clusters* (Boston: Faber and Faber, 1986); J. W. Farrell, M. E. Petrone, and W. E. Parkin, "Cluster of Suicides and Suicide Attempts — New Jersey," *Journal of the American Medical Association*, 259 (1988): 2666-2668; M. S. Gould, S. Wallenstein, and L. Davidson, "Suicide Clusters: A Critical Review," *Suicide and Life-Threatening Behavior*, 19 (1989): 17-29; T. Taiminen, T. Salmenperä, and K. Lehtinen, "A Suicide Epidemic in a Psychiatric Hospital," *Suicide and Life-Threatening Behavior*, 22 (1992): 350-363; N. Jans, "What Makes a Kid Happy One Day, Kill Himself the Next?" *USA Today*, July 16, 1997; S. Rimer, "For Old South Boston, Despair Replaces Hope," *New York Times*, August 17, 1997; J. Ritter, "Six Suicides Rattle Campus in Michigan," *USA Today*, July 10, 1997; P. Belluck, "In Little City Safe from Violence, Rash of Suicides Leaves Scars," *New York Times*, April 5, 1998; M. Jordan, "Overcome with Grief: Japanese Teens Distraught at Rock Star's Death," *Washington Post*, May 8, 1998.

情形。自杀集中出现主要发生在年轻人身上，但绝不是只有年轻人才这么干；其机制多种多样，也有很多争议。当然，模仿无疑起到了重要作用，但自杀事件可能只是诱使一个本就很容易受到影响的人做出自杀行为，或是不再约束自己（例如有人研究了得克萨斯州的两个自杀集中出现的例子，其一是同一学区的 8 个青少年在十五个月里相继自杀，其二是在两三个月里有六个青少年相继自杀[1]；跟其他人比起来，自杀者更有可能有过自杀未遂、扬言要自杀或曾自残的历史）。看似不合情理的因素也在起作用。青少年经常会设想，他们在生活中得不到的关注或做不到的反击、报复可以通过自杀来实现，也可能会因为更有名、更有成就的人都自杀了就觉得自杀也是可以接受的。

很多研究人员认为，媒体大肆宣传自杀事件会让自杀行为增加，但也有些研究人员对此不太肯定[2]。多数人都认为，受自杀报道影响最大

---

[1] L. E. Davidson, M. L. Rosenberg, J. A. Mercy, J. Franklin, and J. T. Simmons, "An Epidemiologic Study of Risk Factors in Two Teenage Suicide Clusters," *Journal of the American Medical Association*, 262 (1989): 2687-2692.

[2] J. A. Motto, "Suicide and Suggestibility — The Role of the Press," *American Journal of Psychiatry*, 124 (1967): 252-256; D. P. Phillips, "The Influence of Suggestion on Suicide: Substantive and Theoretical Implications of the Werther Effect," *American Sociological Review*, 39 (1974): 340-354; D. L. Altheide, "Airplane Accidents, Murder, and the Mass Media: Comments on Phillips," *Social Forces*, 60 (1981): 593-596; K. A. Bollen and D. P. Phillips, "Imitative Suicides: A National Study of the Effects of Television News Stories," *American Sociological Review*, 47 (1982): 802-809; I. M. Wasserman, "Imitation and Suicide: A Reexamination of the Werther Effect," *American Sociological Review*, 49 (1984): 427-436; J. N. Baron & P. C. Reiss, "Same Time, Next Year: Aggregate Analyses of the Mass Media and Violent Behavior," *American Sociological Review*, 50 (1985): 347-363; L. Eisenberg, "Does Bad News About Suicide Beget Bad News?" *New England Journal of Medicine*, 315 (1986): 705-707; S. J. Ellis and S. Walsh, "Soap May Seriously Damage Your Health," *Lancet*, 1 (1986): 686; B. P. Fowler, "Emotional Crisis Imitating Television," *Lancet*, 1 (1986): 1036-1037; M. S. Gould and D. Shaffer, "The Impact of Suicide in Television Movies," *New England Journal of Medicine*, 315 (1986): 690-694; D. P. Phillips and L. Cartensen, "Clustering of Teenage Suicides After Television News Stories About Suicide," *New England Journal of Medicine*, 315 (1986): 685-689; D. A. Sandler, P. A. Connell, and K. Welsh, "Emotional Crises Imitating Television," *Lancet*, （转下页）

的是青少年，也认同故事的内容和报道的风格——无论是通过报纸、广播、电视还是电影呈现——会产生或好或坏的影响。在奥地利，媒体工作人员咨询过自杀问题研究专家后，对自杀风潮耸人听闻的报道大幅减少。在匈牙利，从 1980 年代初开始，媒体对重大、轰动的自杀事件的报道就已经变少了，转而更多报道起精神疾病与自杀之间的关联[①]。德国媒体同样把更多精力放在了自杀与精神障碍之间的关系上面。

1994 年，为尽量减少自杀蔓延的可能性，美国疾病控制与预防中心向媒体发布了一份建议[②]。这份指导思想承认"自杀往往具有新闻价值，也很可能会被报道"，但同时也强调，"各方都应当理解，关于自杀的新

(接上页)1 (1986): 856; A. L. Berman, "Fictional Depiction of Suicide in Television Films and Imitation Effects," *American Journal of Psychiatry*, 145 (1988): 982-986; A. Schmidtke and H. Häfner, "The Werther Effect After Television Films: New Evidence for an Old Hypothesis," *Psychological Medicine*, 18 (1988): 665-676; L. Davidson and M. S. Gould, "Contagion as a Risk Factor for Youth Suicide," in *Report of the Secretary's Task Force on Youth Suicide, Vol. 2: Risk Factors for Youth Suicide* (DHHS Publication Number ADM-89-1622), Washington, D. C.: U. S. Government Printing Office, 1989; R. C. Kessler, G. Downey, H. Stipp, and J. R. Milavsky, "Network Television News Stories About Suicide and Short-Term Changes in Total U. S. Suicides," *Journal of Nervous and Mental Diseases*, 177 (1989): 551-555; M. S. Gould, "Suicide Clusters and Media Exposure," in S. J. Blumenthal and D. J. Kupfer, eds., *Suicide over the Life Cycle* (Washington, D. C.: American Psychiatric Press, 1990), pp. 517-532; S. Stack, "Media Impacts on Suicide," in D. Lester, ed., *Current Concepts of Suicide* (Philadelphia: Charles Press, 1990), pp. 107-120; K. Jonas, "Modelling and Suicide: A Test of the Werther Effect," *British Journal of Social Psychology*, 31 (1992): 295-306; S. Simkin, K. Hawton, L. Whitehead, J. Fagg, and M. Eagle, "Media Influence on Parasuicide: A Study of the Effects of a Television Drama Portrayal of Paracetamol Self-Poisoning," *British Journal of Psychiatry*, 167 (1995): 754-759; D. M. Velting and M. S. Gould, "Suicide Contagion," in R. W. Maris, M. M. Silverman, and S. S. Canetto, eds., *Review of Suicidology*, 1997 (New York: Guilford, 1997), pp. 96-137.

[①] S. Fekete and A. Schmidtke, "The Impact of Mass Media Reports on Suicide and Attitudes Toward Self-Destruction: Previous Studies and Some New Data from Hungary and Germany," in B. L. Mishara, ed., *The Impact of Suicide* (New York: Springer, 1995), pp. 142-155.

[②] P. W. O'Carroll and L. B. Potter, Centers for Disease Control and Prevention, "Suicide Contagion and the Reporting of Suicide: Recommendations from a National Workshop," *Morbidity and Mortality Weekly Record*, 43 (1994): No. SS-6, 9-18, pp. 14-16.

闻报道可能会导致更多人自杀，这一担忧是有科学依据的"，以及"公职人员和新闻媒体应认真考虑有关自杀的言论和报道"。公共卫生机构的工作人员还具体列出了新闻报道中可能促进自杀蔓延的一些问题：

- 对自杀的解释过于简单。自杀从来不是单一因素或事件的结果，而是很多因素极为复杂地相互作用造成的，也通常会涉及社会环境对心理的影响等历史问题。公职人员和媒体应认真解释，指出最后诱发自杀的事件并非相关自杀案例的唯一原因。大部分自杀者都会有在自杀后短时间内没有得到承认的一些问题。将可能造成了自杀的问题归类没有必要，但有必要承认这些问题。
- 在新闻中一再重复、持续或过度报道自杀事件。重复、持续或突出报道某起自杀事件往往会让自杀风险很高的人开始并持续关注自杀，尤其是15到24岁之间的人群。这种关注似乎是造成自杀蔓延的原因之一。提供给媒体的信息应包括此类报道与自杀蔓延的可能性之间的关联。公职人员和媒体从业人员应讨论有没有别的办法来报道有新闻价值的自杀事件。
- 对自杀事件大肆渲染。因其性质，对自杀事件的新闻报道往往会让公众更为关注自杀，一般也认为这一反应与连续自杀事件的蔓延和发展有关联。公职人员可以通过在关于自杀的公开讨论中尽量限制病态的细节来尽可能减少耸人听闻之处可能造成的影响。新闻媒体从业人员应尝试让新闻报道没那么突出，并避免使用跟自杀事件有关、夺人眼球的照片（例如葬礼、死者卧室和自杀地点的照片）。
- 报道自杀是如何进行的。描述自杀方法的技术细节并不可取。例如报道某自杀者死于一氧化碳中毒可能问题不大，但是如果详细报道用于完成自杀的机制和程序，可能会促使其他有自杀风险的人做出自杀行为。

- 把自杀当成实现某些目的的工具来呈现。遇到困难、感到抑郁的人极少会采取自杀行为。把自杀描述为应对个人问题（比如恋爱关系破裂或报复父母的严厉管教）的手段，可能会让有自杀风险的人认为，自杀也是一种应对机制。尽管看起来往往是这些因素引发了自杀行为，但其他精神病理学问题也几乎总是存在的。如果把自杀当成达到某个特定目的的有效方法来呈现，有自杀倾向的人就有可能视之为有吸引力的解决方案。
- 美化自杀或自杀者。如果在报道全社会对自杀者致哀（例如公开悼念、降半旗、树立永久公共纪念碑等）时尽可能轻描淡写，新闻报道导致自杀蔓延的可能性就会小一些，因为全社会集体致哀可能会让容易被左右的人觉得，这个社会是在对逝者的自杀行为表示尊重，而不是在哀叹这个人的死亡。
- 重点关注自杀者积极的一面。对家人和朋友的同情往往会导致新闻媒体在报道自杀时把焦点放在自杀者生活中积极的一面上。比如朋友或老师可能会说死者"是个很优秀的孩子"或"前途一片光明"，尽量不去提死者遇到的麻烦和问题。结果就是，新闻报道中经常会出现对死者表示敬重的言论。但是，如果除了这些颂扬的话，并没有同时也承认自杀者遇到的问题，那么其他有自杀风险的人就有可能认为自杀行为很有吸引力，尤其是那些很少因值得骄傲的行为得到正面赞扬的人。

通过这类指导方针及其他举措，美国疾病控制与预防中心展现了公共卫生管辖机构积极作为可能会带来哪些好处。

我们社会也还有其他办法来阻止自杀，最容易看到的就是对能置人于死地的方法加以限制。我们现在尝试实施的多项保障措施，很早就已经有其他文化群体在加以运用。奥利芙·安德森把现代自杀预防的起源一直上溯到了18和19世纪设立社会机构、为有自杀风险的人提供帮助的尝试①。比如在18世纪末，英国警察会定期在伦敦的公园和桥梁巡逻，好阻止想自杀的人，而到19世纪中叶，通过了旨在限制毒药使用的法律——1851年的《砷法案》和1868年的《毒药销售和药房法》。新技术的发展当然也带来了新的自杀方式——用来消毒的石炭酸、用于摄影的氰化钾、燃气灶、新开发的杀虫剂和铁道——而立法在后面亦步亦趋，很难跟上。枪支可以管制也确实得到了管制，但剃刀、绳索和铁道就没法管制了。

20世纪出现了更多限制人们接触到致命方法的尝试：家用燃气里的一氧化碳含量大幅降低；在汽车废气排放系统中加入催化转换器减少有害废气；对于医生开具巴比妥类药物和其他可能致命的药品施加重要限制；还有开发毒性更低的抗抑郁药物。这些变化也改变了自杀者用来自杀的方法，但是不是一种方法不能用了，有自杀倾向的人也只不过是转身寻求另一种方法而已，这个问题现在还没有清晰的答案②。当然，燃

---

① O. Anderson, *Suicide in Victorian and Edwardian England* (Oxford: Clarendon Press, 1987).
② E. Stengel, *Suicide and Attempted Suicide* (Harmondsworth, England: Penguin, 1964); C. Hassall and W. H. Trethowan, "Suicide in Birmingham," *British Medical Journal*, 1 (1972): 717-718; R. G. Oliver, "Rise and Fall of Suicide Rates in Australia: Relation to Sedative Availability," *Medical Journal of Australia*, 2 (1972): 1208-1209; A. Malleson, "Suicide Prevention: A Myth or a Mandate?" *British Journal of Psychiatry*, 122 (1973): 238-239; F. A. Whitlock, "Suicide in Brisbane, 1956 to 1973: The Drug-Death Epidemic," *Medical Journal of Australia*, 1 (1975): 737-743; N. Kreitman, "The Coal Gas Story: United Kingdom Suicide Rates, 1960-71," *British Journal of Preventive and Social Medicine*, 30 (1976): 86-93; M. Boor, "Methods of Suicide and Implications for Suicide Prevention," *Journal of Clinical Psychology*, 37 (1981): 70-75; J. A. Vale and T. J. Meredith, *Poisoning: Diagnosis and Treatment* (London: Update Publications, 1981); N. Kreitman and S. Platt, "Suicide, Unemployment, and Domestic Gas Detoxification in Britain," *Journal of Epidemiology and Community Health*, 38 (1984): 1-6; P. Sainsbury, "The Epidemiology of Suicide," in A. Roy, ed., *Suicide* (Baltimore: Williams & Wilkins, 1986), pp. 17-40; R. V. Clarke and D. Lester, "Toxicity of Car Exhausts and Opportunity for Suicide: Comparison Between Britain and the United States," *Journal of Epidemiology and Community Health*, 41 (1987): 114-120; S. A. Montgomery and R. M. Pinder, "Do Some Antidepressants Promote Suicide?" *Psychopharmacology*, 92 (1987): 265-266; S. A. Montgomery, M. T. Lambert, and S. P. J. Lynch, "The Risk of Suicide and　（转下页）

气毒性降低,限制人们接触到致命药品,这些举措确实让一些国家的自杀率下降了。人们并不会自然而然地去转而寻找别的方法自杀,但也确实有人这么做。一种自杀方法在多大程度上能取代另一种现在也还不是

(接上页) Antidepressants," *International Clinical Psychopharmacology*, 3 (1988): 15-24; P. W. Burvill, "The Changing Pattern of Suicide by Gassing in Australia, 1910-1987: The Role of Natural Gas and Motor Vehicles," *Acta Psychiatrica Scandinavica*, 81 (1989): 178-184; C. H. Cantor and M. A. Hill, "Suicide from River Bridges," *Australian and New Zealand Journal of Psychiatry*, 24 (1990): 377-380; S. Donovan and H. Freeman, "Deaths Related to Antidepressants: A Reconsideration," *Journal of Drug Development*, 3 (1990): 113-120; D. Lester, "The Effect of the Detoxification of Domestic Gas in Switzerland on the Suicide Rate," *Acta Psychiatrica Scandinavica*, 82 (1990): 383-384; M. J. Kelleher, M. Daly, and M. J. A. Kelleher, "The Influence of Antidepressants in Overdose on the Increased Suicide Rate in Ireland Between 1971 and 1988," *British Journal of Psychiatry*, 161 (1992): 625-628; G. Kleck, *Point Blank: Guns and Violence in America* (New York: Aldine de Gruyter, 1992); P. M. Marzuk, A. C. Leon, K. Tardiff, E. B. Morgan, M. Stajic, and J. J. Mann, "The Effect of Access to Lethal Methods of Injury on Suicide Rates," *Archives of General Psychiatry*, 49 (1992): 451-458; G. Isacsson, P. Holmgren, D. Wasserman, and U. Bergman, "Use of Antidepressants Among People Committing Suicide in Sweden," *British Medical Journal*, 308 (1994): 506-509; P. W. O'Carroll and M. M. Silverman, "Community Suicide Prevention: The Effectiveness of Bridge Barriers," *Suicide and Life-Threatening Behavior*, 24 (1994): 89-99; J. G. Edwards, "Suicide and Antidepressants," *British Medical Journal*, 310 (1995): 205-206; S. S. Jick, A. D. Dean, and H. Jick, "Antidepressants and Suicide," *British Medical Journal*, 310 (1995): 215-218; A. Ohberg, J. Lönnqvist, S. Sarna, E. Vuori, and A. Penttila, "Trends and Availability of Suicide Methods in Finland: Proposals for Restrictive Measures," *British Journal of Psychiatry*, 166 (1995): 35-43; M. W. Battersby, J. J. O'Mahoney, A. R. Beckwith, and J. L. Hunt, "Antidepressant Deaths by Overdose," *Australian and New Zealand Journal of Psychiatry*, 30 (1996): 223-228; A. Carlsten, P. Allebeck, and L. Brandt, "Are Suicide Rates in Sweden Associated with Changes in the Prescribing of Medicines?" *Acta Psychiatrica Scandinavica*, 94 (1996): 94-100; A. Ohberg, E. Vuori, I. Ojanperä, and J. Lönnqvist, "Alcohol and Drugs in Suicide," *British Journal of Psychiatry*, 169 (1996): 75-80; M. Öström, J. Thorson, and A. Eriksson, "Carbon Monoxide Suicide from Car Exhausts," *Social Science and Medicine*, 42 (1996): 447-451; J. Neeleman and S. Wessely, "Drugs Taken in Fatal and Non-Fatal Self-Poisoning: A Study in South London," *Acta Psychiatrica Scandinavica*, 95 (1997): 283-287; K. Hawton, "Why Has Suicide Increased in Young Males?" *Crisis*, 19 (1998): 119-124; E. T. Isometsä and J. K. Lönnqvist, "Suicide Attempts Preceding Completed Suicide," *British Journal of Psychiatry*, 173 (1998): 531-535; D. Gunnell, H. Wehner, and S. Frankel, "Sex Differences in Suicide Trends in England and Wales," *Lancet*, 353 (1999): 556-557.

很清楚，而且自杀率的任何变动，都很难说只有一个原因。比如在改革运动期间，苏联领导人戈尔巴乔夫发起了一场大规模运动（尽管很短暂）来限制饮酒，酒类价格扶摇直上，销量则直线下降。自杀率与酒的销量并行，1984年到1988年间，自杀率下降了35%①。想想酒精对抑郁症和冲动行为的影响，要是说自杀率下降跟限制饮酒没多大关系，那才叫人惊讶。但在同一时期，苏联社会也发生了天翻地覆的变化，而这些变化增加了其他人口群体的总体死亡率。社会影响本就错综复杂，对公共卫生造成的影响更是完全不同，要把这些全都区分开来还真不容易。

枪支管制问题会引起激烈的党派之争，酒精管制在一定程度上也同样如此。比如只要提起枪支管制的话题，美国社会就会沸腾起来。然而在1996年，美国有60%的自杀者用的是枪，实际上，用枪自杀的人比死于枪杀的人还多②。一项又一项研究表明，家中藏有枪支跟较高的自杀风险相关性极为显著，尤其是在年轻人身上③。他们血气方刚，容易

---

① I. M. Wasserman, "The Effect of War and Alcohol Consumption Patterns on Suicide: United States, 1910–1933," *Social Forces*, 68 (1989): 513–530; D. Wasserman, A. Värnik, and G. Eklund, "Male Suicides and Alcohol Consumption in the Former USSR," *Acta Psychiatrica Scandinavica*, 89 (1994): 306–313; A. Värnick, D. Wasserman, M. Dankowicz, and G. Eklund, "Marked Decrease in Suicide Among Men and Women in the Former USSR During Perestroika," *Acta Psychiatrica Scandinavica*, 98 (Suppl. 394) (1998): 13–19.

② U. S. National Center for Health Statistics, Vital Statistics of the United States, Monthly Report, 45 (Washington, D. C.: U. S. Government Printing Office, 1997).

③ D. A. Brent, J. A. Perper, C. E. Goldstein, D. J. Kolko, M. J. Allan, C. J. Allman, and J. P. Zelenak, "Risk Factors for Adolescent Suicide: A Comparison of Adolescent Suicide Victims with Suicidal Inpatients," *Archives of General Psychiatry*, 45 (1988): 581–588; M. Boor and J. H. Bair, "Suicide Rates, Handgun Control Laws, and Sociodemographic Variables," *Psychological Reports*, 66 (1990): 923–930; D. Lester, "The Availability of Firearms and the Use of Firearms for Suicide: A Study of 20 Countries," *Acta Psychiatrica Scandinavica*, 81 (1990): 146–147; J. H. Sloan, F. P. Rivara, D. T. Reay, J. A. J. Ferris, and A. L. Kellerman, "Firearm Regulations and Rates of Suicide: A Comparison of Two Metropolitan Areas," *New England Journal of Medicine*, 322 (1990): 369–373; D. A. Brent, J. A. Perper, C. J. Allman, G. M. Moritz, and M. E. Wartella, （转下页）

冲动,再加上容易接触到致命方法的话,就会让这个年龄段的人心理上和精神上都变得更脆弱。

公共卫生官员、创伤外科医生、急诊室医生、法医和心理健康专业人员都曾从专业角度发声,表达他们对手枪和攻击性武器激增的愤怒。是他们无法止住枪伤里流出的鲜血,不得不填写死亡证明、告知死者父母、口述尸检报告的也是他们。美国儿科医生学会、美国儿科外科协会和美国创伤协会等组织已经采取或提出了一些对策,意在解决枪支暴力导致的自杀和他杀人数激增的问题[①]。1998年发表的一项针对1 000名

(接上页)"The Presence and Accessibility of Firearms in the Homes of Adolescent Suicides: A Case-Control Study," *Journal of the American Medical Association*, 266 (1991): 2989–2995; C. Loftin, D. McDowall, B. Wiersema, and T. J. Cottey, "Effects of Restrictive Licensing of Handguns on Homicide and Suicide in the District of Columbia," *New England Journal of Medicine*, 325 (1991): 1615–1620; A. L. Kellermann, F. P. Rivara, G. Somes, D. T. Reay, J. Francisco, J. G. Banton, J. Prodzinski, C. Fligner, and B. B. Hackman, "Suicide in the Home in Relation to Gun Ownership," *New England Journal of Medicine*, 327 (1992): 467–472; D. A. Brent, J. A. Perper, G. Moritz, M. Baugher, J. Schweers, and C. Roth, "Firearms and Adolescent Suicide: A Community Case-Control Study," *American Journal of Diseases of Children*, 147 (1993): 1066–1071; M. Killias, "International Correlations Between Gun Ownership and Rates of Homicide and Suicide," *Canadian Medical Association Journal*, 148 (1993): 1721–1725; D. Hemenway, S. J. Solnick, and D. R. Azrael, "Firearm Training and Storage," *Journal of the American Medical Association*, 273 (1995): 46–50; R. J. Blendon, J. T. Young, and D. Hemenway, "The American Public and the Gun Control Debate," *Journal of the American Medical Association*, 275 (1996): 1719–1722; P. Cummings, T. D. Koepsell, D. C. Grossman, J. Savarino, and R. S. Thompson, "The Association Between the Purchase of a Handgun and Homicide or Suicide," *American Journal of Public Health*, 87 (1997): 974–978; J. Hintikka, J. Lehtonen, and V. Viinamäki, "Hunting Guns in Homes and Suicides in 15–24 Year - Old Males in Eastern Finland," *Australian and New Zealand Journal of Psychiatry*, 31 (1977): 858–861; M. S. Kaplan and O. Geling, "Firearm Suicides and Homicides in the United States: Regional Variations and Patterns of Gun Ownership," *Social Science and Medicine*, 46 (1998): 1227–1233; M. Miller and D. Hemenway, "The Relationship Between Firearms and Suicide: A Review of the Literature," *Aggression and Violent Behavior*, 4 (1999): 59–75.

① L. Adelson, "The Gun and the Sanctity of Human Life: Or the Bullet as Pathogen," *Archives of Surgery*, 127 (1992): 171–176; T. L. Cheng and R. A. Lowe, "Taking Aim at Firearm Injuries," *American Journal of Emergency Medicine*, 11 (1993): 183–186; J. J. Tepas, "Gun Control Legislation: A Major Public Health Issue for Children," *Journal of Pediatric Surgery*, 29 (1994): 369; C. W. Schwab and D. R. Kauder, "Trauma Surgeons on Violence Prevention," *Trauma*, 40 (1996): 671–672.

外科医生和内科医生的调查发现，84%的外科医生和72%的内科医生都认为，医生应该更积极地参与到枪伤预防，包括自杀预防工作中去。大部分人都说自己没怎么接受过这方面的训练，但几乎所有人都表示希望能有这方面的培训，帮助他们处理这个问题①。

美国公众也有很多同样的担忧②。1998年进行的一项面向全美国成年人的调查发现，88%的人赞成给枪支安装防儿童使用装置比如扳机锁，或是应当保证把枪支安全存放在孩子无法接触到的位置；71%的人赞成枪支使用个人化，也就是所谓的智能枪，让枪支只有在"识别"了主人的指纹、手掌大小或腕带上特定的无线电信号后才能开火；82%的人赞成使用弹夹安全装置，这样如果枪支移除了弹夹就不能再开火了；还有73%的人支持使用能显示枪支是否上膛了的装置。这些看起来是社会应当采取的明智行动，尽管都还是杯水车薪。很难想象，有什么理由要让儿童和青少年更容易自杀。

瑞典的自杀预防国家项目确定了让其他"自杀工具"更难以应用的具体优先事项③。在交通运输方面，他们建议采用改进的点火锁，这样只有驾驶员呼出的气里不含酒精时汽车才能打着火；采用高浓度一氧化碳可以激活的怠速关闭装置；扩大废气排放控制范围，把一氧化碳也包

---

① C. K. Cassel, E. A. Nelson, T. W. Smith, C. W. Schwab, B. Barlow, and N. E. Gary, "Internists' and Surgeons' Attitudes Toward Guns and Firearm Injury Prevention," *Annals of Internal Medicine*, 128 (1998): 224-230.

② American Academy of Pediatrics Committee on Adolescence, "Firearms and Adolescents," *Pediatrics*, 89 (1992): 784-787; P. Cummings, D. C. Grossman, F. P. Rivara, and T. D. Koepsell, "State Gun Safe Storage Laws and Child Mortality Due to Firearms," *Journal of the American Medical Association*, 278 (1997): 1084-1086; S. P. Teret, D. W. Webster, J. S. Vernick, T. W. Smith, D. Leff, G. J. Wintemute, P. J. Cook, D. F. Hawkins, A. L. Kellermann, S. B. Sorenson, and S. De Francesco, "Support for New Policies to Regulate Firearms," *New England Journal of Medicine*, 339 (1998): 813-818.

③ 减少自杀工具可用性的相关建议直接取自瑞典自杀预防国家委员会，"Support in Suicidal Crises: The Swedish National Program to Develop Suicide Prevention," *Crisis*, 18 (1997): 65-72, p.71。

括进去；采用设计更优良的排气系统，防止用一氧化碳自杀；让安全气囊成为所有汽车的标配；重新设计火车头，这样在撞到人时能把人推到一边，而不是从他身上碾过去；在事故和自杀行为多发的地铁站配备多种形式的防护装置；在自杀事件频繁发生的地方（高层建筑、桥梁）设置防护设施（树立栅栏或铁丝网），刷上急救电话。对于武器，该项目建议在枪支上使用安全握把；把枪支和弹药分开存放；在制定跟武器持有相关的法律法规时把自杀风险也考虑进去；限制有自杀倾向的人接触到武器。最后是处方药，他们建议开发毒性更低的药物，采用更合适的给药方式和包装方式；开处方时要小心谨慎；对患者情形认真跟进；并尽量限制有自杀倾向的病人持有带毒性的处方药。

瑞典跟挪威、芬兰、新西兰和澳大利亚等多个国家一起制定了降低自杀率的综合战略①。这些国家战略中，大都有很大一部分都着重于公共和媒体教育方面；注重提高对酗酒、抑郁症和其他精神疾病的认识和治疗；减少人们接触到致命方法的机会；并加强卫生和其他专业人员的培训。世界卫生组织也概略提出了预防自杀的六个基本步骤，大都以减少人们接触到致命方法的机会为中心：更有效地治疗精神障碍，控制枪支持有，降低家用燃气毒性，降低汽车尾气毒性，控制有毒物质的供应，并淡化媒体上关于自杀的报道②。

---

① J. Lönnqvist, "National Suicide Prevention Project in Finland: A Research Phase of the Project," *Psychiatrica Fennica*, 19 (1988): 125-132; J. Lönnqvist, H. Aro, M. Heikkinen, H. Heilä, M. Henriksson, E. Isometsä, K. Kuurne, M. Marttunen, A. Ostamo, M. Pelkonen, S. Pirkola, J. Suokas, and K. Suominen, "Project Plan for Studies on Suicide, Attempted Suicide, and Suicide Prevention," *Crisis*, 16 (1995): 162-175; J. Hakanen and M. Upanne, "Evaluation Strategy for Finland's Suicide Prevention Project," *Crisis*, 17 (1996): 167-174; S. J. Taylor, D. Kingdom, and R. Jenkins, "How Are Nations Trying to Prevent Suicide?: An Analysis of National Suicide Prevention Strategies," *Acta Psychiatrica Scandinavica*, 95 (1997): 457-463.

② World Health Organization, "Consultation on Strategies for Reducing Suicidal Behaviours in the European Region: Summary Report" (Geneva: World Health Organization, 1990).

几年前，英国为全国卫生运动设立了具体目标：到 2000 年将自杀率降低 15%①。皇家精神科医学院在全国展开了一场积极对抗抑郁症的运动，目标是尽量去除抑郁症身上的污名，让公众了解有关抑郁症及其治疗的知识，并鼓励抑郁症患者及早就医治疗②。一些初步研究表明，公众对抑郁症和心理咨询的态度有所改善，但很多人仍然认为抗抑郁药物没有心理咨询有效，或是认为抗抑郁药物可能会成瘾。英国政府和皇家精神科医学院的努力对自杀率会产生什么影响，现在得出结论还为时过早。跟大部分国家一样，在英国，公众知道的心理健康服务与各机构能提供的心理健康服务之间有很大差距③。1999 年 4 月，伦敦的心理健康基金会做了一项调查，要求三千人填写一个在他们自己或是认识的人立即需要精神病护理时可以拨打的电话号码。作答的人有 50%说不上来任何本地或全国的热线电话，也不知道当地社会服务机构的联系电话；30%的人不知道本地国民健康服务中心心理健康服务的电话号码。

美国直到 20 世纪最后几个月才提出有条有理、面面俱到的自杀预防国家战略。当然，此前在全美各地已经实施过很多出色的自杀预防项目，但一直没有统一规划，也没有国家力量持续投入并出资。1997 年，内华达州参议员哈里·里德（Harry Reid，他的父亲死于自杀，他所在的州自杀率也一直居于全美之首）向美国参议院提出了一项决议，获全票通过。决议部分内容如下：

参议院决定——

1. 承认自杀是一个全国性问题，并宣布自杀预防为全国优先

---

① Secretary of State for Health, *The Health of the Nation: A Strategy for Health in England* (London: HMSO, 1992).

② E. S. Paykel, D. Hart, and R. G. Priest, "Changes in Public Attitudes to Depression During the Defeat Depression Campaign," *British Journal of Psychiatry*, 173 (1998): 519–522.

③ J. McKerrow, "Community Care for Mentally Ill," *The Times* (London), April 24, 1999.

事项。

2. 承认没有任何单一的自杀预防项目或努力适用于所有人或所有社群。

3. 鼓励致力于以下方面的举措：

1) 防止自杀；

2) 对有自杀风险的人和曾自杀未遂的人做出回应；

3) 促进对有可能做出自杀行为的人进行安全、有效的治疗；

4) 为有亲友自杀的人提供帮助和支持；

5) 制定有效的自杀预防国家战略。

4. 对于让心理健康服务更可用、更负担得起的举措加以鼓励，让所有有自杀风险的人都能获得服务，且不用担心会蒙受任何污名①。

参议院的这份决议掷地有声，也是个重要的开端，并成为诸多政府卫生机构、自杀预防项目、心理健康援助团体的催化剂，还催生了一个积极创新的草根组织自杀预防援助网络，这是由在各个社群积极活动的人组成的联盟，其中很多人都有家人死于自杀。在这个网络和参议员里德的极力推动下，最近召集了一次共识会议，制定了自杀预防国家战略。在美国卫生部现任部长、医生、美国疾病控制与预防中心前主任戴维·萨彻领导下，这些团体紧密联合起来②。萨彻是天生的领导人，他的智慧和同情心为建立联盟铺平了道路，也使得提出自杀预防国家战略成为可能。他发布于1999年的《卫生局自杀报告》是美国卫生局两百年来就此主题发布的第一份报告③。报告呼吁公众提高对自杀及其危险

---

① U. S. Senate, "Suicide in America," *Congressional Record*, 143 (57) (1998): 1-2.

② D. Satcher, "Bringing the Public Health Approach to the Problem of Suicide," *Suicide and Life-Threatening Behavior*, 28 (1998): 325-327.

③ United States Public Health Service, *The Surgeon General's Call to Action to Prevent Suicide* (Washington, D. C., 1999).

因素的认识，改善以人群为基础的临床服务，并加大投资促进自杀预防科研进展。

联邦政府为解决自杀问题开了个好头，但如果没有公众的支持，没有国会和各州议会拨款资助，这些努力也没法走得太远。而如果精神疾病的治疗费用仍然居高不下，也因为数百万美国人没有医保或医保不覆盖精神疾病而让他们得不到医疗服务，如果严重精神疾病的住院时间被压缩到几天而不是能住上好几个星期，如果我们这个社会仍然对有那么多人正在遭受精神疾病的折磨毫不知情，自杀预防也无法真正取得重大成果①。街上和监狱里绝不是精神病患者该去的地方。

政策面临的挑战仍然相当艰巨，但取得成功的方法越来越多，有望给特定方向的公共行动带来重要成果。关于如何预防自杀，还有很多方面有待了解，但也正如卫生局长的报告无可辩驳地指出的那样，很多事情现在就可以做起来了。

在自杀前不久，华盛顿特区议会议长约翰·威尔逊在心理健康协会发表了一次演讲，谈到黑人群体里的自杀与精神疾病。他说："自杀是

---

① H. G. Morgan, "Suicide Prevention: Hazards in the Fast Lane of Community Care," *British Journal of Psychiatry*, 160 (1992): 149-153; M. Goldacre, V. Seagrott, and K. Hawton, "Suicide After Discharge from Psychiatric Inpatient Care," *Lancet*, 342 (1993): 283-286; P. B. Mortensen and K. Juel, "Mortality and Causes of Death in First Admitted Schizophrenic Patients," *British Journal of Psychiatry*, 163 (1993): 183-189; A. Bass, "DMH Sees Increase in Deaths," *Boston Globe*, June 11, 1995; R. McKeon, "The Impact of Managed Care on Suicidal Patients," paper presented to the American Association of Suicidology Annual Meeting, Bethesda, Md., April 1998; J. Rabinowitz, E. J. Bromet, J. Lavelle, K. J. Severance, S. L. Zariello, and B. Rosen, "Relationship Between Type of Insurance and Care During the Early Course of Psychosis," *American Journal of Psychiatry*, 155 (1998): 1392-1397; J. M. Zito, D. J. Safer, S. dos Reis, and M. A. Riddle, "Racial Disparity in Psychotropic Medications Prescribed for Youths with Medicaid Insurance in Maryland," *Journal of the American Academy of Child and Adolescent Psychiatry*, 37 (1998): 179-184.

黑人年轻人当中的头号杀手,但我们称之为枪支……我们甚至连提都不想提。我们必须改变美国人对抑郁症的看法。"一如既往,他是对的。

我非常想念约翰·威尔逊。时至今日,我仍然能听到他用热情洋溢、无法模仿的声音说:"我们不能把什么都交给上帝。上帝很忙。"

第十章
缝合一半的创伤
―― 未亡人 ――

时间不会治愈，

而是会留下缝合一半的伤口

有一天会再次破裂，再次让你感到

跟最开始一样大的创痛。

―― 伊丽莎白·詹宁斯

几个月前的一天，我和丈夫跟他的一位老朋友（一位精神科医生）共进晚餐。到接近尾声的时候，那位朋友问起我这阵在忙什么。我告诉他，我在写一本讲自杀的书，这话仿佛给猫解下了铃铛，那位朋友明显松了口气，而这种反应并不少见。沉默了一会儿之后，这位朋友以不容置疑的口气（就是以对自杀的浅薄理解被三十年的私人执业经验掩盖了的那种人的自信）说道："有一次我也想自杀，那还是我十八岁的时候。但我认定自己不能自杀，因为对我的家人和朋友来说太可怕了。现在我当然更不能自杀。我是医生，想想看，我要是自杀了，我的病人怎么办。那样太自私了！"四周弥漫着道德优越的空气。

我在桌子底下踢了踢丈夫的小腿，催他去结账，随后告诉这位朋友早些年我也曾试图自杀而且差点就成功了（他其实也很清楚我这一段经历），但那时候我压根儿没想过，自杀是不是自私的。我只是想要给自己再也无法忍受的痛苦一个了结，那时我每天都不得不设想着，第二天醒来又只能顶着昏天黑地、一脑子混沌地度过一模一样的一天，而我决心要在那天下午结束这一切。一场糟糕至极的疾病，一场在我看来我永远无法战胜的疾病，最后只能是这个结果。别人对我的爱，我对别人的爱，再怎么多——确实有很多——也无济于事。家人的关爱再怎么多，工作再怎么出色，也不足以让我战胜我感觉到的痛苦和绝望。无论什么样的激情或爱情，也无论有多热烈，都于事无补。任何鲜活、温暖的东西都无法穿透我的外壳。我知道我的生活一团糟，而且我相信（丝毫也不怀疑）我的家人、朋友和病人，没有了我会过得更好。不管怎么说，我已经是在苟延残喘，没剩几丝气力了，而我一死了之，还能让因为我而浪费的精力和充满善意的努力派上更好的用场。

但我们这位同行说的都是对的。对于那些不得不面对自杀这一现实度过余生的人来说，自杀的可怕之处无法描摹。身为父母或子女，身为兄弟或姐妹，身为朋友，身为医生或病人的任何未亡人，都不会不同意这个说法。大部分人都会同意我们这位同行的看法，认为从表面上看，自杀是自私的行为。大部分人都至少曾在心里嘶吼（就算没有脱口而出）："你怎么能这样对我？"所有人都曾一遍又一遍翻来覆去地问自己，为什么？我如果做了别的什么事情，结果会有什么不同吗？为什么会这样？

阿诺德·汤因比（Arnold Toynbee）曾写道，死亡的刺痛，"对死者本人来说，始终没有对失去亲人但仍需要活下去的未亡人来说那么剧烈"①。他说，这是"与生与死之间的关系有关的基本事实。死亡带来的痛苦需要两方来一起承受，而在分配这痛苦时，仍需要活下去的人会承担最大的份额"。

---

① A. Toynbee, A. K. Mant, N. Smart, J. Hinton, S. Yudkin, E. Rhode, R. Heywood, and H. H. Price, *Man's Concern with Death* (St. Louis: McGraw-Hill, 1968), p. 271.

被自杀者留在身后的未亡人需要面对愧疚和愤怒，筛选出美好的回忆，剔除掉糟糕的记忆，并试着去理解这个无法解释的行为。最重要的是，留下来的人会想念他们的父母或子女（因为逝者的生命从最开始就跟他们息息相关），或是哀哭曾经相亲相爱、共枕而眠的另一半，或是为失去了曾经会心莫逆、共同度过了那么多日夜的知己而悲伤。

从其他人的生活来看，自杀为什么会被看成是一种极为个人、残忍和轻率的行为而不是别的？然而自杀与理性、与深思熟虑并不相干，似乎永远都是非理性的选择，是结束那些痛苦、徒劳、声音和绝望的看似最好的方式。自杀的决定并不是一闪而过的想法，也不会因为不符合他人的最大利益而放弃。自杀的念头会从日积月累的痛苦中井喷出来，也会因一时冲动而快马加鞭；这个念头无论在多大程度上由外界引发或植入，想要自杀的人往往都不会去考虑别人的幸福和未来。就是想到了别人的那些自杀者，心里想的也是在他们的生活里除掉自己这个疾病、抑郁、暴力或有精神病的存在以后，他们的未来会更加光明。有一位年轻的化学家在自杀前就曾言简意赅地说道："关于自杀对亲密的朋友和亲人来说是否自私的问题，我只能说我没有答案，无法发表意见。但是显而易见，我好好考虑过这个问题，最后我认定，我活着比死了对他们的伤害反而更大。"①

自杀而死跟其他死亡方式绝不相同，而被自杀者留在身后的人要承担的痛苦，也没有别的痛苦能够比拟。留给他们的是莫名惊骇，是无休无止的"如果……会怎样"。留给他们的是愤怒和愧疚，还有时不时能感觉到的可怕的解脱感。留给他们的是别人铺天盖地的问题，问的是

---

① E. R. Ellis and G. N. Allen, *Traitor Within: Our Suicide Problem* (New York: Doubleday, 1961), p. 176.

"为什么",有问出来了的,也有没问出来的。留给他们的是别人的沉默,他们沉默是因为感到恐惧、尴尬,或是无法拼凑出只言片语来表达哀悼、表示接受。留给他们的是别人的假设,他们自己也喜欢这样假设:他们原本可以做得更多。

最痛苦的事情莫过于,家人和朋友只能自问:没有了他,我该怎么办?没有了她,我怎么活下去?两年前,有位老太太在孙子自杀一个月后给我写了封信,是这么开头的:"我21岁的孙子开枪自杀了。我们俩非常亲密,我爱他胜过爱我自己的生命。他治疗开始得太晚了,也不肯吃药……他的死,在我心里留下了一个永远无法填补的空洞。"在心里留下的空洞是最可怕的。就算最初的惊骇消退了,负罪感得到缓解,内心也渐渐平静下来,心里的空洞,那种少了一个人的感觉,也还是会留在心里。这是自杀而死跟其他死亡相同的地方。

尽管看起来可能并非如此,但自杀带来的丧亲之痛,跟由于其他原因(慢性病、事故、他杀等)失去亲友的人的反应,在很多方面都没有明显区别[1]。他们全都会经历震惊、否认、愤怒、抑郁、强烈的孤独感和普遍的失落感。但还是有一些本质特征把自杀跟其他死亡区分开来。自杀而死通常很突然、很意外——尽管绝非总是这样;也许有一半的自杀事件都至少在某种程度上在预料之中(比如就有一个人告诉研究人

---

[1] D. Shepherd and B. M. Barraclough, "The Aftermath of Suicide," *British Medical Journal*, 2 (1974): 600-603; A. S. Demi, "Social Adjustment of Widows After a Sudden Death: Suicide and Non-Suicide Survivors Compared," *Death Education*, 8 (1984): 91-111; L. G. Calhoun, C. B. Abernathy, and J. W. Selby, "The Rules of Bereavement: Are Suicidal Deaths Different?" *Journal of Community Psychology*, 14 (1986): 213-218; M. P. H. D. Cleiren, *Adaptation After Bereavement: A Comparative Study of the Aftermath of Death from Suicide, Traffic Accident and Illness for Next of Kin* (Leiden: DSWO Press, 1991); B. B. Cohen, "Holocaust Survivors and the Crisis of Aging," *Families in Society*, 72 (1991): 226-231; M. P. H. D. Cleiren, "After the Loss: Bereavement After Suicide and Other Types of Death," in B. L. Mishara, *The Impact of Suicide* (New York: Springer, 1995), pp. 7-39.

员:"我接到电话说他这么做了的时候,我第一个念头是:啊,到底发生了。")——家人没有机会去适应死亡的可能性,也没有机会弥补和告别。

通常都会伴随死亡而来的,首先是否认,而且常常还会因为否认死亡的性质而让情形变得更加复杂。有些父母就算最终接受了孩子已经不在了的事实,可能都还是会继续否认自己孩子是死于自杀。如果自杀者是年纪还小的孩子或青少年,他们的父母尤其会如此。马里兰州的法医告诉我,就算青少年留下了遗书,死于上吊或头部中弹,有些父母都还是会坚持认为他们死于意外。(吸毒过量而死、溺水而死以及单人车祸而死都必定会有模棱两可之处,碰到这些情况的父母要接受孩子是自杀身亡还要更加艰难。)

还有一些因素让这场噩梦变得更加复杂:自杀经常都很暴力,也就意味着家人发现的或需要辨认的尸体可能会严重残缺、损毁;警察需要介入死亡现场,免不了让人坐立不安,感觉像是有犯罪事件发生;保险公司的调查员决定着一家人经济上的未来,他们咄咄逼人、让人火冒三丈的问题也往往是火上浇油。对于其他原因造成的死亡,朋友、邻居和社会一般都会表示安慰和支持,而对于自杀身亡,这些外人可能会也可能不会同样安慰一番①。实际上,自杀者的家人有三分之一都报告称,他们因家人自杀而感到羞耻②。

自杀事件发生后,负罪感很常见,而且会产生毒害:父母、兄弟姐妹、子女、丈夫、妻子、朋友、同事以及最不经意的点头之交,都会记

---

① L. G. Calhoun, J. W. Selby, and M. E. Faulstich, "Reactions to the Parents of the Child Suicide: A Study of Social Impressions," *Journal of Consulting and Clinical Psychology*, 48 (1980): 535-536; L. G. Calhoun, J. W. Selby, and L. E. Selby, "The Psychological Aftermath of Suicide: An Analysis of Current Evidence," *Clinical Psychology Review*, 2 (1982): 409-420.

② M. I. Solomon, "The Bereaved and the Stigma of Suicide," *Omega*, 13 (1982-83): 377-387.

得并反复寻思所有做过和没做过的事情：那些争吵、冷落、没回的电话、没通知医生、没把枪支或毒品从家里拿走、精神病院住院推迟了或是不肯去。很多自杀都发生在已然高度紧张、极为脆弱的个人世界里，这个世界充满了焦虑、暴脾气、透支的银行账户和恶意。顽固的精神疾病对那些患病的人来说并不友好，对那些必须跟得了这种病的人一起生活的人来说也并不友好。易怒、不相信人和爱激动，是躁郁症、抑郁症、精神分裂症、酗酒和吸毒的重要组成部分。人们对自杀者的爱无论有多深切，到他自杀的时候，最能维系下去的关系也很可能已经疲惫不堪、难以为继乃至完全断绝。有自杀倾向的抑郁症所产生的毫无希望的绝望感，本质上有传染性，也会让那些本来能提供帮助的人对此无能为力。作为子女或人生伴侣，自杀的人原本也曾被深爱，父母和另一半也很享受他们的陪伴，但是到自杀发生的时候，他们可能已经变得跟原本没有多少相似之处了。自杀者的亲属有十分之一会承认，自杀终结了所有关心自杀者的人所遭受的痛苦，让他们得到了解脱，这个现实让人不寒而栗，然而又并非完全是意料之外[1]。有一项研究对比了子女死于事故的父母和子女死于自杀的父母，两组父母都被问到的问题里，有一个是他们孩子的死亡是否给家里带来了什么始料未及的好处：

> 自杀组和事故组有同等数量的父母表示，死亡确实对他们的家庭也有积极影响。事故组父母觉得，痛苦让他们家庭团结得更紧密了。而自杀组的父母认为，积极影响是他们的生活不再总是忧心忡忡，恢复了平静。给出这个回答的主要是这样的家庭：他们的儿子患有精神疾病，或是有药物滥用的问题，给他们家带来了巨大压

---

[1] S. Wallace, *After Suicide* (New York: Wiley, 1973); K. E. Rudestam, "Physical and Psychological Responses to Suicide in the Family," *Journal of Consulting and Clinical Psychology*, 45 (1977): 162–170.

力，家里的氛围也总是非常紧张。自杀尽管对所有家庭成员来说都非常痛苦，但也有人视之为一种解脱，无论是他们自己还是他们的儿子，都再也不用面对那些困难和痛苦了①。

自杀而死并不是临终前平和的相聚，而是会撕裂生活和信仰，让继续活下去的人踏上漫长的、毁灭性的旅程。这趟旅程的核心，他们说是痛苦的质疑，他们往往会反复询问，为什么自杀会发生，以及对于被自杀者留在身后的那些人来说，自杀意味着什么。有一位家长向研究人员诉说道："晚上醒过来的时候，我会想象着，他就坐在那儿，拿枪对着自己的脑袋。然后我就老是醒，想要得到一个答案，或者说弄清楚他那么做的时候脑子里到底在想什么。"② 还有一位家长说得更简单："你知道的，总是会有想法的。你会醒过来，一个劲儿想着：'为什么？'"

孩子死于自杀的父母尤其会被这样的事情压垮。几个月乃至几年的时间里他们都会一蹶不振，不但因为失去孩子，也因为感到内疚：他们觉得自己在孩子生命中最关键的时候辜负了他们，全然没有感觉到孩子的痛苦已经到了什么程度，或是对最后的迹象视若无睹。很多父母都会反复质疑自己是否尽到了为人父母的责任，还会有非常深切的羞耻、愤怒和内疚的感觉③。他们会无边无际地害怕别的孩子可能也会自杀，过

---

① M. Séguin, A. Lesage, and M. C. Kiely, "Parental Bereavement After Suicide and Accident: A Comparative Study," *Suicide and Life-Threatening Behavior*, 25 (1995): 489-498, p.493.

② C. J. Van Dongen, "Agonizing Questioning: Experiences of Survivors of Suicide Victims," *Nursing Research*, 39 (1990): 224-229, pp. 226, 227.

③ A. Herzog and H. L. Resnick, "A Clinical Study of Parental Response to Adolescent Death by Suicide with Recommendations for Approaching Survivors," *British Journal of Social Psychiatry*, 3 (1969): 144-152; K. E. Rudestam, "Physical and Psychological Responses to Suicide in the Family," *Journal of Consulting and Clinical Psychology*, 45 (1977): 162-170; S. M. Vallente and C. L. Halton, "Bereavement Group for Parents Who Suffered a Suicidal Loss of an Adolescent or Youth," *Dépression et Suicide*, (1981): 509-510; T. A. Rando, "Bereaved Parents: Particular Difficulties, Unique Factors and Treatment Issues," *Social Work* (1985): 19-23.

度保护剩下的孩子也是出于这种害怕。艾丽斯·博尔顿是亚特兰大一家咨询中心的负责人,写过一本书讲她儿子自杀的事情。她写道,在她二十岁的儿子死于自残造成的枪伤后,她脑子里一直回旋着这些问题:"为什么?我为什么没在家?为什么是我的儿子?"并且觉得自己的汽车上仿佛刷着一条大字标语:"我儿子自杀了。我很失败。"跟很多父母一样,她也担心自杀事件会影响自己其他孩子,还观察到她丈夫对悲伤的处理比她更加隐秘。在一位神父帮助下,她发起成立了一个父母互助小组,在里面找到了没有儿子的生活该如何重新开始,并接受了她和所有有孩子自杀的父母都受到了"致命的、无法挽回的伤害"的事实。(孩子自杀后,母亲尤其容易陷入抑郁。有五分之一的母亲都在孩子自杀后的六个月内患上了严重的抑郁症[1]。)她还发现,在面对孩子自杀的事情时,父亲和母亲的反应往往并不一样:

> 过去十年我见过很多孩子自杀身亡的父母,大部分人都有类似的感受。不同性别之间的一个差异是,父亲会更多说起没有了孩子就没有了未来,而母亲会感觉她们失去了现在。南希·霍根是伊利诺伊州的一名护士,也是教导人走出悲伤的教育者,她对这一现象的解释是,由于父亲大部分时间都在外工作,而且主要精力都是在给孩子们规划未来,因此他的损失有一部分来自于他无法和这个孩子一起奔赴未来了。他为孩子规划了毕业庆典,也许也设想过在女儿婚礼上陪她走过宾客之间的过道的场景,而现在,他的工作也许失去了意义。而母亲可能更多的是涉及孩子的日常活动,比如拼车接送、整理衣物、上下学、篮球训练什么的。跟这个死去的孩子一同失去的,是

---

[1] D. A. Brent, G. Moritz, J. Bridge, J. Perper, and R. Canobbio, "The Impact of Adolescent Suicide on Siblings and Parents: A Longitudinal Follow-up," *Suicidal and Life-Threatening Behavior*, 26 (1996): 253–259.

她"现在的时间"。他们的损失同样痛苦,但还是有所不同①。

艾丽斯·博尔顿在其著作《我的儿啊……我的儿啊……》(My Son... My Son...)的序言里,写出了她和所有因为自杀而失去孩子的父母所面临的困境:

> 我不知道这是为什么。
> 我永远也不会知道这是为什么。
> 我不必知道这是为什么。
> 我不喜欢这个结果。
> 我必须做的,是为我的生活
> 做出一个选择②。

然而在走到这一步之前,父母们会经历强烈的怀疑、痛苦和混乱,其程度只有他们自己才能描述出来。我有个同事,也是我朋友,她19岁的儿子死于开枪自杀,她的话到现在都仍然让我心痛不已。她是个非常热情、有活力,也充满爱心的母亲和临床医生,在儿子去世后的震惊中,她说:"我感觉自己就像一只母兽。我一直在找我的孩子。"

自杀对兄弟姐妹生活的影响,在临床研究文献中几乎一点都看不到。然而兄弟姐妹之间的情感联系极为密切,而且他们跟自杀者有一样的基因和生活环境,因此比一般人更有可能同样自杀,考虑到这些,这个方向的空白尤其显得引人注目。仍然活着的孩子现在也和他们悲痛欲

---

① I. M. Bolton, "Our Son Mitch," in E. J. Dunne, J. L. McIntosh, and K. Dunne-Maxim, eds., *Suicide and Its Aftermath* (New York: W. W. Norton, 1987), pp. 85-94, p. 92.

② I. M. Bolton, *My Son ... My Son ... : A Guide to Healing After Death, Loss, or Suicide* (Atlanta: Bolton Press, 1983).

绝的父母一样，承受着痛苦和高度焦虑。从临床角度来看，兄弟姐妹所经历的不只是失去手足同胞的巨大痛苦，而是也会有负罪感和责任感。因为是死于自杀，其他孩子也许会对自杀者的兄弟姐妹指指点点、胡乱猜测，并觉得这种事情说不定也会发生在他们身上。

然而，有一项为期三年的研究找了 20 名自杀了的青少年，跟踪观察了他们的兄弟姐妹的情形，结果发现总体来讲，自杀对仍然活着的孩子好像并没有太多长期负面的心理影响①。但在自杀发生后的六个月里，抑郁很常见②；实际上，这些兄弟姐妹中有四分之一得了临床意义上的抑郁症。有家族精神病史或自己得过精神疾病的人，在兄弟姐妹自杀后患抑郁症的可能性要高得多，这个结论倒是并不意外。弟弟妹妹——也许是因为他们在生活中受哥哥姐姐的影响更大，也有可能是因为他们待在家里的时间更多——受到的影响比哥哥姐姐要更明显。在被问到兄弟姐妹自杀对自己的影响时，青少年往往会说，因为兄弟姐妹的死亡，他们觉得自己"一下子长大了"或"一下子成熟了"③。

青少年自杀通常被认为具有新闻价值，而媒体如果以漠不关心的口吻或是耸人听闻的方式来处理这类新闻，对痛苦而尴尬的兄弟姐妹和父母来说，可能不啻于往伤口上撒盐。现为新泽西州中部地区青少年自杀预防项目主管的卡伦·邓恩-马克西姆，还能想起当地报纸只是讲到她十六岁的哥哥蒂姆"跃"到通勤火车前面时，她和家里人感到有多可怕。没有一个字提到他生命里的其他事情，就好像他是怎么死的，比他

---

① D. A. Brent, G. Moritz, J. Bridge, J. Perper, and R. Canobbio, "The Impact of Adolescent Suicide on Siblings and Parents."
② D. A. Brent, J. A. Perper, G. Moritz, L. Liotus, J. Schweers, C. Roth, L. Balach, and C. Allman, "Psychiatric Impact of the Loss of an Adolescent Sibling to Suicide," *Journal of Affective Disorders*, 28 (1993): 249–256.
③ D. Balk, "Adolescents' Grief Reactions and Self-Concept Perceptions Following Sibling Death," *Journal of Youth and Adolescence*, 12 (1983): 137–161.

死了这件事本身还重要得多。家里人去问纽约长岛的《新闻日报》（Newsday）能不能刊登一篇讲述他们所了解的蒂姆的文章，对方答应了：

> 他从来没有哪一年没上过光荣榜。他是初中班级年鉴的编辑人员，还自制了一部反战电影在罗克韦尔中心图书馆放映。他演奏大提琴得过奖，最近还跟童子军一起去瑞士登山了。他很聪明，也很敏感，而这个问题会永远在那些爱他的人脑际萦绕——他为什么会死？①

我们不但对自杀对于兄弟姐妹的影响知之甚少，对于自杀对朋友的影响同样没有什么了解。关于最亲近的朋友和同事如何理解或面对他们非常了解或曾一起共事的人自杀了的现实，几乎没有任何文献。口传和临床经验表明，负罪感——我怎么就没注意到他有多抑郁呢？要是我打了电话（或写了信，或顺道去她家看看她）的话该多好；要是我告诉过他妻子或他医生的话该多好——非常普遍，就跟否认自杀是真正死因一样常见。大部分人都不怎么了解自杀，也对于跟自杀关系最为密切的精神疾病知之甚少，因此常常会胡思乱想，只想弄清楚这个没法说清楚的行为。他们总是会重点关注生活事件——关系破裂或是过于艰难，经济问题，跟工作有关的压力等等——认为这些才是导致自杀的原因。有些雇主会利用这个机会向其他员工介绍最常见的自杀原因，并提供跟抑郁症有关的信息，以及在必要时如何获得帮助等等，但很不幸，这么做的人太少了。更普遍的情形是，人们会绕开真正的死因不予谈论，胡乱猜测倒比准确的信息和同情之心猖獗得多。

---

① K. Dunne-Maxim, "Survivors and the Media: Pitfalls and Potential," in E. J. Dunne, J. L. McIntosh, and K. Dunne-Maxim, eds., *Suicide and Its Aftermath* (New York: W. W. Norton, 1987), pp. 45–56, p. 47.

家里人拒绝承认自杀，会让朋友和同事们更难面对这个问题。我有个同事是一位很杰出的科学家，他有躁郁症，几年前自杀了。他妻子心烦意乱（倒也可以理解），拒绝相信他是自杀而死的。她明确表示，在他的葬礼和追思会上不得提及自杀，这无意中让他同为教授的同事、研究生和实验室工作人员很难对他的死亡，让自己的生活继续下去。即便一年过去了，他的学生和同事都发现还是很难说起这个热情如火、富有想象力和魅力的人是自杀的。他有个学生说："他比生命更广大。在我们的工作中，他给了我们所有人生命和快乐；他的热情填满了整个实验室。现在我终于能回来继续做实验了，但如今一切都看着好灰暗。我仍然觉得我本来应该能救下他。要是我碰到这样的事，他也会为我这么做。"这个学生好长时间没说话，拼命不让自己哭出来，随后又说道："但是我猜他没那么做，对吧？"

　　随丈夫或妻子的自杀而来的，是婚姻里所有的紧张情势和复杂性，而这个生命的消亡不但必然会受到夫妻关系亲密程度的影响，可能因为精神疾病、吸毒或酗酒而发生过的任何争吵、肢体暴力、经济压力和情感消退，也都会给自杀事件蒙上阴影。早已存在的婚姻问题或分居局面，通常都会让未亡人本来就已经很强烈的负罪感或责任感加重，对于曾与自杀者同床共枕、一起生养孩子的人来说，自杀的决定是特别针对个人的否决。而且因为旁人通常都会认为自杀是可以避免、可以预先阻止的，未亡人也往往会遭受街坊邻居满天飞的流言蜚语和家人的纷纷指责。自杀身亡后也肯定立即会有警方介入，还必须明确排除谋杀的可能，这些操作都不会让未亡人面临的情形轻松分毫。

　　夫妻当中自杀而死的那个如果长期患有严重的精神疾病（经常都是这种情形），那么长期患病给婚姻关系带来的伤害——包括愤怒、怨恨、身体出轨、失去希望、身体和言语虐待，以及疏远冷落——会让有些未亡人在绝望之外（尽管说起来有些可怕）还感到一丝丝解脱。有个丈夫，他妻子的抑郁症在十二年里反复发作，在妻子自杀后，这个丈夫的第一反应就很好地刻画了这种矛盾心理。他说："我有一种很奇怪的感觉，就好像自己变成了三个人。第一个人处于震惊当中。第二个人有很陌生的解脱感：再也不用跟精神科医生、药物、休克疗法和医院打交道了。第三个人静静看着那两个：'瞧那俩傻子，一个在那哭天抹地，另一个已经在十二年令人同情的痛苦后庆幸自己得到了解脱。'"①

自杀者的另一半会经历的负罪感，以及因为配偶自杀会受到的指责，都会比配偶死于意外事故的人更强烈（即便后者也是突然之间毫无预料地成了孤家寡人）。尽管如此，多数研究都显示，配偶死亡对两组人群的长期心理影响是类似的②。大部分未亡人，尤其是年轻的那些，最后都会调整得相当好。大部分人在配偶自杀后先是会经历一阵抑郁，但随后再婚和抚养孩子的困难都比外人想象的要小。但是，没那么困难并不是说没有困难，抚平伤痛的过程还是极为艰难，也会需要很长时间。

---

① T. Organ, "Grief and the Art of Consolation: A Personal Testimony," *The Christian Century*, 96 (1979): 759-762; quoted in J. L. McIntosh, "Survivor Family Relationships: Literature Review," in E. J. Dunne, J. L. McIntosh, and K. Dunne-Maxim, eds., *Suicide and Its Aftermath* (New York: W. W. Norton, 1987), pp. 83-84.

② A. C. Cain and I. Fast, "The Legacy of Suicide: Observations on the Pathogenic Impact of Suicide upon Marital Partners," *Psychiatry*, 29 (1966): 406-411; D. Shepherd and B. M. Barraclough, "The Aftermath of Suicide," *British Medical Journal*, 15 June 1974: 600-603; A. S. Demi, "Social Adjustment of Widows After a Sudden Death: Suicide and Non-Suicide Survivors Compared," *Death Education*, 8 (Suppl.) (1984): 91-111; D. E. McNiel, C. Hatcher, and R. Reubin, "Family Survivors of Suicide and Accidental Death: Consequences for Widows," *Suicide and Life-Threatening Behavior*, 18 (1988): 137-148; T. W. Barrett and T. B. Scott, "Suicide Bereavement and Recovery Patterns Compared with Nonsuicide Bereavement Patterns," *Suicide and Life-Threatening Behavior*, 20 (1990): 1-15; M. P. H. D. Cleiren, O. Grad, A. Zavasnik, and R. F. W. Diekstra, "Psychosocial Impact of Bereavement After Suicide and Fatal Traffic Accident: A Comparative Two Country Study," *Acta Psychiatrica Scandinavica*, 94 (1996): 37-44.

新泽西州的社会工作者约瑟芬·佩萨雷西是个寡妇,她的亡夫是精神科医生,在一次严重、激越的抑郁症发作中举枪自尽,给她留下了三个孩子,分别是十岁、十五岁和十六岁。她描述了丈夫自杀后的那些日日夜夜:

从最一开始,人们就想知道这是为什么。为什么?为什么?天啊,我怎么那么讨厌这个问题。不知道为什么,人们指望我能解释一下,这件刚刚才把我的心都撕碎了的事情是怎么发生的。那耻辱,伴随自杀而来的可怕的耻辱,也加剧了我们遭受的无法忍受的痛苦……

当我开始意识到他生命的消逝,也就同时开始感到愧疚和责任。我责备我自己没有意识到丈夫遭受的痛苦有多深重,也没有让他去住院治疗。孩子们也为他们和父亲之间的关系感到愧疚。儿子正值青春期,跟父亲吵过架。大女儿说,她本来感觉到灾难即将发生,那天就应该跟着直觉走留在父亲身边,而不是去游泳。小女儿觉得,那天她不该离开父亲所在的房间,回自己房间去听音乐。

这种负罪感,这些"要是……就好了"的假设愈演愈烈,仿佛无穷无尽,尤其是对我来说。公婆在丈夫自杀前跟我们很亲近,但现在他们把丈夫的抑郁症归结到我身上,再也不来我们家了……

丈夫去世后,我和孩子们达成了一份未曾明言的协定。要是我能从自己悲伤的外壳里爬出来,穿上衣服去买吃的,开车送他们去参加活动、去上学,他们也会尽可能让以前的生活继续下去。但是,我必须坚持尽到我这头的责任——不去敷衍、回避,也不去找别的妈妈来代我履行职责。我们都在经历伤痛,但要是我们当中有人要抚平伤痛继续前行,我们就一起做。他们也和我一起艰难地完成了任务。这很痛苦,他们让我怒火中烧,但我上了那辆该死的车，他们也上来了。我知道，丈夫给我留下了这份未竟的工作，要好好抚养在爱和承诺中孕育出来的这三个孩子长大。无论如何，我们会互相扶持着共同度过——我们也确实这么做了。我们的生活中甚至开始重新出现幽默。大女儿给了我一块牌子让我放在床头，上面写着："我们是应该请个顾问来，还是自己来把事情搞砸呢？"[1]

孩子尽管会因为父母自杀而伤心欲绝并留下永久的印记，但大部分人都能挺过那段时间，不会出现严重或持久的病理学问题。然而跟自杀事件后的成年人一样，很多孩子也都会经历极度的悲伤、愧疚和焦虑，这样的状态可能会持续好几个月，甚至是好几年。有时候，特别是如果孩子有精神障碍病史，反应可能会很严重并持续很久。比如有个 11 岁的男孩，在父亲自杀大概一年后在一家诊所接受评估，收治他的医生这样写道："这个身体瘦弱、脸色苍白、文文静静的男孩看起来很孤僻，很冷淡，没什么生气。他低着头，两眼无神地盯着地板，实际上什么都没看。他脑子里尽在想别的事情，基本上不说话，反应也慢得让人着急。他的姿势是完全听任摆布、一败涂地的样子，尽管偶尔他也会抓抓自己的手臂和嘴唇。他说起话来，讲的都是自己有多孤独，他对父亲的自杀有多愧疚，他在父亲自杀后无法为家里提供任何帮助，他觉得自己毫无价值，等等。"[2]

关于父母自杀身亡这件事，跟孩子在第一时间进行的交流，或没有交流，对于孩子接受和面对自杀的能力来说至关重要。在英国进行的一

---

[1] J. Pesaresi, "When One of Us Is Gone," in E. J. Dunne, J. L. McIntosh, and K. Dunne-Maxim, eds., *Suicide and Its Aftermath* (New York: W. W. Norton, 1987), pp. 104–108, pp. 105, 106.

[2] A. C. Cain and I. Fast, "Children's Disturbed Reactions to Parent Suicide: Distortions of Guilt, Communication, and Identification," in A. C. Cain, ed., *Survivors of Suicide* (Springfield, Ill.: Charles C. Thomas, 1972), pp. 93–111, p. 97.

项研究指出，未亡人对这件事会有多敏感，不同的人简直天差地别。比如有个父亲是这么跟儿子们说的："妈妈非常抑郁，非常不开心，也非常累，所以她吃了太多药，结束了自己的生命。"① 另一个方向的极端是有个妈妈这么告诉自己三岁的孩子："那个大傻子不在了，他把脑袋放进了天然气烤箱。"约瑟芬·佩萨雷西，她身为精神科医生的丈夫举枪自尽的那个社会工作者，在丈夫死后几分钟告诉孩子们："他生病了，就像癌症的一种病，没办法治好。"②

让孩子们尽可能完整、也尽可能迅速地以他们能接受的程度了解真相非常重要。想要"保护"孩子，或者说给他们加上"防护"，几乎总是会形成一张由扭曲、误解和"一起守口如瓶"织成的网，反而会在事后给他们带来困扰。死亡的真实情况就算被掩盖起来，也还是随时都有可能因为其他孩子的谈话或偷听到大人之间的谈论而很快暴露。让孩子以后而不是尽快了解真相，也许会造成额外的、不必要的伤害，并让孩子无法理解自己面临的现实和父母的遭遇。克里斯托弗·卢卡斯是电视编剧兼导演，他的妈妈、姥姥、一个舅舅、一个阿姨，还有他哥哥，身为作家的安东尼·卢卡斯全都死于自杀，他跟心理学家亨利·塞登一起写了本书《沉静的悲伤》(*Silent Grief*)，描写了他母亲死后大家一起守口如瓶、对他撒谎的情形：

> 1941年8月里一个炎热的下午，那时候我六岁，妈妈三十三岁。她从康涅狄格州她的精神科医生的房子里走出来，走进花园，割开了自己的喉咙。我父亲是个事业有成的律师，尽管他并不快乐；他被人从纽约的办公室里叫过来处理这起死亡事件。那天也在

---

① D. M. Shepherd and B. M. Barraclough, "The Aftermath of Parental Suicide for Children," *British Journal of Psychiatry*, 129 (1976): 267–276, p. 269.
② Pesaresi, "When One of Us Is Gone," p. 104.

这个精神科医生房子里的还有我姥姥,那个夏天她带我妈妈去看精神科医生,而这次探访是多年来躁郁症一次次发作的结果。关于要告诉孩子们什么,我姥姥和父亲之间有些分歧。那时候我在家里,我八岁的哥哥在一个夏令营。后来我父亲争赢了:接下来十年,妈妈究竟是怎么死的,对我们来说都一直是个秘密,尽管我们所有亲戚和他大部分朋友都知道,她是死于自杀。

到我终于得知真相的时候已经是我十六岁那年,又一个炎热的八月天,我和父亲坐在火车站里,我正要赶火车。我一直认为,父亲之所以选择在这个时候告诉我,是因为他无法忍受就这个话题说上更长时间。我有些抱怨地问道:"为什么?"父亲回答:"她病了。"明显一个字也不想多说。后来很多年,我们都再也没有说起过这个话题①。

约书亚·洛根是电影《罗伯茨先生》《野餐》《南太平洋》《公交车站》和《樱花恋》的导演兼编剧,他成年生活的大部分时间都在遭受躁郁症的折磨。有一次住院治疗后,他约了一个新的精神科医生,并跟这位医生讲述了自己的童年经历:

在说起我的童年时,我听到自己的声音差不多是死记硬背一样地说到:"我三岁的时候,我父亲得了肺炎,在芝加哥一家医院去世了。"

穆尔医生稍微停顿了一下,平静地说:"你父亲是在芝加哥一家疗养院里,用一把小刀割开了喉咙。我想是时候让你知道这些

---

① C. Lukas and H. M. Seiden, *Silent Grief: Living in the Wake of Suicide* (Northvale, N.J.: Jason Aronson, 1997), pp. 3-4.

了,洛根先生。"

我不敢相信自己的耳朵,让他把这句话重复了三四遍,然后才问他,他为什么会知道我这辈子都还从来没听说过的事情……

我逃也般地离开了穆尔医生的办公室,打车回到公寓,马上给我远在路易斯安那州的威尔叔叔打了个电话。

"是的,孩子。"威尔叔叔说,"这是真的。"

"但是,"我说,"他们一直都跟我说,他是得肺炎死的。"

"他确实是死于肺炎。他喉咙里的血流到肺里去了。"

"但是,为什么没有任何人告诉我?我妈妈为什么没告诉我?"

"她希望你永远都不知道,孩子。我没法告诉你为什么,但我想,她是觉得真相对你来说太痛苦了。"

"真相并不痛苦,叔叔。这是一种解脱,因为我终于知道了真相。脓肿已经切开,疮口也清理干净了。实际上我感觉挺好,比很长一段时间以来都要好。现在我了解了我的父亲,这还是我这辈子头一回。头一回感觉跟他很亲近。他肯定跟我非常像。"

威尔叔叔说:"确实是,非常像。我希望你别告诉妈妈你已经知道了。"①

对有些人来说,比如约书亚·洛根,得知父亲死于自杀的真相更像是一种解脱,并帮助他更理解父亲和自己。但另一些人仍被自杀的真相困扰,一心想着他们父母的暴力结局,还担心着这个真相对自己的生活来说意味着什么。美国诗人约翰·贝里曼跟他父亲和姑姑一样死于自杀,他在一首题为《自杀》(*Of Suicide*)的诗里写道:"对自杀的沉思,

---

① J. Logan, *Josh: My Up and Down, In and Out Life* (New York: Delacorte, 1976), pp. 386-387.

还有对父亲的沉思令我入迷/……我不断想到自杀。"① 在欧内斯特·海明威自杀后写下的一首诗里,他写道:"在枪口前和父亲的自杀中救下我们/……我主慈悲!父亲啊,不要扣动扳机/否则我的余生都会因你的愤怒而痛苦/杀死你开始的一切。"② 但关于父亲自杀一事,他最有力的文字来自《梦歌》(*The Dream Songs*) 里的另一首诗:

> 标记歪歪斜斜,没有花,一天就要结束,
> 我站在父亲坟前,满腔愤怒,
> 往往,往往在
> 我对一个无法回访我的人,
> 一个撕掉了自己页面的人,
> 行这一趟可怕的朝圣之前:
> 我回来了,想要更多,
>
> 我朝这个糟糕透顶的银行家的坟墓吐了口唾沫,
> 在佛罗里达的一个黎明,他把子弹射进自己心窝。

面对无法逾越的悲伤和愤怒,人们是怎么熬过去的?他们本来也许会被负罪感和悲伤摧毁,余生都只能用来供奉那个自杀而死的人,但结果并非如此,他们是怎么做到的?有很多办法:家人和朋友的支持,宗教信仰,时光的流逝和冲刷,心理治疗,或心理咨询,但最有效的办法之一是为那些经历了别人的自杀但挺过来了的人建立自助团体。美国自

---

① J. Berryman, "Of Suicide," in C. Thornbury, ed., *John Berryman: Collected Poems 1937-1971* (New York, Noonday Press, 1989, 1999), p. 206, ll. 1, 27.

② J. Berryman, "235," in *The Dream Songs* (New York: Farrar, Straus and Giroux, 1969), p. 254, ll. 7, 16-18.

杀预防基金会和美国自杀学协会是美国在这方面最主要的全国性组织,除了提供科学、宣传和教育项目,还能提供由当地援助团体编织而成的巨大网络。这些团体让那些经历了朋友或亲人自杀的人聚在一起互相支持、鼓励,交流信息,给他们创造一个有意义的未来。倾听有过类似困境的人都是怎么熬过来的,最后又去帮助团体里的新成员也努力熬过困境,这么做对于生存下去、好好生活来说有无上的价值。很多熬过了亲友自杀的人后来都在积极参与学校和教会的教育项目,希望能提高人们对自杀以及可能导致自杀的精神疾病的认识。还有一些人在各州或联邦的层面致力于改变立法,增加用于自杀预防项目和相关研究的资金。他们全都在努力从他们经历的梦魇中挽回一些好处,而大部分人也都成功了。

尽管如此,大部分未亡人还是想问,为什么会发生这种事情。苏格兰作家刘易斯·格拉斯西克·吉本年轻的时候曾经自杀未遂,他在自己的三部曲《苏格兰牧歌》(*A Scots Quair*)的第一部《日暮之歌》(*Sunset Song*)里就写到了这一点。他描述了书中主人公克丽丝·格思里在努力接受母亲自杀这一事实的过程中经历了怎样的挣扎:

> 就跟她上次爬到湖边的时候一样:那是什么时候?她睁开眼睛想了想,觉得好累,于是又闭上眼睛,发出一阵古怪的笑声。那是去年六月,妈妈毒死自己和那对双胞胎的那天。
>
> 那么长时间,那么切近,你觉得那些日日夜夜都么黑暗、寒冷,是你永远也无法逃出去的深坑。但你毕竟还是逃脱了,黑色的湿气在阳光下消失,世界还在继续,白色的面孔和低语在坑里不见了,你再也不会跟从前一样,但世界还在继续,你也会随着这个世界继续前行。跟着那对双胞胎一起死去的不只是妈妈,你心里也有什么死去了,跟她一起沉睡在金雷德的教堂墓地——你心里的那个

孩子也在那时候死去了，那孩子相信山丘是为了让她玩游戏才造出来的，每条路上都设立了警示柱，有一双手准备着在游戏变得过于粗野的时候随时把你从危险的边缘拉回来。那孩子死了，书里的克丽丝，怀揣梦想的克丽丝也死了，也许你是把她们折在纸巾里，把她们放在黑暗、安静的尸体旁边，那就是你的童年……

随后芒罗夫人把妈妈的尸体清洗干净，给她穿上她最好的睡衣，那件睡衣她好多年都没穿过了，上面有蓝色的丝带。芒罗夫人让妈妈看起来赏心悦目，你看到她这个样子的时候，眼泪到底还是流了下来，滚烫的泪水就像一滴滴血，从你的眼里滚落。但你很快就止住了，要是像这样哭下去，你也会死的，而代替眼泪的是你脑子里长长的悲号，那永不止息的喊叫，那个没有人能回答的问题：妈妈啊，妈妈，您为什么要这么做？①

---

① Lewis Grassic Gibbon, *Sunset Song* (Edinburgh: Canongate, 1988; first published 1932), pp. 63, 64.

后 记

我真傻，真的，一点儿都没想到写这本书会有多让我如坐针毡。当然我早就知道，要写这样一本书的话，我需要采访一些人，让他们讲述他们一生中最痛苦、最私密的时刻，也知道我肯定会陷入自己多年以来与自杀的纠缠中。无论哪一面都让人望而却步，但是关于未曾说起的自杀的蔓延我还是想做点什么，而我唯一能想到的就是写一本书。我天生是个乐观主义者，刚开始的时候，我觉得关于自杀有那么多东西可以写，相当令人振奋。

身为临床医生，我相信有些治疗方法可以挽救生命；身为身边都是优雅而深入地探索着大脑的科学家的人，我相信我们对大脑生物学原理的基本了解正在从根本上改变我们对精神疾病和自杀的认识；身为年轻医生和研究生的老师，我觉得未来蕴藏着对有自杀倾向的精神病患者进行充满同情心的智能护理的巨大希望。

所有这些我到现在仍然相信。实际上，跟两年前我刚开始为这本书做背景研究时比起来，现在的我更相信这些了。科学是最清澈的钻石，进展节奏很快，也正在一个一个像素、一个一个基因地拼凑出大脑树突这幅镶嵌画。心理学家正在破译自杀的动机，也在努力找出岌岌可危地在脆弱的大脑里燃起自杀烈火的最后一根稻草——自杀者最后的生活环境。而放眼整个世界，从斯堪的纳维亚半岛到澳大利亚，公共卫生官员都在制定明确合理的政策，以求降低自杀造成的死亡率。

然而，这个努力看起来还是太从容不迫了。美国每17分钟就有一人自杀：公众的关注和愤怒在哪里？因为写作本书，我变得越来越没有耐心，也更加敏锐地认识到阻碍死亡人数减少的诸多问题。我无法让自己不去想我在自杀者的父母、孩子、朋友和同事身上看到的孤寂、困惑和负罪感，也无法在脑子里抹掉看过的那些照片：十二岁孩子的尸检；青春期孩子的舞会，不到一年时间，他们就会把枪管放进自己嘴巴，或是从大学宿舍楼顶一跃而下。研究自杀——惊人的数字，导致自杀的痛苦，以及自杀者留下的痛苦——令人肝肠寸断。科学上每一个大放异彩的时刻，或是政府的每一次成功，都伴随着死亡本身血淋淋的现实：年轻人的死亡，暴力死亡，不必要的死亡。

跟我很多研究自杀的同行一样，我一次又一次看到我们的科学研究的局限，也有幸看到有些医生多么优秀，同时也为另一些医生的冷漠和无能感到揪心。最让我感到震惊的，是对于拯救那些绝望到想要结束自己生命的人，我们这个社会有多漠不关心。自杀很少见，这是全社会的错觉。自杀并不少见。至少，跟自杀关系最为密切的精神疾病肯定不少见。都是很常见的疾病，而且跟癌症和心脏病不同，精神疾病影响和杀死的，多半都是年轻人。

那一次自杀未遂差点要了我的命。几个星期后，我去了跟加州大学洛杉矶分校隔着一条街的圣公会教堂。我是那里的教区居民，尽管很少去，但考虑到我还能自己走进去而不是躺在木头匣子里让6个人抬进去，我还是想看看我跟上帝的关系还剩下什么。为方便起见，我买了张在小教堂里演出的巴赫音乐会的票。我很早就去了教堂。我脑子里仍然一片昏暗，脑子里、心里的一切都在磨损、消散。但我还是跪了下来，尽管如此，也可能是正因为如此，我对着自己的双手，诵起我唯一真正知道的，或者说非常珍视的祈祷文。开头是一段死记硬背，也很简单。我对自己、对上帝说："上帝在我的头脑里，在我的理解里。上帝在我的眼睛里，在我的视线里。"不知怎么的，尽管我脑子里一片混沌，我还是诵出了大部分剩下的词句。但是诵到最后，我脑子里一片空白，本来是想要跟上帝和解，却挣扎着怎么也无法完成。那些词句怎么也想不起来。

有一阵我以为忘词是因为吃下去的锂盐有毒，毒性还残留在我脑子里，但突然之间，最后那几句话又出现在我脑海中："上帝保佑我，在我离去时。"我猛然感到一阵羞耻和悲伤，是我以前从来没经历过的一种感觉，那以后也再没出现过第二次。之前上帝去哪儿了？那时候我没法回答这个问题，现在也还是无法回答。但是我确实知道，我本来可能已经死了，但我没死——我还知道，我真是太幸运了，得到了继续活下去的机会，然而很多人都没有得到。

写这本书的时候，我桌子上放着一张照片和一句诗。照片上是一个年轻、帅气的空军学院学生，站在一架喷气式战斗机旁边。写这个年轻人自杀的事也许是写作本书最艰难的部分。那篇特写动笔的时候是一个晴朗的冬日，我在苏格兰圣安德鲁斯大学的图书馆里，每年我都会去那所大学教几个星期的书。读他的医疗记录的时候，读不上几句我就不得不站起来，走到窗前眺望着北海，徒劳地尝试着从中拼凑出意义，好让这件可怕的事情更容易忍受。然后我走回去继续看他的医疗记录，里面详细记载了他的精神疾病如何势不可当地发展起来，最后置他于死地。这张照片刚开始总让我心神不宁，但后来成了我的安慰；能了解到德鲁·索皮拉克的故事，我很高兴。

放在桌上的那句诗让我活了过来，那是苏格兰诗人道格拉斯·邓恩

《幻灭》(*Disenchantments*)里的最后一句:

看看活着的人,去爱他们,并继续前行①。

---

① Douglas Dunn, "Disenchantments," in D. Dunn, *Dante's Drum-kit* (London: Faber and Faber, 1993), p. 46.

致 谢

我需要好好感谢很多人在本书写作过程中给我的帮助。首先是德鲁·索皮拉克的父亲安德鲁和母亲阿莱恩，经他们允许，我查看了德鲁·索皮拉克的医疗记录，他们还跟我长时间交谈，写长信详细讲述德鲁的生与死，跟我分享德鲁的文字、画作、照片和书籍，并鼓动我跟德鲁的高中同学、老师，以及美国空军学院的指导员和同学交谈。下面这些人，我也要感谢他们的时间、面谈、信件和回忆：小菲利普·博塞特中校、汤姆·巴克利、谭·布伊、艾伦·菲茨杰拉德、约瑟夫·加莱马博士、朱迪·兰迪斯、让娜·马蒂、斯蒂芬·普朗策少校、大卫·舒梅克中尉、保罗和凯·斯潘格勒、克里·惠特克和斯蒂芬·伍德。

美国国立卫生研究院图书馆的工作人员，在查找有关自杀的科学和临床文献时为我提供了特别的帮助。我也大量使用了来自下列机构的资料：约翰霍普金斯医学院的韦尔奇医学图书馆，乔治城大学图书馆，圣安德鲁斯大学图书馆，伦敦图书馆（该馆把关于自杀的书放在"科学与杂项"分类下，位于"糖"和"日晷"之间），以及华盛顿特区的国家美术馆。米尔德利德·埃默在国会图书馆的国会研究服务处工作，帮助我找出了非自然死亡的美国国会议员的有关信息。巴克伯里夫人是英国皇家空军学院的图书管理员和档案保管员，她给了我有关航空历史和文献的一些材料。

位于亚特兰大的美国疾病控制与预防中心的亚力克斯·克罗斯比博

士、美国心理健康研究所流行病学部门的伊芙·莫希齐茨基博士以及美国卫生统计中心死亡率统计部门的肯·科哈内克给了我最新的自杀统计数据，对我有莫大帮助。马里兰大学病毒学研究所的罗伯特·加洛博士和法利·克莱格霍恩博士，以及美国疾病控制与预防中心死亡率统计部门负责人哈里·罗森堡博士，为我提供了艾滋病的死亡数据。国防部的汤姆·坎贝尔和罗杰·乔斯塔德给了我越南战争美军士兵阵亡数据。广播记者保罗·贝里给我提供了他的朋友、华盛顿特区议会前议长约翰·威尔逊的背景资料和相关录像带。

我的很多同事以及另一些人，都非常好心地给了我他们的手稿，跟我分享他们正在进行的工作，还有一些人跟我分享了新的数据、插图和对正在进行的研究方案的看法。对以下人员，我深表感谢：杜克大学医学中心的艾琳·埃亨医生；斯德哥尔摩卡罗林斯卡学院的玛丽·奥斯贝格；美国心理健康研究所临床脑疾病部门苏珊·巴克斯医生；宾夕法尼亚大学亚伦·贝克医生；美国自杀学协会兰尼·伯曼医生；美国卫生部办公室弗吉尼亚·贝茨博士；芝加哥大学埃米尔·科卡罗博士；美国人类基因组研究所弗朗西斯·柯林斯博士及其组员；美国心理健康研究所杰里·科特医生；哈佛医学院约瑟夫·柯伊尔博士；埃默里大学医学院露西·戴维森博士；美国国家美术馆拉米亚·多玛托；卡伦·邓恩-马克西姆护士；美国空军上校莫利·霍尔；纽约精神病研究所丹·赫尔曼博士；纽约医学院和美国自杀预防基金会赫布·亨丁；膜生物物理学和生物化学实验室、美国酒精滥用与酒精中毒研究所约瑟夫·希本博士；美国酒精滥用与酒精中毒研究所灵长目部门希格利博士；《华盛顿邮报》的莉兹·希尔顿；美国心理健康研究所斯蒂芬·海曼博士；加州大学洛杉矶分校公共卫生学院乔安妮·莱斯利博士；哥伦比亚大学约翰·曼博士；诺威奇子爵；加州大学圣地亚哥分校芭芭拉·帕里博士；新泽西退伍军人管理局医院亚力克·罗伊医生；美国心理健康研究所戴维·鲁比诺博士；斯坦福大学、关岛大学唐纳德·鲁本斯坦博士；美国心理健康研究所马修·鲁多费尔博士；哥伦比亚大学戴维·谢弗博士；马里兰州首席法医约翰·斯米亚力克博士；加州大学洛杉矶分校麻醉学系迈克尔·索菲尔博士；波士顿美术馆戴维·斯特蒂文特；纽约精神病研究所埃兹拉·萨瑟博士；美国自然历史博物馆伊恩·塔特索尔；斯坦利基金会富勒·托里博士；美国心理健康研究所汤姆·韦尔博士；哥伦比亚大学默纳·韦斯曼博士；加州大学洛杉矶分校医学院彼得·怀布罗博士。

对于细心审阅本书手稿,并提供诸多宝贵建议的下列同事,我深表感谢：加州大学旧金山分校医学院塞缪尔·巴伦德斯博士；埃默里大学医学院露西·戴维斯博士；匹兹堡大学医学院埃伦·弗兰克博士；加州大学洛杉矶分校公共卫生学院迪恩·贾米森博士；匹兹堡大学医学院戴维·库普弗博士；哥伦比亚大学内科和外科学院约翰·曼士；埃默里大学医学院查尔斯·内梅罗夫博士；美国心理健康研究所诺曼·罗森塔尔博士；以及英国牛津大学安东尼·施托尔博士。

对于下面这些朋友的友谊和支持,我也要表示特别感谢：丹尼尔·奥尔巴赫博士、戴维·马奥尼、安东尼·施托尔博士、詹姆斯·巴伦杰博士夫妇、罗伯特·布尔斯廷、露西·布莱恩特、雷蒙德·德·保罗博士及我在约翰霍普金斯大学的其他同事、道格拉斯·邓恩教授、罗伯特·法格特博士和凯·法格特博士、安东内洛和克里斯蒂娜·范纳夫妇、凯瑟琳·格雷厄姆夫人、查尔斯和格温达·海曼、厄尔和海伦·金德尔、阿塔纳西奥·库科波洛斯博士、乔治·麦戈文参议员、保罗·麦克休博士、阿兰·莫罗、克拉克和温迪·奥勒、维克多和哈里特·波提克、罗伯特·帕克伍德参议员、诺曼·罗森塔尔博士、佩尔·韦斯特加德博士、杰里米·瓦莱茨基博士、詹姆斯·沃森夫妇以及罗伯特·温特教授。奥林·哈奇参议员无微不至的关怀和友谊帮助我度过了一段艰难的时刻,对我来说意义非凡。作曲家米基·纽伯里的友谊同样如此,他的词曲陪伴了我三十年，伴我度过悲伤，带来明快。

我在克诺夫出版社的编辑卡罗尔·詹韦非常优秀，我不敢奢望还能碰到比她更出色的编辑。同样在克诺夫出版社工作的斯蒂芬妮·卡茨也给了我极大帮助。同样需要感谢的，还有克诺夫出版社的保罗·博加兹和威廉·洛夫德，以及我的版权经纪玛克辛·格罗夫斯基。威廉·柯林斯打印出了我的全部手稿，工作极为出色。塞拉斯·琼斯几乎每天都在帮助我，他让我的生活变得更加简单，对于他所做的一切，我感动至深。

跟以前一样，所有的一切都要归功于我的家人：我的母亲戴尔·贾米森，父亲马歇尔·贾米森；丹妮卡和凯尔达·贾米森；乔安妮·莱斯利；朱利安、艾略特和莱斯利·贾米森；Kin Bing Wu；以及我哥哥迪恩·贾米森。

我丈夫理查德·怀亚特一直鼓励我把这本书写出来，在我写作时阅读了本书所有章节，也给出了大量出色的科学和临床建议。他知道，写这样一本书殊为不易，而他给我的爱和支持，不可能有任何人比得过。有他，是我的福气。

Kay Redfield Jamison
Night Falls Fast
Copyright © 1999 by *Kay Redfield Jamison*
Pubished by arrangement with Doubleday, an imprint of The Knopf
Doubleday Publishing Group, a division of Penguin Random House LLC.
All rights reserved.

图字：09-2023-0995 号

图书在版编目（CIP）数据

黑夜突如其来／（美）凯·雷德菲尔德·杰米森
（Kay R. Jamison）著；舍其译. -- 上海：上海译文出
版社，2025.4. --（译文科学）. -- ISBN 978-7-5327
-9788-2
Ⅰ.B846-49
中国国家版本馆 CIP 数据核字第 2025FW9062 号

黑夜突如其来
［美］凯·雷德菲尔德·杰米森 著　舍其 译
责任编辑／张吉人　装帧设计／柴昊洲

上海译文出版社有限公司出版、发行
网址：www.yiwen.com.cn
201101　上海市闵行区号景路 159 弄 B 座
上海颛辉印刷厂有限公司印刷

开本 890×1240　1/32　印张 12.25　插页 2　字数 308,000
2025 年 4 月第 1 版　2025 年 4 月第 1 次印刷
印数：0,001—6,000 册

ISBN 978-7-5327-9788-2
定价：68.00 元

本书中文简体字专有出版权归本社独家所有，非经本社同意不得转载、摘编或复制
如有严重质量问题，请与承印厂质量科联系。T：021-56152633-607